"十三五"国家重点出版物出版规划项目

中国哺乳动物多样性
编目、分布与保护

2————

蒋志刚 / 主编

EDITOR-IN-CHIEF
JIANG ZHIGANG

DIVERSITY OF
CHINA'S MAMMALS
INVENTORY,
DISTRIBUTION AND
CONSERVATION

海峡出版发行集团
THE STRAITS PUBLISHING & DISTRIBUTING GROUP
海峡书局

第2卷目录 / Contents of the Second Volume

246 / 蜂猴

Nycticebus bengalensis (Lacépède, 1800)

• Bengal Slow Loris

▲ 分类地位 / Taxonomy

灵长目 Primates / 懒猴科 Lorisidae / 懒猴属 *Nycticebus*

科建立者及其文献 / Family Authority
Gray, 1821

属建立者及其文献 / Genus Authority
É. Geoffroy, 1812

亚种 / Subspecies
无 None

模式标本产地 / Type Locality
印度
India, Bengal

黄泰 / 供图　韦铭 / 供图

▲ 其他名称 / Other Name(s)

其他中文名 / Other Chinese Name(s)
懒猴、平猴

其他英文名 / Other English Name(s)
Ashy Slow Loris, Northern Slow Loris

同物异名 / Synonym(s)
无 None

▲ 形态及生境 Morphology and Habitat

形态特征 / Morphological Characteristics

齿式：2.1.3.3/2.1.3.3=36。头体长 26~38 cm。颅全长 6~7 cm。尾长 22~25 cm。体重 1~2 kg。耳小，眼圆而大。眼、耳均有黑褐色环斑。眼间距很窄，眶间至前额为逐渐加宽的亮白色线纹。身体被毛浓密而柔软，体背棕灰色或橙黄色，体背自头顶延伸至尾基部有二道深褐色脊纹。腹面棕色。四肢短粗而等长，大脚趾与其他脚趾分开，第 2 指、趾极短或退化，除后足第二趾保留着钩爪外，其他指、趾末端有厚肉垫和扁平的甲。尾短、隐于毛丛中。

Dental formula: 2.1.3.3/2.1.2.3.3=36. Body length 26-38 cm. The maximum skull length is 6-7 cm. Tail length 22-25 cm. Weight 1-2 kg. Ears Small. Eyes round and large. There are dark brown ring spots in the eyes and ears. The body is thickly coated and soft, and the back is brownish-gray or orange, with a dark brown ridge extending from the top of the head to the base of the tail. The distance between eyes is narrow, with bright white lines gradually widening from the sockets to the forehead. Extremities are short, thick and equal in length. The big toe on the hind foot is set apart from the other toes. Toe is very short or degenerate. The second toe of the hind foot retains the hook claw, other fingers, the toe of the end of the thick meat pad, and flat armor. Tail is short and hidden in the hairs. The ventral hairs are brown.

生境 / Habitat
森林、灌丛、竹丛、种植园
Forest, shrubland, bamboo grove, plantations

▲ 地理分布 / Geographic Distribution

国内分布 / Domestic Distribution
广西、云南、西藏
Guangxi, Yunnan, Tibet

全球分布 / World Distribution
孟加拉国、柬埔寨、中国、印度、老挝、缅甸、泰国、越南
Bengladesh, Cambodia, China, India, Laos, Myanmar, Thailand, Vietnam

生物地理界 / Biogeographic Realm
印度马来界 Indomalaya

WWF 生物群系 / WWF Biome
热带和亚热带湿润阔叶林
Tropical & Subtropical Moist Broadleaf Forests

动物地理分布型 / Zoogeographic Distribution Type
Wa

分布标注 / Distribution Note
非特有种 Non-Endemic

▲ 濒危状况 / Threatened Status

中国生物多样性红色名录等级 / CB RL Category (2021)
濒危 EN

IUCN 红色名录 / IUCN Red List (2022)
濒危 EN

威胁因子 / Threats
耕种、森林砍伐、狩猎
Farming, logging, hunting

▲ 法律保护地位 / Legal Protection Status

国家重点保护野生动物等级 / Category of National Key Protected Wild Animals (2021)
一级 Category I

"三有" 名录 / TWIESSV (2023)
未列入 Not listed

CITES 附录等级 / CITES Appendix (2023)
I

迁徙物种公约附录 / CMS Appendix (2020)
未列入 Not listed

保护行动 / Conservation Action
在自然保护区内的种群及栖息地得到保护
Populations and habitats are protected in nature reserves

▲ 参考文献 / References

Jiang et al. (蒋志刚等), 2021; Burgin et al., 2020; IUCN, 2020; Smith et al., 2009; Pan et al. (潘清华等), 2007; Wilson and Reeder, 2005; Wang (王应祥), 2003; Zhang (张荣祖), 1997; Xia and Zhang (夏武平和张荣祖), 1995; Xia (夏武平), 1988, 1964

247 / 倭蜂猴

Nycticebus pygmaeus Bonhote, 1907

· Pygmy Slow Loris

▲ 分类地位 / Taxonomy

灵长目 Primates / 懒猴科 Lorisidae / 懒猴属 *Nycticebus*

科建立者及其文献 / Family Authority
Gray, 1821

属建立者及其文献 / Genus Authority
É. Geoffroy, 1812

亚种 / Subspecies
无 None

模式标本产地 / Type Locality
越南
Vietnam, Nhatrang

张玛／供图　　张玛／供图

▲ 其他名称 / Other Name(s)

其他中文名 / Other Chinese Name(s)
懒猴、小蜂猴、小懒猴

其他英文名 / Other English Name(s)
Lesser Slow Loris, Pygmy Loris

同物异名 / Synonym(s)
无 None

▲ 形态及生境 / Morphology and Habitat

形态特征 / Morphological Characteristics
齿式：2.1.3.3/2.1.3.3=36。体长 19~26 cm。尾长 1 cm。体重约 0.75 kg。外貌颇似蜂猴，体型仅蜂猴的 1/3~1/2。头圆，眼大而圆。无颊囊。鼻、唇部白色，身体被毛较稀疏，呈红褐色。冬季毛色偏灰，有深色脊纹和卷曲的毛，夏季无深色脊纹，毛微卷。面部和颈肩部被毛大部分为橙棕色。
Dental formula: 2.1.3.3/2.1.3.3=36. Body length is 19-26 cm, tail length 1 cm. Body mass is about 0.75 kg. It looks like a *Nycticebus bengalensis* and is only 1/3 to 1/2 the size of a *Nycticebus bengalensis*. The head is round and the eyes are large and round. No cheek pouches. The nose and lips are white, and most of the face and neck and shoulders are orange-brown. The body coat is sparse and reddish-brown. Winter fur gray, with dark ridges and curly hairs, and no dark ridges in summer. Hairs slightly curly.

生境 / Habitat
热带湿润低地森林、次生林、灌丛
Tropical moist lowland forest, secondary forest, shrubland

▲ 地理分布 / Geographic Distribution

国内分布 / Domestic Distribution
云南 Yunnan

全球分布 / World Distribution
中国、柬埔寨、老挝、越南
China, Cambodia, Laos, Vietnam

生物地理界 / Biogeographic Realm
印度马来界 Indomalaya

WWF 生物群系 / WWF Biome
热带和亚热带湿润阔叶林
Tropical & Subtropical Moist Broadleaf Forests

动物地理分布型 / Zoogeographic Distribution Type
Wa

分布标注 / Distribution Note
非特有种 Non-Endemic

▲ 濒危状况 / Threatened Status

中国生物多样性红色名录等级 / CB RL Category (2021)
极危 CR

IUCN 红色名录 / IUCN Red List (2021)
濒危 EN

威胁因子 / Threats
狩猎、耕种 Hunting, farming

▲ 法律保护地位 / Legal Protection Status

国家重点保护野生动物等级 / Category of National Key Protected Wild Animals (2021)
一级 Category I

"三有"名录 / TWIESSV (2023)
未列入 Not listed

CITES 附录等级 / CITES Appendix (2023)
I

迁徙物种公约附录 / CMS Appendix (2020)
未列入 Not listed

保护行动 / Conservation Action
在自然保护区内的种群及栖息地得到保护
Populations and habitats are protected in nature reserves

▲ 参考文献 / References

Jiang et al. (蒋志刚等), 2021; Burgin et al., 2020; IUCN, 2020; Liu et al. (刘少英等), 2020; Duan et al. (段艳芳等), 2012; Yu et al. (余梁哥等), 2013; Wilson and Mittermeier, 2012; Pan et al. (潘清华等), 2007; Wilson and Reeder, 2005; Wang (王应祥), 2003; Zhang (张荣祖), 1997; Xia and Zhang (夏武平和张荣祖), 1995

248 / 短尾猴

Macaca arctoides (I. Geoffroy, 1831)

· Stump-tailed Macaque

▲ 分类地位 / Taxonomy

灵长目 Primates / 猴科 Cercopithecidae / 猕猴属 *Macaca*

科建立者及其文献 / Family Authority
Gray, 1821

属建立者及其文献 / Genus Authority
Lacépède, 1799

亚种 / Subspecies
滇西亚种 *M. a. brunneus* Anderson, 1872
云南西北部（高黎贡山地区）
Yunnan (northwestern part-Gaoligong Mountain)

华南亚种 *M. a. melli* Matschie, 1912
贵州、广西、广东和福建
Guizhou, Guangxi, Guangdong and Fujian

模式标本产地 / Type Locality
中南半岛
"Cochin-China" (Indochina)

▲ 其他名称 / Other Name(s)

其他中文名 / Other Chinese Name(s)
红脸猴、红面猴、断尾猴

其他英文名 / Other English Name(s)
Bear Macaque, Stumptail Macaque

同物异名 / Synonym(s)
无 None

▲ 形态及生境 / Morphology and Habitat

形态特征 / Morphological Characteristics
齿式：2.1.2.3/2.1.2.3=32。雄性体长 70~82 cm，体重 8~16 kg；雌性体长 50~58 cm，体重 5~11 kg。尾长 6~8 cm。雄性犬齿比雌性的长。有储食颊囊。成体颜面鲜红色，老年紫红色，幼体肉红色。头顶毛较长，由中央向两侧披开。前额部分裸露无毛，呈灰黑色。颊部被毛稀少。体背毛色棕褐，披毛较长，腹面略浅。胸部、腹部以及四肢内侧被毛色浅、稀疏。肩部、颈部和背部被毛粗糙。胼胝裸露无毛。

Dental formula: 2.1.2.3/2.1.2.3=32. Male body length 70-82 cm, weight 8-16 kg; the females are 50-58 cm tall and weigh 5-11 kg. Males have longer canines than females. There are cheek pouches for food storage. The chest, abdomen and inner parts of the extremities are lightly colored and sparsely coated. Shoulders, neck, and back coarsely coated. Callose is bare. Tail length 6-8 cm. Adult faces bright red, old purple-red, and young flesh red. Dorsal fur color brown, long hairs, slightly shallow ventral. The hairs on the top of the head are longer, spreading from the center to the two sides. The forehead is bare and hairless, grayish black. Buccal hairs are sparse. The back hairs are brown and long, and the hairs on the abdomen are slightly lighter colored. The hairs on the chest, abdomen and inner limbs are light-colored and sparse. The shoulders, neck and back are rough. Callus is bare.

生境 / Habitat
热带和亚热带湿润山地森林
Tropical and subtropical moist montane forest

▲ 地理分布 / Geographic Distribution

国内分布 / Domestic Distribution
广西、云南、湖南、广东、贵州、江西
Guangxi, Yunnan, Hunan, Guangdong, Guizhou, Jiangxi

全球分布 / World Distribution
柬埔寨、中国、印度、老挝、马来西亚、缅甸、泰国、越南
Cambodia, China, India, Laos, Malaysia, Myanmar, Thailand, Vietnam

生物地理界 / Biogeographic Realm
印度马来界 Indomalaya

WWF 生物群系 / WWF Biome
热带和亚热带湿润阔叶林
Tropical & Subtropical Moist Broadleaf Forests

动物地理分布型 / Zoogeographic Distribution Type
Wb

分布标注 / Distribution Note
非特有种 Non-Endemic

▲ 濒危状况 / Threatened Status

中国生物多样性红色名录等级 / CB RL Category (2021)
易危 VU

IUCN 红色名录 / IUCN Red List (2021)
易危 VU

威胁因子 / Threats
未知 Unknown

▲ 法律保护地位 / Legal Protection Status

国家重点保护野生动物等级 / Category of National Key Protected Wild Animals (2021)
二级 Category II

"三有" 名录 / TWIESSV (2023)
未列入 Not listed

CITES 附录等级 / CITES Appendix (2023)
II

迁徙物种公约附录 / CMS Appendix (2020)
未列入 Not listed

保护行动 / Conservation Action
在自然保护区内的种群及栖息地得到保护
Populations and habitats are protected in nature reserves

▲ 参考文献 / References

Jiang et al. (蒋志刚等), 2021; Burgin et al., 2020; IUCN, 2020; Liu et al. (刘少英等), 2020; Chen et al. (陈敏杰等), 2014; Yu et al. (余梁哥等), 2013; Mittermeier et al., 2013; Duan et al. (段艳芳等), 2012; Pan et al. (潘清华等), 2007; Wilson and Reeder, 2005; Wang (王应祥), 2003; Zhang (张荣祖), 1997; Xia and Zhang (夏武平和张荣祖), 1995

249 / 熊猴

Macaca assamensis M'Clelland, 1840

· Assam Macaque

▲ 分类地位 / Taxonomy

灵长目 Primates / 猴科 Cercopithecidae / 猕猴属 *Macaca*

科建立者及其文献 / Family Authority
Gray, 1821

属建立者及其文献 / Genus Authority
Lacépède, 1799

亚种 / Subspecies
指名亚种 *M. a. assamensis* M'Clelland, 1840
云南西北部（高黎贡山）和西藏东南部
Yunnan (northwestern part-Gaoligong Mountain) and Tibet (southeastern part)

藏南亚种 *M. a. pelops* Hodgson, 1840
西藏南部（雅鲁藏布江大拐弯以西）
Tibet (the southern part, extending eastwards to the Great U Tum of the Yarlung Zangbo Rive)

滇南亚种 *M. a. coolidgei* Osgood, 1932
云南西部、南部和广西西南部
Yunnan (eastern and southern parts) and Guangxi (southwestern part)

模式标本产地 / Type Locality
印度
India, Assam

▲ 其他名称 / Other Name(s)

其他中文名 / Other Chinese Name(s)
阿萨姆短尾猴、阿萨姆猴、
喜马拉雅猴

其他英文名 / Other English Name(s)
Eastern Assamese Macaque,
Western Assamese Macaque

同物异名 / Synonym(s)
无 None

▲ 形态及生境 / Morphology and Habitat

形态特征 / Morphological Characteristics
齿式：2.1.2.3/2.1.2.3=32。体长 50~70 cm，尾长 17~21 cm。体重 10~15 kg。具有颊囊。与猕猴的不同之处在于颜面部相对较长，眉弓高而突出。眼下皮颜色较深。吻部突出。头顶毛发呈旋涡状从中央向四周辐射。面部呈肉色，腮须和胡子发达。
Dental formula: 2.1.2.3/2.1.2.3=32. Body length 50-70 cm. Tail length 17-21 cm. Body mass 10 to 15 kg. Cheek pouches present. They differ from macaques in that their faces are relatively long, and their brow arches are high and prominent. The skin is darker under the eyes. The snout protrudes. Hairs on the top of the head radiates from the center in a swirl. The face is flesh-colored, with well-developed whiskers.

生境 / Habitat
森林 Forest

▲ 地理分布 / Geographic Distribution

国内分布 / Domestic Distribution
广东、云南、广西、贵州、西藏
Guangdong, Yunnan, Guangxi, Guizhou, Tibet

全球分布 / World Distribution
中国、孟加拉国、不丹、印度、老挝、缅甸、尼泊尔、泰国、越南
China, Bangladesh, Bhutan, India, Laos, Myanmar, Nepal, Thailand, Vietnam

生物地理界 / Biogeographic Realm
印度马来界 Indomalaya

WWF 生物群系 / WWF Biome
热带和亚热带湿润阔叶林
Tropical & Subtropical Moist Broadleaf Forests

动物地理分布型 / Zoogeographic Distribution Type
We

分布标注 / Distribution Note
非特有种 Non-Endemic

▲ 濒危状况 / Threatened Status

中国生物多样性红色名录等级 / CB RL Category (2021)
易危 VU

IUCN 红色名录 / IUCN Red List (2021)
近危 NT

威胁因子 / Threats
森林砍伐、牧场、狩猎、外来入侵物种
Logging, ranching, hunting, alien species invasion

▲ 法律保护地位 / Legal Protection Status

国家重点保护野生动物等级 / Category of National Key Protected Wild Animals (2021)
一级 Category I

"三有" 名录 / TWIESSV (2023)
未列入 Not listed

CITES 附录等级 / CITES Appendix (2023)
II

迁徙物种公约附录 / CMS Appendix (2020)
未列入 Not listed

保护行动 / Conservation Action
在自然保护区内的种群及栖息地得到保护
Populations and habitats are protected in nature reserves

▲ 参考文献 / References

Jiang et al. (蒋志刚等), 2021; Burgin et al., 2020; IUCN, 2020; Wilsonand Mittermeier, 2012; Smith et al., 2009; Pan et al. (潘清华等), 2007; Wilson and Reeder, 2005; Wang (王应祥), 2003; Zhang (张荣祖), 1997; Xia and Zhang (夏武平和张荣祖), 1995; Wang et al. (王岐山等), 1994; Jiang et al. (蒋学龙等), 1993; Xia (夏武平), 1988

250 / 台湾猴

Macaca cyclopis Swinhoe, 1863

· Taiwan Macaque

何鑫 / 供图

▲ 分类地位 / Taxonomy

灵长目 Primates / 猴科 Cercopithecidae / 猕猴属 *Macaca*

科建立者及其文献 / Family Authority
Gray, 1821

属建立者及其文献 / Genus Authority
Lacépède, 1799

亚种 / Subspecies
无 None

模式标本产地 / Type Locality
中国
China, Taiwan, Jusan, Takao Pref

▲ 其他名称 / Other Name(s)

其他中文名 / Other Chinese Name(s)
黑肢猴、岩栖猕猴、台湾猕猴

其他英文名 / Other English Name(s)
无 None

同物异名 / Synonym(s)
Macaca affinis (Blyth, 1863)

▲ 形态及生境 / Morphology and Habitat

形态特征 / Morphological Characteristics
齿式：2.1.2.3/2.1.2.3=32。雄性体长 44~54 cm。雌
性体长 36~45 cm。体重 5~12 kg。面部呈肉红色。
额部裸露无毛，颜色灰黄。头部圆且具厚毛。两颊
密生浓须。顶毛向后披。体毛为蓝灰石板色或灰褐色。
尾基部橄榄色，端部灰色。
Dental formula: 2.1.2.3/2.1.2.3=32. The male body length 44-
54 cm, and the female body length 36-45 cm. Body mass 5-12
kg. The face is fleshy red. The forehead is hairless and sallow
grayish- yellow. Head round and thickly hairy. The cheeks are
thickly bearded. The hairs on the head top are worn back. The
body hairs bluish-gray slate color or grayish-brown and the tail
base olive, with a grey tip.

生境 / Habitat
亚热带湿润山地森林、竹林、次生林、耕地
Subtropical moist montane forest, bamboo grove, secondary
forest, arable land

▲ 地理分布 / Geographic Distribution

国内分布 / Domestic Distribution
台湾 Taiwan

全球分布 / World Distribution
中国 China

生物地理界 / Biogeographic Realm
印度马来界 Indomalaya

WWF 生物群系 / WWF Biome
热带和亚热带湿润阔叶林
Tropical & Subtropical Moist Broadleaf Forests

动物地理分布型 / Zoogeographic Distribution Type
J

分布标注 / Distribution Note
特有种 Endemic

▲ 濒危状况 / Threatened Status

中国生物多样性红色名录等级 / CB RL Category (2021)
无危 LC

IUCN 红色名录 / IUCN Red List (2021)
无危 LC

威胁因子 / Threats
未知 Unknown

▲ 法律保护地位 / Legal Protection Status

国家重点保护野生动物等级 / Category of National Key Protected Wild Animals (2021)
一级 Category I

"三有"名录 / TWIESSV (2023)
未列入 Not listed

CITES 附录等级 / CITES Appendix (2023)
II

迁徙物种公约附录 / CMS Appendix (2020)
未列入 Not listed

保护行动 / Conservation Action
已建立自然保护区
Nature Reserve Established

▲ 参考文献 / References

Jiang et al. (蒋志刚等), 2021; Burgin et al., 2020; Liu et al. (刘少英等), 2020; Wu & Long 2020; Mittermeier et al., 2013; Pan et al. (潘清华等), 2007; Wilson and Reeder, 2005; Wang (王应祥), 2003; Zhang (张荣祖), 2002; Groves, 2001; Masui et al., 1986

251 / 北豚尾猴

Macaca leonina (Blyth, 1863)

· North Pig-tailed Macaque

▲ 分类地位 / Taxonomy

灵长目 Primates / 猴科 Cercopithecidae / 猕猴属 *Macaca*

科建立者及其文献 / Family Authority
Gray, 1821

属建立者及其文献 / Genus Authority
Lacépède, 1799

亚种 / Subspecies
无 None

模式标本产地 / Type Locality
缅甸
Burma (Myanmar), N Arakan

张永 / 供图

▲ 其他名称 / Other Name(s)

其他中文名 / Other Chinese Name(s)
平顶猴、猪猴、猪尾猴

其他英文名 / Other English Name(s)
Burmese Pig-tailed Macaque, Long-haired
Pig-tailed Macaque

同物异名 / Synonym(s)
无 None

▲ 形态及生境 / Morphology and Habitat

形态特征 / Morphological Characteristics
齿式：2.1.2.3/2.1.2.3=32。体长 44~62 cm。颅全长 11~14 cm。尾长
12~18 cm。体重 11~14 kg。体型强壮结实。性二型显著，雄性头顶深
褐色，眼睛上方蓝色。脸裸露，粉红色，脸部周围有浅灰色宽带。体
毛一般为黄褐色。尾毛稀疏，尾通常下垂。高度兴奋时，尾竖起。
Dental formula: 2.1.2.3/2.1.2.3=32. Head and body length 44–62 cm. Greatest skull
length 11–14 cm. Tail length 12–18 cm. Body mass 11–14 kg. Powerful, stocky
macaque. General color agouti brown. Sexual dimorphism is significant. Males have
dark brown hairs on the head top and a broad ruff of grayish hair around the face.
The bare face is generally pink but bluish above the eyes. Tail short, sparsely haired,
which is normally pendulous but is held erect at high excitement.

生境 / Habitat
热带亚热带湿润低地森林、耕地
Tropical subtropical moist lowland forest, arable land

▲ 地理分布 / Geographic Distribution

国内分布 / Domestic Distribution
云南 Yunnan

全球分布 / World Distribution
孟加拉国、柬埔寨、中国、印度、老挝、缅甸、泰国、越南
Bengladesh, Cambodia, China, India, Laos, Myanmar, Thailand, Vietnam

生物地理界 / Biogeographic Realm
印度马来界 Indomalaya

WWF 生物群系 / WWF Biome
热带和亚热带湿润阔叶林
Tropical & Subtropical Moist Broadleaf Forests

动物地理分布型 / Zoogeographic Distribution Type
Wa

分布标注 / Distribution Note
非特有种 Non-Endemic

▲ 濒危状况 / Threatened Status

中国生物多样性红色名录等级 / CB RL Category (2021)
极危 CR

IUCN 红色名录 / IUCN Red List (2021)
易危 VU

威胁因子 / Threats
森林砍伐、狩猎 Logging, hunting

▲ 法律保护地位 / Legal Protection Status

国家重点保护野生动物等级 / Category of National Key Protected Wild Animals (2021)
一级 Category I

"三有" 名录 / TWIESSV (2023)
未列入 Not listed

CITES 附录等级 / CITES Appendix (2023)
II

迁徙物种公约附录 / CMS Appendix (2020)
未列入 Not listed

保护行动 / Conservation Action
在自然保护区内的种群及栖息地得到保护
Populations and habitats are protected in nature reserves

▲ 参考文献 / References

Jiang et al. (蒋志刚等), 2021; Burgin et al., 2020; IUCN, 2020; Liu et al. (刘少英等), 2020; Mittermeier et al., 2013; Smith et al., 2009; Pan et al. (潘清华等), 2007; Wilson and Reeder, 2005; Wang (王应祥), 2003; Zhang (张荣祖), 1997

252 / 白颊猕猴

Macaca leucogenys Li, Zhao & Fan, 2015

· White-cheeked Macaque

▲ 分类地位 / Taxonomy

灵长目 Primates / 猴科 Cercopithecidae / 猕猴属 *Macaca*

科建立者及其文献 / Family Authority
Gray, 1821

属建立者及其文献 / Genus Authority
Lacépède, 1799

亚种 / Subspecies
无 None

模式标本产地 / Type Locality
中国
Gangrigebu (29°28'N, 95°49'E, 2410m above sea level), Modog County, Tibet, China

李成 / 供图　　　　李成 / 供图

▲ 其他名称 / Other Name(s)

其他中文名 / Other Chinese Name(s)
无 None

其他英文名 / Other English Name(s)
无 None

同物异名 / Synonym(s)
无 None

▲ 形态及生境 / Morphology and Habitat

形态特征 / Morphological Characteristics

齿式：2.1.2.3/2.1.2.3=32。白颊猕猴与熊猴的形态特征相似，其主要区别是，白颊猕猴脸上满布细长的白色胡须。白颊猕猴性成熟时，白色胡须开始生长，最终覆盖整个面部，使白颊猕猴面部呈白色圆形。白颊猕猴的颈部也长出浓密毛发，尾短，有毛发。此外，白颊猕猴与熊猴的外阴部形状不同。

Dental formula: 2.1.2.3/2.1.2.3=32. *Macaca leucogenys* is morphologically similar to the *Macaca assamensis*. The main difference between the two macaques is that White-cheeked Macaque have long, thin white whiskers all over their faces. As White-cheeked Macaque reaches sexual maturity, white whiskers grow and eventually cover their entire face, giving the animal a rounded white face appearance. White-cheeked macaques also grow thick hairs on their necks and have short, hairy tails. In addition, the shape of the genitals of the White-cheeked Macaque is different from that of the Assam Macaque.

生境 / Habitat

阔叶林、针叶阔叶混交林
Broad-leaved forest, coniferous and broad-leaved mixed forest

▲ 地理分布 / Geographic Distribution

国内分布 / Domestic Distribution
西藏 Tibet

全球分布 / World Distribution
中国 China

生物地理界 / Biogeographic Realm
印度马来界 Indomalaya

WWF 生物群系 / WWF Biome
热带和亚热带湿润阔叶林
Tropical & Subtropical Moist Broadleaf Forests

动物地理分布型 / Zoogeographic Distribution Type
Hm

分布标注 / Distribution Note
未知 Unknown

▲ 濒危状况 / Threatened Status

中国生物多样性红色名录等级 / CB RL Category (2021)
濒危 EN

IUCN 红色名录 / IUCN Red List (2022)
濒危 EN

威胁因子 / Threats
人类活动干扰 Human disturbance

▲ 法律保护地位 / Legal Protection Status

国家重点保护野生动物等级 / Category of National Key Protected Wild Animals (2021)
二级 Category II

"三有" 名录 / TWIESSV (2023)
未列入 Not listed

CITES 附录等级 / CITES Appendix (2023)
II

迁徙物种公约附录 / CMS Appendix (2020)
未列入 Not listed

保护行动 / Conservation Action
在自然保护区内的种群及栖息地得到保护
Populations and habitats are protected in nature reserves

▲ 参考文献 / References

Fan, & Ma 2022; Jiang et al. (蒋志刚等), 2021; Burgin et al., 2020; IUCN, 2020; Liu et al. (刘少英等), 2020; Li et al., 2015

253 / 猕猴

Macaca mulatta (Zimmermann, 1780)

· Rhesus Monkey

▲ 其他名称 / Other Name(s)

其他中文名 / Other Chinese Name(s)

恒河猴、广西猴、猢猴

其他英文名 / Other English Name(s)

无 None

同物异名 / Synonym(s)

无 None

▲ 分类地位 / Taxonomy

灵长目 Primates / 猴科 Cercopithecidae / 猕猴属 *Macaca*

科建立者及其文献 / Family Authority

Gray, 1821

属建立者及其文献 / Genus Authority

Lacépède, 1799

亚种 / Subspecies

藏东南亚种 *M. m. vestitus* (Milne-Edwards,1892)
西藏南部和东南部
Tibet (southern and southeastern parts)

毛耳亚种 *M. m. lasiotus* Grey, 1868
云南北部、四川西部、甘肃南部和青海东南部
Yunnan(northern part), Sichuan (western part), Gansu (southern part) and Qinghai (southeastern part)

印支亚种 *M. m. siamica* Kloss, 1917
云南（北部除外）
Yunnan (except northern part)

海南亚种 *M. m. brachyurus* (Eliot, 1909)
海南
Hainan

福建亚种 *M. m. littoralis* (Eliot, 1909)
长江以南及珠江以北的安徽、浙江、江西、福建、湖南、湖北和贵州
Anhui, Zhejiang, Jiangxi, Fujian, Hunan, Hubei and Guizhou, where extending northwards to Yangtze River, and southwards to Zhujiang River

华北亚种（直隶亚种）*M. m. tcheliensis* Milne-Edwards,1872
黄河以北的河南北部、山西、河北(21世纪初重新被发现)和北京(21世纪初重新被发现)
Henan (northern part), Shanxi, Hebei (rediscovered in early 21th century) and Beijing (rediscovered in early 21th century), where only extending southwards to Yellow river

模式标本产地 / Type Locality
印度
India

▲ 形态及生境 / Morphology and Habitat

形态特征 / Morphological Characteristics

齿式：2.1.2.3/2.1.2.3=32。体长 47~64 cm。尾长 19~30 cm。雄性体重 7.7 kg，雌性体重 5.4 kg。面部、两耳为肉色，颜面瘦削，裸露无毛。头顶呈棕色，无旋毛。眉骨高，眼窝深，具颊囊。毛色为灰黄色、灰褐色,背部棕灰色或棕黄色,腹面淡灰黄色,肩毛较短。尾毛较长，有光泽。臀胝发达，肉红色。
Dental formula: 2.1.2.3/2.1.2.3=32. Head and body length 47-64 cm. Tail length 19-30 cm. Males weigh 7.7 kg and females 5.4 kg. Facial, ears flesh red-colored, thin face is bare and hairless. The cap is brown without swirling hair. Brow bones high, eye sockets deep, cheek pouches present. Shoulder hairs shorter, tail longer. Hair color grayish-yellow, grayish-brown, or brown on the back, pale grayish-yellow on the abdomen, shiny. Hip callused is flesh red color.

生境 / Habitat

森林、海岸、灌丛、红树林、人造建筑、种植园
Forest, coast, shrubland, mangrove, man-made buildings, plantations

▲ 地理分布 / Geographic Distribution

国内分布 / Domestic Distribution

山西、湖南、四川、云南、广西、浙江、河北、安徽、福建、江西、河南、
湖北、广东、海南、贵州、西藏、陕西、甘肃、青海、香港、重庆
Shanxi, Hunan, Sichuan, Yunnan, Guangxi, Zhejiang, Hebei, Anhui, Fujian, Jiangxi,
Henan, Hubei, Guangdong, Hainan, Guizhou, Tibet, Shaanxi, Gansu, Qinghai,
Hong Kong, Chongqing

全球分布 / World Distribution

中国、阿富汗、孟加拉国、不丹、印度、老挝、缅甸、尼泊尔、巴基
斯坦、泰国、越南
China, Afghanistan, Bangladesh, Bhutan, India, Laos, Myanmar, Nepal, Pakistan,
Thailand, Vietnam

生物地理界 / Biogeographic Realm
印度马来界、古北界 Indomalaya, Palearctic

WWF 生物群系 / WWF Biome
热带和亚热带湿润阔叶林
Tropical & Subtropical Moist Broadleaf Forests

动物地理分布型 / Zoogeographic Distribution Type
We

分布标注 / Distribution Note
非特有种 Non-Endemic

▲ 濒危状况 / Threatened Status

中国生物多样性红色名录等级 / CB RL Category (2021)
无危 LC

IUCN 红色名录 / IUCN Red List (2021)
无危 LC

威胁因子 / Threats
无 None

▲ 法律保护地位 / Legal Protection Status

国家重点保护野生动物等级 / Category of National Key Protected Wild Animals (2021)
二级 Category II

"三有"名录 / TWIESSV (2023)
未列入 Not listed

CITES 附录等级 / CITES Appendix (2023)
II

迁徙物种公约附录 / CMS Appendix (2020)
未列入 Not listed

保护行动 / Conservation Action
在自然保护区内的种群及栖息地得到保护
Populations and habitats are protected in nature reserves

▲ 参考文献 / References

Jiang et al. (蒋志刚等), 2021; Liu et al. (刘少英等), 2020; Li et al., 2015; Mittermeier et al., 2013; Pan et al. (潘清华等), 2007; Wilson and Reeder,
2005; Wang (王应祥), 2003; Zhang (张荣祖), 1997, 2005; Xia and Zhang (夏武平和张荣祖), 1995; Xia (夏武平), 1988, 1964

254 / 藏南猕猴

Macaca munzala
Madhusudan & Mishra, 2005

· Southern Tibet Macaque

灵长目 Primates / 猴科 Cercopithecidae / 猕猴属 *Macaca*

科建立者及其文献 / Family Authority
Gray, 1821

属建立者及其文献 / Genus Authority
Lacépède, 1799

亚种 / Subspecies
无 None

模式标本产地 / Type Locality
中国
Zemithang (27°42 N, 91°43 E), Tawang District, Tibet; altitude 2180 m above sea level

齐硕 / 供图

▲ 其他名称 / Other Name(s)

其他中文名 / Other Chinese Name(s)
达旺猴

其他英文名 / Other English Name(s)
无 None

同物异名 / Synonym(s)
无 None

▲ 形态及生境 / Morphology and Habitat

形态特征 / Morphological Characteristics
齿式：2.1.2.3/2.1.2.3=32。成年雄性体长 51~63 cm。尾长 26 cm。体重 15 kg。性二型显著，雌性个体比雄性小。头部棕灰色，脸颊黝黑，额顶有一小撮独特的黄色旋毛，中央有黑色旋毛。眼睛上方有黑色条纹。脖子毛发浅色。身体背部呈暗巧克力色或暗褐色，腹面淡灰黄色。尾相对较短，成年雄性尾粗，尾尖处突然变细，亚成年猴尾巴鞭状，由尾根向尾尖均匀变细。

Dental formula: 2.1.2.3/2.1.2.3=32. Adult male body length 51-63 cm. Tail length 26 cm. Body mass 15 kg. Sexual dimorphism is significant; females smaller than males. The head is brownish gray, the cheeks are swarthy, and the top of the forehead has a small tuft of distinctive yellow hair with black swirling hair in the center. Black stripes above the eyes. Neck hairs light color. The back of the body is dark chocolate or dark brown, and the abdomen is pale grayish-yellow. Tail relatively short, the tail of the adult male is thick, and the tip of the tail suddenly tapered. In subadults, the tail is evenly tapered from the tail root to the tip and whip shaped.

生境 / Habitat
阔叶林、针叶林、灌丛、耕地
Broad-leaved forest, coniferous forest, shrubland, arable land

▲ 地理分布 / Geographic Distribution

国内分布 / Domestic Distribution
西藏 Tibet

全球分布 / World Distribution
中国、印度、不丹
China, India, Bhutan

生物地理界 / Biogeographic Realm
印度马来界 Indomalaya

WWF 生物群系 / WWF Biome
热带和亚热带湿润阔叶林
Tropical & Subtropical Moist Broadleaf Forests

动物地理分布型 / Zoogeographic Distribution Type
Hm

分布标注 / Distribution Note
非特有种 Non-Endemic

▲ 濒危状况 / Threatened Status

中国生物多样性红色名录等级 / CB RL Category (2021)
濒危 EN

IUCN 红色名录 / IUCN Red List (2021)
濒危 EN

威胁因子 / Threats
人类活动干扰 Human disturbance

▲ 法律保护地位 / Legal Protection Status

国家重点保护野生动物等级 / Category of National Key Protected Wild Animals (2021)
二级 Category II

"三有" 名录 / TWIESSV (2023)
未列入 Not listed

CITES 附录等级 / CITES Appendix (2023)
II

迁徙物种公约附录 / CMS Appendix (2020)
未列入 Not listed

保护行动 / Conservation Action
未知 Unknown

▲ 参考文献 / References

Jiang et al. (蒋志刚等), 2021; Burgin et al., 2020; Fan et al., 2020; Chang et al. (常勇斌等), 2018; Mittermeier et al., 2013; Sinha et al., 2005

255 / 藏酋猴

Macaca thibetana (Milne-Edwards, 1870)

- Tibetan Macaque

黄耀华 / 供图

▲ 其他名称 / Other Name(s)

其他中文名 / Other Chinese Name(s)

藏猕猴、四川短尾猴、四川猴

其他英文名 / Other English Name(s)

Chinese Stump-tailed Macaque, Milne Edwards's Macaque, Père David's Macaque, Short-tailed Tibetan Macaque, Tibetan Stump-tailed Macaque

同物异名 / Synonym(s)

无 None

▲ 分类地位 / Taxonomy

灵长目 Primates / 猴科 Cercopithecidae / 猕猴属 *Macaca*

科建立者及其文献 / Family Authority

Gray, 1821

属建立者及其文献 / Genus Authority

Lacépède, 1799

亚种 / Subspecies

川西亚种 *M. t. thibetana* Milne-Edward, 1870
四川西部和云南东北部
Sichuan (western part) and Yunnan (northeastern part)

贵州亚种 *M. t. quizhouensis* Jiang et Wang, 1999
贵州东北部（梵净山）
Guizhou (northeastern part-Fanjing Mountain)

黄山亚种 *M. t. huangshanensis* Jiang et Wang, 1999
安徽南部（黄山）
Anhui (southern part-Huang Mountain)

模式标本产地 / Type Locality

中国
China, Szechwan, Moupin

▲ 形态及生境 / Morphology and Habitat

形态特征 / Morphological Characteristics

齿式：2.1.2.3/2.1.2.3=32。体长 61~72 cm。尾长 7 cm 左右。体重 12~18 kg。矢状脊、人字脊和颧弓均发达。颜面皮肤肉色或灰黑色，鼻骨前端宽阔，鼻孔大。体形粗壮。额部常无毛而裸出。耳小，有颊囊。雌猴毛色较雄猴浅。成年雄猴两颊及下颏有似络腮胡样的长毛。头顶和颈毛褐色。眉脊有黑色硬毛。背部毛色深褐，靠近尾基黑色。指（趾）甲黑褐色。背毛长达 10 mm。腋下毛灰白色，尾尖相对尾基色较灰。

Dental formula: 2.1.2.3 / 2.1.2.3=32. Body and head length 61-72 cm. Tail length 7 cm. Body mass 12-18 kg. Sagittal ridge, herringbone ridge, and zygomatic arch are well developed. Facial skin flesh-colored or gray-black, and nose bone front broad, large nostrils. The body is stout. The forehead is often glabrous and bare. Ears small with cheek pouches. Female monkeys are lighter in color than males. Adult males have long whisker-like hairs on their cheeks and chin. Brown hairs on head top and neck. Black bristles on the brow ridge. Dorsal color dark brown, close to the tail base black. Nails on fingers (toes) are black and brown. Dorsal hairs are up to 10 mm long. The underarm hairs are grayish-white. The tail tip is grayish relative to the tail base color.

生境 / Habitat

热带和亚热带湿润山地森林、洞穴、次生林
Tropical and subtropical moist montane forest, caves, secondary forest

▲ 地理分布 / Geographic Distribution

国内分布 / Domestic Distribution
浙江、湖南、安徽、福建、江西、湖北、广东、广西、四川、贵州、
云南、西藏、甘肃、重庆
Zhejiang, Hunan, Anhui, Fujian, Jiangxi, Hubei, Guangdong, Guangxi, Sichuan,
Guizhou, Yunnan, Tibet, Gansu, Chongqing

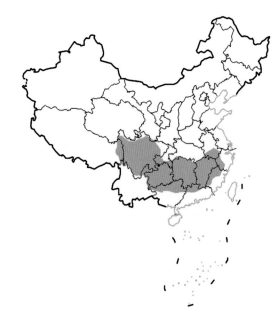

全球分布 / World Distribution
中国 China

生物地理界 / Biogeographic Realm
印度马来界、古北界 Indomalaya, Palearctic

WWF 生物群系 / WWF Biome
热带和亚热带湿润阔叶林
Tropical & Subtropical Moist Broadleaf Forests

动物地理分布型 / Zoogeographic Distribution Type
Se

分布标注 / Distribution Note
特有种 Endemic

▲ 濒危状况 / Threatened Status

中国生物多样性红色名录等级 / CB RL Category (2021)
易危 VU

IUCN 红色名录 / IUCN Red List (2021)
近危 NT

威胁因子 / Threats
人类活动干扰
Human disturbance

▲ 法律保护地位 / Legal Protection Status

国家重点保护野生动物等级 / Category of National Key Protected Wild Animals (2021)
二级 Category II

"三有" 名录 / TWIESSV (2023)
未列入 Not listed

CITES 附录等级 / CITES Appendix (2023)
II

迁徙物种公约附录 / CMS Appendix (2020)
未列入 Not listed

保护行动 / Conservation Action
在自然保护区内的种群及栖息地得到保护
Populations and habitats are protected in nature reserves

▲ 参考文献 / References

Jiang et al. (蒋志刚等), 2021; Burgin et al., 2020; IUCN, 2020; Liu et al. (刘少英等), 2020; Mittermeier et al., 2013; Pan et al. (潘清华等), 2007; Wilson and Reeder, 2005; Sinha et al., 2005; Wang (王应祥), 2003; Zhang (张荣祖), 1997

256 / 长尾叶猴

Semnopithecus schistaceus Hodgson, 1840

· Nepal Gray Langur

蒋志刚 / 供图

▲ 其他名称 / Other Name(s)

其他中文名 / Other Chinese Name(s)
长尾猴、喜山长尾叶猴

其他英文名 / Other English Name(s)
Central Himalayan Langur

同物异名 / Synonym(s)
无 None

▲ 形态及生境 / Morphology and Habitat

形态特征 / Morphological Characteristics
齿式：2.1.2.3/2.1.2.3=32。体长 58~64 cm。尾长 100 cm 以上。体重 20 kg。头顶冠毛。颊毛和眉毛发达，头、面、颏、喉长有白毛。额部有呈旋状辐射的灰白色毛。面颊有一圈白毛。眉毛向前长出，且很长。体毛黄褐色，脸部、手足部深褐色。

Dental formula: 2.1.2.3/2.1.2.3=32. Head and body length 58-64 cm. Tail length is more than 100 cm. Body mass 20 kg. Crest hairs on the head. Buccal hairs and eyebrows developed. Long white hairs on head, face, chin, throat. Forehead has radiating rotating gray-white hairs. The cheeks have a ring of white hairs. Eyebrows very long, grow forward. The body hairs are yellowish-brown. Face, hands, and feet dark-brown.

生境 / Habitat
亚热带湿润山地森林、亚热带高海拔灌丛
Subtropical moist montane forest, subtropical high altitude shrubland

▲ 地理分布 / Geographic Distribution

国内分布 / Domestic Distribution
西藏 Tibet

全球分布 / World Distribution
不丹、中国、印度、尼泊尔、巴基斯坦
Bhutan, China, India, Nepal, Pakistan

生物地理界 / Biogeographic Realm
印度马来界 Indomalaya

WWF 生物群系 / WWF Biome
热带和亚热带湿润阔叶林
Tropical & Subtropical Moist Broadleaf Forests

动物地理分布型 / Zoogeographic Distribution Type
Hm

分布标注 / Distribution Note
非特有种 Non-Endemic

▲ 濒危状况 / Threatened Status

中国生物多样性红色名录等级 / CB RL Category (2021)
极危 CR

IUCN 红色名录 / IUCN Red List (2021)
无危 LC

威胁因子 / Threats
森林砍伐、火灾、狩猎、人类活动干扰
Logging, fire, hunting, human disturbance

▲ 法律保护地位 / Legal Protection Status

国家重点保护野生动物等级 / Category of National Key Protected Wild Animals (2021)
一级 Category I

"三有"名录 / TWIESSV (2023)
未列入 Not listed

CITES 附录等级 / CITES Appendix (2023)
I

迁徙物种公约附录 / CMS Appendix (2020)
未列入 Not listed

保护行动 / Conservation Action
在自然保护区内的种群及栖息地得到保护
Populations and habitats are protected in nature reserves

▲ 参考文献 / References

Jiang et al. (蒋志刚等), 2021; Burgin et al., 2020; IUCN, 2020; Liu et al. (刘少英等), 2020; Mittermeier et al., 2013; Pan et al. (潘清华等), 2007; Wilson and Reeder, 2005; Wang (王应祥), 2003; Zhang (张荣祖), 1997

257 / 印支灰叶猴

Trachypithecus crepusculus (Elliot, 1909)

• Indochinese Gray Langur

刘业勇 / 供图

▲ 分类地位 / Taxonomy

灵长目 Primates / 猴科 Cercopithecidae / 乌叶猴属 *Trachypithecus*

科建立者及其文献 / Family Authority
Gray, 1821

属建立者及其文献 / Genus Authority
Reichenbach, 1862

亚种 / Subspecies
滇南亚种 *T. p. crepusculus* (Elliot, 1909)
云南西南部和南部
Yunnan (southwestern and southern parts)

滇西亚种 *T. p. shanicus* (Wroughtan, 1917)
云南西部（盈江、陇川和潞西）
Yunnan (western part-Yingjiang, Longchuan and Luxi)

模式标本产地 / Type Locality
缅甸
Mooleyit, British Burma (Myanmar). Altitude 1520 m a. s.l

▲ 其他名称 / Other Name(s)

其他中文名 / Other Chinese Name(s)
菲氏叶猴，法氏叶猴

其他英文名 / Other English Name(s)
Black Leaf Monkey, Francois's Leaf Monkey, Tonkin Leaf Monkey, White Side-burned Black Langur

同物异名 / Synonym(s)
无 None

▲ 形态及生境 / Morphology and Habitat

形态特征 / Morphological Characteristics
齿式：2.1.2.3/2.1.2.3=32。体长 50 cm。尾长超过 80 cm。体重 6~10 kg。面部皮肤为深灰色，眼睛周边和嘴唇皮肤缺乏色素，形成白色眼圈和嘴斑。眼圈较窄，有时不明显。唇斑仅限于上下唇中部。头顶前部无旋毛，顶部有直立、尖锥状的簇状冠毛。脸颊毛发向两侧伸出，不卷曲。身体和尾巴毛发均为亮灰色，腹部毛发颜色浅，新生个体为淡黄色。
Dental formula: 2.1.2.3/2.1.2.3=32. Body length 50 cm. Tail length over 80 cm. Body mass 6-10 kg. Facial skin is dark gray, and the skin around the eyes and lips lacks pigments, forming white eye circles and mouth spots. Eye circles are narrow, sometimes not obvious. Lip spots are limited to the middle of the upper and lower lips. No swirl hair at the front of the crown, topped with erect, spiky, tufts of crests. Hairs on the cheeks extend to the sides without curling. The body and tail hair are light grey, and the abdominal hairs are light color, and the hairs of the newborn are light yellow.

生境 / Habitat
森林、盐碱地
Forest, saline-alkali land

▲ 地理分布 / Geographic Distribution

国内分布 / Domestic Distribution
云南 Yunnan

全球分布 / World Distribution
中国、泰国、老挝、越南、孟加拉国
China, Thailand, Laos, Vietnam, Bangladesh

生物地理界 / Biogeographic Realm
印度马来界 Indomalaya

WWF 生物群系 / WWF Biome
热带和亚热带湿润阔叶林
Tropical & Subtropical Moist Broadleaf Forests

动物地理分布型 / Zoogeographic Distribution Type
Wa

分布标注 / Distribution Note
非特有种 Non-Endemic

▲ 濒危状况 / Threatened Status

中国生物多样性红色名录等级 / CB RL Category (2021)
濒危 EN

IUCN 红色名录 / IUCN Red List (2021)
濒危 EN

威胁因子 / Threats
耕种、人类活动干扰、火灾
Farming, human disturbance, fire

▲ 法律保护地位 / Legal Protection Status

国家重点保护野生动物等级 / Category of National Key Protected Wild Animals (2021)
一级 Category I

"三有"名录 / TWIESSV (2023)
未列入 Not listed

CITES 附录等级 / CITES Appendix (2023)
II

迁徙物种公约附录 / CMS Appendix (2020)
未列入 Not listed

保护行动 / Conservation Action
在自然保护区内的种群及栖息地得到保护
Populations and habitats are protected in nature reserves

▲ 参考文献 / References

Jiang et al. (蒋志刚等), 2021; Burgin et al., 2020; IUCN, 2020; Liu et al. (刘少英等), 2020; Wang et al. (王应祥等), 1999

258 / 黑叶猴

Trachypithecus francoisi (Pousargues, 1898)

· Francois's Langur

灵长目 Primates / 猴科 Cercopithecidae / 乌叶猴属 *Trachypithecus*

科建立者及其文献 / Family Authority

Gray, 1821

属建立者及其文献 / Genus Authority

Reichenbach, 1862

亚种 / Subspecies

指名亚种 *T. f. francoisi* (Pousargues, 1898)
广西、贵州和重庆（秀山和南川）
Guangxi, Guizhou and Chongqing (Xiushan and Nanchuan)

模式标本产地 / Type Locality

中国
China, Kwangsi, Lungchow

冯江（二马兵）/ 供图

罗文寿 / 供图

▲ 其他名称 / Other Name(s)

其他中文名 / Other Chinese Name(s)
乌叶猴、乌猿、岩蛛猴

其他英文名 / Other English Name(s)
Francois's Langur, Francois's Langur,
Francois's Leaf Monkey, Tonkin Langur,
Tonkin Leaf Monkey

同物异名 / Synonym(s)
无 None

▲ 形态及生境 / Morphology and Habitat

形态特征 / Morphological Characteristics

齿式：2.1.2.3/2.1.2.3=32。体长 48~64 cm。尾长 80~90 cm。体重 8~10 kg。头顶有一撮竖直立起的黑色冠毛，枕部有 2 个旋毛。眼睛黑色。两颊从耳尖至嘴角处各有一道白色胡须。全身体毛均为黑色（少数个体有白化现象）。背部较腹面长而浓密。臀部胼胝较大。雌猴在会阴区至腹股沟内侧有一块略呈三角形的花白色斑。

Dental formula: 2.1.2.3/2.1.2.3=32. Head and body length 48-64 cm. Tail length 80-90 cm. Body mass 8-10 kg. A black crested bristle on the top of the head and two hair swirls on the occipitalia. Eyes black. White beard on each cheek from the tip of the ear to the corner of the mouth. Hairs are black all over the body (a few individuals have albinism). Dorsal hairs are longer and thicker than that on the abdomen. Callose on the buttocks is large. Female monkeys have a slightly triangle-shaped white spot from the perineum to the medial groin.

生境 / Habitat

热带亚热带湿润低地森林、喀斯特地貌
Tropical subtropical moist lowland forest, karst landscape

▲ 地理分布 / Geographic Distribution

国内分布 / Domestic Distribution
广西、贵州、重庆
Guangxi, Guizhou, Chongqing

全球分布 / World Distribution
中国、越南
China, Vietnam

生物地理界 / Biogeographic Realm
印度马来界 Indomalaya

WWF 生物群系 / WWF Biome
热带和亚热带湿润阔叶林
Tropical & Subtropical Moist Broadleaf Forests

动物地理分布型 / Zoogeographic Distribution Type
Wc

分布标注 / Distribution Note
非特有种 Non-Endemic

▲ 濒危状况 / Threatened Status

中国生物多样性红色名录等级 / CB RL Category (2021)
濒危 EN

IUCN 红色名录 / IUCN Red List (2021)
濒危 EN

威胁因子 / Threats
狩猎、耕种、人类活动干扰、火灾
Hunting, farming, human disturbance, fire

▲ 法律保护地位 / Legal Protection Status

国家重点保护野生动物等级 / Category of National Key Protected Wild Animals (2021)
一级 Category I

"三有" 名录 / TWIESSV (2023)
未列入 Not listed

CITES 附录等级 / CITES Appendix (2023)
II

迁徙物种公约附录 / CMS Appendix (2020)
未列入 Not listed

保护行动 / Conservation Action
在自然保护区内的种群及栖息地得到保护
Populations and habitats are protected in nature reserves

▲ 参考文献 / References

Jiang et al. (蒋志刚等), 2021; Liu et al. (刘少英等), 2020; 黄乘明等, 2018; Mittermeier et al., 2013; Li and Wei (李友邦和韦振逸), 2012; He et al., 2012; Hu et al. (胡刚等), 2011; Tang et al. (唐华兴等), 2011; Pan et al. (潘清华等), 2007; Wilson and Reeder, 2005; Ma and Su (马强和苏化龙), 2004; Wang (王应祥), 2003; Zhang (张荣祖), 1997; Xia and Zhang (夏武平和张荣祖), 1995; Xia (夏武平), 1988, 1964

259 / 菲氏叶猴

Trachypithecus phayrei (Elliot, 1909)

• Phayre's Leaf-monkey

▲ 分类地位 / Taxonomy

灵长目 Primates / 猴科 Cercopithecidae / 乌叶猴属 *Trachypithecus*

科建立者及其文献 / Family Authority
Gray, 1821

属建立者及其文献 / Genus Authority
Reichenbach, 1862

亚种 / Subspecies
无 None

模式标本产地 / Type Locality
缅甸
Burma (Myanmar), Arakan

吴秀山 / 供图　　　徐永春 / 供图　　　吴秀山 / 供图

▲ 其他名称 / Other Name(s)

其他中文名 / Other Chinese Name(s)
大青猴、法氏叶猴、灰叶猴

其他英文名 / Other English Name(s)
Shan States Langur

同物异名 / Synonym(s)
无 None

▲ 形态及生境 / Morphology and Habitat

形态特征 / Morphological Characteristics

齿式：2.1.2.3/2.1.2.3=32。体长 40~60 cm。尾长 70~90 cm。体重 5.7~9.1 kg。身披银灰色毛发，新生个体淡黄色。面部皮肤深灰色。眼睛周围有白色眼圈，眼眶内侧比外侧的褪色更为明显。白色唇斑延伸至鼻中隔。头顶前部有旋毛，顶部毛发向后倾斜，尖锥状冠毛不明显。脸颊毛发向前卷曲。前后足窄长，拇指（趾）短而其他指（趾）细长。

Dental formula: 2.1.2.3/2.1.2.3=32. Head and body length 40-60 cm. Tail length 70-90 cm. Body mass 5.7-9.1 kg. Hair color silver-gray and newborn pale yellow. Dark gray facial skin. White eye circles around the eyes, and the discoloration is more pronounced on the inner side of the eye socket. The white lip spots extend into the nasal septum. A swirl of hair at the front of the head, with the top hairs sloping back. Taper crested hairs are not obvious. Cheek hairs curl forward. Front and rear feet are narrow and long, and the thumb (toe) is short, whereas the other fingers (toes) are slender.

生境 / Habitat
森林、盐碱地
Forest, saline, brackish or alkaline land

▲ 地理分布 / Geographic Distribution

国内分布 / Domestic Distribution
云南 Yunnan

全球分布 / World Distribution
中国、孟加拉国、印度、老挝、缅甸、泰国、越南
China, Bangladesh, India, Laos, Myanmar, Thailand, Vietnam

生物地理界 / Biogeographic Realm
印度马来界 Indomalaya

WWF 生物群系 / WWF Biome
热带和亚热带湿润阔叶林
Tropical & Subtropical Moist Broadleaf Forests

动物地理分布型 / Zoogeographic Distribution Type
Wb

分布标注 / Distribution Note
非特有种 Non-Endemic

▲ 濒危状况 / Threatened Status

中国生物多样性红色名录等级 / CB RL Category (2021)
极危 CR

IUCN 红色名录 / IUCN Red List (2021)
濒危 EN

威胁因子 / Threats
森林砍伐、火灾、耕种
Logging, fire, farming

▲ 法律保护地位 / Legal Protection Status

国家重点保护野生动物等级 / Category of National Key Protected Wild Animals (2021)
一级 Category I

"三有"名录 / TWIESSV (2023)
未列入 Not listed

CITES 附录等级 / CITES Appendix (2023)
II

迁徙物种公约附录 / CMS Appendix (2020)
未列入 Not listed

保护行动 / Conservation Action
在自然保护区内的种群及栖息地得到保护
Populations and habitats are protected in nature reserves

▲ 参考文献 / References

Jiang et al. (蒋志刚等), 2021; IUCN, 2021; Burgin et al., 2020; Liu et al. (刘少英等), 2020; Mittermeier et al., 2013; Wang (王应祥), 2003; Zhang (张荣祖), 1997; He and Yang (何晓瑞和杨德华), 1982; Xia (夏武平), 1988,1964

260 / 戴帽叶猴

Trachypithecus pileatus (Blyth, 1843)

• Capped Langur

Sylvain Cordier (naturepl.com) / 供图

▲ 分类地位 / Taxonomy

灵长目 Primates / 猴科 Cercopithecidae /
乌叶猴属 *Trachypithecus*

科建立者及其文献 / Family Authority
Gray, 1821

属建立者及其文献 / Genus Authority
Reichenbach, 1862

亚种 / Subspecies
无 None

模式标本产地 / Type Locality
印度
India, Assam

▲ 其他名称 / Other Name(s)

其他中文名 / Other Chinese Name(s)
无 None

其他英文名 / Other English Name(s)
Bonneted Langur, Capped Leaf Monkey, Capped Monkey

同物异名 / Synonym(s)
无 None

▲ 形态及生境 / Morphology and Habitat

形态特征 / Morphological Characteristics

齿式：2.1.2.3/2.1.2.3=32。性二态性明显。雄性戴帽叶猴明显比雌性大。雄性头体长 62 cm，体重 9.5~14 kg。雌性身高 56 cm，体重 1.05 kg。戴帽叶猴个体在外观上可能不同。头顶黑色或灰色头发浓密。背侧通常覆盖着灰色、棕色或黑色毛发，腹部毛色为鲜艳橙色到淡黄色。成年叶猴皮肤黑色，而幼龄叶猴皮肤粉红色。幼龄叶猴毛发通常是淡橙色的，类似于成年叶猴胸部毛发颜色。

Dental formula: 2.1.2.3/2.1.2.3=32. Notably significant sexual dimorphism. Male capped langurs are noticeably larger than their female counterparts. Males head and body length 62 cm, weigh 9.5-14 kg. Females 56 cm tall and weigh 1.05 kg. Individual Capped Langurs can vary in appearance. Black or gray thick hairs on the top of their head. Dorsal side is usually covered in gray, brown, or black hairs, bellies can be anywhere from vivid orange to pale yellow color. Adult capped langurs have black skin, while babies have pink skin. The baby's hairs are usually a light orange, similar to the color of an adult's chest.

生境 / Habitat

灌丛、森林、喀斯特地貌
Shrubland, forest, karst landscape

▲ 地理分布 / Geographic Distribution

国内分布 / Domestic Distribution
西藏 Tibet

全球分布 / World Distribution
中国、印度
China, India

生物地理界 / Biogeographic Realm
印度马来界 Indomalaya

WWF 生物群系 / WWF Biome
热带和亚热带湿润阔叶林
Tropical & subtropical moist broadleaf forests

动物地理分布型 / Zoogeographic Distribution Type
Wa

分布标注 / Distribution Note
非特有种 Non-Endemic

▲ 濒危状况 / Threatened Status

中国生物多样性红色名录等级 / CB RL Category (2021)
濒危 EN

IUCN 红色名录 / IUCN Red List (2021)
易危 VU

威胁因子 / Threats
森林砍伐、火灾、耕种
Logging, fire, farming

▲ 法律保护地位 / Legal Protection Status

国家重点保护野生动物等级 / Category of National Key Protected Wild Animals (2021)
一级 Category I

"三有" 名录 / TWIESSV (2023)
未列入 Not listed

CITES 附录等级 / CITES Appendix (2023)
I

迁徙物种公约附录 / CMS Appendix (2020)
未列入 Not listed

保护行动 / Conservation Action
在自然保护区内的种群及栖息地得到保护
Populations and habitats are protected in nature reserves

▲ 参考文献 / References

Jiang et al. (蒋志刚等), 2021; Burgin et al., 2020; IUCN, 2020; Mittermeier et al., 2013; Hu et al. (胡一鸣等), 2017; He et al., 2012; Wang et al., 1999; Li and Lin (李致祥和林正玉), 1983

261 / 白头叶猴

Trachypithecus leucocephalus Tan, 1955

• White-headed Langur

灵长目 Primates / 猴科 Cercopithecidae / 乌叶猴属 *Trachypithecus*

科建立者及其文献 / Family Authority
Gray, 1821

属建立者及其文献 / Genus Authority
Reichenbach, 1862

亚种 / Subspecies
无 None

模式标本产地 / Type Locality
中国
Chongzuo, Guangxi

黄宝平 / 供图

唐万玲 / 摄图

▲ 其他名称 / Other Name(s)

其他中文名 / Other Chinese Name(s)
白头乌猴、白叶猴、花叶猴

其他英文名 / Other English Name(s)
White-headed Black Langur

同物异名 / Synonym(s)
无 None

▲ 形态及生境 / Morphology and Habitat

形态特征 / Morphological Characteristics
齿式：2.1.2.3/2.1.2.3=32。雌雄性二态性明显不甚显著。体长50~70 cm。尾长 60~80 cm。体重 8~10 kg。头部小，躯体瘦削，四肢细长，体毛以黑色为主。与黑叶猴不同的是，白头叶猴头部高耸着一撮直立的白毛。颈部和两个肩部为白色。尾长超过身体长度。尾巴毛色差异大，从全白至全黑，以及不同比例的黑色和白色组合。手和脚背面被覆白毛。
Dental formula: 2.1.2.3/2.1.2.3=32. Male-female dimorphism is not obvious. Head and body length 50-70 cm. Tail length 60-80 cm. Body mass 8-10 kg. Head small, the body is thin, the limbs are slender, and the body hairs are mainly black. Unlike the langurs, the head is topped with a tuft of upright white hair. Neck and two shoulders are white. Tail is longer than the body. Tail colors vary widely, from all white to all black, as well as combinations of black and white in varying proportions. White hairs on the back of the hands and feet.

生境 / Habitat
喀斯特地貌中的灌丛、森林
Shrubland, forest in karst landscape

▲ 地理分布 / Geographic Distribution

国内分布 / Domestic Distribution
广西 Guangxi

全球分布 / World Distribution
中国 China

生物地理界 / Biogeographic Realm
印度马来界 Indomalaya

WWF 生物群系 / WWF Biome
热带和亚热带湿润阔叶林
Tropical & Subtropical Moist Broadleaf Forests

动物地理分布型 / Zoogeographic Distribution Type
Wa

分布标注 / Distribution Note
特有种 Endemic

▲ 濒危状况 / Threatened Status

中国生物多样性红色名录等级 / CB RL Category (2021)
极危 CR

IUCN 红色名录 / IUCN Red List (2021)
极危 CR

威胁因子 / Threats
栖息地破碎、人为干扰
Habitat fragmentation, human disturbance

▲ 法律保护地位 / Legal Protection Status

国家重点保护野生动物等级 / Category of National Key Protected Wild Animals (2021)
一级 Category I

"三有"名录 / TWIESSV (2023)
未列入 Not listed

CITES 附录等级 / CITES Appendix (2023)
II

迁徙物种公约附录 / CMS Appendix (2020)
未列入 Not listed

保护行动 / Conservation Action
在自然保护区内的种群及栖息地得到保护
Populations and habitats are protected in nature reserves

▲ 参考文献 / References

Jiang et al. (蒋志刚等), 2021; Burgin et al., 2020; IUCN, 2020; Liu et al. (刘少英等), 2020; Hu et al., 2017; Huang et al. (黄乘明等), 2018; Mittermeier et al., 2013; Li and Wei (李友邦和韦振逸), 2012; He et al., 2012; Tang et al. (唐华兴等), 2011; Pan et al. (潘清华等), 2007; Wilson and Reeder, 2005; Wang (王应祥), 2003; Tan (谭邦杰), 1992; Tan (谭邦杰), 1955

262 / 萧氏叶猴

Trachypithecus shortridgei Wroughton, 1915

• Shortridge's Langur

灵长目 Primates / 猴科 Cercopithecidae / 乌叶猴属 *Trachypithecus*

科建立者及其文献 / Family Authority
Gray, 1821

属建立者及其文献 / Genus Authority
Reichenbach, 1862

亚种 / Subspecies
无 None

模式标本产地 / Type Locality
缅甸
Burma (Myanmar), Homalin (upper Chindwin)

彭建生 / 插图

▲ 其他名称 / Other Name(s)

其他中文名 / Other Chinese Name(s)
冠叶猴、黑脸猴、翘尾猴

其他英文名 / Other English Name(s)
Shortridge's Capped Langur

同物异名 / Synonym(s)
无 None

▲ 形态及生境 / Morphology and Habitat

形态特征 / Morphological Characteristics
齿式：2.1.2.3/2.1.2.3=32。颅全长 10~12 cm。体长 109~160 cm。尾长 70~120 cm。体重 9~12 kg。面部皮肤亮黑色，眼睛黄橙色。黑色眉带狭窄，两侧末端上翘。颊须在嘴角两边下弯。体银灰色。手和足深灰色。尾颜色更深直到尾尖。腿部被毛微淡灰色，下腹被毛深灰。幼体被毛橙色。
Dental formula: 2.1.2.3/2.1.2.3=32. Greatest skull length 10-12 cm. Head and body length 109-160 cm. Tail length 70-120 cm. Body mass 9–12 kg. Facial skin shiny black, and eyes startlingly yellow-orange. Narrow black browband ending laterally in upward pointed, cheek whiskers at each corner of the mouth ending in downward pointed spikes. Silvery-gray langur, with hands and feet darker gray, tail darkening toward tip. Legs slightly paler gray, underside more so. The infant is orange colored.

生境 / Habitat
亚热带湿润低地森林
Subtropical moist lowland forest

▲ 地理分布 / Geographic Distribution

国内分布 / Domestic Distribution
云南、西藏
Yunnan, Tibet

全球分布 / World Distribution
中国、缅甸
China, Myanmar

生物地理界 / Biogeographic Realm
印度马来界 Indomalaya

WWF 生物群系 / WWF Biome
热带和亚热带湿润阔叶林
Tropical & Subtropical Moist Broadleaf Forests

动物地理分布型 / Zoogeographic Distribution Type
Wa

分布标注 / Distribution Note
非特有种 Non-Endemic

▲ 濒危状况 / Threatened Status

中国生物多样性红色名录等级 / CB RL Category (2021)
濒危 EN

IUCN 红色名录 / IUCN Red List (2021)
濒危 EN

威胁因子 / Threats
栖息地破碎、人为干扰
Habitat fragmentation, human disturbance

▲ 法律保护地位 / Legal Protection Status

国家重点保护野生动物等级 / Category of National Key Protected Wild Animals (2021)
一级 Category I

"三有"名录 / TWIESSV (2023)
未列入 Not listed

CITES 附录等级 / CITES Appendix (2023)
I

迁徙物种公约附录 / CMS Appendix (2020)
未列入 Not listed

保护行动 / Conservation Action
在自然保护区内的种群及栖息地得到保护
Populations and habitats are protected in nature reserves

▲ 参考文献 / References

Jiang et al. (蒋志刚等), 2021; Burgin et al., 2020; IUCN, 2020; Liu et al. (刘少英等), 2020; Mittermeier et al., 2013; Pan et al. (潘清华等), 2007; Wilson and Reeder, 2005; Wang (王应祥), 2003; Zhang (张荣祖), 1997

263 / 滇金丝猴

Rhinopithecus bieti Milne-Edwards, 1897

• Black Snub-nosed Monkey

▲ 分类地位 / Taxonomy

灵长目 Primates / 猴科 Cercopithecidae / 仰鼻猴属 *Rhinopithecus*

科建立者及其文献 / Family Authority
Gray, 1821

属建立者及其文献 / Genus Authority
Milne-Edwards, 1872

亚种 / Subspecies
无 None

模式标本产地 / Type Locality
中国
China, Yunnan, left bank of upper Mekong, Kiape, 28°5'N, 98°5'E, "a day's journey south of Atentse"

王昌大 / 供图

▲ 其他名称 / Other Name(s)

其他中文名 / Other Chinese Name(s)
云南仰鼻猴、黑仰鼻、猴仰鼻猴、反鼻猴

其他英文名 / Other English Name(s)
Yunnan Snub-nosed Monkey

同物异名 / Synonym(s)
Pygathrix roxellana subspecies *bieti*

▲ 形态及生境 / Morphology and Habitat

形态特征 / Morphological Characteristics
齿式：2.1.2.3/2.1.2.3=32。体长 51~83 cm。颅全长 10~14 cm。尾长 52~75 cm。体重 9~17 kg。皮毛以灰黑、白色为主。雄性头顶有黑色冠毛。眼周和吻鼻部青灰色或肉粉色。鼻端上翘呈深蓝色。嘴唇粉红色。初生幼猴毛发白色，随着年龄增长，毛色变黄变灰。成年雄性的背部毛发长。身体背侧、手足和尾均为灰黑色。背后具有灰白色的稀疏长毛。腹面、颈侧、臀部及四肢内侧均为白色。

Dental formula: 2.1.2.3/2.1.2.3=32. Head and body length 51-83 cm. Tail length 52-75 cm. The largest skull length 10-14 cm. Body mass 9-17 kg. Hairs mainly grey and black and white. Males have black crests on their heads. Cyan or fleshy pink around the eyes and snout. The nose is turned up in dark blue. Pink lips. At birth, young monkeys have white hairs, which turns yellow and gray as they age. Adult males have long hairs on their backs. The back of the body, the hands and feet, and the tail are all grayish-black. The back has sparsely grayish-white bristles. The abdomen, the neck, the buttocks, and the inside of the extremities are all white.

生境 / Habitat
泰加林 Taiga

▲ 地理分布 / Geographic Distribution

国内分布 / Domestic Distribution
云南、西藏
Yunnan, Tibet

全球分布 / World Distribution
中国 China

生物地理界 / Biogeographic Realm
印度马来界 Indomalaya

WWF 生物群系 / WWF Biome
温带针叶树森林
Temperate Conifer Forests

动物地理分布型 / Zoogeographic Distribution Type
Hc

分布标注 / Distribution Note
特有种 Endemic

▲ 濒危状况 / Threatened Status

中国生物多样性红色名录等级 / CB RL Category (2021)
濒危 EN

IUCN 红色名录 / IUCN Red List (2021)
濒危 EN

威胁因子 / Threats
未知 Unknown

▲ 法律保护地位 / Legal Protection Status

国家重点保护野生动物等级 / Category of National Key Protected Wild Animals (2021)
一级 Category I

"三有"名录 / TWIESSV (2023)
未列入 Not listed

CITES 附录等级 / CITES Appendix (2023)
I

迁徙物种公约附录 / CMS Appendix (2020)
未列入 Not listed

保护行动 / Conservation Action
在自然保护区内的种群及栖息地得到保护
Populations and habitats are protected in nature reserves

▲ 参考文献 / References

Jiang et al. (蒋志刚等), 2021; Long et at., 2021; Burgin et al., 2020; IUCN, 2020; Liu et al. (刘少英等), 2020; Mittermeier et al., 2013; Wang et al. (王亚明等), 2011; Smith et al., 2009; Wu and Lu (吴建国和吕佳佳), 2009; Pan et al. (潘清华等), 2007; Wilson and Reeder, 2005; Wang (王应祥), 2003; Zhang (张荣祖), 1997; Li and Lin (李致祥和林正玉), 1983

264 / 黔金丝猴

Rhinopithecus brelichi (Thomas, 1903)

• Grey Snub-nosed Monkey

梵净山国家级自然保护区管理局 / 供图

▲ 分类地位 / Taxonomy

灵长目 Primates / 猴科 Cercopithecidae /
仰鼻猴属 *Rhinopithecus*

科建立者及其文献 / Family Authority
Gray, 1821

属建立者及其文献 / Genus Authority
Milne-Edwards, 1872

亚种 / Subspecies
无 None

模式标本产地 / Type Locality
中国
China, N Kweichow, Van Gin Shan Range

▲ 其他名称 / Other Name(s)

其他中文名 / Other Chinese Name(s)
白肩仰鼻猴、灰金丝猴

其他英文名 / Other English Name(s)
Brelich's Snub-nosed Monkey

同物异名 / Synonym(s)
无 None

▲ 形态及生境 / Morphology and Habitat

形态特征 / Morphological Characteristics
齿式：2.1.2.3/2.1.2.3=32。体长 64~73 cm。尾长 70~97 cm。体重 18~15 kg。脸部灰白或浅蓝，鼻眉脊浅蓝。吻鼻部略向下凹，前额毛基金黄色，至后部逐渐变为灰白。背部灰褐，从肩部沿四肢外侧至手背和脚背渐变为黑色。肩窝有一白色块斑，肩毛长达 16 cm。颈下、腋部及上肢内侧金黄色，尾基深灰色，至尾端为黑色或黄白色。幼体毛色银灰。

Dental formula: 2.1.2.3/2.1.2.3=32. Head and body length 64-73 cm. Tail length 70-97 cm. The body mass 18-15 kg. The face of the monkey is pale or bluish, nose and brow ridge bluish. The nose is slightly concave downward, and the bases of the hairs on the forehead are yellow and gradually turns gray. Dorsal hairs are gray-brown, from the shoulder along the outside of the limbs to the back of the hands and insteps gradually black. There is a white patch in the shoulder socket. Shoulder hairs up to 16 cm long. Golden hairs under the neck, axillary, and arms. Hairs on the proximal end are dark gray, gradually turning to black at the dorsal end and yellow-white at the tip of the tail. Juvenile coat color silver gray.

生境 / Habitat
亚热带湿润山地森林
Subtropical moist montane forest

▲ 地理分布 / Geographic Distribution

国内分布 / Domestic Distribution
贵州 Guizhou

全球分布 / World Distribution
中国 China

生物地理界 / Biogeographic Realm
印度马来界 Indomalaya

WWF 生物群系 / WWF Biome
热带和亚热带湿润阔叶林
Tropical & Subtropical Moist Broadleaf Forests

动物地理分布型 / Zoogeographic Distribution Type
Hc

分布标注 / Distribution Note
特有种 Endemic

▲ 濒危状况 / Threatened Status

中国生物多样性红色名录等级 / CB RL Category (2021)
极危 CR

IUCN 红色名录 / IUCN Red List (2021)
极危 CR

威胁因子 / Threats
未知 Unknown

▲ 法律保护地位 / Legal Protection Status

国家重点保护野生动物等级 / Category of National Key Protected Wild Animals (2021)
一级 Category I

"三有" 名录 / TWIESSV (2023)
未列入 Not listed

CITES 附录等级 / CITES Appendix (2023)
I

迁徙物种公约附录 / CMS Appendix (2020)
未列入 Not listed

保护行动 / Conservation Action
已经建立自然保护区
Established Nature Reserve

▲ 参考文献 / References

Jiang et al. (蒋志刚等), 2021; Burgin et al., 2020; IUCN, 2020; Liu et al. (刘少英等), 2020; Kolleck et al., 2013; Mittermeier et al., 2013; Grueter et al., 2012; Niu et al., 2010; Yang et al. (杨海龙等), 2010; Pan et al. (潘清华等), 2007; Wilson and Reeder, 2005; Wang (王应祥), 2003

265 / 川金丝猴

Rhinopithecus roxellana
(Milne-Edwards, 1870)

· Golden Snub-nosed Monkey

灵长目 Primates / 猴科 Cercopithecidae / 仰鼻猴属 *Rhinopithecus*

科建立者及其文献 / Family Authority
Gray, 1821

属建立者及其文献 / Genus Authority
Milne-Edwards, 1872

亚种 / Subspecies
川西亚种 *R. r. roxellana* Milne-Edwards, 1870
四川西部和甘肃南部
Sichuan (western part) and Gansu (southern part)

秦岭亚种 *R. r. qinlingensis* Wang, Jiang et Li, 1998
陕西南部（秦岭山区）
Shaanxi (southern part-Qinling Mountains)

湖北亚种 *R. r. hubeiensis* Wang, Jiang et Li, 1998
湖北西部（神农架）和重庆东部（巫山）
Hubei (western part-Shennongjia) and Chongqing (eastern part-Wushan)

模式标本产地 / Type Locality
中国
China, Sichuan, Moupin (Baoxing, 30°6'N, 102°0'E)

蒋志刚 / 供图

蒋志刚 / 供图

▲ 其他名称 / Other Name(s)

其他中文名 / Other Chinese Name(s)
仰鼻猴

其他英文名 / Other English Name(s)
Sichuan Golden Snub-nosed Monkey,
Sichuan Snub-nosed Monkey, Hubei
Golden Snub-nosed Monkey, Moupin
Golden Snub-nosed Monkey, Quinling
Golden Snub-nosed Monkey

同物异名 / Synonym(s)
Pygathrix roxellana subspecies *bieti*
(Milne-Edwards, 1897)

▲ 形态及生境 / Morphology and Habitat

形态特征 / Morphological Characteristics
齿式：2.1.2.3/2.1.2.3=32。成年雄体长平均为 68 cm，尾长 69 cm。雄性体重 15~39 kg，雌性体重 6.5~10 kg。鼻孔向上仰，颜面部为淡蓝色，无颊囊。颊部及颈侧被毛棕红，头顶毛发深棕色，肩背部披覆长毛，色泽金黄。尾与体等长或更长。幼体毛色淡金黄色，脸面蓝色。
Dental formula: 2.1.2.3/2.1.2.3=32. Adult males have an average body length of 68 cm and a tail length of 69 cm. Males weigh 15-39 kg. Females weigh 6.5-10 kg. The nostrils are upturned and the face is pale blue with no cheek pouches. The hairs on the cheeks and neck are reddish-brown, the hairs on the top of the head are dark brown, the shoulders and back are covered with long hairs, with a shining golden color, and the tail is as long as the body or longer. The juveniles are covered with pale yellow golden hairs and the faces of juveniles are blue.

生境 / Habitat
泰加林、针叶阔叶混交林
Taiga, coniferous and broad-leaved mixed forest

▲ 地理分布 / Geographic Distribution

国内分布 / Domestic Distribution
陕西、四川、甘肃、湖北、重庆
Shaanxi, Sichuan, Gansu, Hubei, Chongqing

全球分布 / World Distribution
中国 China

生物地理界 / Biogeographic Realm
古北界 Palearctic

WWF 生物群系 / WWF Biome
温带阔叶和混交林
Temperate Broadleaf & Mixed Forests

动物地理分布型 / Zoogeographic Distribution Type
Hc

分布标注 / Distribution Note
特有种 Endemic

▲ 濒危状况 / Threatened Status

中国生物多样性红色名录等级 / CBRL Category (2021)
易危 VU

IUCN 红色名录 / IUCN Red List (2021)
濒危 EN

威胁因子 / Threats
未知 Unknown

▲ 法律保护地位 / Legal Protection Status

国家重点保护野生动物等级 / Category of National Key Protected Wild Animals (2021)
一级 Category I

"三有"名录 / TWIESSV (2023)
未列入 Not listed

CITES 附录等级 / CITES Appendix (2023)
I

迁徙物种公约附录 / CMS Appendix (2020)
未列入 Not listed

保护行动 / Conservation Action
大部分栖息地已经建立自然保护区
Most of its habitats are protected by nature reserves

▲ 参考文献 / References

Jiang et al. (蒋志刚等), 2021; Burgin et al., 2020; IUCN, 2020; Liu et al. (刘少英等), 2020; Mittermeier et al., 2013; Pan et al. (潘清华等), 2007; Wilson and Reeder, 2005;Ren et al. (任宝平等), 2004; Wang (王应祥), 2003; Zhang (张荣祖), 1997; Xia and Zhang (夏武平和张荣祖), 1995

266 / 缅甸金丝猴

Rhinopithecus strykeri
Geissmann, Ngwe Lwin, Saw Soe Aung,
Thet Naing Aung, Zin Myo Aung, Tony Htin Hla,
Grindley & Momberg, 2011

- Stryker's Snub-nosed Monkey

▲ 分类地位 / Taxonomy

灵长目 Primates / 猴科 Cercopithecidae / 仰鼻猴属 *Rhinopithecus*

科建立者及其文献 / Family Authority
Gray, 1821

属建立者及其文献 / Genus Authority
Milne-Edwards, 1872

亚种 / Subspecies
无 None

模式标本产地 / Type Locality
缅甸
26°43'N, 98°9'E (elevation 2,815m) in the Maw River area, northeastern Kachin State, and northeastern Myanmar

▲ 其他名称 / Other Name(s)

其他中文名 / Other Chinese Name(s)
怒江金丝猴

其他英文名 / Other English Name(s)
Burmese Snub-nosed Monkey, Myanmar
Snub-nosed Monkey

同物异名 / Synonym(s)
无 None

▲ 形态及生境 / Morphology and Habitat

形态特征 / Morphological Characteristics
齿式：2.1.2.3/2.1.2.3=32。头体长 55.5 cm。尾长 78 cm。体重 20~30 kg。尾长约为体长的 1.4 倍。全身大部分覆盖着茂密黑色毛发，头顶有一撮细长而向前卷曲的黑色顶毛，耳郭边缘具突出白毛。脸颊大部分赤裸，皮肤淡粉色，鼻孔向上仰，上唇、下巴有白色长胡须，会阴部白色。
Dental formula: 2.1.2.3/2.1.2.3=32. Head and body length 55.5 cm. Tail length 78 cm. Body mass 20-30 kg. Tail length is about 1.4 times the body length. Most of the body is covered with thick black hairs, and the top of the head has curly tuft black hairs, and the auricle is covered with long white hairs. Most parts of the faces are bare, the skin is pale pink. Nostrils are upturned, the upper lip, chin has a long white beard. The perineum is white.

生境 / Habitat
湿润常绿阔叶林
Moist evergreen broad-leaved forest

▲ 地理分布 / Geographic Distribution

国内分布 / Domestic Distribution
云南 Yunnan

全球分布 / World Distribution
中国、缅甸
China, Myanmar

生物地理界 / Biogeographic Realm
印度马来界 Indomalaya

WWF 生物群系 / WWF Biome
热带和亚热带湿润阔叶林
Tropical & Subtropical Moist Broadleaf Forests

动物地理分布型 / Zoogeographic Distribution Type
Wa

分布标注 / Distribution Note
非特有种 Non-Endemic

▲ 濒危状况 / Threatened Status

中国生物多样性红色名录等级 / CB RL Category (2021)
极危 CR

IUCN 红色名录 / IUCN Red List (2021)
濒危 EN

威胁因子 / Threats
森林砍伐、堤坝及水道改变
Logging, dams and water management

▲ 法律保护地位 / Legal Protection Status

国家重点保护野生动物等级 / Category of National Key Protected Wild Animals (2021)
一级 Category I

"三有" 名录 / TWIESSV (2023)
未列入 Not listed

CITES 附录等级 / CITES Appendix (2023)
I

迁徙物种公约附录 / CMS Appendix (2020)
未列入 Not listed

保护行动 / Conservation Action
大部分栖息地已经建立自然保护区
Most of its habitats are protected by nature reserves

▲ 参考文献 / References

Jiang et al. (蒋志刚等), 2021; Burgin et al., 2020; IUCN, 2020; Mittermeier et al., 2013

267 / 西白眉长臂猿

Hoolock hoolock (Harlan, 1834)

· Western Hoolock Gibbon

Bernard Castelein(naturepl.com) 供图

▲ 分类地位 / Taxonomy

灵长目 Primates / 长臂猿科 Hylobatidae /
白眉长臂猿属 *Hoolock*

科建立者及其文献 / Family Authority
Gray, 1821

属建立者及其文献 / Genus Authority
Mootnick & Groves, 2005

亚种 / Subspecies
指名亚种 *H. h. hoolock* (Harlan, 1834)
西藏
Tibet

模式标本产地 / Type Locality
印度
India, Assam, Garo Hills

▲ 其他名称 / Other Name(s)

其他中文名 / Other Chinese Name(s)
无 None

其他英文名 / Other English Name(s)
Hoolock Gibbon, Western Hoolock

同物异名 / Synonym(s)
无 None

▲ 形态及生境 / Morphology and Habitat

形态特征 / Morphological Characteristics
齿式：2.1.2.3/2.1.2.3=32。头体长为45~65 cm，体重
10~14 kg。雌雄异色，雄性被毛褐黑色或暗褐色，具
白色眼眉；雌性被毛大部分灰白色或灰黄色，眼眉浅
淡。头小，面部短而扁。躯干和手臂长。手和脚细长，
前肢明显长于后肢。臂行性。拇指和大脚趾对生。手
指屈肌短。手指钩状。无尾。
Dental formula: 2.1.2.3/2.1.2.3=32. Head and body length 45-
65 cm. Body mass 10-14 kg. Sexual heterochromatic. Male body
hairs are brown or dark brown, with white eyebrows; female
body hairs are mostly grayish-white or grayish-yellow, and the
eyebrows are light-colored. The head is small and the face is
short and flat. Long torso and arms. Hands and feet are slender,
the forelimbs noticeably longer than the hind limbs. Brachiation.
Thumbs and big toes are opposable. Finger flexors are short.
Fingers hook-like. Tailless.

生境 / Habitat
海拔 2000~2500m 的湿润常绿阔叶林
Mid-mountian moist evergreen broad-leaved forest with altitude
of 2,000-2,500 m above sea level

▲ 地理分布 / Geographic Distribution

国内分布 / Domestic Distribution
西藏 Tibet

全球分布 / World Distribution
中国、印度、孟加拉国
China, India, Bangladesh

生物地理界 / Biogeographic Realm
印度马来界 Indomalaya

WWF 生物群系 / WWF Biome
热带和亚热带湿润阔叶林
Tropical & Subtropical Moist Broadleaf Forests

动物地理分布型 / Zoogeographic Distribution Type
Wa

分布标注 / Distribution Note
非特有种 Non-Endemic

▲ 濒危状况 / Threatened Status

中国生物多样性红色名录等级 / CB RL Category (2021)
极危 CR

IUCN 红色名录 / IUCN Red List (2021)
濒危 EN

威胁因子 / Threats
采集陆生植物、森林砍伐
Gathering terrestrial plants, logging

▲ 法律保护地位 / Legal Protection Status

国家重点保护野生动物等级 / Category of National Key Protected Wild Animals (2021)
一级 Category I

"三有"名录 / TWIESSV (2023)
未列入 Not listed

CITES 附录等级 / CITES Appendix (2023)
I

迁徙物种公约附录 / CMS Appendix (2020)
未列入 Not listed

保护行动 / Conservation Action
大部分栖息地已经建立自然保护区
Most of its habitats are protected by nature reserves

▲ 参考文献 / References

Jiang et al. (蒋志刚等), 2021; Burgin et al., 2020; IUCN, 2020; Liu et al. (刘少英等), 2020; Mittermeier et al. 2013; Peng et al. (彭燕章等), 1988

268 / 东白眉长臂猿

Hoolock leuconedys Groves, 1967

· Eastern Hoolock Gibbon

张程皓 / 供图

▲ 分类地位 / Taxonomy

灵长目 Primates / 长臂猿科 Hylobatidae /
白眉长臂猿属 *Hoolock*

科建立者及其文献 / Family Authority
Gray, 1870

属建立者及其文献 / Genus Authority
Mootnick & Groves, 2005

亚种 / Subspecies
无 None

模式标本产地 / Type Locality
老挝
Laos, Muang Khi (Fooden, 1987)

▲ 其他名称 / Other Name(s)

其他中文名 / Other Chinese Name(s)
长臂猿、黑冠长臂猿、乌猿

其他英文名 / Other English Name(s)
无 None

同物异名 / Synonym(s)
Bunopithecus hoolock subspecies, *leuconedys* (Groves, 1967)

▲ 形态及生境 / Morphology and Habitat

形态特征 / Morphological Characteristics

齿式：2.1.2.3/2.1.2.3=32。头体长 60~90 cm。体重 6~9 kg。雄性毛发黑色，雌性毛发乳白色，胸部和颈部有黑色毛发。毛发又厚又软。白色眉毛在雄性眼睛上方形成一条直线，雌性的黑色脸看起来像镶着白色皮毛。眼睛、鼻孔和嘴唇精致。臂行性。躯干和手臂被拉长。腿短。手和脚又细又长，拇指和大脚趾对生。手指屈肌很短，有助于抓住树枝。钩状的手指，在静止悬挂状态下节省能量。无尾。

Dental formula: 2.1.2.3/2.1.2.3=32. Body weigh 6–9 kg. Head and body length 60–90 cm. Males have a black pelage, whereas females are a creamy whitish color with dark hairs on the chest and neck. Their coats appear thick and soft. White eyebrows form a straight line above the eyes of the males and the females' black faces look as if framed with white fur. Their eyes, nostrils, and lips appear delicate. Brachiation. Torso and arms are elongated; their legs are short. Hands and feet are thin and long with an opposable thumb and big toe. The finger flexors are short, which helps the gibbons grasp onto branches. Hook-like fingers allow them to hang without expending much energy while staying still. Tailless.

生境 / Habitat

热带和亚热带湿润山地森林
Tropical and subtropical moist montane forest

▲ 地理分布 / Geographic Distribution

国内分布 / Domestic Distribution
西藏 Tibet

全球分布 / World Distribution
中国、缅甸
China, Myanmar

生物地理界 / Biogeographic Realm
印度马来界 Indomalaya

WWF 生物群系 / WWF Biome
热带和亚热带湿润阔叶林
Tropical & Subtropical Moist Broadleaf Forests

动物地理分布型 / Zoogeographic Distribution Type
Wa

分布标注 / Distribution Note
非特有种 Non-Endemic

▲ 濒危状况 / Threatened Status

中国生物多样性红色名录等级 / CB RL Category (2021)
极危 CR

IUCN 红色名录 / IUCN Red List (2021)
易危 VU

威胁因子 / Threats
人类活动干扰
Human disturbance

▲ 法律保护地位 / Legal Protection Status

国家重点保护野生动物等级 / Category of National Key Protected Wild Animals (2021)
一级 Category I

"三有" 名录 / TWIESSV (2023)
未列入 Not listed

CITES 附录等级 / CITES Appendix (2023)
I

迁徙物种公约附录 / CMS Appendix (2020)
未列入 Not listed

保护行动 / Conservation Action
大部分栖息地已经建立自然保护区
Most of its habitats are protected by nature reserves

▲ 参考文献 / References

Jiang et al. (蒋志刚等), 2021; Burgin et al., 2020; IUCN, 2020; Liu et al. (刘少英等), 2020; Brockelman and Geissmann, 2019; Mittermeier et al., 2013; Fan (范朋飞), 2012; Pan et al. (潘清华等), 2007; Wilson and Reeder, 2005; Choudhury, 2001, 1991; Zhang (张荣祖), 1997

269 / 高黎贡白眉长臂猿

Hoolock tianxing
Fan, He, Chen, Ortiz, Zhang, Zhao, Lio, Zhang,
Kimock, Wang, Groves, Turvey, Roos, Helgen &
Jiang, 2017

· Tianxing Hoolock Gibbon

▲ 分类地位 / Taxonomy

灵长目 Primates / 长臂猿科 Hylobatidae / 白眉长臂猿属 *Hoolock*

科建立者及其文献 / Family Authority
Gray, 1870

属建立者及其文献 / Genus Authority
Mootnick & Groves, 2005

亚种 / Subspecies
无 None

模式标本产地 / Type Locality
中国
Ho-mu-shu (Hongmushu) Pass, Baoshan, Yunnan, China (25°00' N, 98°83' E)

唐万玲 / 供图

▲ 其他名称 / Other Name(s)

其他中文名 / Other Chinese Name(s)
天行长臂猿

其他英文名 / Other English Name(s)
无 None

同物异名 / Synonym(s)
无 None

▲ 形态及生境 / Morphology and Habitat

形态特征 / Morphological Characteristics
齿式：2.1.2.3/2.1.2.3=32。头体长 60~90 cm。体重 6~8.5 kg。雌雄异色，成年雄性褐黑色或暗褐色。头顶毛较长，披向后方。与冠长臂猿属（*Nomascus*）的区别是无直立向上的簇状冠毛。有两条明显分开的白色眼眉。没有东部白眉长臂猿那么厚重。雄性下巴无与眉色一致的白胡子，而雌性白眼圈不像东部白眉长臂猿那么浓密。无尾。

Dental formula: 2.1.2.3/2.1.2.3=32. Head and body length 60-90 cm. Body mass 6-8.5 kg. Sexual heterochromatic, adult males brown or dark brown. The hairs on the head are longer and draped to the back, without upright upward tufted hairs, which is different from the genus *Nomascus*. There are two distinct white eyebrows, but not as thick as that of the Eastern White-browed Gibbon. Males have no white whiskers on their chins to match their eyebrows, while females have less dense white eye-rings than Eastern White-browed Gibbons. Tailless.

生境 / Habitat
湿润山地森林
Moist montane forest

▲ 地理分布 / Geographic Distribution

国内分布 / Domestic Distribution
云南 Yunnan

全球分布 / World Distribution
中国、缅甸
China, Myanmar

生物地理界 / Biogeographic Realm
印度马来界 Indomalaya

WWF 生物群系 / WWF Biome
热带和亚热带湿润阔叶林
Tropical & Subtropical Moist Broadleaf Forests

动物地理分布型 / Zoogeographic Distribution Type
Hc

分布标注 / Distribution Note
非特有种 Non-Endemic

▲ 濒危状况 / Threatened Status

中国生物多样性红色名录等级 / CB RL Category (2021)
濒危 ER

IUCN 红色名录 / IUCN Red List (2022)
濒危 ER

威胁因子 / Threats
人类活动干扰
Human disturbance

▲ 法律保护地位 / Legal Protection Status

国家重点保护野生动物等级 / Category of National Key Protected Wild Animals (2021)
一级 Category I

"三有" 名录 / TWIESSV (2023)
未列入 Not listed

CITES 附录等级 / CITES Appendix (2023)
I

迁徙物种公约附录 / CMS Appendix (2020)
未列入 Not listed

保护行动 / Conservation Action
大部分栖息地已经建立自然保护区
Most of its habitats are protected by nature reserves

▲ 参考文献 / References

Jiang et al. (蒋志刚等), 2021; Burgin et al., 2020; Fan et al., 2020; IUCN, 2020; Liu et al. (刘少英等), 2020; Fan et al. (范朋飞等), 2017

270 / 白掌长臂猿

Hylobates lar (Linneaus, 1771)

· Lar Gibbon

李健 / 供图

李健 / 供图

▲ 分类地位 / Taxonomy

灵长目 Primates / 长臂猿科 Hylobatidae / 长臂猿属 *Hylobates*

科建立者及其文献 / Family Authority
Gray, 1870

属建立者及其文献 / Genus Authority
Illiger, 1811

亚种 / Subspecies
云南亚种 *H. l. yunnanensis* Wang et Groves, 1986
云南西南部（孟连、西盟和沧源：南滚河。21 世纪以来在原栖息地已经多年未发现。本种疑似局部灭绝）
Yunnan (southwestern parts-Menglian, Ximeng and Nangunhe of Cangyuan. Since the 21st century, the Lar Gibbon has not been found in its original habitats; the specuies is presumably to be locally extinct)

模式标本产地 / Type Locality
马来西亚
Malaysia, Malacca (restricted by Kloss, 1929)

▲ 其他名称 / Other Name(s)

其他中文名 / Other Chinese Name(s)
长手猴、黑猴、呼猴

其他英文名 / Other English Name(s)
Common Gibbon, White-handed Gibbon, Carpenter's Lar Gibbon, Central Lar Gibbon, Malaysian Lar Gibbon, Sumatran Lar Gibbon, Yunnan Lar Gibbon

同物异名 / Synonym(s)
无 None

▲ 形态及生境 / Morphology and Habitat

形态特征 / Morphological Characteristics
齿式：2.1.2.3/2.1.2.3=32。体长 42~64 cm。后肢长 10~15 cm，体重 4.2~6.8 kg。颜面部棕黑色，其边缘有一圈白毛，雌性面环近似封闭，雄性面环被白色眉纹隔断。全身体毛密而长。两性均有两种色型：暗色型毛色黑褐，阴毛黑棕色；淡色型呈淡黄或奶油黄色，阴毛红棕色。不同亚种毛色有所变化。手、足从腕部和踵部以下，毛色淡，远望时近似白色，故称白掌长臂猿。无尾。
Dental formula: 2.1.2.3/2.1.2.3=32. Head and body length 42-64 cm. Hind limb length 10-15 cm. Body mass 4.2-6.8 kg. Face brown and black, its edge has a circle of white hair ring, and female face ring is closed approximately, and male face ring is cut off by white eyebrows. The body hairs are dense and long. Both sexes have two kinds of color types: the dark type, hair color black-brown, pubic hairs black-brown; the light-colored type, yellow or cream yellow, pubic hairs reddish-brown. Different subspecies vary in hair color. Hairs on hand and foot from the wrist and heel below in light, nearly white color, so called "White Palm Gibbon". Tailless.

生境 / Habitat
湿润常绿阔叶林
Moist evergreen broad-leaved forest

▲ 地理分布 / Geographic Distribution

国内分布 / Domestic Distribution
云南 Yunnan

全球分布 / World Distribution
中国、印度尼西亚、老挝、马来西亚、缅甸、泰国
China, Indonesia, Laos, Malaysia, Myanmar, Thailand

生物地理界 / Biogeographic Realm
印度马来界 Indomalaya

WWF 生物群系 / WWF Biome
热带和亚热带湿润阔叶林
Tropical & Subtropical Moist Broadleaf Forests

动物地理分布型 / Zoogeographic Distribution Type
Wa

分布标注 / Distribution Note
非特有种 Non-Endemic

▲ 濒危状况 / Threatened Status

中国生物多样性红色名录等级 / CB RL Category (2023)
局部灭绝 RE

IUCN 红色名录 / IUCN Red List (2021)
濒危 EN

威胁因子 / Threats
人类活动干扰
Human disturbance

▲ 法律保护地位 / Legal Protection Status

国家重点保护野生动物等级 / Category of National Key Protected Wild Animals (2021)
一级 Category I

"三有"名录 / TWIESSV (2023)
未列入 Not listed

CITES 附录等级 / CITES Appendix (2023)
I

迁徙物种公约附录 / CMS Appendix (2020)
未列入 Not listed

保护行动 / Conservation Action
大部分原栖息地已经建立自然保护区
Most of its original habitats are protected by nature reserves

▲ 参考文献 / References

Jiang et al. (蒋志刚等), 2021; Burgin et al., 2020; Fan et al., 2020; Liu et al. (刘少英等), 2020; Brockelman et al., 2019; Mittermeier et al., 2013; Fan (范朋飞), 2012; Grueter et al., 2009; Pan et al. (潘清华等), 2007; Dam, 2006; Wilson and Reeder, 2005; Wang (王应祥), 2003; Choudhury, 2001, 1991; Zhang (张荣祖), 1997; Xia and Zhang (夏武平和张荣祖), 1995; Li and Lin (李致祥和林正玉), 1983

271 / 西黑冠长臂猿

Nomascus concolor (Harlan, 1834)

· Black Crested Gibbon

摄磊／供图

▲ 分类地位 / Taxonomy

灵长目 Primates / 长臂猿科 Hylobatidae / 冠长臂猿属 *Nomascus*

科建立者及其文献 / Family Authority
Gray, 1870

属建立者及其文献 / Genus Authority
Miller, 1933

亚种 / Subspecies
指名亚种 *H. c. concolor* (Harlan, 1834)
云南南部（绿春、金平、红河、河口）和云南中部（哀牢山区）
Yunnan (southern parts-Luchun, Jinping, Honghe and Hekou) and Yunan (midpart - Ailao Mountain)

北部湾亚种 *H. c. nasutus* Kunkel d'herculers, 1884
广西西南部（已灭绝）
Guangxi (southwestern part, Extirpated)

无量山亚种 *H. c. jingdongensis* Ma et Wang, 1986
云南中部（无量山：南涧、景东、镇源和景谷）
Yunnan (midparts-Nanjian, Jingdong, Zhenyuan and Jinggu of Wulian Mountain)

滇西南亚种 *H. c. furogaster* Ma et Wang, 1986
云南西南部（沧源、耿马、镇康、永德、云县和临沧）
Yunnan (southwestern parts-Cangyuan, Gengma, Zhenkang Yongde, Yunxian and Lincang)

模式标本产地 / Type Locality
越南
Vietnam, Tonkin

▲ 其他名称 / Other Name(s)

其他中文名 / Other Chinese Name(s)
黑长臂猿

其他英文名 / Other English Name(s)
Black Gibbon, Concolor Gibbon, Indochinese Gibbon, Laotian Black Crested Gibbon, Tonkin Black Crested Gibbon

同物异名 / Synonym(s)
无 None

▲ 形态及生境 / Morphology and Habitat

形态特征 / Morphological Characteristics
齿式：2.1.2.3/2.1.2.3=32。体长 40~55 cm。体重 7~10 kg。前肢明显长于后肢。毛被短而厚密。雄性被毛全黑，头顶有短而直立的冠状簇毛。雌性体背被毛灰黄，棕黄或橙黄色，头顶有菱形或多角形黑褐色冠斑。胸腹部浅灰黄色，带黑褐色。无尾。

Dental formula: 2.1.2.3/2.1.2.3=32. Head and body length 40-55 cm. Body mass 7-10 kg. Forelimbs are noticeably longer than the hind limbs. The coat is short and thick. Male is completely black with a short erect tuft of coronal hair on the top of his head. The female body's back hairs are sallow, brown or orange-yellow, the top of the head has a prismatic or polygonal black-brown crown spot. Chest and abdomen are pale grayish-yellow with dark brown. Tailless.

生境 / Habitat
湿润山地森林
Moist montane forest

▲ 地理分布 / Geographic Distribution

国内分布 / Domestic Distribution
云南 Yunnan

全球分布 / World Distribution
中国、老挝、越南
China, Laos, Vietnam

生物地理界 / Biogeographic Realm
印度马来界 Indomalaya

WWF 生物群系 / WWF Biome
热带和亚热带湿润阔叶林
Tropical & Subtropical Moist Broadleaf Forests

动物地理分布型 / Zoogeographic Distribution Type
Wb

分布标注 / Distribution Note
非特有种 Non-Endemic

▲ 濒危状况 / Threatened Status

中国生物多样性红色名录等级 / CB RL Category (2021)
极危 CR

IUCN 红色名录 / IUCN Red List (2021)
极危 CR

威胁因子 / Threats
未知 Unknown

▲ 法律保护地位 / Legal Protection Status

国家重点保护野生动物等级 / Category of National Key Protected Wild Animals (2021)
一级 Category I

"三有" 名录 / TWIESSV (2023)
未列入 Not listed

CITES 附录等级 / CITES Appendix (2023)
I

迁徙物种公约附录 / CMS Appendix (2020)
未列入 Not listed

保护行动 / Conservation Action
大部分栖息地已经建立自然保护区
Most of its habitats are protected by nature reserves

▲ 参考文献 / References

Jiang et al. (蒋志刚等), 2021; Liu et al. (刘少英等), 2020; Zhao et al. (赵启龙等), 2016; Hua et al. (华朝朗等), 2013; Mittermeier et al., 2013; Fan (范朋飞), 2012; Sun et al. (孙国政等), 2012; Li et al. (李国松等), 2011; Fan et al., 2011; Luo (罗忠华), 2011; Pan et al. (潘清华等), 2007; Wilson and Reeder, 2005; Wang (王应祥), 2003

272 / 东黑冠长臂猿

Nomascus nasutus Kunkel d'Herculais, 1884

· Cao-vit Crested Gibbon

赵超 / 供图

灵长目 Primates / 长臂猿科 Hylobatidae /
冠长臂猿属 *Nomascus*

科建立者及其文献 / Family Authority
Gray, 1870

属建立者及其文献 / Genus Authority
Miller, 1933

亚种 / Subspecies
无 None

模式标本产地 / Type Locality
不明
Unknown

▲ 其他名称 / Other Name(s)

其他中文名 / Other Chinese Name(s)
长臂猿

其他英文名 / Other English Name(s)
Cao Vit Black Crested Gibbon

同物异名 / Synonym(s)
无 None

▲ 形态及生境 / Morphology and Habitat

形态特征 / Morphological Characteristics
齿式：2.1.2.3/2.1.2.3=32。头体长 40~55 cm。体重
7~10 kg。雌雄体型相当。前肢明显长于后肢。无尾。
被毛短而厚密。雄性全为黑色，胸部有部分浅褐色毛
色，头顶冠毛不长；雌性体背灰黄、棕黄或橙黄色。
脸周有白色长毛。头顶冠斑面积较大，通常能超过肩
部，达到背部中央。是冠长臂猿属中唯一的幼猴出生
时是黑色而不是浅黄色或橙色的种类。雌性幼猿长大
后，体毛颜色才改变。

Dental formula: 2.1.2.3/2.1.2.3=32. Head and body length 40-
55 cm. Body mass 7-10 kg. Males and females about the same
size. Male is almost entirely black with a brownish tinge on the
chest and venter. Female is yellowish, orange, or beige-brown
with a blackish cap and pale venter. Females have a distinctive
white disk of fur around the face and a dark streak from the head
down their back. This is the only gibbon in this genus in which
babies are born instead of buff-yellow or orange. Females later
change to their light color.

生境 / Habitat
热带湿润低地森林
Tropical moist lowland forest

▲ 地理分布 / Geographic Distribution

国内分布 / Domestic Distribution
广西 Guangxi

全球分布 / World Distribution
中国、越南
China, Vietnam

生物地理界 / Biogeographic Realm
印度马来界 Indomalaya

WWF 生物群系 / WWF Biome
热带和亚热带湿润阔叶林
Tropical & Subtropical Moist Broadleaf Forests

动物地理分布型 / Zoogeographic Distribution Type
Wb

分布标注 / Distribution Note
非特有种 Non-Endemic

▲ 濒危状况 / Threatened Status

中国生物多样性红色名录等级 / CB RL Category (2021)
极危 CR

IUCN 红色名录 / IUCN Red List (2021)
极危 CR

威胁因子 / Threats
耕种、家畜放牧、森林砍伐、近交衰退
Farming, livestock ranching, inbreeding depression

▲ 法律保护地位 / Legal Protection Status

国家重点保护野生动物等级 / Category of National Key Protected Wild Animals (2021)
一级 Category I

"三有"名录 / TWIESSV (2023)
未列入 Not listed

CITES 附录等级 / CITES Appendix (2023)
I

迁徙物种公约附录 / CMS Appendix (2020)
未列入 Not listed

保护行动 / Conservation Action
已建立自然保护区
Nature Reserve Established

▲ 参考文献 / References

Jiang et al. (蒋志刚等), 2021; Burgin et al., 2020; IUCN, 2020; Liu et al. (刘少英等), 2020; Mittermeier et al., 2013; Fan (范朋飞), 2012

273 / 海南长臂猿

Nomascus hainanus Thomas, 1892

· Hainan Gibbon

赵超 / 供图

▲ 分类地位 / Taxonomy

灵长目 Primates / 长臂猿科 Hylobatidae /
冠长臂猿属 *Nomascus*

科建立者及其文献 / Family Authority
Gray, 1870

属建立者及其文献 / Genus Authority
Miller, 1933

亚种 / Subspecies
无 None

模式标本产地 / Type Locality
中国
China: Hainan Isl

▲ 其他名称 / Other Name(s)

其他中文名 / Other Chinese Name(s)
无 None

其他英文名 / Other English Name(s)
无 None

同物异名 / Synonym(s)
无 None

▲ 形态及生境 / Morphology and Habitat

形态特征 / Morphological Characteristics
齿式：2.1.2.3/2.1.2.3=32。体长 40~50 cm。体重
7~10 kg。性二型性明显。头顶有短而直立的冠
状簇毛。两性间毛色差异大。雄性几乎全黑色，
仅脸颊是白色或浅黄色；雌性体色金色或浅黄色，
头顶和腹部有一黑斑。四肢长，无尾。臂行性，
用双臂抓住树枝从一棵树荡到另一棵树。海南长
臂猿鸣声嘹亮，靠二重鸣唱来寻找配偶交配。
Dental formula: 2.1.2.3/2.1.2.3=32. Head and body
length 40-50 cm. Body mass 7-10 kg. The top of the head
has a prismatic or polygonal black-brown crown spot.
Sexual dimorphism in hair color. Male is almost entirely
black, with only white or light yellow cheeks; females are
golden or light yellow with a dark spot on the crown and
abdomen. Long limbs. Tailless. Brachial mobility, swinging
from tree to tree by holding on to branches with both arms.
Hainan gibbons sing loudly in the morning, dueling songs
to find mates.

生境 / Habitat
热带湿润低地森林
Tropical moist lowland forest

▲ 地理分布 / Geographic Distribution

国内分布 / Domestic Distribution
海南 Hainan

全球分布 / World Distribution
中国 China

生物地理界 / Biogeographic Realm
印度马来界 Indomalaya

WWF 生物群系 / WWF Biome
热带和亚热带湿润阔叶林
Tropical & Subtropical Moist Broadleaf Forests

动物地理分布型 / Zoogeographic Distribution Type
J

分布标注 / Distribution Note
特有种 Endemic

▲ 濒危状况 / Threatened Status

中国生物多样性红色名录等级 / CB RL Category (2021)
极危 CR

IUCN 红色名录 / IUCN Red List (2021)
极危 CR

威胁因子 / Threats
栖息地丧失、近交衰退
Loss of habitat, inbreeding depression

▲ 法律保护地位 / Legal Protection Status

国家重点保护野生动物等级 / Category of National Key Protected Wild Animals (2021)
一级 Category I

"三有"名录 / TWIESSV (2023)
未列入 Not listed

CITES 附录等级 / CITES Appendix (2023)
I

迁徙物种公约附录 / CMS Appendix (2020)
未列入 Not listed

保护行动 / Conservation Action
已建立自然保护区
Nature Reserve Established

▲ 参考文献 / References

Liu et al., 2022; Jiang et al. (蒋志刚等), 2021; Burgin et al., 2020; IUCN, 2020; Liu et al. (刘少英等), 2020; Chen, 2020; Liu et al., 2020; Mittermeier et al., 2013; Fan (范朋飞), 2012; Mootnick et al., 2012; Mootnick et al., 2012; Li et al. (李志刚等), 2010; Fellowes et al., 2008; Chan et al., 2008; Pan et al. (潘清华等), 2007; Wilson and Reeder, 2005; Wang (王应祥), 2003

274 / 北白颊长臂猿

Nomascus leucogenys Ogilby, 1840

• Northern White-cheeked Gibbon

▲ 分类地位 / Taxonomy

灵长目 Primates / 长臂猿科 Hylobatidae / 冠长臂猿属 *Nomascus*

科建立者及其文献 / Family Authority
Gray, 1870

属建立者及其文献 / Genus Authority
Miller, 1933

亚种 / Subspecies
无 None

模式标本产地 / Type Locality
老挝
Laos, Muang Khi (Fooden, 1987)

王昌大 / 供图

刘民 / 供图

▲ 其他名称 / Other Name(s)

其他中文名 / Other Chinese Name(s)
无 None

其他英文名 / Other English Name(s)
White-cheeked Gibbon

同物异名 / Synonym(s)
无 None

▲ 形态及生境 / Morphology and Habitat

形态特征 / Morphological Characteristics

齿式：2.1.2.3/2.1.2.3=32。头体长 45~62 cm。体重 5~7 kg。犬齿大。身体纤细，肩宽而臀部窄。腿短。手掌比脚掌长，手指关节长。体毛长而粗糙。雄性毛色以黑色为主，混有不明显的银色，面颊两旁从嘴角至耳朵上方各有 1 块白色或黄色毛丛；雌性体毛为橘黄色或乳白色，腹部无黑毛。

Dental formula: 2.1.2.3/2.1.2.3=32. Head and body length 45-62 cm. Body mass 5-7 kg. Canine large. Body is slender, with broad shoulders and narrow hips. Legs short. Palm is longer than foot palm. Knuckles of the fingers are longer. Body hairs are long and coarse. Male coat color mainly black, mixed with little silver hairs. A white or yellow patch of hair on both sides of the cheek from the corners of the mouth to above the ears. Hairs on the female body are orange or milky white, without black hair on the abdomen.

生境 / Habitat
热带湿润低地森林
Tropical moist lowland forest

▲ 地理分布 / Geographic Distribution

国内分布 / Domestic Distribution
云南（21世纪以来在原栖息地已经多年未发现。本种疑似局部灭绝）
Yunnan(Since the 21st century, the Lar Gibbon has not been found in its original habitats; the specuies is presumably to be locally extinct)

全球分布 / World Distribution
中国、老挝、越南
China, Laos, Vietnam

生物地理界 / Biogeographic Realm
印度马来界 Indomalaya

WWF 生物群系 / WWF Biome
热带和亚热带湿润阔叶林
Tropical & Subtropical Moist Broadleaf Forests

动物地理分布型 / Zoogeographic Distribution Type
Wa

分布标注 / Distribution Note
非特有种 Non-Endemic

▲ 濒危状况 / Threatened Status

中国生物多样性红色名录等级 / CB RL Category (2023)
区域灭绝 RE

IUCN 红色名录 / IUCN Red List (2023)
极危 CR

威胁因子 / Threats
栖息地丧失、近交衰退
Loss of habitat, inbreeding depression

▲ 法律保护地位 / Legal Protection Status

国家重点保护野生动物等级 / Category of National Key Protected Wild Animals (2021)
一级 Category I

"三有"名录 / TWIESSV (2023)
未列入 Not listed

CITES 附录等级 / CITES Appendix (2023)
I

迁徙物种公约附录 / CMS Appendix (2020)
未列入 Not listed

保护行动 / Conservation Action
已建立自然保护区
Nature Reserve Established

▲ 参考文献 / References

Jiang et al. (蒋志刚等), 2021; Burgin et al., 2020; IUCN, 2020; Liu et al. (刘少英等), 2020; Mittermeier et al., 2013;Pan et al. (潘清华等), 2007; Wilson and Reeder, 2005; Wang (王应祥), 2003; Zhang et al. (张荣祖等), 2002; Zhang (张荣祖), 1997

275 | 智人

Homo sapiens Linnaeus, 1758

· Human

蒋志刚 / 供图

▲ 分类地位 / Taxonomy

灵长目 Primates / 人科 Hominidae / 人属 *Homo*

科建立者及其文献 / Family Authority
Gray, 1825

属建立者及其文献 / Genus Authority
Linnaeus, 1758

亚种 / Subspecies
无 None

模式标本产地 / Type Locality
不明
Unknown

▲ 其他名称 / Other Name(s)

其他中文名 / Other Chinese Name(s)
无 None

其他英文名 / Other English Name(s)
无 None

同物异名 / Synonym(s)
无 None

▲ 形态及生境 / Morphology and Habitat

形态特征 / Morphological Characteristics

齿式：2.1.2.3/ 2.1.2.3=32。与其他灵长类动物相比，人类上颚短，牙齿小，犬齿短。现代人类正在失去第三颗白齿，有些人的第三颗白齿天生缺如。成年男性平均身高为 171 cm，平均体重为 77 kg；而成年女性平均身高为 159 cm，平均体重为 59 kg。受遗传易感性和环境的双重影响，个体间体重和体型差异大。一个成年人身体由约 100 万亿个细胞构成。人体由头部、躯干、上肢、下肢组成，有神经系统、心血管系统、呼吸系统、消化系统、内分泌系统、免疫系统、皮肤系统、淋巴系统、肌肉骨骼系统、生殖系统和泌尿系统。人类和黑猩猩一样，尾、阑尾退化、肩关节灵活、拇指可与手指对握。除了能行走和大脑大小，人类与黑猩猩的区别主要在于嗅觉、听觉和消化蛋白质的能力。

Dental formula: 2.1.2.3/ 2.1.2.3=32. Compared to other primates, humans have a short palate, small teeth, and short canines. Modern humans are losing their third molar, and some people are born without it. The average adult male is 171 cm tall and weighs 77 kg, while the average adult female is 159 cm tall and weighs 59 kg. Due to both genetic and environment effects, body weight and body shape vary greatly between individuals. An adult's body is made up of about 100 trillion cells. The human body consists of the head, trunk, upper limbs and lower limbs. It has the nervous system, cardiovascular system, respiratory system, digestive system, endocrine system, immune system, skin system, lymphatic system, musculoskeletal system, reproductive system and urinary system. Humans, like chimpanzees, have a vestigial tail and appendix, flexible shoulder joints, and a prehensile thumb. In addition to walking and brain size, humans differ from chimpanzees mainly in their ability to smell, hear and digest protein.

生境 / Habitat

各种生境类型
All kinds of habitats

▲ 地理分布 / Geographic Distribution

国内分布 / Domestic Distribution
全国各地 All kinds of habitats

全球分布 / World Distribution
世界各地 All over the world

生物地理界 / Biogeographic Realm
所有生物地理界 All biogeographic realms

WWF 生物群系 / WWF Biome
所有 WWF 生物群系
All WWF Biomes

动物地理分布型 / Zoogeographic Distribution Type
0

分布标注 / Distribution Note
非特有种 Non-Endemic

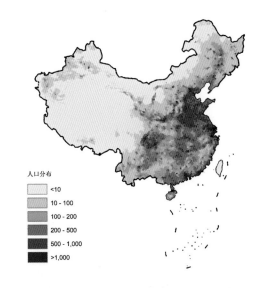

人口分布
<10
10 - 100
100 - 200
200 - 500
500 - 1,000
>1,000

数据来源于资源环境科学数据注册与出版系统, 徐新良.中国人口空间分布公里网格数据集.资源环境科学数据注册与出版系统, (http://www.resdc.cn/DOI),2017.DOI:10.12078/2017121101

▲ 濒危状况 / Threatened Status

中国生物多样性红色名录等级 / CB RL Category (2021)
未评定 NE

IUCN 红色名录 / IUCN Red List (2021)
未评定 NE

威胁因子 / Threats
未知 Unknown

▲ 法律保护地位 / Legal Protection Status

国家重点保护野生动物等级 / Category of National Key Protected Wild Animals (2021)
未列入 Not listed

"三有" 名录 / TWIESSV (2023)
未列入 Not listed

CITES 附录等级 / CITES Appendix (2023)
未列入 Not listed

迁徙物种公约附录 / CMS Appendix (2020)
未列入 Not listed

保护行动 / Conservation Action
无 None

▲ 参考文献 / References

Jiang et al. (蒋志刚等), 2015; Wilson and Reeder, 2005; Wang (王应祥), 2003; Marks, 2001; Bogin and Rios, 2003; Spamer, 1999; Collins, 1976

276/ 马来穿山甲

Manis javanica Desmarest, 1822

· Sunda Pangolin

鳞甲目 Pholidota / 鲮鲤科 Manidae / 鲮鲤属 *Manis*

科建立者及其文献 / Family Authority
Gray, 1821

属建立者及其文献 / Genus Authority
Linnaeus, 1758

亚种 / Subspecies
无 None

模式标本产地 / Type Locality
印度尼西亚
Indonesia, Java

黄宇飞之作图

▲ 其他名称 / Other Name(s)

其他中文名 / Other Chinese Name(s)
无 None

其他英文名 / Other English Name(s)
Malayan Pangolin

同物异名 / Synonym(s)
无 None

▲ 形态及生境 / Morphology and Habitat

形态特征 / Morphological Characteristics

无牙。头体长 40~62 cm。体重 2~6 kg。体型修长。头小圆锥状。鼻吻部尖细。眼小。外耳瓣状不发达。舌长 20 cm 以上。身体上部与外侧被覆鳞甲，甲片间有束状硬毛露出，腹面和四肢内侧无鳞甲而披稀疏毛发。体背被鳞甲 17~19 列。尾长 30~53 cm。尾侧缘鳞片 20~30 列。四肢短而粗壮，前后肢均有 5 趾，其中第二、三、四趾爪强大、锐利。

No teeth (Edentate). Head and body length 40-62 cm. Body mass 2-6 kg. Body shape slender, the head small conical, the nose snout is pointed. Eyes smaller. Outer ears petal-like, less developed. Tongue is more than 20 cm long. The upper and outer parts of the body are covered with scales, with bristles between the scales. The ventral surface and the inner parts of the limbs are not covered with scales and sparsely hairs. Dorsal scales 17-19 rows. Tail 30-53 cm long with 20-30 row of scales. The limbs are short and stout, and each has 5 toes, among which the second, third and fourth toes have strong and sharp claws.

生境 / Habitat
森林、种植园
Forest, plantations

▲ 地理分布 / Geographic Distribution

国内分布 / Domestic Distribution
云南 Yunnan

全球分布 / World Distribution
中国、孟加拉国、印度、巴基斯坦、斯里兰卡
China, Bangladesh, India, Pakistan, Sri Lanka

生物地理界 / Biogeographic Realm
印度马来界 Indomalaya

WWF 生物群系 / WWF Biome
热带和亚热带湿润阔叶林
Tropical & Subtropical Moist Broadleaf Forests

动物地理分布型 / Zoogeographic Distribution Type
Wa

分布标注 / Distribution Note
非特有种 Non-Endemic

▲ 濒危状况 / Threatened Status

中国生物多样性红色名录等级 / CB RL Category (2021)
极危 CR

IUCN 红色名录 / IUCN Red List (2021)
极危 CR

威胁因子 / Threats
狩猎 Hunting

▲ 法律保护地位 / Legal Protection Status

国家重点保护野生动物等级 / Category of National Key Protected Wild Animals (2021)
一级 Category I

"三有"名录 / TWIESSV (2023)
未列入 Not listed

CITES 附录等级 / CITES Appendix (2023)
I

迁徙物种公约附录 / CMS Appendix (2020)
未列入 Not listed

保护行动 / Conservation Action
已经在原马来穿山甲分布区建立一批自然保护区，并在广州建立了"中国穿山甲研究保护中心"
A number of nature reserves have been established in the former distribution areas of *Sunda Pangoli*, and the "China Pangolin Research and Protection Center" has been established in Guangzhou

▲ 参考文献 / References

Jiang et al. (蒋志刚等), 2021; Burgin et al., 2020; IUCN, 2020; Liu et al. (刘少英等), 2020; Liu et al. (刘曦庆等), 2011; Smith et al., 2009; Pan et al. (潘清华等), 2007; Wang (王应祥), 2003; Wu et al. (吴诗宝等), 2005

277 | 穿山甲

Manis pentadactyla Linnaeus, 1758

• Chinese Pangolin

周佳俊 / 供图

游志刚 / 供图

▲ 其他名称 / Other Name(s)

其他中文名 / Other Chinese Name(s)
鲮鲤、龙鲤

其他英文名 / Other English Name(s)
Short-tailed Pangolin

同物异名 / Synonym(s)
无 None

▲ 分类地位 / Taxonomy

鳞甲目 Pholidota / 鲮鲤科 Manidae / 鲮鲤属 *Manis*

科建立者及其文献 / Family Authority
Gray, 1821

属建立者及其文献 / Genus Authority
Linnaeus, 1758

亚种 / Subspecies
指名亚种 *M. p. pentadactyla* Linnaeus, 1758
台湾 Taiwan

华南亚种 *M. p. auritus* Hodgson, 1836
长江以南的江苏、上海、浙江、安徽、江西、福建、广东、湖南、广西、贵州、云南、四川和湖北
Jiangsu, Shanghai, Zhejiang, Anhui, Jiangxi, Fujian, Guangdong, Hunan, Guangxi, Guizhou, Yunnan, Sichuan and Hubei, where only extending northwards to Yangtze River

海南亚种 *M. p. pusilla* J. Alen, 1906
海南 Hainan

模式标本产地 / Type Locality
中国
China, Taiwan

▲ 形态及生境 / Morphology and Habitat

形态特征 / Morphological Characteristics

无牙。头体长 33~59 cm。体重 33~59 kg。体形细长。头小，圆锥状。舌长在 20 cm 以上。眼小。外耳瓣状。身体上部与外侧被覆鳞甲。鳞片黑褐色和棕褐色。鳞甲间有稀疏刚毛，体背侧被鳞片 15~18 列，腹面自下额至尾基和四肢内侧无鳞甲而着生毛发。尾长 21~40 cm，扁平。尾侧缘鳞片 14~20 枚。四肢短而粗壮，前后肢均有 5 趾，其中第 2、3、4 趾爪强大、锐利。

No teeth (Edentate). The head and body length 33-59 cm. Body mass 33-59 kg. Body slender. Head small and conical. The tongue is more than 20 cm long. Eyes smaller. Outer ears petal-like. The upper and outer parts of the body are covered with scales. The scales are dark brown and tan. There are sparse setae between the scales, the dorsal side of the body has 15-18 rows of scales, the ventral surface from the lower forehead to the tail base and the inside the limbs without scales, but covered with sparse hairs. Tail length 21-40 cm, flat. Caudal scales 14-20 rows. The limbs are short and stout, each has 5 toes, among which the second, third and fourth toes have strong and sharp claws.

生境 / Habitat
森林、灌丛、草地
Forest, shrubland, grassland

▲ 地理分布 / Geographic Distribution

国内分布 / Domestic Distribution

湖南、海南、浙江、上海、江苏、安徽、福建、江西、广东、广西、四川、贵州、云南、西藏、台湾、香港、重庆

Hunan, Hainan, Zhejiang, Shanghai, Jiangsu, Anhui, Fujian, Jiangxi, Guangdong, Guangxi, Sichuan, Guizhou, Yunnan, Tibet, Taiwan, Hong Kong, Chongqing

全球分布 / World Distribution

孟加拉国、不丹、中国、印度、老挝、缅甸、尼泊尔、泰国、越南

Bangladesh, Bhutan, China, India, Laos, Myanmar, Nepal, Thailand, Vietnam

生物地理界 / Biogeographic Realm

印度马来界 Indomalaya

WWF 生物群系 / WWF Biome

热带和亚热带湿润阔叶林

Tropical & Subtropical Moist Broadleaf Forests

动物地理分布型 / Zoogeographic Distribution Type

Wa

分布标注 / Distribution Note

非特有种 Non-Endemic

▲ 濒危状况 / Threatened Status

中国生物多样性红色名录等级 / CB RL Category (2021)

极危 CR

IUCN 红色名录 / IUCN Red List (2021)

极危 CR

威胁因子 / Threats

狩猎 Hunting

▲ 法律保护地位 / Legal Protection Status

国家重点保护野生动物等级 / Category of National Key Protected Wild Animals (2021)

一级 Category I

"三有"名录 / TWIESSV (2023)

未列入 Not listed

CITES 附录等级 / CITES Appendix (2023)

I

迁徙物种公约附录 / CMS Appendix (2020)

未列入 Not listed

保护行动 / Conservation Action

已经在原穿山甲分布区建立一批自然保护区，并在广州建立了"中国穿山甲研究保护中心"

A number of nature reserves have been established in the former distribution areas of *Chinese Pangolin*, and the "China Pangolin Research and Protection Center" has been established in Guangzhou

▲ 参考文献 / References

Jiang et al. (蒋志刚等), 2021; Burgin et al., 2020; IUCN, 2020; Liu et al. (刘少英等), 2020; Zhou et al. (周昭敏等), 2012; Hu et al. (胡诗佳等), 2010; Zhang et al. (张立等), 2010; Pan et al. (潘清华等), 2007; Wilson and Reeder, 2005; Wang (王应祥), 2003; Zhang (张荣祖), 1997; Xia (夏武平), 1988, 1964

278 / 亚洲胡狼

Canis aureus Linnaeus, 1758

· Golden Jackal

▲ 分类地位 / Taxonomy

食肉目 Carnivora / 犬科 Canidae / 犬属 *Canis*

科建立者及其文献 / Family Authority
Fischer, 1817

属建立者及其文献 / Genus Authority
Linnaeus, 1758

亚种 / Subspecies
无 None

模式标本产地 / Type Locality
伊朗
"oriente", restricted by Thomas (1911) to "Benn Mts., Laristan, S. Persia" (Iran)

亚磊/供图

▲ 其他名称 / Other Name(s)

其他中文名 / Other Chinese Name(s)
无 None

其他英文名 / Other English Name(s)
Asiatic Jackal, Common Jackal

同物异名 / Synonym(s)
无 None

▲ 形态及生境 / Morphology and Habitat

形态特征 / Morphological Characteristics
齿式：3. 1. 4. 3/3.1.4.2=42。头体长 74~105 cm。尾长 20~26 cm。体重 6.5~15.5 kg。吻部尖长，双耳直立，呈三角形，耳内侧具长白毛。头部及四肢外侧毛色浅棕红。头吻部两侧、喉部至胸腹和四肢上部内侧被毛白色。背部、体侧和尾巴毛色棕黑，尾尖色黑，杂有白毛。尾毛蓬松。
Dental formula: 3. 1. 4. 3/3.1.4.2=42. Head and body length 74-105 cm. Tail length 20-26 cm. Body mass 6.5-15.5 kg. The snout is long, the ears are upright and triangular, and the inner ears have long white hairs. The hairs on the head and outside part of the limbs are light brown and red in color. The hairs on both sides of the head snout, throat to chest and abdomen and inner parts of the limbs are white. Dorsum, lateral side and tail hair color black brown, interspersed with white hairs. Tail tip with fluffy black hairs.

生境 / Habitat
沙漠、常绿森林、半荒漠、草原、森林、红树林、农田、农村和城市栖息地
Desert, evergreen forest, semi-desert, grassland, forest, mangrove, farmland, rural and urban habitat

▲ 地理分布 / Geographic Distribution

国内分布 / Domestic Distribution
西藏 Tibet

全球分布 / World Distribution
阿富汗、阿尔巴尼亚、阿尔及利亚、巴林、不丹、波斯尼亚和黑塞哥维那、保加利亚、中非共和国、克罗地亚、吉布提、埃及、厄立特里亚、埃塞俄比亚、希腊、印度、伊朗、伊拉克、以色列、约旦、肯尼亚、科威特、黎巴嫩、利比亚、马里、毛里塔尼亚、摩洛哥、缅甸、尼泊尔、尼日尔、尼日利亚、阿曼、巴基斯坦、卡塔尔、沙特阿拉伯、塞内加尔、索马里、南苏丹、斯里兰卡、苏丹、叙利亚、坦桑尼亚、泰国、突尼斯、土耳其、土库曼斯坦、阿联酋、越南、西撒哈拉、也门
Afghanistan, Albania, Algeria, Bahrain, Bhutan, Bosnia and Herzegovina, Bulgaria, Central African Republic, Croatia, Djibouti, Egypt, Eritrea, Ethiopia, Greece, India, Iran, Iraq, Israel, Jordan, Kenya, Kuwait, Lebanon, Libya, Mali, Mauritania, Morocco, Myanmar, Nepal, Niger, Nigeria, Oman, Pakistan, Qatar, Saudi Arabia, Senegal, Somalia, South Sudan, Sri Lanka, Sudan, Syria, Tanzania, Thailand, Tunisia, Turkey, Turkmenistan, United Arab Emirates, Vietnam, Western Sahara, Yemen

生物地理界 / Biogeographic Realm
古北界、非洲热带界、印度马来界
Palearctic, Afrotropical, Indomalaya

WWF 生物群系 / WWF Biome
热带和亚热带湿润阔叶林
Tropical & Subtropical Moist Broadleaf Forests

动物地理分布型 / Zoogeographic Distribution Type
Wa

分布标注 / Distribution Note
非特有种 Non-Endemic

▲ 濒危状况 / Threatened Status

中国生物多样性红色名录等级 / CB RL Category (2021)
数据缺乏 DD

IUCN 红色名录 / IUCN Red List (2021)
无危 LC

威胁因子 / Threats
未知 Unknown

▲ 法律保护地位 / Legal Protection Status

国家重点保护野生动物等级 / Category of National Key Protected Wild Animals (2021)
二级 Category II

"三有"名录 / TWIESSV (2023)
未列入 Not listed

CITES 附录等级 / CITES Appendix (2023)
未列入 Not listed

迁徙物种公约附录 / CMS Appendix (2020)
未列入 Not listed

保护行动 / Conservation Action
无 None

▲ 参考文献 / References

Jiang et al. (蒋志刚等), 2021; Burgin et al., 2020; IUCN, 2020; Liu et al. (刘少英等), 2020; Hunter and Barrett, 2011; Wilson and Mittermeier, 2009

279 / 狼

Canis lupus Linnaeus, 1758

· Gray Wolf

▲ 分类地位 / Taxonomy

食肉目 Carnivora / 犬科 Canidae / 犬属 *Canis*

科建立者及其文献 / Family Authority
Fischer, 1817

属建立者及其文献 / Genus Authority
Linnaeus, 1758

亚种 / Subspecies
新疆亚种 *C. l. desertorum* Bogdanov, 1882
新疆 Xinjiang

青海亚种 *C. l. filchner* (Matschie, 1907)
青海、甘肃和西藏
Qinghai, Gansu and Tibet

东北亚种 *C. l. chanco* Gray, 1863
黑龙江、吉林、辽宁、内蒙古东部、河北、北京、山东、河南和山西
Heilongjiang, Jilin, Liaoning, Inner Mongolia (eastern part), Hebei, Beijing, Shandong, Henan and Shanxi

模式标本产地 / Type Locality
瑞典
"Europe sylvis, etjam frigidioribus", restricted by Thomas (1911) to "Sweden"

▲ 其他名称 / Other Name(s)

其他中文名 / Other Chinese Name(s)
灰狼

其他英文名 / Other English Name(s)
Wolf, Timber Wolf, Tundra Wolf, Arctic Wolf

同物异名 / Synonym(s)
无 None

▲ 形态及生境 / Morphology and Habitat

形态特征 / Morphological Characteristics
齿式：3.1.4.3/3.1.4.2=42。头体长 87~130 cm。尾长 35~50 cm。雄性体重 20~80 kg，雌性体重 18~55 kg。鼻吻部相对长。毛色以为略呈棕色调的灰色为主，不同地区个体毛色多样，不同地区的个体有着不同的皮毛颜色，从北极地区的纯白色，到白色与灰色、棕色、肉桂色和黑色的混合物，再到几乎一致的黑色。背部毛色深而腹部稍浅。尾巴蓬松，尾毛色均一。

Dental formula: 3. 1. 4. 3/3.1.4.2=42. Head and body length 87-130 cm. Tail length 35-50 cm. Male weight 20-80 kg, female weight 18-55 kg. The snout is relatively long.

The coat color is mainly gray with a slightly brownish tint. Individuals in different areas have a variety of fur colors, ranging from pure white in Arctic populations to mixtures of white with gray, brown, cinnamon, and black to nearly uniform black in some color phases. The back color is dark and the abdomen is light. The tail is fluffy and the color of the tail hair is uniform..

生境 / Habitat
苔原、森林、草甸、沙漠、耕地
Tundra, forest, meadow, desert, arable land

▲ 地理分布 / Geographic Distribution

国内分布 / Domestic Distribution
山西、河南、新疆、青海、河北、内蒙古、辽宁、吉林、黑龙江、江苏、浙江、湖北、广东、广西、四川、贵州、云南、西藏、陕西、甘肃、宁夏、福建、湖南、江西、天津、北京、重庆
Shanxi, Henan, Xinjiang, Qinghai, Hebei, Inner Mongolia, Liaoning, Jilin, Heilongjiang, Jiangsu, Zhejiang, Hubei, Guangdong, Guangxi, Sichuan, Guizhou, Yunnan, Tibet, Shaanxi, Gansu, Ningxia, Fujian, Hunan, Jiangxi, Tianjin, Beijing, Chongqing

全球分布 / World Distribution
阿富汗、阿尔巴尼亚、亚美尼亚、阿塞拜疆、白俄罗斯、不丹、波黑、保加利亚、加拿大、中国、克罗地亚、捷克、爱沙尼亚、芬兰、法国、格鲁吉亚、德国、希腊、格陵兰、匈牙利、印度、伊朗、伊拉克、以色列、意大利、约旦、哈萨克斯坦、韩国、朝鲜、吉尔吉斯斯坦、拉脱维亚、利比亚、立陶宛、马其顿、墨西哥、摩尔多瓦、蒙古国、黑山、缅甸、尼泊尔、挪威、阿曼、巴基斯坦、波兰、葡萄牙、罗马尼亚、俄罗斯、沙特阿拉伯、塞尔维亚、斯洛伐克、斯洛文尼亚、西班牙、瑞典、叙利亚、塔吉克斯坦、土耳其、土库曼斯坦、乌克兰、阿联酋、美国、乌兹别克斯坦、也门
Afghanistan, Albania, Armenia, Azerbaijan, Belarus, Bosnia and Herzegovina, Bulgaria, Canada, China, Croatia, Czech, Estonia, Finland, France, Georgia, Germany, Greece, Greenland, Hungary, India, Iran, Iraq, Israel, Italy, Jordan, Kazakhstan, Republic of Korea, Democratic People's Republic of Korea, Kyrgyzstan, Latvia, Libya, Lithuania, Macedonia, Mexico, Moldova, Mongolia, Montenegro, Myanmar, Nepal, Norway, Oman, Pakistan, Poland, Portugal, Romania, Russia, Saudi Arabia, Serbia, Slovakia, Slovenia, Spain, Sweden, Syria, Tajikistan, Turkey, Turkmenistan, Ukraine, United Arab Emirates, United States, Uzbekistan, Yemen

生物地理界 / Biogeographic Realm
新北界、古北界 Nearctic, Palearctic

WWF 生物群系 / WWF Biome
北方森林 / 针叶林、山地草原和灌丛
Boreal Forests/Taiga, Grasslands & Shrublands

动物地理分布型 / Zoogeographic Distribution Type
Ch

分布标注 / Distribution Note
非特有种 Non-Endemic

▲ 濒危状况 / Threatened Status

中国生物多样性红色名录等级 / CB RL Category (2021)
近危 NT

IUCN 红色名录 / IUCN Red List (2021)
无危 LC

威胁因子 / Threats
住房及城市建筑、投毒、狩猎
Housing and urban areas development, poisoning, hunting

▲ 法律保护地位 / Legal Protection Status

国家重点保护野生动物等级 / Category of National Key Protected Wild Animals (2021)
二级 Category II

"三有" 名录 / TWIESSV (2023)
未列入 Not listed

CITES 附录等级 / CITES Appendix (2023)
II

迁徙物种公约附录 / CMS Appendix (2020)
未列入 Not listed

保护行动 / Conservation Action
无 None

▲ 参考文献 / References

Jiang et al. (蒋志刚等), 2021; Burgin et al., 2020; IUCN, 2020; Liu et al. (刘姝等), 2013; Hunter and Barrett, 2011; Wilson and Mittermeier, 2009; Meng et al. (孟超等), 2008; Pan et al. (潘清华等), 2007; Gao (高中信), 2006; Wilson and Reeder, 2005; Choudhury, 2003; Wang (王应祥), 2003; Vilà et al., 1999; Wayne, 1999; Zhang (张荣祖), 1997; Xia (夏武平), 1988, 1964; Gao et al. (高耀亭等), 1987

280 / 孟加拉狐

Vulpes bengalensis (Shaw, 1800)

• Bengal Fox

▲ 分类地位 / Taxonomy

食肉目 Carnivora / 犬科 Canidae / 狐属 *Vulpes*

科建立者及其文献 / Family Authority
Fischer, 1817

属建立者及其文献 / Genus Authority
Frisch, 1775

亚种 / Subspecies
无 None

模式标本产地 / Type Locality
孟加拉国
"Bengal"

▲ 其他名称 / Other Name(s)

其他中文名 / Other Chinese Name(s)
无 None

其他英文名 / Other English Name(s)
Indian Fox

同物异名 / Synonym(s)
无 None

▲ 形态及生境 / Morphology and Habitat

形态特征 / Morphological Characteristics
齿式: 3. 1. 4. 3/3.1.4.2=42。口鼻部细长，口鼻上部有小块黑色毛发。耳大，耳壳毛色深褐色，耳缘毛色黑色。被毛颜色随季节和种群变化，背部被毛通常灰白色和腹部苍白。尾大而多毛，尾长占其体长的60%，尖端黑色。
Dental formula: 3. 1. 4. 3/3.1.4.2=42. The muzzle is long and thin, and there is a small piece of black hair on the upper part of the muzzle. Ears big, ear shell color dark brown, with black rims. Pelage color varies with season and population. The dorsal hairs usually grayish white and the hairs on the belly pale. The tail is large and hairy, accounting for 60% of its body length, with a black tip.

生境 / Habitat
半干旱的灌木地和草原
Semi-arid scrubland and grassland

▲ 地理分布 / Geographic Distribution

国内分布 / Domestic Distribution
西藏 Tibet

全球分布 / World Distribution
中国、孟加拉国、印度、尼泊尔、巴基斯坦
China, Bangladesh, India, Nepal, Pakistan

生物地理界 / Biogeographic Realm
印度马来界 Indomalaya

WWF 生物群系 / WWF Biome
热带和亚热带湿润阔叶林
Tropical & Subtropical Moist Broadleaf Forests

动物地理分布型 / Zoogeographic Distribution Type
Hm

分布标注 / Distribution Note
非特有种 Non-Endemic

▲ 濒危状况 / Threatened Status

中国生物多样性红色名录等级 / CB RL Category (2021)
数据缺乏 DD

IUCN 红色名录 / IUCN Red List (2021)
无危 LC

威胁因子 / Threats
未知 Unknown

▲ 法律保护地位 / Legal Protection Status

国家重点保护野生动物等级 / Category of National Key Protected Wild Animals (2021)
未列入 Not listed

"三有"名录 / TWIESSV (2023)
未列入 Not listed

CITES 附录等级 / CITES Appendix (2023)
III

迁徙物种公约附录 / CMS Appendix (2020)
未列入 Not listed

保护行动 / Conservation Action
无 None

▲ 参考文献 / References

Jiang et al. (蒋志刚等), 2021; Burgin et al., 2020; IUCN, 2020; Liu et al. (刘少英等), 2020; Hunter and Barrett, 2011; Wilson and Mittermeier, 2009; Zhang et al., 2015

281 / 沙狐

Vulpes corsac (Linnaeus, 1768)

• Corsac Fox

▲ 分类地位 / Taxonomy

食肉目 Carnivora / 犬科 Canidae / 狐属 *Vulpes*

科建立者及其文献 / Family Authority
Fischer, 1817

属建立者及其文献 / Genus Authority
Frisch, 1775

亚种 / Subspecies
贝加尔亚种 *V. c. scorodumovi* Dorogostajski, 1935
新疆、青海、甘肃、宁夏和内蒙古
Xinjiang, Qinghai, Gansu, Ningxia and Inner Mongolia

模式标本产地 / Type Locality
俄罗斯
"in campis magi deserti ab Jaco fluvio verus Irtim"; listed by Honacki et al. (1982) as "U. S. S. R., N. Kazakhstan, steppes between Ural and Irtysh rivers, near Petropavlovsk"

杨新业 / 供图

▲ 其他名称 / Other Name(s)

其他中文名 / Other Chinese Name(s)
东沙狐

其他英文名 / Other English Name(s)
无 None

同物异名 / Synonym(s)
无 None

▲ 形态及生境 / Morphology and Habitat

形态特征 / Morphological Characteristics
齿式：3. 1. 4. 3/3.1.4.2=42。头体长 45~60 cm。尾长 19~34 cm。雄性体重 1.7~3.2 kg，雌性体重 1.6~2.4 kg。耳短，耳后被毛灰白色。被毛颜色随季节和种群变化，毛色从灰褐、灰白、沙黄到棕灰，胸部与四肢内侧基部为白色。尾长约为体长的 50%。尾尖黑色。
Dental formula: 3. 1. 4. 3/3.1.4.2=42. Head and body length 45-60 cm. Tail length 19-34 cm. Males weigh 1.7-3.2 kg and females 1.6-2.4 kg. Ears are short and the hairs behind the ears are grayish-white. Pelage color varies with season and population, from grayish-brown, grayish-white, sandy yellow to brownish-gray, and the chest and inner side of the limbs are white. Tail length is about 50% of the body length. Tail tip black.

生境 / Habitat
草甸、半荒漠地区
Meadow, semi-desert area

▲ 地理分布 / Geographic Distribution

国内分布 / Domestic Distribution
宁夏、新疆、内蒙古、甘肃、青海
Ningxia, Xinjiang, Inner Mongolia, Gansu, Qinghai

全球分布 / World Distribution
阿富汗、中国、印度、伊朗、哈萨克斯坦、吉尔吉斯斯坦、蒙古国、
俄罗斯、土库曼斯坦、乌兹别克斯坦
Afghanistan, China, India, Iran, Kazakhstan, Kyrgyzstan, Mongolia, Russia,
Turkmenistan, Uzbekistan

生物地理界 / Biogeographic Realm
古北界 Palearctic

WWF 生物群系 / WWF Biome
温带草原、热带稀树草原和灌木地
Temperate Grasslands, Savannas & Shrublands

动物地理分布型 / Zoogeographic Distribution Type
Dk

分布标注 / Distribution Note
非特有种 Non-Endemic

▲ 濒危状况 / Threatened Status

中国生物多样性红色名录等级 / CB RL Category (2021)
近危 NT

IUCN 红色名录 / IUCN Red List (2021)
无危 LC

威胁因子 / Threats
未知 Unknown

▲ 法律保护地位 / Legal Protection Status

国家重点保护野生动物等级 / Category of National Key Protected Wild Animals (2021)
二级 Category II

"三有"名录 / TWIESSV (2023)
未列入 Not listed

CITES 附录等级 / CITES Appendix (2023)
未列入 Not listed

迁徙物种公约附录 / CMS Appendix (2020)
未列入 Not listed

保护行动 / Conservation Action
无 None

▲ 参考文献 / References

Jiang et al. (蒋志刚等), 2021; Burgin et al., 2020; IUCN, 2020; Liu et al. (刘少英等), 2020; Hunter and Barrett, 2011; Wilson and Mittermeier, 2009; Choudhury, 2003; Pan et al. (潘清华等), 2007; Wilson and Reeder, 2005; Wang (王应祥), 2003; Zhang (张荣祖), 1997; Gao et al. (高耀亭等), 1987

282 / 藏狐

Vulpes ferrilata Hodgson, 1842

• Tibet Fox

▲ 分类地位 / Taxonomy

食肉目 Carnivora / 犬科 Canidae / 狐属 *Vulpes*

科建立者及其文献 / Family Authority
Fischer, 1817

属建立者及其文献 / Genus Authority
Frisch, 1775

亚种 / Subspecies
无 None

模式标本产地 / Type Locality
中国
"brought from Lassa" (Tibet, China)

张永 / 供图

▲ 其他名称 / Other Name(s)

其他中文名 / Other Chinese Name(s)
藏沙狐、西沙狐

其他英文名 / Other English Name(s)
无 None

同物异名 / Synonym(s)
无 None

▲ 形态及生境 / Morphology and Habitat

形态特征 / Morphological Characteristics
齿式：3.1.4.3/3.1.4.2=42。头体长 49~70 cm。尾长 22~29 cm。雄性体重 3.2~5.7 kg，雌性体重 3~4.1 kg。两耳小，耳背为浅棕色，耳郭内毛色白。吻部、头部、颈部与四肢被毛棕红色。背部毛为浅棕红色，腹部白色，体侧毛铅灰色至银灰色。冬毛比夏毛长、密。冬季体侧银灰色块明显。尾长而蓬松，尾前部铅灰色，尾末端为灰白色。与同域分布的赤狐比较，吻部长，脸部宽扁，四肢相对短。
Dental formula: 3.1.4.3/3.1.4.2=42. Head and body length 49-70 cm. Tail length 22-29 cm. Males weigh 3.2-5.7 kg and females 3-4.1 kg. Ears small, the back of the ears light brown, with white hairs inside the auricle. The hairs on the snout, head, neck and limbs are reddish brown. Dorsal hairs are light brownish red, the belly is white, and the lateral side hairs lead-gray to silver-gray. Winter hairs are longer and denser than summer hairs. In winter, the silver-gray color on the body side is obvious. The tail is long and fluffy, with lead gray-colored hairs and a grayish end. Compared with the sympatric Red Fox, the muzzle is elongated, the face is wide and flat, and the limbs are relatively short.

生境 / Habitat
草甸、荒漠、洞穴
Meadow, desert, caves

▲ 地理分布 / Geographic Distribution

国内分布 / Domestic Distribution
新疆、青海、甘肃、四川、云南、西藏
Xinjiang, Qinghai, Gansu, Sichuan, Yunnan, Tibet

全球分布 / World Distribution
中国、印度、尼泊尔
China, India, Nepal

生物地理界 / Biogeographic Realm
古北界 Palearctic

WWF 生物群系 / WWF Biome
山地草原和灌丛
Montane Grasslands & Shrublands

动物地理分布型 / Zoogeographic Distribution Type
Pa

分布标注 / Distribution Note
非特有种 Non-Endemic

▲ 濒危状况 / Threatened Status

中国生物多样性红色名录等级 / CB RL Category (2021)
近危 NT

IUCN 红色名录 / IUCN Red List (2021)
无危 LC

威胁因子 / Threats
狩猎、投毒、食物缺乏
Hunting, poisoning, food scarcity

▲ 法律保护地位 / Legal Protection Status

国家重点保护野生动物等级 / Category of National Key Protected Wild Animals (2021)
二级 Category II

"三有" 名录 / TWIESSV (2023)
未列入 Not listed

CITES 附录等级 / CITES Appendix (2023)
未列入 Not listed

迁徙物种公约附录 / CMS Appendix (2020)
未列入 Not listed

保护行动 / Conservation Action
部分种群位于自然保护区内
Part of population are covered by nature reserve

▲ 参考文献 / References

Jiang et al. (蒋志刚等), 2021; Burgin et al., 2020; IUCN, 2020; Liu et al. (刘少英等), 2020; Hunter and Barrett, 2011; Wilson and Mittermeier, 2009; Zhang (张进), 2014; Clark et al., 2009; Zhang et al. (张洪海等), 2006; Pan et al. (潘清华等), 2007; Wilson and Reeder, 2005; Wang (王应祥), 2003; Zhang (张荣祖), 1997; Gao et al. (高耀亭等), 1987

283 / 赤狐

Vulpes vulpes (Linnaeus, 1758)

· Red Fox

陈久桐 / 供图

食肉目 Carnivora / 犬科 Canidae / 狐属 *Vulpes*

科建立者及其文献 / Family Authority
Fischer, 1817

属建立者及其文献 / Genus Authority
Frisch, 1775

亚种 / Subspecies

蒙新亚种 *V. v. haragan* (Erxleben, 1777)
内蒙古中部、陕西、宁夏、甘肃、青海和新疆北部
Inner Mongolia (midpart), Shaanxi, Ningxia, Gansu, Qing hai and Xinjiang (northern part)

西藏亚种 *V. v. montana* (Pearson, 1836)
西藏、云南西北部和新疆南部
Tibet, Yunnan(northwestem part) and Xinjiang (southern part)

华南亚种 *V. v. hoole* (Swinhoe, 1870)
河南南部、山西、安徽、浙江、江苏、福建、江西、广东、广西、湖南、贵州、云南、四川东部和湖北
Henan (southern part), Shanxi, Anhui, Zhejiang, Jiangsu, Fujian, Jiangxi, Guangdong, Guangxi, Hunan, Guizhou, Yunnan Sichuan (eastern part) and Hubei

华北亚种 *V. v. tschiliensis* (Matschie, 1907)
河北、北京、河南北部和山东
Hebei, Beijing, Henan (northern part) and Shandong

东北亚种 *V. v. daurica* (Ognev, 1934)
黑龙江、辽宁、吉林和内蒙古东部
Heilongjiang, Liaoning, Jilin and Inner Mongolia (eastern part)

模式标本产地 / Type Locality
瑞典
"Europa, Asia, Africa, antrafodiens," restricted by Thomas (1911) to "Sweden (Upsala)"

▲ 其他名称 / Other Name(s)

其他中文名 / Other Chinese Name(s)
红狐、狐狸、草狐

其他英文名 / Other English Name(s)
Silver Fox, Cross Fox

同物异名 / Synonym(s)
无 None

▲ 形态及生境 / Morphology and Habitat

形态特征 / Morphological Characteristics
齿式：3.1.4.3/3.1.4.2=42。雄性头体长 59~90 cm，体重 4~14 kg。雌性头体长 50~65 cm，体重 3.5~7.5 kg。尾长 28~49 cm。吻部长而尖。耳直立，三角形，耳背黑色。毛色从黄色、棕色至暗红色均有，偶见黑色个体。常见背面毛色为红棕色，肩部、体侧为棕黄色，腹面为白色。尾长大于头体长之半，尾毛蓬松，颜色与体色相近，尾尖为白色。
Dental formula: 3.1.4.3/3.1.4.2=42. Male head and body length 59-90 cm. Body mass 4-14 kg. Female head and body length 50-65 cm. Body mass 3.5-7.5 kg. Tail length 28-49 cm. The muzzle is long and pointed. Ears erect, triangular shape, and black hairs behind the ears. Pelage color ranges from yellow to brown to dark red, with occasionally black individuals are recorded. Usually, dorsal color is reddish brown, and shoulders, lateral side is brown. Abdomen is white. The tail is up in the half of the head and body length, with fluffy hairs, and hair color is close to the dorsal color with a white tail tip.

生境 / Habitat
苔原、沙漠、森林、城市、灌丛、耕地
Tundra, desert, forest, urban area, shrubland, arable land

▲ 地理分布 / Geographic Distribution

国内分布 / Domestic Distribution

吉林、山西、河南、黑龙江、内蒙古、湖南、北京、河北、辽宁、江苏、浙江、安徽、福建、江西、山东、湖北、广东、广西、四川、贵州、云南、西藏、陕西、甘肃、青海、宁夏、新疆、香港、重庆

Jilin, Shanxi, Henan, Heilongjiang, Inner Mongolia, Hunan, Beijing, Hebei, Liaoning, Jiangsu, Zhejiang, Anhui, Fujian, Jiangxi, Shandong, Hubei, Guangdong, Guangxi, Sichuan, Guizhou, Yunnan, Tibet, Shaanxi, Gansu, Qinghai, Ningxia, Xinjiang, Hong Kong, Chongqing

全球分布 / World Distribution

中国、阿富汗、阿尔巴尼亚、阿尔及利亚、安道尔、亚美尼亚、奥地利、阿塞拜疆、孟加拉国、比利时、不丹、波黑、保加利亚、加拿大、克罗地亚、塞浦路斯、捷克、丹麦、埃及、爱沙尼亚、法罗群岛、芬兰、法国、格鲁吉亚、德国、直布罗陀、希腊、格陵兰、梵蒂冈、匈牙利、冰岛、印度、伊朗、爱尔兰、意大利、日本、约旦、哈萨克斯坦、韩国、朝鲜、吉尔吉斯斯坦、拉脱维亚、黎巴嫩、利比亚、列支敦士登、立陶宛、卢森堡、马其顿、马耳他、摩纳哥、蒙古国、黑山、摩洛哥、缅甸、尼泊尔、荷兰、挪威、巴基斯坦、波兰、葡萄牙、罗马尼亚、俄罗斯、圣马力诺、塞尔维亚、斯洛伐克、斯洛文尼亚、西班牙、斯瓦尔巴群岛和扬马延岛、瑞典、瑞士、叙利亚、塔吉克斯坦、突尼斯、土耳其、土库曼斯坦、英国、乌兹别克斯坦

China, Afghanistan, Albania, Algeria, Andorra, Armenia, Austria, Azerbaijan, Bangladesh, Belgium, Bhutan, Bosnia and Herzegovina, Bulgaria, Canada, Croatia, Cyprus, Czech, Danmark, Egypt, Estonia, Faroe Islands, Finland, France, Georgia, Germany, Gibraltar, Greece, Greenland, Vatican, Hungary, Iceland, India, Iran, Ireland, Italy, Japan, Jordan, Kazakhstan, Republic of Korea, Democratic People's Republic of Korea, Kyrgyzstan, Latvia, Lebanon, Libya, Liechtenstein, Lithuania, Luxembourg, Macedonia, Malta, Monaco, Mongolia, Montenegro, Morocco, Myanmar, Nepal, Netherlands, Norway, Pakistan, Poland, Portugal, Romania, Russia, San Marino, Serbia, Slovakia, Slovenia, Spain, Svalbard and Jan Maye, Sweden, Switzerland, Syria, Tajikistan, Tunisia, Turkey, Turkmenistan, United Kingdom, Uzbekistan

生物地理界 / Biogeographic Realm
新北界、古北界 Nearctic, Palearctic

WWF 生物群系 / WWF Biome
北方森林／针叶林、山地草原和灌丛
Boreal Forests／Taiga Montane, Grasslands & Shrublands

动物地理分布型 / Zoogeographic Distribution Type
Ch

分布标注 / Distribution Note
非特有种 Non-Endemic

▲ 濒危状况 / Threatened Status

中国生物多样性红色名录等级 / CB RL Category (2021)
近危 NT

IUCN 红色名录 / IUCN Red List (2021)
无危 LC

威胁因子 / Threats
狩猎、人类活动干扰 Hunting, human disturbance

▲ 法律保护地位 / Legal Protection Status

国家重点保护野生动物等级 / Category of National Key Protected Wild Animals (2021)
二级 Category II

"三有"名录 / TWIESSV (2023)
未列入 Not listed

CITES 附录等级 / CITES Appendix (2023)
III

迁徙物种公约附录 / CMS Appendix (2020)
未列入 Not listed

保护行动 / Conservation Action
部分种群位于自然保护区内
Part of population are covered by nature reserve

▲ 参考文献 / References

Jiang et al. (蒋志刚等), 2021; Burgin et al., 2020; IUCN, 2020; Liu et al. (刘少英等), 2020; Hunter and Barrett, 2011; Wilson and Mittermeier, 2009; Li et al., 2011; Li (李成涛), 2011; Clark et al., 2008; Wang et al., 2008; Pan et al. (潘清华等), 2007; Wilson and Reeder, 2005; Wang et al. (王正寰等), 2004; Wang (王应祥), 2003; Zhang (张荣祖), 1997; Gao et al. (高耀亭等), 1987

284 / 貉

Nyctereutes procyonoides (Gray, 1834)

· Raccoon Dog

▲ 分类地位 / Taxonomy

食肉目 Carnivora / 犬科 Canidae / 貉属 *Nyctereutes*

科建立者及其文献 / Family Authority
Fischer, 1817

属建立者及其文献 / Genus Authority
Temminck, 1839

亚种 / Subspecies
指名亚种 *N. p. procyonoides* (Gray, 1834)
江苏、安徽、浙江、福建、江西、广东、广西、湖南和湖北
Jiangsu, Anhui, Zhejiang, Fujian, Jiangxi, Guangdong, Guangxi, Hunan and hubei

东北亚种 *N. p. ussuriensis* Matschie, 1907
黑龙江、吉林、内蒙古和河北
Heilongjiang, Jilin, Inner Mongolia and Hebei

西南亚种 *N. p. orestes* Thomas, 1932
云南、贵州、四川、陕西和甘肃
Yunnan, Guizhou, Sichuan, Shaanxi and Gansu

模式标本产地 / Type Locality
中国
Unknown; restricted to "vicinity of Canton, China" by G. M. Allen (1938)

▲ 其他名称 / Other Name(s)

其他中文名 / Other Chinese Name(s)
狸、毛狗、土狗

其他英文名 / Other English Name(s)
Tanuki

同物异名 / Synonym(s)
无 None

▲ 形态及生境 / Morphology and Habitat

形态特征 / Morphological Characteristics
齿式：3. 1. 4. 3/3.1.4.2=42。头体长 49~71 cm。尾长 15~23 cm。体重 3~12.5 kg。身体矮壮。头吻部短。眼周有黑色或棕黑色斑。双耳小而圆，黑色。额部和吻部为白色或浅灰色。两颊至颈部毛发长，形成鬃毛。体毛和尾毛为棕灰色，毛尖黑色。四肢与尾均短，四肢和足毛为棕黑色。尾长小于头体长的 1/3，尾毛长而蓬松。
Dental formula: 3. 1. 4. 3/3.1.4.2=42. Head and body length 49-71 cm. Tail length 15-23 cm. Body mass 3-12.5 kg. Body short and stout. Snout short. Black or brownish-black spots around the eyes. Ears small, round and black. The forehead and snout are white or grayish. Long hairs from cheeks to neck, forming a mane. The body and tail hairs are brownish-gray with black tips. The limbs and tail are short, and the limbs and foot hairs are brown and black. The tail length is less than 1/3 of the head length. Tail hairs long and fluffy.

生境 / Habitat
森林、溪流边、灌丛、草甸
Forest, near stream, shrubland, meadow

▲ 地理分布 / Geographic Distribution

国内分布 / Domestic Distribution

河南、湖南、陕西、北京、河北、山西、内蒙古、辽宁、吉林、
黑龙江、江苏、浙江、安徽、福建、江西、湖北、广东、广西、
四川、贵州、云南、甘肃、重庆

Henan, Hunan, Shaanxi, Beijing, Hebei, Shanxi, Inner Mongolia, Liaoning,
Jilin, Heilongjiang, Jiangsu, Zhejiang, Anhui, Fujian, Jiangxi, Hubei,
Guangdong, Guangxi, Sichuan, Guizhou, Yunnan, Gansu, Chongqing

全球分布 / World Distribution

中国、日本、韩国、朝鲜、蒙古国、俄罗斯、越南

China, Japan, Republic of Korea, Democratic People's Republic of Korea,
Mongolia, Russia, Vietnam

生物地理界 / Biogeographic Realm

古北界、印度马来界 Palearctic, Indmalaya

WWF 生物群系 / WWF Biome

北方森林 / 针叶林
Boreal Forests/Taiga

动物地理分布型 / Zoogeographic Distribution Type

Eg

分布标注 / Distribution Note

非特有种 Non-Endemic

▲ 濒危状况 / Threatened Status

中国生物多样性红色名录等级 / CB RL Category (2021)

近危 NT

IUCN 红色名录 / IUCN Red List (2021)

无危 LC

威胁因子 / Threats

毒杀、公路碾压事件、疾病、污染
Poisoning, road kill, diseases, pollution

▲ 法律保护地位 / Legal Protection Status

国家重点保护野生动物等级 / Category of National Key Protected Wild Animals (2021)

二级 Category II

"三有" 名录 / TWIESSV (2023)

未列入 Not listed

CITES 附录等级 / CITES Appendix (2023)

未列入 Not listed

迁徙物种公约附录 / CMS Appendix (2020)

未列入 Not listed

保护行动 / Conservation Action

无 None

▲ 参考文献 / References

Jiang et al. (蒋志刚等), 2021; Burgin et al., 2020; IUCN, 2020; Hunter and Barrett, 2011; Zhuang (庄炜), 1991; Wilson and Mittermeier, 2009; Li (李成涛), 2011; Smith et al., 2009; Pan et al. (潘清华等), 2007; Wilson and Reeder, 2005; Wang (王应祥), 2003; Zhang (张荣祖), 1997; Gao et al. (高耀亭等), 1987

285 / 豺

Cuon alpinus (Pallas, 1811)

· Dhole

李玮斌 / 供图

▲ 其他名称 / Other Name(s)

其他中文名 / Other Chinese Name(s)
豺狗、马狼、亚洲野狗

其他英文名 / Other English Name(s)
Asiatic Wild Dog

同物异名 / Synonym(s)
无 None

▲ 分类地位 / Taxonomy

食肉目 Carnivora / 犬科 Canidae / 豺属 *Cuon*

科建立者及其文献 / Family Authority
Fischer, 1817

属建立者及其文献 / Genus Authority
Hodgson, 1838

亚种 / Subspecies
指名亚种 *C. a. alpinus* Pallas, 1811
黑龙江、吉林、辽宁和内蒙古东部
Heilongjiang, Jilin, Liaoning and Inner Mongolia (eastern part)

华南亚种 *C. a. lepturus* Heude, 1892
安徽、江苏、浙江、江西、福建、广东、湖南、湖北、广西和贵州
Anhui, Jiangsu, Zhejiang, Jiangxi, Fujian, Guangdong Hunan, Hubei, Guangxi and Guizhou

川西亚种 *C. a. fumosus* Pocock, 1936
四川、陕西、甘肃和青海
Sichuan, Shaanxi, Gansu and Qinghai

克什米尔亚种 *C. a. laniger* Pocock, 1936
西藏南部和新疆南部
Tibet (southern part) and Xinjiang (southern part)

滇西亚种 *C. a. adustus* Pocock, 1941
云南西北部和南部
Yunnan (northwestern and southern)

模式标本产地 / Type Locality
俄罗斯
"Udskoi Ostrog"; reported in Honacki et al. (1982) as "U. S. S. R., Amurskaya Obl., Udskii-Ostrog"

▲ 形态及生境 / Morphology and Habitat

形态特征 / Morphological Characteristics
齿式：3. 1. 4. 3/3.1.4.2=42。头体长 80~113 cm，尾长 32~50 cm，雄性体重 15~21 kg，雌性体重 10~17 kg。头吻部短，双耳圆。耳郭内侧为白色。耳背面与颈、背部毛色一致。嘴周及下颌具白毛。背部与体侧毛色为砖红色、棕红色或红褐色，腹部毛色浅。尾长而蓬松，为灰黑色至黑色。
Dental formula: 3. 1. 4. 3/3.1.4.2=42. Head and body length 80-113 cm. Tail length 32-50 cm. Males weigh 15-21 kg, females weigh 10-17 kg. Snout short. Ears round, large. The hairs inside the auricle are white. The hairs on the back of ears are consistent with the hair color of the neck. White hairs on mouth and mandible. The hairs on dorsum and lateral side of the body are brick red, brown red or reddish brown, while that on abdomen is light colored. Tail long and fluffy, with grayish-black to black hairs.

生境 / Habitat
森林、灌丛
Forest, shrubland

▲ 地理分布 / Geographic Distribution

国内分布 / Domestic Distribution

新疆、青海、黑龙江、西藏、浙江、北京、山西、内蒙古、吉林、辽宁、江苏、安徽、福建、江西、湖北、湖南、河南、广东、广西、四川、贵州、云南、陕西、甘肃、宁夏、重庆

Xinjiang, Qinghai, Heilongjiang, Tibet, Zhejiang, Beijing, Shanxi, Inner Mongolia, Jilin, Liaoning, Jiangsu, Anhui, Fujian, Jiangxi, Hubei, Hunan, Henan, Guangdong, Guangxi, Sichuan, Guizhou, Yunnan, Shaanxi, Gansu, Ningxia, Chongqing

全球分布 / World Distribution

中国、孟加拉国、不丹、柬埔寨、印度、印度尼西亚、哈萨克斯坦、吉尔吉斯斯坦、老挝、马来西亚、蒙古国、缅甸、尼泊尔、俄罗斯、塔吉克斯坦、泰国、越南

China, Bangladesh, Bhutan, Cambodia, India, Indonesia, Kazakhstan, Kyrgyzstan, Laos, Malaysia, Mongolia, Myanmar, Nepal, Russia, Tajikistan, Thailand, Vietnam

生物地理界 / Biogeographic Realm
印度马来界 Indomalaya

WWF 生物群系 / WWF Biome
热带和亚热带湿润阔叶林、山地草原和灌丛
Tropical & Subtropical Moist Broadleaf Forests, Montane Grasslands & Shrublands

动物地理分布型 / Zoogeographic Distribution Type
We

分布标注 / Distribution Note
非特有种 Non-Endemic

▲ 濒危状况 / Threatened Status

中国生物多样性红色名录等级 / CB RL Category (2021)
濒危 EN

IUCN 红色名录 / IUCN Red List (2021)
濒危 EN

威胁因子 / Threats
食物缺乏、毒杀、栖息地变化
Food scarcity, poisoning, habitat shifting or alteration

▲ 法律保护地位 / Legal Protection Status

国家重点保护野生动物等级 / Category of National Key Protected Wild Animals (2021)
一级 Category I

"三有"名录 / TWIESSV (2023)
未列入 Not listed

CITES 附录等级 / CITES Appendix (2023)
II

迁徙物种公约附录 / CMS Appendix (2020)
未列入 Not listed

保护行动 / Conservation Action
部分种群位于自然保护区内
Part of population are covered by nature reserve

▲ 参考文献 / References

Jiang et al. (蒋志刚等), 2021; Burgin et al., 2020; IUCN, 2020; Liu et al. (刘少英等), 2020; Hunter and Barrett, 2011; Wilson and Mittermeier, 2009; Pieńkowska et al., 2002; Pan et al. (潘清华等), 2007; Wilson and Reeder, 2005; Wang (王应祥), 2003; Xia (夏武平), 1988, 1964; Gao et al. (高耀亭等), 1987

286 / 懒熊

Melursus ursinus (Shaw, 1791)

· Sloth Bear

▲ 分类地位 / Taxonomy

食肉目 Carnivora / 熊科 Ursidae / 懒熊属 *Melursus*

科建立者及其文献 / Family Authority
Fischer de Waldheim, 1817

属建立者及其文献 / Genus Authority
Meyer, 1793

亚种 / Subspecies
无 None

模式标本产地 / Type Locality
印度
"Abinteriore Bengala"; restricted by Pocock (1941) as "Patna, north of the Ganges, Bengal" (India)

▲ 其他名称 / Other Name(s)

其他中文名 / Other Chinese Name(s)
无 None

其他英文名 / Other English Name(s)
Honey Bear, Lip Bear

同物异名 / Synonym(s)
无 None

▲ 形态及生境 / Morphology and Habitat

形态特征 / Morphological Characteristics

齿式：3. 1. 4. 3/3.1.4.2=42。雌性体重 55~95 kg。雄性体重 80~140 kg。成年雄性肩高 60~90 cm。体型瘦长。额部被覆黑色短毛，眼睛以下被覆灰黄棕色短毛，显得脸部光秃秃、灰蒙蒙的。白齿宽而平。舌头长、大。鼻长，鼻孔可以关闭。被毛长、粗糙、蓬松，颈部有鬃毛。背部被毛纯黑。有个体被毛杂有棕色和灰色毛发。胸部有一个白色、黄色或栗色 "U" 或 "Y" 形斑块。四肢粗壮，爪子大，锋利。

Dental formula: 3. 1. 4. 3/3.1.4.2=42. Female weighs 55-95 kg. Male weigh 80-140 kg. Adult male shoulder height 60-90 cm. Body type lean and long. The forehead is covered with black short hairs, and the face below the eyes are covered with sallow brown short hairs, which makes the face bald and gray. The molars are wide and flat. Tongue is long and large. Long nose, nostrils can be closed. The hairs on the body are long, coarse and shaggy, with a mane on the neck. Dorsal hairs pure black. Individuals sometimes have mixture of brown, grey and black hairs. A white, yellow or chestnut colored "U" or "Y" shaped patch on the chest. Huge limbs and big, sharp claws.

生境 / Habitat
森林、灌丛
Forest, shrubland

▲ 地理分布 / Geographic Distribution

国内分布 / Domestic Distribution
西藏 Tibet

全球分布 / World Distribution
中国、印度、尼泊尔、斯里兰卡
China, India, Nepal, Sri Lanka

生物地理界 / Biogeographic Realm
印度马来界 Indomalaya

WWF 生物群系 / WWF Biome
热带和亚热带湿润阔叶林
Tropical & Subtropical Moist Broadleaf Forests

动物地理分布型 / Zoogeographic Distribution Type
Ha

分布标注 / Distribution Note
非特有种 Non-Endemic

▲ 濒危状况 / Threatened Status

中国生物多样性红色名录等级 / CB RL Category (2021)
濒危 EN

IUCN 红色名录 / IUCN Red List (2021)
易危 VU

威胁因子 / Threats
狩猎 Hunting

▲ 法律保护地位 / Legal Protection Status

国家重点保护野生动物等级 / Category of National Key Protected Wild Animals (2021)
二级 Category II

"三有" 名录 / TWIESSV (2023)
未列入 Not listed

CITES 附录等级 / CITES Appendix (2023)
I

迁徙物种公约附录 / CMS Appendix (2020)
未列入 Not listed

保护行动 / Conservation Action
禁止国际贸易，并制定了种群恢复计划
International trade was banned and under population recovery plan

▲ 参考文献 / References

Jiang et al. (蒋志刚等), 2021; Burgin et al., 2020; IUCN, 2020; Liu et al. (刘少英等), 2020; Hunter and Barrett, 2011; Wilson and Mittermeier, 2009; Zhang (张进), 2014; Pan et al. (潘清华等), 2007; Wang (王应祥), 2003

287 / 棕熊

Ursus arctos Linnaeus, 1758

· Brown Bear

▲ 其他名称 / Other Name(s)

其他中文名 / Other Chinese Name(s)
马熊、罴、人熊

其他英文名 / Other English Name(s)
Grizzly Bear, Kodiak Bear

同物异名 / Synonym(s)
无 None

▲ 分类地位 / Taxonomy

食肉目 Carnivora / 熊科 Ursidae / 熊属 *Ursus*

科建立者及其文献 / Family Authority
Fischer de Waldheim, 1817

属建立者及其文献 / Genus Authority
Linnaeus, 1758

亚种 / Subspecies

指名亚种 *U. a. arctos* Linnaeus, 1758
新疆北部（阿尔泰山）
Xinjiang (northern part-Altai Mountain)

天山亚种 *U. a. isabellinus* Horsfield, 1826
新疆南部（天山）
Xinjiang (southern part-Tianshan Mountain)

青藏亚种 *U. a. pruinosus* Blyth, 1854
云南西北部、四川西部、西藏、青海、甘肃西部和
新疆南部
Yunnan (northwestern part), Sichuan (western part), Tibet,
Qinghai, Gansu (western part) and Xinjiang (southern part)

东北亚种 *U. a. lasiotus* Gray, 1867
黑龙江、辽宁、吉林和内蒙古
Heilongjiang, Liaoning, Jilin and Inner Mongolia

模式标本产地 / Type Locality
瑞典
"sylvis Europ frigid restricted by Thomas (1911) to "Northern
Sweden"

▲ 形态及生境 / Morphology and Habitat

形态特征 / Morphological Characteristics

齿式：3. 1. 4. 3/3.1.4.2=42。雄性头体长 160~280
cm，体重 135~725 kg。雌性头体长 140~228 cm，
体重 55~277 kg。头部硕大，吻部长。种群或亚种
间体型有变异。青藏高原、蒙古高原的亚种体型较
小。毛色多变，包括灰黑色、棕黑色、深棕色、棕
红色、浅棕黄色及灰色，偶见白化个体。青藏高原
及周边地区的个体，通常毛色显得斑驳。四肢色深，
身体和头部色浅。一些个体颈部有白色或污黄色浅
色毛，延伸至肩部和胸部。肩部肌肉发达，四肢粗
壮，爪长。

Dental formula: 3. 1. 4. 3/3.1.4.2=42. Male head and body
length 160-280 cm, body mass 135-725 kg. Female head
and body length 140-228 cm, body mass of 55-277 kg. The
head is large and the muzzle is long. Body size varies among
populations or subspecies. The subspecies of Qinghai-Tibetan
Plateau and Mongolian Plateau is smaller in size. Pelage color
is variable, including grayish-black, brown-black, dark brown,
brown-red, light brown-yellow and gray. Occasionally albino
individuals are seen. Individuals from the Qinghai-Tibetan
Plateau and surrounding areas usually have mottled coat
color. Dark hairs on limbs, light colored hairs on body and
head. Some individuals have white or yellowish pale hairs on
the neck, extending to the shoulders and chest. Shoulders are
well muscled; limbs are strong and claws are long.

生境 / Habitat

森林、高原、苔原
Forest, plateau, tundra

▲ 地理分布 / Geographic Distribution

国内分布 / Domestic Distribution

吉林、黑龙江、内蒙古、辽宁、四川、云南、西藏、
甘肃、青海、新疆
Jilin, Heilongjiang, Inner Mongolia, Liaoning, Sichuan, Yunnan, Tibet, Gansu, Qinghai, Xinjiang

全球分布 / World Distribution

阿富汗、阿尔巴尼亚、安道尔、亚美尼亚、奥地利、
阿塞拜疆、白俄罗斯、波黑、保加利亚、加拿大、中国、
克罗地亚、捷克、爱沙尼亚、芬兰、法国、格鲁吉亚、
印度、伊朗、伊拉克、意大利、日本、哈萨克斯坦、
朝鲜、吉尔吉斯斯坦、拉脱维亚、马其顿、蒙古国、
黑山、尼泊尔、挪威、巴基斯坦、波兰、罗马尼亚、
俄罗斯、塞尔维亚、斯洛伐克、斯洛文尼亚、西班牙、
瑞典、塔吉克斯坦、乌克兰、美国、乌兹别克斯坦
Afghanistan, Albania, Andorra, Armenia, Austria, Azerbaijan, Belarus, Bosnia and Herzegovina, Bulgaria, Canada, China, Croatia, Czech, Estonia, Finland, France, Georgia, India, Iran, Iraq, Italy, Japan, Kazakhstan, Democratic People's Republic of Korea, Kyrgyzstan, Latvia, Macedonia, Mongolia, Montenegro, Nepal, Norway, Pakistan, Poland, Romania, Russia, Serbia, Slovakia, Slovenia, Spain, Sweden, Tajikistan, Ukraine, United States, Uzbekistan

生物地理界 / Biogeographic Realm

新北界、古北界
Nearctic, Palearctic

WWF 生物群系 / WWF Biome

北方森林 / 针叶林、山地草原和灌丛
Boreal Forests/Taiga Montane, Grasslands & Shrublands

动物地理分布型 / Zoogeographic Distribution Type

C

分布标注 / Distribution Note

非特有种 Non-Endemic

▲ 濒危状况 / Threatened Status

中国生物多样性红色名录等级 / CB RL Category (2021)

易危 VU

IUCN 红色名录 / IUCN Red List (2021)

易危 VU

威胁因子 / Threats

未知 Unknown

▲ 法律保护地位 / Legal Protection Status

国家重点保护野生动物等级 / Category of National Key Protected Wild Animals (2021)

二级 Category II

"三有" 名录 / TWIESSV (2023)

未列入 Not listed

CITES 附录等级 / CITES Appendix (2023)

I

迁徙物种公约附录 / CMS Appendix (2020)

I

保护行动 / Conservation Action

部分种群位于自然保护区内
Part of population are covered by nature reserve

▲ 参考文献 / References

Jiang et al. (蒋志刚等), 2021; Burgin et al., 2020; IUCN, 2020; Hunter and Barrett, 2011; Wilson and Mittermeier, 2009; Jiang et al. (蒋志刚等), 2017; Garshelis et al., 1999; Choudhury, 2003; Pan et al. (潘清华等), 2007; Wilson and Reeder, 2005; Wang (王应祥), 2003; Zhang (张荣祖), 1997; Gao et al. (高耀亭等), 1987

288 / 黑熊

Ursus thibetanus G. [Baron] Cuvier, 1823

• Asiatic Black Bear

▲ 其他名称 / Other Name(s)

其他中文名 / Other Chinese Name(s)
狗熊、黑瞎子、亚洲黑熊

其他英文名 / Other English Name(s)
Himalayan Black Bear, Moon Bear, White-breasted Bear, Asian Black Bear

同物异名 / Synonym(s)
无 None

▲ 分类地位 / Taxonomy

食肉目 Carnivora / 熊科 Ursidae / 熊属 *Ursus*

科建立者及其文献 / Family Authority
Fischer de Waldheim, 1817

属建立者及其文献 / Genus Authority
Linnaeus, 1758

亚种 / Subspecies
Asiatic Black Bear
指名亚种 *S. th. thibetanus* (G. Cuvier, 1823)
西藏东南部、云南西北部和西部、四川西北部和青海南部
Tibet (southeastern part), Yunnan (northwestern and western), Sichuan (northwestern part) and Qinghai (southern part)

喜马拉雅亚种 *S. th. laniger* Pocock, 1932
西藏南部（聂拉木）
Tibet (southern part-Nielamu)

四川亚种 *S. th. mupinensis* Heude, 1901
四川、青海、甘肃、陕西、湖北、河南、安徽、浙江、福建、江西、广东、湖南、广西、贵州和云南
Sichuan, Qinghai (northern part), Gansu, Shaanxi, Hubei, Henan, Anhui, Zhejiang, Fujian, Jiangxi, Guangdong, Hunan, Guangxi, Guizhou and Yunnan

台湾亚种 *S. th. formosanus* (Swinhoe, 1864)
台湾和海南
Taiwan and Hainan

东北亚种 *S. th. ussuricus* Heude, 1901
内蒙古东部、黑龙江、吉林、辽宁和河北
Inner Mongolia (eastern part), Heilongjiang, Jilin, Liaoning and Hebei

模式标本产地 / Type Locality
印度
"Cet ours a trouvd'abord par M. Wallich dans les montagnes du Napaul, et je l'ai rencontr? alement dans celles du Sylhet" (India, Assam, Sylhet)

▲ 形态及生境 / Morphology and Habitat

形态特征 / Morphological Characteristics
齿式: 3.1.4.3/3.1.4.2=42。雄性头体长 120~190 cm，体重 60~200 kg。雌性头体长 110~150 cm，体重 40~140 kg。身体壮硕，吻部灰黑色至棕黑色。双耳圆。成年个体颈部有浓密黑色鬃毛。整体毛色为黑色，偶见棕色或金黄色毛色变异。胸部具有一个显眼的"V"字形白斑，因其形状近似新月，故有时也被称为"月熊"。四肢短，强壮。足掌宽大，爪长。尾短。

Dental formula: 3. 1. 4. 3/3.1.4.2=42. Male head and body length 120-190 cm, Body mass 60-200 kg. Female head and body length 110-150 cm, body mass 40-140 kg. The body is strong and the snout is grayish black to brown black. Ears round. Adult has a thick black mane on the neck. Pelage color black, with occasional brown or golden color variation. The chest has a conspicuous "V" shaped white spot, because its shape is similar to the crescent moon, so it is sometimes called "Moon Bear". Limbs short, robust. Paws wide, with long claws. The tail is short.

生境 / Habitat
热带和亚热带湿润山地森林、针叶阔叶混交林
Tropical and subtropical moist montane forest, coniferous and broad-leaved mixed forest

▲ 地理分布 / Geographic Distribution

国内分布 / Domestic Distribution

吉林、黑龙江、西藏、河北、内蒙古、辽宁、浙江、安徽、福建、湖南、广东、广西、海南、四川、贵州、云南、陕西、甘肃、青海、湖北、江西、重庆、台湾

Jilin, Heilongjiang, Tibet, Hebei, Inner Mongolia, Liaoning, Zhejiang, Anhui, Fujian, Hunan, Guangdong, Guangxi, Hainan, Sichuan, Guizhou, Yunnan, Shaanxi, Gansu, Qinghai, Hubei, Jiangxi, Chongqing, Taiwan

全球分布 / World Distribution

中国、阿富汗、孟加拉国、不丹、柬埔寨、印度、伊朗、日本、朝鲜、韩国、老挝、缅甸、尼泊尔、巴基斯坦、俄罗斯、泰国、越南

China, Afghanistan, Bangladesh, Bhutan, Cambodia, India, Iran, Japan, Democratic People's Republic of Korea, Republic of Korea, Laos, Myanmar, Nepal, Pakistan, Russia, Thailand, Vietnam

生物地理界 / Biogeographic Realm

印度马来界 Indomalaya

WWF 生物群系 / WWF Biome

热带和亚热带湿润阔叶林
Tropical & Subtropical Moist Broadleaf Forests

动物地理分布型 / Zoogeographic Distribution Type

Eg

分布标注 / Distribution Note

非特有种 Non-Endemic

▲ 濒危状况 / Threatened Status

中国生物多样性红色名录等级 / CB RL Category (2021)

易危 VU

IUCN 红色名录 / IUCN Red List (2021)

易危 VU

威胁因子 / Threats

未知 Unknown

▲ 法律保护地位 / Legal Protection Status

国家重点保护野生动物等级 / Category of National Key Protected Wild Animals (2021)

二级 Category II

"三有" 名录 / TWIESSV (2023)

未列入 Not listed

CITES 附录等级 / CITES Appendix (2023)

I

迁徙物种公约附录 / CMS Appendix (2020)

未列入 Not listed

保护行动 / Conservation Action

部分种群位于自然保护区内
Part of population are covered by nature reserve

▲ 参考文献 / References

Jiang et al. (蒋志刚等), 2021; Burgin et al., 2020; IUCN, 2020; Liu et al. (刘少英等), 2020; Malcolm et al., 2014; Hunter and Barrett, 2011; Wilson and Mittermeier, 2009; Pan et al. (潘清华等), 2007; Xu et al., 2006; Wilson and Reeder, 2005; Wang (王应祥), 2003; Zhang (张明海), 2002; Ma et al. (马逸清等), 1998; Guo et al., 1997; Zhang (张荣祖), 1997; Lei (雷俊宏), 1991; Xia (夏武平), 1988, 1964; Gao et al. (高耀亭等), 1987

289 / 马来熊

Helarctos malayanus (Raffles, 1821)

· Sun Bear

食肉目 Carnivora / 熊科 Ursidae / 马来熊属 *Helarctos*

科建立者及其文献 / Family Authority
Fischer de Waldheim, 1817

属建立者及其文献 / Genus Authority
Horsfield, 1825

亚种 / Subspecies
指名亚种 *H. m. malayanus* (Raffles, 1822)
云南南部和西藏东南部
Yunnan (southern part) and Tibet (southeastern part)

模式标本产地 / Type Locality
印度尼西亚
"Sumatra" (Indonesia)

黄泰 / 供图

▲ 其他名称 / Other Name(s)

其他中文名 / Other Chinese Name(s)
狗熊、太阳熊

其他英文名 / Other English Name(s)
Malayan Sun Bear, Dog Bear, Honey Bear

同物异名 / Synonym(s)
无 None

▲ 形态及生境 / Morphology and Habitat

形态特征 / Morphological Characteristics
齿式：3.1.4.3/3.1.4.2=42。头体长 100~140 cm。雄性体重 34~80 kg，雌性体重 25~50 kg。体型瘦小，头部小，吻部短，舌极长。双耳小。四肢相对身体比例较长，全身被毛短而柔软。吻部及颊有污白色至浅黄色短毛，胸部具一块白色至乳黄色块斑，边缘清晰，形状多变，可作为个体识别的依据。身体其余部分毛色为黑色。四肢修长，爪甚长。

Dental formula: 3. 1. 4. 3/3.1.4.2=42. Head and body length 100-140 cm. Male body mass 34-80 kg, female body mass 25-50 kg. The body size is small and slim, the head is small, the snout is short, the tongue is very long. Ears are small. Limbs long in proportion to the body size. Pelage short and soft. Smudge-white to light-yellow short hairs on the snout and cheeks. A white to cream-yellow patch on the chest, with clear edge, variable shape, can be used for individual identification. The rest of the body is black. Long limbs, with very long claws.

生境 / Habitat
热带湿润低地森林、沼泽森林、开垦种植
Tropical moist lowland forest, swamp forest, farmland

▲ 地理分布 / Geographic Distribution

国内分布 / Domestic Distribution
云南、西藏
Yunnan, Tibet

全球分布 / World Distribution
孟加拉国、文莱、柬埔寨、中国、印度、印度尼西亚、老挝、
马来西亚、缅甸、泰国、越南
Bangladesh, Brunei, Cambodia, China, India, Indonesia, Laos,
Malaysia, Myanmar, Thailand, Vietnam

生物地理界 / Biogeographic Realm
印度马来界 Indomalaya

WWF 生物群系 / WWF Biome
热带和亚热带湿润阔叶林
Tropical & Subtropical Moist Broadleaf Forests

动物地理分布型 / Zoogeographic Distribution Type
Wa

分布标注 / Distribution Note
非特有种 Non-Endemic

▲ 濒危状况 / Threatened Status

中国生物多样性红色名录等级 / CB RL Category (2021)
极危 CR

IUCN 红色名录 / IUCN Red List (2021)
易危 VU

威胁因子 / Threats
生境破碎、开垦种植
Habitat Fragmentation, farming

▲ 法律保护地位 / Legal Protection Status

国家重点保护野生动物等级 / Category of National Key Protected Wild Animals (2021)
一级 Category I

"三有"名录 / TWIESSV (2023)
未列入 Not listed

CITES 附录等级 / CITES Appendix (2023)
I

迁徙物种公约附录 / CMS Appendix (2020)
未列入 Not listed

保护行动 / Conservation Action
无 None

▲ 参考文献 / References

Jiang et al. (蒋志刚等), 2021; Burgin et al., 2020; IUCN, 2020; Liu et al. (刘少英等), 2020; Escobar et al., 2015; Ohnishi and Osawa, 2014; Liu et al., 2011; Hunter and Barrett, 2011; Wilson and Mittermeier, 2009; Liu et al., 2009; Pan et al. (潘清华等), 2007; Wilson and Reeder, 2005; Wang (王应祥), 2003; Zhang (张荣祖), 1997; Gao et al. (高耀亭等), 1987

290 / 大熊猫

Ailuropoda melanoleuca (David, 1869)

• Giant Panda

0666

▲ 分类地位 / Taxonomy

食肉目 Carnivora / 大熊猫科 Ailuropodidae / 熊猫属 *Ailuropoda*

科建立者及其文献 / Family Authority
Pocock, 1916

属建立者及其文献 / Genus Authority
Milne-Edwards, 1870

亚种 / Subspecies
指名亚种 *A. m. melanoleuca* (David, l869)
四川西部（岷山、邛崃山系、相岭和大、小凉山）
Sichuan (western parts-Minshan, Qionglai, Xianglin, Greater Liang and Lesser Liang Mountains)

秦岭亚种 *A. m. qinlingensis* Wan, Wu et Fang, 2005
陕西（秦岭）
Shaanxi (Qingling Mountains)

模式标本产地 / Type Locality
中国
"Mou-pin" (China, Sichuan Sheng, Baoxing (Moupin) 30°3'N, 102°0'E]

李晟/供图

▲ 其他名称 / Other Name(s)

其他中文名 / Other Chinese Name(s)
白熊、大猫熊、花熊

其他英文名 / Other English Name(s)
无 None

同物异名 / Synonym(s)
无 None

▲ 形态及生境 / Morphology and Habitat

形态特征 / Morphological Characteristics
齿式：3.1.4.3/3.1.4.2=42。头体长 120~180 cm。雄性体重 85~125 kg，雌性体重 70~100 kg。尾长 8~16 cm。头部大而圆，吻部短而钝。被毛分为黑白两色。四肢、肩部、耳朵及眼圈被毛为黑色，身体其余部分被毛为白色。陕西秦岭地区发现有毛色为棕色的个体。棕色型个体身上的黑毛变为浅棕色或咖啡色。幼年个体与亚成体体色与成体相仿，体型更圆。
Dental formula: 3. 1. 4. 3/3.1.4.2=42. Head and body length 120-180 cm. Males body mass 85-125 kg, female body mass 70-100 kg. Tail length 8-16 cm. Head is large and round, and the snout is short and blunt. Pelage is black and white. The limbs, shoulders, ears and eye rings are black, and the rest of the body is white. Individuals with brown hair color are found in Qinling Mountains, Shaanxi Province. The black hairs on the brown individuals turn into light brown or brown. Juveniles and subadults are similar in color to adults and are rounder in size.

生境 / Habitat
亚热带湿润山地森林、竹林
Subtropical moist montane forest, bamboo grove

▲ 地理分布 / Geographic Distribution

国内分布 / Domestic Distribution
四川、陕西、甘肃
Sichuan, Shaanxi, Gansu

全球分布 / World Distribution
中国 China

生物地理界 / Biogeographic Realm
古北界 Palearctic

WWF 生物群系 / WWF Biome
温带针叶树森林
Temperate Conifer Forests

动物地理分布型 / Zoogeographic Distribution Type
Hc

分布标注 / Distribution Note
特有种 Endemic

▲ 濒危状况 / Threatened Status

中国生物多样性红色名录等级 / CB RL Category (2021)
易危 VU

IUCN 红色名录 / IUCN Red List (2021)
易危 VU

威胁因子 / Threats
生境破碎、耕种、森林砍伐、食物（竹子开花）缺乏
Habitat fragmentation, farming, logging, food (bamboo brooming) scarcity

▲ 法律保护地位 / Legal Protection Status

国家重点保护野生动物等级 / Category of National Key Protected Wild Animals (2021)
一级 Category I

"三有"名录 / TWIESSV (2023)
未列入 Not listed

CITES 附录等级 / CITES Appendix (2023)
I

迁徙物种公约附录 / CMS Appendix (2020)
未列入 Not listed

保护行动 / Conservation Action
大部分种群位于自然保护区内
Most population are covered by nature reserve

▲ 参考文献 / References

Jiang et al. (蒋志刚等), 2021; Burgin et al., 2020; IUCN, 2020; Liu et al. (刘少英等), 2020; Hunter and Barrett, 2011; Wilson and Mittermeier, 2009; Smith et al., 2009; Pan et al. (潘清华等), 2007; Yan (严旬), 2006; Zhang et al., 2007; Want et al., 2005; Wilson and Reeder, 2005; Yang et al., 2004; Wang (王应祥), 2003; Wang et al. (王昊等), 2002; Hu (胡锦矗), 2001; Zhang (张荣祖), 1997; Ma, 1994; Xia (夏武平), 1988, 1964; Gao et al. (高耀亭等), 1987

291 / 小熊猫

Ailurus fulgens F. G. Cuvier, 1825

• Red Panda

▲ 分类地位 / Taxonomy

食肉目 Carnivora / 小熊猫科 Ailuridae / 小熊猫属 *Ailurus*

科建立者及其文献 / Family Authority
Gray, 1843

属建立者及其文献 / Genus Authority
Milne-Edwards, 1870

亚种 / Subspecies
指名亚种 *A. f. fulgens* (F. G. Cuvier, 1825)
西藏南部、东南部和云南西北部（高黎贡山地区）
Tibet (southern and southeastern parts) and Yunnan (northwestern part-Gaoligong Mountain area)

模式标本产地 / Type Locality
印度
"Indes orientales"

付强 / 供图

黄耀华 / 供图

▲ 其他名称 / Other Name(s)

其他中文名 / Other Chinese Name(s)
红熊猫、九节狼、小猫熊

其他英文名 / Other English Name(s)
Lesser Panda, Fire Fox, Golden Dog, Bear Cat

同物异名 / Synonym(s)
无 None

▲ 形态及生境 / Morphology and Habitat

形态特征 / Morphological Characteristics
齿式：3.1.4.3/3.1.4.2=42。头体长 51~73 cm。体重 3~6 kg。尾长 28~54 cm。头部圆。吻部短。双耳大，呈三角形竖起，耳缘具白毛。脸颊、吻部和眼周均具白毛，眼下至嘴基具两条深色带，形成独特的"眼罩"状面部斑纹。整体毛色为红棕色。四肢与腹面毛色为棕黑色。尾巴粗长，被毛蓬松，上面有多个深色环纹。
Dental formula: 3. 1. 4. 3/3.1.4.2=42. Head and body length 51-73 cm. Body mass 3-6 kg. Tail length 28-54 cm. Head round, with short snout. Both ears are large, triangular and erect, with white hairs on the ear rims. There are white hairs on the cheeks, snout and around the eyes with two dark bands from the eyes to the mouth base, forming a unique "eye patch" facial markings. The overall pelage color is reddish-brown. The hairs on limbs and abdomen are brown and black. The tail is long, thick and shaggy, with several dark rings on it.

生境 / Habitat
温带森林、针叶阔叶混交林、竹林
Temperate forest, coniferous and broad-leaved mixed forest, bamboo grove

▲ 地理分布 / Geographic Distribution

国内分布 / Domestic Distribution
云南、西藏
Yunnan, Tibet

全球分布 / World Distribution
不丹、中国、印度、缅甸、尼泊尔
Bhutan, China, India, Myanmar, Nepal

生物地理界 / Biogeographic Realm
古北界 Palearctic

WWF 生物群系 / WWF Biome
温带阔叶和混交林
Temperate Broadleaf & Mixed Forests

动物地理分布型 / Zoogeographic Distribution Type
Hm

分布标注 / Distribution Note
非特有种 Non-Endemic

▲ 濒危状况 / Threatened Status

中国生物多样性红色名录等级 / CB RL Category (2021)
濒危 EN

IUCN 红色名录 / IUCN Red List (2021)
濒危 EN

威胁因子 / Threats
狩猎、森林砍伐、家畜养殖、放牧、旅游、公路和铁路
Hunting, logging, livestock farming or ranching, tourism, roads and railroads

▲ 法律保护地位 / Legal Protection Status

国家重点保护野生动物等级 / Category of National Key Protected Wild Animals (2021)
二级 Category II

"三有" 名录 / TWIESSV (2023)
未列入 Not listed

CITES 附录等级 / CITES Appendix (2023)
I

迁徙物种公约附录 / CMS Appendix (2020)
未列入 Not listed

保护行动 / Conservation Action
大部分种群位于自然保护区内
Most population are covered by nature reserve

▲ 参考文献 / References

Jiang et al. (蒋志刚等), 2021; Burgin et al., 2020; IUCN, 2020; Liu et al. (刘少英等), 2020; Hunter and Barrett, 2011; Wilson and Mittermeier, 2009; Pan et al. (潘清华等), 2007; Wilson and Reeder, 2005; Wang (王应祥), 2003; Zhang (张荣祖), 1997; Xia (夏武平), 1988, 1964; Gao et al. (高耀亭等), 1987

中华小熊猫

Ailurus styani Thomas, 1902

· Chinese Red Panda

▲ 分类地位 / Taxonomy

食肉目 Carnivora / 小熊猫科 Ailuridae / 小熊猫属 *Ailurus*

科建立者及其文献 / Family Authority
Gray, 1843

属建立者及其文献 / Genus Authority
Milne-Edwards, 1870

亚种 / Subspecies
指名亚种 *A. s. styani* (Thomas, 1902)
云南北部和中部、四川西部、青海东南部和甘肃南部
Yunnan (northern and midparts), Sichuan (western part), Qinghai (southeastern part) and Gansu (southern part)

模式标本产地 / Type Locality
中国
Sichuan, China

▲ 其他名称 / Other Name(s)

其他中文名 / Other Chinese Name(s)
无 None

其他英文名 / Other English Name(s)
无 None

同物异名 / Synonym(s)
无 None

▲ 形态及生境 / Morphology and Habitat

形态特征 / Morphological Characteristics
齿式：3.1.4.3/3.1.4.2=42。体型较小熊猫小。头部圆。吻部短。双耳大，呈三角形竖起，耳缘具白毛。脸颊、吻部和眼周均具白毛，眼下至嘴基具两条深色带，形成独特的"眼罩"状面部斑纹。整体毛色为棕红色。外形很难与小熊猫 *Ailurus fulgens* 区别。原为小熊猫的亚种，Graves 将其独立为种。最近，发现中华小熊猫和小熊猫的遗传差异极大，且线粒体基因组单倍型和 Y 染色体 SNP 单倍型均无共享（Hu et al., 2020）。
Dental formula: 3. 1. 4. 3/3.1.4.2=42. It is smaller than the red panda. Head round. The snout short. The ears are large, triangular and erect, with white hairs on the ear margins. There are white hairs on the cheeks, snout and around the eyes. There are two dark bands from the eyes to the mouth base, forming a unique "eye patch" facial markings. The overall coat color is reddish brown. It is difficult to distinguish it from a *Ailurus fulgens*. Formerly a subspecies of red panda, Grave will be a separate species. Recently, Hu et al., 2020 found that there are great genetic differences between Chinese Red Panda and Red Panda, and that Chinese Red Panda and Red Panda share none mitochondrial genome haplotypes nor the Y chromosome SNP haplotypes.

生境 / Habitat
温带森林、针叶阔叶混交林、竹林
Temperate forest, coniferous and broad-leaved mixed forest, bamboo grove

▲ 地理分布 / Geographic Distribution

国内分布 / Domestic Distribution
云南、四川、青海和甘肃
Yunnan, Sichuan, Qinghai and Gansu

全球分布 / World Distribution
中国 China

生物地理界 / Biogeographic Realm
古北界 Palearctic

WWF 生物群系 / WWF Biome
温带阔叶和混交林
Temperate Broadleaf & Mixed Forests

动物地理分布型 / Zoogeographic Distribution Type
Hm

分布标注 / Distribution Note
特有种 Endemic

▲ 濒危状况 / Threatened Status

中国生物多样性红色名录等级 / CB RL Category (2021)
未评定 NE

IUCN 红色名录 / IUCN Red List (2021)
无 None

威胁因子 / Threats
未知 Unknown

▲ 法律保护地位 / Legal Protection Status

国家重点保护野生动物等级 / Category of National Key Protected Wild Animals (2021)
未列入 Not listed

"三有" 名录 / TWIESSV (2023)
未列入 Not listed

CITES 附录等级 / CITES Appendix (2023)
未列入 Not listed

迁徙物种公约附录 / CMS Appendix (2020)
未列入 Not listed

保护行动 / Conservation Action
在自然保护区内的种群及栖息地得到保护
Populations and habitats are protected in nature reserves

▲ 参考文献 / References

Burgin et al., 2020; IUCN, 2020; Hu et al., 2020

293 / 北海狗

Callorhinus ursinus (Linnaeus, 1758)

- Northern Fur Seal

▲ 分类地位 / Taxonomy

食肉目 Carnivora / 海狮科 Otariidae / 海狗属 *Callorhinus*

科建立者及其文献 / Family Authority
Gray, 1825

属建立者及其文献 / Genus Authority
Gray, 1859

亚种 / Subspecies
指名亚种 *C. u. ursinus* (Linnaeus, 1758)
西太平洋亚种 *C. u. curilensis* (Jordan et Clark, 1899)
黄海）
Yellow Sea

模式标本产地 / Type Locality
俄罗斯
"in Camschatc maritimus inter Asiam and Americam proximam, primario in infula Beringri," restricted by Thomas (1911) to "Bering Island"

Tom Vezo (naturepl.com) / 供图

▲ 其他名称 / Other Name(s)

其他中文名 / Other Chinese Name(s)
海狗、膃肭兽

其他英文名 / Other English Name(s)
Alaskan Fur Seal, Pribilof Fur Seal

同物异名 / Synonym(s)
无 None

▲ 形态及生境 / Morphology and Habitat

形态特征 / Morphological Characteristics

齿式：3. 1. 4. 2/2.1.4.1=36。雄性体长 2.1m。体重 270 kg。雌性体长 1.5m，体重 50 kg。吻部短，嘴下弯。鼻子小。眼睛大。触须长及耳朵。护毛长，下有绒毛。成年雄性体格健壮，脖子粗大。鬃毛粗糙。毛色灰色至黑色，或微红至深棕色。成年雌性和亚成体深银灰色，腰部、胸部、两侧和颈部下侧奶油色到棕黄色。后肢处于跖行姿势，能够旋转，以实现四足运动和支撑。

Dental formula: 3. 1. 4. 2/2.1.4.1=36. Male body length 2.1m. Body mass 270 kg. Female body length 1.5 m. Body mass 50 kg. Snout is short and the mouth is bent down. The nose is small. Big eyes. The vibrissae are long and an reach the ears. A layer of down hairs under the guard hairs. Adult males are well-built and have a thick neck with a rough mane. Body color gray to black, or reddish to dark brown. Body color of adult females and subadults are dark silvery gray, creamy to brownish-yellow on the loins, thorax, sides and underside of the neck. The hind legs are in a metatarsal position, able to rotate for quadruped movement and support.

生境 / Habitat

海洋 Ocean

▲ 地理分布 / Geographic Distribution

国内分布 / Domestic Distribution
黄海
Yellow Sea

全球分布 / World Distribution
中国、墨西哥、美国、加拿大、俄罗斯、日本、朝鲜、韩国
China, Mexico, United States, Canada, Russia, Japan, Democratic People's Republic
of Korea, Republic of Korea

生物地理界 / Biogeographic Realm
新北界、古北界
Nearctic, Palearctic

WWF 生物群系 / WWF Biome
海洋生物群系
Marine Biome

动物地理分布型 / Zoogeographic Distribution Type
MAo

分布标注 / Distribution Note
非特有种 Non-Endemic

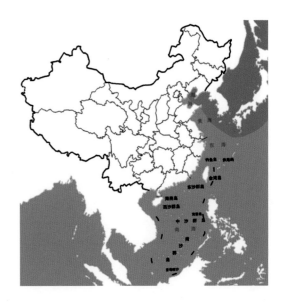

▲ 濒危状况 / Threatened Status

中国生物多样性红色名录等级 / CB RL Category (2021)
易危 VU

IUCN 红色名录 / IUCN Red List (2021)
易危 VU

威胁因子 / Threats
海洋垃圾、漏油
Marine debris, oil spills

▲ 法律保护地位 / Legal Protection Status

国家重点保护野生动物等级 / Category of National Key Protected Wild Animals (2021)
二级 Category II

"三有"名录 / TWIESSV (2023)
未列入 Not listed

CITES 附录等级 / CITES Appendix (2023)
未列入 Not listed

迁徙物种公约附录 / CMS Appendix (2020)
未列入 Not listed

保护行动 / Conservation Action
部分种群位于自然保护区内
Part of population are covered by nature reserve

▲ 参考文献 / References

Jiang et al. (蒋志刚等), 2021; Liu et al. (刘少英等), 2020; Wilson and Mittermeier, 2009; Pan et al. (潘清华等), 2007; Wilson and Reeder, 2005; Zhou et al. (周开亚等), 2004; Wang (王应祥), 2003; Zhou (周开亚等), 2001; Zhang (张荣祖), 1997; Chen et al. (陈万青等), 1992

294 / 北海狮

Eumetopias jubatus (Schreber, 1776)

· Steller Sea Lion

▲ 分类地位 / Taxonomy

食肉目 Carnivora / 海狮科 Otariidae / 北海狮属 *Eumetopias*

科建立者及其文献 / Family Authority
Gray, 1825

属建立者及其文献 / Genus Authority
Gill, 1866

亚种 / Subspecies
无 None

模式标本产地 / Type Locality
俄罗斯
"... Aufenthalt in dem nodlichen Theil des stillen Meeres... westlichen Kte von Amerika... Atlichen von Kamtschatka... Inseln... Katen unter dem 56ten Grade der Breite liegen." (N part of the Pacific. Russia, Commander and Bering Isls)

李健 / 供图

▲ 其他名称 / Other Name(s)

其他中文名 / Other Chinese Name(s)
无 None

其他英文名 / Other English Name(s)
Northern Sea Lion, Steller's Sea Lion, Loughlin's Northern Sea Lion, Western Steller Sea Lion

同物异名 / Synonym(s)
无 None

▲ 形态及生境 / Morphology and Habitat

形态特征 / Morphological Characteristics
齿式：i 3/2, c 1/1, pc 5/5=34。成年身长约 3.33m。体重 600~1000 kg。胸、颈和上身宽大。雄性额头宽高，嘴部平，颈部周围有一圈蓬松黑毛，像一圈鬃毛。肤色淡黄到淡棕色，偶尔有些红色。雌性比雄性肤色浅。
Dental formula: i 3/2, c 1/1, pc 5/5=34. Adult body length is about 3.33 m. Body mass 600-1000 kg. Chest, neck and upper body broad and large. The males have a wide and high forehead, a flat mouth, and a ring of fluffy black hair around the neck, like a ring of mane. The skin tone is yellowish to light brown, with occasional reddish color. Females are lighter in skin tone than the males.

生境 / Habitat
近海岸、大陆架
Coast, continental slope

▲ 地理分布 / Geographic Distribution

国内分布 / Domestic Distribution
渤海、黄海
Bohai Sea, Yellow Sea

全球分布 / World Distribution
美国、加拿大、俄罗斯、日本、朝鲜、韩国、中国
United States, Canada, Russia, Japan, Democratic People's Republic of Korea,
Republic of Korea, China

生物地理界 / Biogeographic Realm
新北界、古北界
Nearctic, Palearctic

WWF 生物群系 / WWF Biome
海洋生物群系
Marine Biome

动物地理分布型 / Zoogeographic Distribution Type
MAo

分布标注 / Distribution Note
非特有种 Non-Endemic

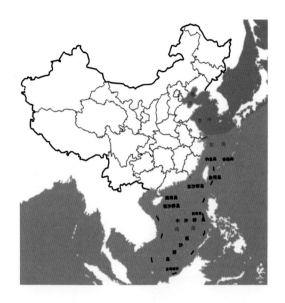

▲ 濒危状况 / Threatened Status

中国生物多样性红色名录等级 / CB RL Category (2021)
近危 NT

IUCN 红色名录 / IUCN Red List (2021)
近危 NT

威胁因子 / Threats
渔业和狩猎
Fisheries and hunting

▲ 法律保护地位 / Legal Protection Status

国家重点保护野生动物等级 / Category of National Key Protected Wild Animals (2021)
二级 Category II

"三有"名录 / TWIESSV (2023)
未列入 Not listed

CITES 附录等级 / CITES Appendix (2023)
未列入 Not listed

迁徙物种公约附录 / CMS Appendix (2020)
未列入 Not listed

保护行动 / Conservation Action
部分种群位于自然保护区内
Part of population are covered by nature reserve

▲ 参考文献 / References

Jiang et al. (蒋志刚等), 2021; Burgin et al., 2020; IUCN, 2020; Liu et al. (刘少英等), 2020; Hunter and Barrett, 2011; Wilson and Mittermeier, 2009; Smith et al., 2009; Pan et al. (潘清华等), 2007; Wilson and Reeder, 2005; Zhou (周开亚), 2004; Wang (王应祥), 2003; Zhou et al. (周开亚等), 2001; Zhang (张荣祖), 1997; Chen et al. (陈万青等), 1992

295 / 黄喉貂

Martes flavigula (Boaert, 1785)

· Yellow-throated Marten

▲ 分类地位 / Taxonomy

食肉目 Carnivora / 鼬科 Mustelidae / 貂属 *Martes*

科建立者及其文献 / Family Authority
Fischer, 1817

属建立者及其文献 / Genus Authority
Pinel, 1792

亚种 / Subspecies
无 None

模式标本产地 / Type Locality
尼泊尔
Not given; fixed by Pocock (1941) as "Nepal"

李晟 / 供图

▲ 其他名称 / Other Name(s)

其他中文名 / Other Chinese Name(s)
黄颈黄鼬、黄腰狸

其他英文名 / Other English Name(s)
无 None

同物异名 / Synonym(s)
无 None

▲ 形态及生境 / Morphology and Habitat

形态特征 / Morphological Characteristics
齿式：3.1.4.1/3.1.4.2=38。头体长 45~65 cm。体重 1.3~3 kg。毛色鲜亮，头部、枕部、臀部、后肢和尾巴为黑色或棕黑色，喉部、肩部、胸部和前肢上部则为亮黄色或金黄色，下颌与颊为白色或黄白色。四肢相对身体比例长。后肢粗壮，较前肢长。尾巴粗大，尾长 37~45 cm，为头体长的 70%~80%。

Dental formula: 3.1.4.1/3.1.4.2=38. Head and body length 45-65 cm. Body mass 1.3-3 kg. The hair color is bright, and the head, occiput, rump, hind limbs and tail are black or brown black, The throat, shoulders, chest and upper forelimbs are bright yellow or golden yellow, and the mandible and cheeks are white or yellow-white. The limbs are long relative to the body size. The hind limbs are stout and longer than the forelimbs. The tail is thick, with a length of 37-45 cm, up to 70%-80% of the head and body length.

生境 / Habitat
针叶林、热带亚热带湿润低地森林
Coniferous forest, tropical subtropical moist lowland forest

▲ 地理分布 / Geographic Distribution

国内分布 / Domestic Distribution

山西、湖南、河南、吉林、黑龙江、浙江、江苏、福建、广西、海南、四川、山西、陕西、香港、甘肃、广东、贵州、湖北、江西、辽宁、西藏、云南、福建、重庆、台湾、安徽

Shanxi, Hunan, Henan, Jilin, Heilongjiang, Zhejiang, Jiangsu, Fujian, Guangxi, Hainan, Sichuan, Shanxi, Shaanxi, Hong Kong, Gansu, Guangdong, Guizhou, Hubei, Jiangxi, Liaoning, Tibet, Yunnan, Fujian, Chongqing, Taiwan, Anhui

全球分布 / World Distribution

孟加拉国、不丹、文莱、柬埔寨、中国、印度、印度尼西亚、韩国、朝鲜、老挝、马来西亚、缅甸、尼泊尔、巴基斯坦、俄罗斯、泰国、越南

Bangladesh, Bhutan, Brunei, Cambodia, China, India, Indonesia, Republic of Korea, Democratic People's Republic of Korea, Laos, Malaysia, Myanmar, Nepal, Pakistan, Russia, Thailand, Vietnam

生物地理界 / Biogeographic Realm

古北界，印度马来界 Palearctic, Indomalaya

WWF 生物群系 / WWF Biome

热带和亚热带湿润阔叶林
Tropical & Subtropical Moist Broadleaf Forests

动物地理分布型 / Zoogeographic Distribution Type

We

分布标注 / Distribution Note

非特有种 Non-Endemic

▲ 濒危状况 / Threatened Status

中国生物多样性红色名录等级 / CB RL Category (2021)

近危 NT

IUCN 红色名录 / IUCN Red List (2021)

无危 LC

威胁因子 / Threats

狩猎、栖息地改变
Hunting, habitat shifting or alteration

▲ 法律保护地位 / Legal Protection Status

国家重点保护野生动物等级 / Category of National Key Protected Wild Animals (2021)

二级 Category II

"三有"名录 / TWIESSV (2023)

未列入 Not listed

CITES 附录等级 / CITES Appendix (2023)

III

迁徙物种公约附录 / CMS Appendix (2020)

未列入 Not listed

保护行动 / Conservation Action

部分种群位于自然保护区内
Part of population are covered by nature reserve

▲ 参考文献 / References

Jiang et al. (蒋志刚等), 2021; Burgin et al., 2020; IUCN, 2020; Hunter and Barrett, 2011; Zhu et al. (朱红艳等), 2010; Wilson and Mittermeier, 2009; Smith et al., 2009; Wilson and Reeder, 2005; Pan et al. (潘清华等), 2007; Wilson and Reeder, 2005; Wang (王应祥), 2003; Zhang (张荣祖), 1997; Gao et al. (高耀亭等), 1987

296 / 石貂

Martes foina (Erxleben, 1777)

· Stone Marten

▲ 分类地位 / Taxonomy

食肉目 Carnivora / 鼬科 Mustelidae / 貂属 *Martes*

科建立者及其文献 / Family Authority
Fischer, 1817

属建立者及其文献 / Genus Authority
Pinel, 1792

亚种 / Subspecies
北方亚种 *M. f. intermedia*（Severtzov, 1873）
辽宁西部、河北、山西、内蒙古、陕西、甘肃、宁夏、青海和新疆
Liaoning (westertn part), Hebei, Shanxi, Inner Mongolia, Shaanxi, Gansu, Ningxia, Qinghai and Xinjiang

青藏亚种 *M. f. hozlovi*（Ognev, 1931）
四川西部、西藏南部（拉萨和昌都）、云南西北部和青海东南部（玉树）
Sichuan (western part), Tibet (southern parts-Lasa and Changdu), Yunnan(northwestern part) and Qinghai (southeastern part-Yushu)

模式标本产地 / Type Locality
德国
"Europa inque Persia", listed by Miller (1912) as "Germany"

鲍永清 / 供图

▲ 其他名称 / Other Name(s)

其他中文名 / Other Chinese Name(s)
榉貂、狸狐、岩貂

其他英文名 / Other English Name(s)
Beech Marten

同物异名 / Synonym(s)
无 None

▲ 形态及生境 / Morphology and Habitat

形态特征 / Morphological Characteristics
齿式：3.1.4.1/3.1.4.2=38。头体长 40~54 cm。体重 1.1~2.3 kg。身体粗壮。头颈部相对细长，双耳小而圆。毛长而蓬松。毛色为暗棕色至巧克力色。头部毛色比身体浅，四肢下部则较身体颜色深。喉部至胸部有一大型白斑，中央有小深色斑块或斑点。四肢相对身体比例较短，尾巴蓬松，尾长 22~30 cm，约为头体长之半。

Dental formula: 3.1.4.1/3.1.4.2=38. Head and body length 40-54 cm. Body mass 1.1-2.3 kg. Body robust. The head and neck are relatively long and slender. The ears are small and round. The hairs are long and fluffy, in dark brown to chocolate colors. The hairs on the head are lighter than the body and the lower limbs are darker. There is a large white spot from the throat to the chest and a small dark patch or spot in the center. The limbs are relatively short in proportion to the body. Tail is fluffy, 22-30 cm long, about half the length of the head.

生境 / Habitat
内陆岩石区域、森林、灌丛、耕地
Inland rocky area, forest, shrubland, arable land

▲ 地理分布 / Geographic Distribution

国内分布 / Domestic Distribution

山西、青海、新疆、陕西、甘肃、河北、内蒙古、四川、云南、西藏、宁夏

Shanxi, Qinghai, Xinjiang, Shaanxi, Gansu, Hebei, Inner Mongolia, Sichuan, Yunnan, Tibet, Ningxia

全球分布 / World Distribution

阿富汗、阿尔巴尼亚、亚美尼亚、奥地利、阿塞拜疆、白俄罗斯、比利时、不丹、波黑、保加利亚、中国、克罗地亚、捷克、丹麦、埃及、爱沙尼亚、法国、格鲁吉亚、德国、希腊、匈牙利、印度、伊朗、伊拉克、以色列、意大利、约旦、哈萨克斯坦、吉尔吉斯斯坦、拉脱维亚、黎巴嫩、列支敦士登、立陶宛、卢森堡、马其顿、摩尔多瓦、蒙古国、黑山、尼泊尔、荷兰、巴基斯坦、波兰、葡萄牙、罗马尼亚、俄罗斯、塞尔维亚、斯洛伐克、斯洛文尼亚、西班牙、瑞士、叙利亚、塔吉克斯坦、土耳其、土库曼斯坦、乌克兰、乌兹别克斯坦

Afghanistan, Albania, Armenia, Austria, Azerbaijan, Belarus, Belgium, Bhutan, Bosnia and Herzegovina, Bulgaria, China, Croatia, Czech, Danmark, Egypt, Estonia, France, Georgia, Germany, Greece, Hungary, India, Iran, Iraq, Israel, Italy, Jordan, Kazakhstan, Kyrgyzstan, Latvia, Lebanon, Liechtenstein, Lithuania, Luxembourg, Macedonia, Moldova, Mongolia, Montenegro, Nepal, Netherlands, Pakistan, Poland, Portugal, Romania, Russia, Serbia, Slovakia, Slovenia, Spain, Switzerland, Syria, Tajikistan, Turkey, Turkmenistan, Ukraine, Uzbekistan

生物地理界 / Biogeographic Realm

古北界 Palearctic

WWF 生物群系 / WWF Biome

温带阔叶和混交林
Temperate Broadleaf & Mixed Forests

动物地理分布型 / Zoogeographic Distribution Type

U

分布标注 / Distribution Note

非特有种 Non-Endemic

▲ 濒危状况 / Threatened Status

中国生物多样性红色名录等级 / CB RL Category (2021)

濒危 EN

IUCN 红色名录 / IUCN Red List (2021)

无危 LC

威胁因子 / Threats

狩猎、栖息地改变
Hunting, habitat alteration

▲ 法律保护地位 / Legal Protection Status

国家重点保护野生动物等级 / Category of National Key Protected Wild Animals (2021)

二级 Category II

"三有" 名录 / TWIESSV (2023)

未列入 Not listed

CITES 附录等级 / CITES Appendix (2023)

III

迁徙物种公约附录 / CMS Appendix (2020)

未列入 Not listed

保护行动 / Conservation Action

部分种群位于自然保护区内
Part of population are covered by nature reserve

▲ 参考文献 / References

Jiang et al. (蒋志刚等), 2021; Burgin et al., 2020; IUCN, 2020; Liu et al. (刘少英等), 2020; Hunter and Barrett, 2011; Wilson and Mittermeier, 2009; Xu et al., 2013; Zhou et al., 2008; Pan et al. (潘清华等), 2007; Wilson and Reeder, 2005; Wang (王应祥), 2003; Zhang (张建军), 2000; Zhang (张荣祖), 1997

297 / 紫貂

Martes zibellina (Linnaeus, 1758)

• Sable

张岩 / 供图

▲ 其他名称 / Other Name(s)

其他中文名 / Other Chinese Name(s)
赤貂、貂鼠、黑貂

其他英文名 / Other English Name(s)
无 None

同物异名 / Synonym(s)
无 None

▲ 分类地位 / Taxonomy

食肉目 Carnivora / 鼬科 Mustelidae / 貂属 *Martes*

科建立者及其文献 / Family Authority
Fischer, 1817

属建立者及其文献 / Genus Authority
Pinel, 1792

亚种 / Subspecies
大兴安岭亚种 *M. z. princeps* (Birula, 1922)
内蒙古东北部（大兴安岭）和黑龙江北部（呼玛）
Inner Mongolia (northeastern part-Greater Xing'an Mountains) and Heilongjiang (northern part-Huma)

长白山亚种 *M. z. hamgyenensis* Kishida, 1927
长白山山地 [包括黑龙江东南部（五常）、吉林东部和辽宁东部（桓仁）]
Changbai Mountains [including Heilongjiang (southeastern part-Wuchang), Jilin (eastern part) and Liaoning (eastern part Hengren)]

阿尔泰亚种 *M. z. altaica* Kuznetsov, 1941
新疆东北部（阿尔泰山）
Xinjiang (northeastern part-Altai Mountain)

小兴安岭亚种 *M. z. linkouensis* Ma et Wu, 1981
黑龙江中部（小兴安岭和张广才岭）
Heilongjiang (midparts-Lesser Xing'an Mountains and Zhangguangcai Hills)

模式标本产地 / Type Locality
俄罗斯
"asia septentrionali," restricted by Thomas (1911) to "N. Asia." Restricted by Ognev (1931:562) to "Tobol'skaya gub. v ee severnoi chasti" ["northern part of Tobol'sk Province" (1962 translation)] Russia

▲ 形态及生境 / Morphology and Habitat

形态特征 / Morphological Characteristics
齿式：3.1.4.1/3.1.4.2=38。头体长 35~56 cm。雄性体重 0.8~1.8 kg，雌性体重 0.7~1.6 kg。身体粗壮。耳郭大而圆。整体毛色从浅黄褐色到黑褐色。头部被毛呈灰白色。喉部至前胸被毛为淡黄色至浅橘黄色。四肢与尾毛色深。冬毛长、柔软光滑，夏毛短、粗糙，毛色深。尾毛蓬松，尾长 11.5~19 cm，约为头体长的 1/3。
Dental formula: 3.1.4.1/3.1.4.2=38. Head and body length 35-56 cm. Male body mass 0.8-1.8 kg, female body mass 0.7-1.6 kg. Body relatively well built. The auricles are large and round. Overall color ranges from fawn to dark brown. The head coat is grayish-white. The hairs on the throat to the forechest are yellowish to light orange. Limbs and tail hairs dark brown. Winter hairs long, soft and smooth, summer hairs short, rough, darker in color. The tail hairs are fluffy. Tail length 11.5-19 cm, about 1/3 of the length of the head and body.

生境 / Habitat
泰加林、溪流边
Taiga, near streams

▲ 地理分布 / Geographic Distribution

国内分布 / Domestic Distribution
吉林、内蒙古、黑龙江、新疆、辽宁
Jilin, Inner Mongolia, Heilongjiang, Xinjiang, Liaoning

全球分布 / World Distribution
中国、芬兰、日本、朝鲜、蒙古国、波兰、俄罗斯
China, Finland, Japan, Democratic People's Republic of Korea,
Mongolia, Poland, Russia

生物地理界 / Biogeographic Realm
古北界 Palearctic

WWF 生物群系 / WWF Biome
北方森林 / 针叶林
Boreal Forests/Taiga

动物地理分布型 / Zoogeographic Distribution Type
Uc

分布标注 / Distribution Note
非特有种 Non-Endemic

▲ 濒危状况 / Threatened Status

中国生物多样性红色名录等级 / CB RL Category (2021)
易危 VU

IUCN 红色名录 / IUCN Red List (2021)
无危 LC

威胁因子 / Threats
狩猎、森林砍伐
Hunting, logging

▲ 法律保护地位 / Legal Protection Status

国家重点保护野生动物等级 / Category of National Key Protected Wild Animals (2021)
一级 Category I

"三有"名录 / TWIESSV (2023)
未列入 Not listed

CITES 附录等级 / CITES Appendix (2023)
未列入 Not listed

迁徙物种公约附录 / CMS Appendix (2020)
未列入 Not listed

保护行动 / Conservation Action
已经建立自然保护区
Established nature reserve

▲ 参考文献 / References

Jiang et al. (蒋志刚等), 2021; Burgin et al., 2020; IUCN, 2020; Liu et al. (刘少英等), 2020; Hunter and Barrett, 2011; Zhu et al. (朱妍等), 2011; Xu et al. (徐纯柱等), 2010; Wilson and Mittermeier, 2009; Li et al. (李月辉等), 2007; Pan et al. (潘清华等), 2007; Wilson and Reeder, 2005; Wang (王应祥), 2003; Zhang and Ma (张洪海和马建章), 2000; Zhang (张荣祖), 1997; Xia (夏武平), 1988, 1964

298 / 貂熊

Gulo gulo (Linnaeus, 1758)

• Wolverine

▲ 分类地位 / Taxonomy

食肉目 Carnivora / 鼬科 Mustelidae / 狼獾属 *Gulo*

科建立者及其文献 / Family Authority
Fischer, 1817

属建立者及其文献 / Genus Authority
Pallas, 1780

亚种 / Subspecies
指名亚种 *G. g. gulo* (Linnaeus, 1758)
黑龙江、内蒙古、吉林和辽宁
Heilongjiang, Inner Mongolia, Jilin and Liaoning

模式标本产地 / Type Locality
俄罗斯
"alpibus Lapponi? Ruffiae, Sibiriae, sylvis vastissimis", restricted by Thomas (1911) to "Lapland"

新疆阿尔泰山区河流自然保护区 | 供图

▲ 其他名称 / Other Name(s)

其他中文名 / Other Chinese Name(s)
狼獾

其他英文名 / Other English Name(s)
无 None

同物异名 / Synonym(s)
无 None

▲ 形态及生境 / Morphology and Habitat

形态特征 / Morphological Characteristics
齿式：3.1.4.1/3.1.4.2=38。头体长 65~105 cm。雄性体重 11~18 kg，雌性体重 6.5~15 kg。体型结实。头似熊。头部毛色浅。四肢短而粗壮。全身被覆粗糙长毛。整体毛色暗棕色至棕色。胸部有白色至乳白色毛斑。四肢毛色深。身体两侧从肩部至尾基，被毛亮棕色至棕黄色。尾蓬松。尾长 17~26 cm。

Dental formula: 3.1.4.1/3.1.4.2=38. Head and body length 65-105 cm. Male body mass 11-18 kg and female Body mass 6.5-15 kg. Body robust. Head looks like a bear head. Lighter colored hairs on the head. The limbs are short and stout. The whole body is covered with coarse, long shaggy hairs. Overall pelage color dark brown to brown. White to milky white hair spots on chest. The limbs are dark in color. The hairs on lateral sides of the body from the shoulders to the base of the tail are bright brown to tan. Tail fluffy, 17-26 cm long.

生境 / Habitat
针叶阔叶混交林、泰加林
Coniferous cand broad-leaved mixed forest, taiga

▲ 地理分布 / Geographic Distribution

国内分布 / Domestic Distribution
内蒙古、黑龙江、新疆
Inner Mongolia, Heilongjiang, Xinjiang

全球分布 / World Distribution
加拿大、中国、爱沙尼亚、芬兰、蒙古国、挪威、俄罗斯、
瑞典、美国
Canada, China, Estonia, Finland, Mongolia, Norway, Russia, Sweden,
United States

生物地理界 / Biogeographic Realm
新北界、古北界 Nearctic, Palearctic

WWF 生物群系 / WWF Biome
北方森林 / 针叶林
Boreal Forests/Taiga

动物地理分布型 / Zoogeographic Distribution Type
Cc

分布标注 / Distribution Note
非特有种 Non-Endemic

▲ 濒危状况 / Threatened Status

中国生物多样性红色名录等级 / CB RL Category (2021)
濒危 EN

IUCN 红色名录 / IUCN Red List (2021)
无危 LC

威胁因子 / Threats
狩猎、栖息地改变
Hunting, habitat shifting or alteration

▲ 法律保护地位 / Legal Protection Status

国家重点保护野生动物等级 / Category of National Key Protected Wild Animals (2021)
一级 Category I

"三有"名录 / TWIESSV (2023)
未列入 Not listed

CITES 附录等级 / CITES Appendix (2023)
未列入 Not listed

迁徙物种公约附录 / CMS Appendix (2020)
未列入 Not listed

保护行动 / Conservation Action
部分种群位于自然保护区内
Part of population are covered by nature reserve

▲ 参考文献 / References

Jiang et al. (蒋志刚等), 2021; Burgin et al., 2020; IUCN, 2020; Hunter and Barrett, 2011; Wilson and Mittermeier, 2009; Pan et al. (潘清华等), 2007; Wilson and Reeder, 2005; Wang (王应祥), 2003; Zhang (张荣祖), 1997; Xia (夏武平), 1988, 1964; Gao et al. (高耀亭等), 1987

299 / 缺齿伶鼬

Mustela aistoodonnivalis
(Wu and Kao, 1991)

• Sichuan Weasal

▲ 分类地位 / Taxonomy

食肉目 Carnivora / 鼬科 Mustelidae / 鼬属 *Mustela*

科建立者及其文献 / Family Authority
Fischer, 1817

属建立者及其文献 / Genus Authority
Linnaeus, 1758

亚种 / Subspecies
无 None

模式标本产地 / Type Locality
中国
Zhouzhi, Shaanxi, China

▲ 其他名称 / Other Name(s)

其他中文名 / Other Chinese Name(s)
无 None

其他英文名 / Other English Name(s)
Zhouzhi Weasel

同物异名 / Synonym(s)
Mustela russelliana Thomas, 1911,
Mustela nivalis ssp. *russelliana*
Thomas, 1911, *Mustela nivalis* ssp.
russelliana Thomas, 1911

▲ 形态及生境 / Morphology and Habitat

形态特征 / Morphological Characteristics
齿式：3.1.3.1/2.1.3.1=32。M2 缺失。头体长 30.49 mm（29.79~34.16 mm）。颧骨宽 15.65 mm（14.83~16.53 mm）。头体长 150 mm（127.8~165.2 mm）。尾长 70 mm（50~62 mm）。夏季背部皮毛呈深棕色，腹毛淡黄色带锈红色斑点，喉部和颊部为白色。四肢背部与身体背部毛色相同。为深棕色，半数标本的爪和掌上覆盖着白毛。

Dental formula: 3.1.3.1/2.1.3.1=32. M2 missing. Skull profile length 30.49 mm (29.79-34.16 mm). Zygomatic breadth 15.65 mm (14.83-16.53 mm). Head and body length 150 mm (127.8-165.2 mm). Tail length 70 mm (50-62 mm). The dorsal pelage is dark brown in summer the venter hairs light yellow with rusty red patches, throat and ventral of the cheek are white. The back of the limbs is the same color as the dorsal hairs, which is dark brown. Claws and palms of half specimens are covered with white hairs.

生境 / Habitat
温带森林、针叶阔叶混交林
Temperate forest, coniferous and broad-leaved mixed forest

y

0684

▲ 地理分布 / Geographic Distribution

国内分布 / Domestic Distribution
陕西、四川
Shaanxi, Sichuan

全球分布 / World Distribution
中国 China

生物地理界 / Biogeographic Realm
古北界 Palearctic

WWF 生物群系 / WWF Biome
北方森林 / 针叶林
Boreal Forests/Taiga

动物地理分布型 / Zoogeographic Distribution Type
Qh

分布标注 / Distribution Note
特有种 Endemic

▲ 濒危状况 / Threatened Status

中国生物多样性红色名录等级 / CB RL Category (2021)
未评定 NE

IUCN 红色名录 / IUCN Red List (2021)
数据缺乏 DD

威胁因子 / Threats
猎捕、毒杀
Trapping, poisoning

▲ 法律保护地位 / Legal Protection Status

国家重点保护野生动物等级 / Category of National Key Protected Wild Animals (2021)
未列入 Not listed

"三有"名录 / TWIESSV (2023)
未列入 Not listed

CITES 附录等级 / CITES Appendix (2023)
未列入 Not listed

迁徙物种公约附录 / CMS Appendix (2020)
未列入 Not listed

保护行动 / Conservation Action
部分种群位于自然保护区内
Part of population are covered by nature reserve

▲ 参考文献 / References

Liu et al., 2022; Groves, 2007; Wang (王应祥), 2003

300 / 香鼬

Mustela altaica Pallas, 1811

- Altai Weasel

董磊 / 供图

▲ 分类地位 / Taxonomy

食肉目 Carnivora / 鼬科 Mustelidae / 鼬属 *Mustela*

科建立者及其文献 / Family Authority
Fischer, 1817

属建立者及其文献 / Genus Authority
Linnaeus, 1758

亚种 / Subspecies
东北亚种 *M. a. raddi* Ognev, 1928
内蒙古、黑龙江、吉林和辽宁
Inner Mongolia, Heilongjiang, Jilin and Liaoning

喜马拉雅亚种 *M. a. temon* Hodgson, 1857
西藏南部（定日、江孜和吉隆）和四川西部（宝兴）
Tibet southern part(Dingri, Jiangzi and Jilong) and Sichuan
(western part-Baoxing)

柴达木亚种 *M. a. tsaidamensis* Hilzheimer, 1910
青海北部、东南部和西南部，四川北部和西藏东部
Qinghai (northern, southeastern and southwestern parts),
Sichuan (northern part) and Tibet (eastern part)

阿尔泰亚种 *M. a. altaica* Pallas, 1811
新疆北部（阿尔泰山）
Xinjiang (northern part- Altai Mountain)

模式标本产地 / Type Locality
阿尔泰山
"qui alpes altaicas adibunt" (Altai Mtns)

▲ 形态及生境 / Morphology and Habitat

形态特征 / Morphological Characteristics
齿式：3.1.3.1/3.1.3.2=34。头体长 22~29 cm。雄性体重 0.2~0.34 kg。雌性体重 0.08~0.23 kg。体型纤细。整体色调棕黄，额部毛色灰色，面部无深色"面罩"。腹毛浅黄色至乳黄色。背腹毛色在体侧清晰分界。四足为白色。夏毛较冬毛短，粗糙，色深。夏季体侧背腹毛分界线更明显。尾巴纤细，尾长 9~14.5 cm，大于头体长之半。

Dental formula: 3.1.3.1/3.1.3.2=34. Head and body length 22-29 cm. Male body mass 0.2-0.34 kg. Female body mass 0.08-0.23 kg. Body slender. The overall tone is brownish yellow, the forehead hair color is gray, and the face has no dark "mask". The abdominal hairs are light yellow to creamy yellow. Dorsal and abdominal hair color is clearly demarcated on the side of the body. The four legs are white. Summer hairs are shorter, rougher, and darker than winter hairs. In summer, the demarcation line of dorsal and abdominal hairs are clearer. The tail is slender, 9-14.5 cm long, and more than half the length of the head and body.

生境 / Habitat
草甸、内陆岩石区域
Meadow, inland rocky area

▲ 其他名称 / Other Name(s)

其他中文名 / Other Chinese Name(s)
香鼠

其他英文名 / Other English Name(s)
无 None

同物异名 / Synonym(s)
无 None

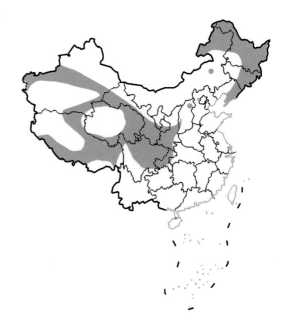

▲ 地理分布 / Geographic Distribution

国内分布 / Domestic Distribution

山西、青海、新疆、内蒙古、辽宁、吉林、黑龙江、四川、西藏、甘肃、宁夏、湖北、重庆、北京

Shanxi, Qinghai, Xinjiang, Inner Mongolia, Liaoning, Jilin, Heilongjiang, Sichuan, Tibet, Gansu, Ningxia, Hubei, Chongqing, Beijing

全球分布 / World Distribution

不丹、中国、印度、哈萨克斯坦、吉尔吉斯斯坦、蒙古国、巴基斯坦、俄罗斯、塔吉克斯坦

Bhutan, China, India, Kazakhstan, Kyrgyzstan, Mongolia, Pakistan, Russia, Tajikistan

生物地理界 / Biogeographic Realm

古北界 Palearctic

WWF 生物群系 / WWF Biome

温带草原、热带稀树草原和灌木地

Temperate Grasslands, Savannas & Shrublands

动物地理分布型 / Zoogeographic Distribution Type

O

分布标注 / Distribution Note

非特有种 Non-Endemic

▲ 濒危状况 / Threatened Status

中国生物多样性红色名录等级 / CB RL Category (2021)

近危 NT

IUCN 红色名录 / IUCN Red List (2021)

近危 NT

威胁因子 / Threats

狩猎、栖息地改变

Hunting, habitat shifting or alteration

▲ 法律保护地位 / Legal Protection Status

国家重点保护野生动物等级 / Category of National Key Protected Wild Animals (2021)

未列入 Not listed

"三有" 名录 / TWIESSV (2023)

列入 Listed

CITES 附录等级 / CITES Appendix (2023)

III

迁徙物种公约附录 / CMS Appendix (2020)

未列入 Not listed

保护行动 / Conservation Action

部分种群位于自然保护区内

Part of population are covered by nature reserve

▲ 参考文献 / References

Jiang et al. (蒋志刚等), 2021; Burgin et al., 2020; IUCN, 2020; Liu et al. (刘少英等), 2020; Hunter and Barrett, 2011; Wilson and Mittermeier, 2009; Zhao (赵正阶), 1999; Zheng (郑生武), 1994; Pan et al. (潘清华等), 2007; Wilson and Reeder, 2005; Wang (王应祥), 2003; Zhang (张荣祖), 1997; Gao et al. (高耀亭等), 1987

301 / 白鼬

Mustela erminea Linnaeus, 1758

· Stoat

食肉目 Carnivora / 鼬科 Mustelidae / 鼬属 *Mustela*

科建立者及其文献 / Family Authority
Fischer, 1817

属建立者及其文献 / Genus Authority
Linnaeus, 1758

亚种 / Subspecies
南疆亚种 *M. e. ferghana*（Thomas, 1895）
新疆南部（喀什、叶城和民丰）
Xinjiang southern part(Kashi, Yecheng and Minfeng)
东北亚种 *M. e.* Ognev, 1928
黑龙江、内蒙古、吉林、辽宁
Heilongjiang, Inner Mongolia, Jilin and Liaoning

模式标本产地 / Type Locality
阿尔卑斯山脉
"Europa and Asia frigidiore; hyeme praefertim in alpinis regionibus nivea"

马光义 / 供图

邢睿 / 供图

▲ 其他名称 / Other Name(s)

其他中文名 / Other Chinese Name(s)
扫雪鼬

其他英文名 / Other English Name(s)
Stoat, Short-tailed Weasel

同物异名 / Synonym(s)
无 None

▲ 形态及生境 / Morphology and Habitat

形态特征 / Morphological Characteristics
齿式：3.1.3.1/3.1.3.2=34。头体长 19~22 cm。体重 0.06~0.11 kg。身体纤细。夏季与冬季毛色差异明显。夏毛背部为浅褐色至黄褐色，腹面为白色至浅柠檬黄色，足白色。体侧可见清晰的背腹毛色分界线。北方个体冬毛白色，而南方个体冬毛腹部为白色，背部仍为淡黄褐色。尾长 2~8 cm，约为头体长的 三分之一。
Dental formula: 3.1.3.1/3.1.3.2=34. Head and body length is 19-22 cm. Body mass 0.06-0.11 kg. The body is slender. Summer and winter hair colors sharp contrast: summer dorsal hairs are light brown to yellowish brown, with the abdominal hairs white to light lemon-yellow, feet white. A clear line marks the dorsal and abdominal hair color can be seen on the side of the body. Individuals in north have white winter hairs, while those in south have white winter hairs on the abdomen, but the dorsum is still yellowish-brown. The tail is 2-8 cm long, about 1/3 of the length of the head.

生境 / Habitat
苔原、草甸、森林、沼泽、农田、灌丛
Tundra, meadow, forest, swamp, arable land, shrubland

▲ 地理分布 / Geographic Distribution

国内分布 / Domestic Distribution
黑龙江、内蒙古、新疆、河北、山西、陕西
Heilongjiang, Inner Mongolia, Xinjiang, Hebei, Shanxi, Shaanxi

全球分布 / World Distribution
阿富汗、阿尔巴尼亚、安道尔、奥地利、阿塞拜疆、
白俄罗斯、比利时、波黑、保加利亚、加拿大、中国、
克罗地亚、捷克、丹麦、爱沙尼亚、芬兰、法国、格
鲁吉亚、德国、希腊、匈牙利、印度、爱尔兰、意大
利、日本、哈萨克斯坦、吉尔吉斯斯坦、拉脱维亚、
列支敦士登、立陶宛、卢森堡、马其顿、摩尔多瓦、
蒙古国、黑山、荷兰、挪威、巴基斯坦、波兰、葡萄
牙、罗马尼亚、俄罗斯、塞尔维亚、斯洛伐克、斯洛
文尼亚、西班牙、瑞典、瑞士、塔吉克斯坦、土耳其、
乌克兰、英国、美国、乌兹别克斯坦
Afghanistan, Albania, Andorra, Austria, Azerbaijan, Belarus,
Belgium, Bosnia and Herzegovina, Bulgaria, Canada, China,
Croatia, Czech, Danmark, Estonia, Finland, France, Georgia,
Germany, Greece, Hungary, India, Ireland, Italy, Japan,
Kazakhstan, Kyrgyzstan, Latvia, Liechtenstein, Lithuania,
Luxembourg, Macedonia, Moldova, Mongolia, Montenegro,
Netherlands, Norway, Pakistan, Poland, Portugal, Romania,
Russia, Serbia, Slovakia, Slovenia, Spain, Sweden, Switzerland,
Tajikistan, Turkey, Ukraine, United Kingdom, United States,
Uzbekistan

生物地理界 / Biogeographic Realm
新北界、古北界
Nearctic, Palearctic

WWF 生物群系 / WWF Biome
北方森林 / 针叶林
Boreal Forests/Taiga

动物地理分布型 / Zoogeographic Distribution Type
Cf

分布标注 / Distribution Note
非特有种 Non-Endemic

▲ 濒危状况 / Threatened Status

中国生物多样性红色名录等级 / CB RL Category (2021)
濒危 EN

IUCN 红色名录 / IUCN Red List (2021)
无危 LC

威胁因子 / Threats
猎捕、森林砍伐、人类活动干扰
Trapping, logging, human disturbance

▲ 法律保护地位 / Legal Protection Status

国家重点保护野生动物等级 / Category of National Key
Protected Wild Animals (2021)
未列入 Not listed

"三有" 名录 / TWIESSV (2023)
列入 Listed

CITES 附录等级 / CITES Appendix (2023)
III

迁徙物种公约附录 / CMS Appendix (2020)
未列入 Not listed

保护行动 / Conservation Action
部分种群位于自然保护区内
Part of population are covered by nature reserve

▲ 参考文献 / References

Jiang et al. (蒋志刚等), 2021; Burgin et al., 2020; IUCN, 2020;
Liu et al. (刘少英等), 2020; Hunter and Barrett, 2011; Liu et al.
(刘洋等), 2013; Wilson and Mittermeier, 2009; Pan et al. (潘清
华等), 2007; Wilson and Reeder, 2005; Wang (王应祥), 2003;
Zhang (张荣祖), 1997; Xia (夏武平), 1988, 1964; Gao et al.
(高耀亭等), 1987

302 / 艾鼬

Mustela eversmanii Lesson, 1827

- Steppe Polecat

▲ 其他名称 / Other Name(s)

其他中文名 / Other Chinese Name(s)
艾虎

其他英文名 / Other English Name(s)
无 None

同物异名 / Synonym(s)
无 None

▲ 分类地位 / Taxonomy

食肉目 Carnivora / 鼬科 Mustelidae / 鼬属 *Mustcla*

科建立者及其文献 / Family Authority
Fischer, 1817

属建立者及其文献 / Genus Authority
Linnaeus, 1758

亚种 / Subspecies
达乌尔亚种 *M. e. dauricus* (Stroganov, 1958)
内蒙古东北部（呼伦贝尔）、黑龙江和吉林西北部（白城）
Inner Mongolia (northeastern part-Hulun Buir), Heilongjiang and Jilin (northwestern part-Baicheng)

内蒙古亚种 *M. e. admirata* (Pocock, 1936)
内蒙古中东部（赤峰、翁牛特旗、正镶白旗、苏尼特右旗、二连浩特）、辽宁西部（宁义、锦州）、河北南部（邯郸）
Inner Mongolia (mid-eastern parts-Chifeng, Ongniud Qi, Zhengxiangbai Qi, Sonid Left Qi and Erenhot), Liaoning (western parts-Ningyi and Jinzhou) and Hebei (southern part-Handan)

西藏亚种 *M. e. larvatus* (Hodgson, 1849)
青海中部（天峻、治多）、四川西北部（石渠、甘孜），西藏东部（昌都）和西藏南部（拉萨）
Qinghai (midparts-Tianjun and Zhiduo), Sichuan (north-westem parts-Shiqu and Ganzi), Tibet (eastern part-Changdu and southen part-Lasa)

甘肃亚种 *M. e. tiarata* (Hollister, 1913)
江苏北部、山西、陕西和青海西部
Jiangsu (northern part), Shanxi, Shaanxi and Qinghai (western part)

北疆亚种 *M. e. michnoi* (Kastschenko, 1910)
新疆北部和南部（和靖）
Xinjiang (northern part and southern part-Hejing)

模式标本产地 / Type Locality
俄罗斯
"trouv?.. entre Orembourg et Bukkara," restricted by Stroganov (1962:338) to "bassein srednego techeniya r. Ileka, v raione vpadenya ... r. Bol'shoi Khobdy" (Russia, Orenburg Obl., south of Orenburg, mouth of Bol'shaya Khobda River, a tributary of Ilek

▲ 形态及生境 / Morphology and Habitat

形态特征 / Morphological Characteristics
齿式：3.1.3.1/3.1.3.2=34。头体长 29~56 cm。雄性体重 0.7~1.2 kg，雌性体重 0.4~0.8 kg。整体毛色为稻黄色或深棕色。面部毛色为白色至浅黄色，有大型黑色"眼罩"。耳缘、耳后、肩部至体两侧毛色白色或浅黄，背部毛色为棕黑。喉部、四足、尾巴和腹部为黑色。尾近端毛色为浅黄色。尾长 7~18 cm。
Dental formula: 3.1.3.1/3.1.3.2=34. Head and body length 29-56 cm. Male body mass 0.7-1.2 kg, female body mass 0.4-0.8 kg. The overall pelage color is straw-yellow or dark brown. The facial color is white to light yellow, with a large black "eye patch". White or light-yellow hairs on the ear rims, behind the ears, from the shoulders to both sides of the body, and brown and black hairs on the dorsum. The throat, four feet, tail and abdomen are black. The proximal end of the tail is light yellow. Tail is 7-18 cm long.

生境 / Habitat
草地 Grassland

▲ 地理分布 / Geographic Distribution

国内分布 / Domestic Distribution

黑龙江、吉林、辽宁、内蒙古、陕西、四川、山西、山东、宁夏、甘肃、青海、西藏、新疆、河北、北京
Heilongjiang, Jilin, Liaoning, Inner Mongolia, Shaanxi, Sichuan, Shanxi, Shandong, Ningxia, Gansu, Qinghai, Tibet, Xinjiang, Hebei, Beijing

全球分布 / World Distribution

阿富汗、阿尔巴尼亚、安道尔、奥地利、阿塞拜疆、白俄罗斯、比利时、波黑、保加利亚、加拿大、中国、克罗地亚、捷克、丹麦、爱沙尼亚、芬兰、法国、格鲁吉亚、德国、希腊、匈牙利、印度、爱尔兰、意大利、日本、哈萨克斯坦、吉尔吉斯斯坦、拉脱维亚、列支敦士登、立陶宛、卢森堡、马其顿、摩尔多瓦、蒙古国、黑山、荷兰、挪威、巴基斯坦、波兰、葡萄牙、罗马尼亚、俄罗斯、塞尔维亚、斯洛伐克、斯洛文尼亚、西班牙、瑞典、瑞士、塔吉克斯坦、土耳其、乌克兰、英国、美国、乌兹别克斯坦
Afghanistan, Albania, Andorra, Austria, Azerbaijan, Belarus, Belgium, Bosnia and Herzegovina, Bulgaria, Canada, China, Croatia, Czech, Danmark, Estonia, Finland, France, Georgia, Germany, Greece, Hungary, India, Ireland, Italy, Japan, Kazakhstan, Kyrgyzstan, Latvia, Liechtenstein, Lithuania, Luxembourg, Macedonia, Moldova, Mongolia, Montenegro, Netherlands, Norway, Pakistan, Poland, Portugal, Romania, Russia, Serbia, Slovakia, Slovenia, Spain, Sweden, Switzerland, Tajikistan, Turkey, Ukraine, United Kingdom, United States, Uzbekistan

生物地理界 / Biogeographic Realm
古北界 Palearctic

WWF 生物群系 / WWF Biome
温带草原、热带稀树草原和灌木地
Temperate Grasslands, Savannas & Shrublands

动物地理分布型 / Zoogeographic Distribution Type
Uf

分布标注 / Distribution Note
非特有种 Non-Endemic

▲ 濒危状况 / Threatened Status

中国生物多样性红色名录等级 / CB RL Category (2021)
易危 VU

IUCN 红色名录 / IUCN Red List (2021)
无危 LC

威胁因子 / Threats
栖息地丧失、狩猎
Habitat loss, hunting

▲ 法律保护地位 / Legal Protection Status

国家重点保护野生动物等级 / Category of National Key Protected Wild Animals (2021)
未列入 Not listed

"三有" 名录 / TWIESSV (2023)
列入 Listed

CITES 附录等级 / CITES Appendix (2023)
未列入 Not listed

迁徙物种公约附录 / CMS Appendix (2020)
未列入 Not listed

保护行动 / Conservation Action
部分种群位于自然保护区内
Part of population are covered by nature reserve

▲ 参考文献 / References

Jiang et al. (蒋志刚等), 2021; Burgin et al., 2020; IUCN, 2020; Liu et al. (刘少英等), 2020; Zou et al. (邹波等), 2012; Hunter and Barrett, 2011; Xia (夏亚军), 2011; Wilson and Mittermeier, 2009; Huang et al. (黄薇等), 2008; Hou et al. (侯兰新等), 2000; Pan et al. (潘清华等), 2007; Wilson and Reeder, 2005; Xu (徐学良), 1975; Wang (王应祥), 2003; Zhang (张荣祖), 1997; Guo and Liang (郭世芳和梁栓柱), 1997; Gao et al. (高耀亭等), 1987

303 / 黄腹鼬

Mustela kathiah Hodgson, 1835

· Yellow-bellied Weasel

▲ 分类地位 / Taxonomy

食肉目 Carnivora / 鼬科 Mustelidae / 鼬属 *Mustela*

科建立者及其文献 / Family Authority
Fischer, 1817

属建立者及其文献 / Genus Authority
Linnaeus, 1758

亚种 / Subspecies
指名亚种 *M. k. hathiah* Hodgson, 1835
安徽、浙江、江西、福建、台湾、广东、广西、海南、湖南、湖北、贵州、云南、四川和陕西
Anhui, Zhejiang, Jiangxi, Fujian, Taiwan, Guangdong, Guangxi, Hainan, Hunan, Hubei, Guizhou, Yunnan, Sichuan and Shaanxi

模式标本产地 / Type Locality
尼泊尔
"Kachar region" (Nepal)

陈岩军 / 供图

申小莉 / 供图

▲ 其他名称 / Other Name(s)

其他中文名 / Other Chinese Name(s)
松狼、香鼬

其他英文名 / Other English Name(s)
无 None

同物异名 / Synonym(s)
无 None

▲ 形态及生境 / Morphology and Habitat

形态特征 / Morphological Characteristics
齿式：3.1.3.1/3.1.3.2=34。头体长 20~29 cm。体重 0.15~0.3 kg。体型纤细。体毛短。颌下被毛白色或黄白色。背面、四肢和尾巴毛色为暗棕色，腹面为橙色或浅黄色，下体侧面可见背腹毛色分界线。四足毛色浅。冬毛长、浓密，毛色浅。尾长 12.5~18 cm，约等于或稍长于头体长之半。
Dental formula: 3.1.3.1/3.1.3.2=34. Head and body length 20-29 cm. Body mass 0.15-0.3 kg. Body slender. Hairs short. The jaws are covered with white or yellow-white hairs. The dorsum, limbs and tail are dark brown, the ventral surface is orange or light yellow, and the line dividing dorsal and abdominal hairs can be seen on the lower side of the body. Feet are light colored. Winter hairs long, thick, light colored. The tail length is 12.5-18 cm, approximately equal to or slightly longer than half the length of the head and body.

生境 / Habitat
森林、次生林、热带亚热带严重退化森林
Forest, secondary forest, subtropical tropical degraded forest

▲ 地理分布 / Geographic Distribution

国内分布 / Domestic Distribution
海南、云南、浙江、安徽、福建、江西、湖北、广东、广西、四川、
贵州、陕西、湖南、福建、重庆
Hainan, Yunnan, Zhejiang, Anhui, Fujian, Jiangxi, Hubei, Guangdong, Guangxi, Sichuan, Guizhou, Shaanxi, Hunan, Fujian, Chongqing

全球分布 / World Distribution
不丹、中国、印度、老挝、缅甸、尼泊尔、泰国、越南
Bhutan, China, India, Laos, Myanmar, Nepal, Thailand, Vietnam

生物地理界 / Biogeographic Realm
印度马来界、古北界
Indomalaya, Palearctic

WWF 生物群系 / WWF Biome
热带和亚热带湿润阔叶林
Tropical & Subtropical Moist Broadleaf Forests

动物地理分布型 / Zoogeographic Distribution Type
Wc

分布标注 / Distribution Note
非特有种 Non-Endemic

▲ 濒危状况 / Threatened Status

中国生物多样性红色名录等级 / CB RL Category (2021)
近危 NT

IUCN 红色名录 / IUCN Red List (2021)
无危 LC

威胁因子 / Threats
无 None

▲ 法律保护地位 / Legal Protection Status

国家重点保护野生动物等级 / Category of National Key Protected Wild Animals (2021)
未列入 Not listed

"三有"名录 / TWIESSV (2023)
列入 Listed

CITES 附录等级 / CITES Appendix (2023)
III

迁徙物种公约附录 / CMS Appendix (2020)
未列入 Not listed

保护行动 / Conservation Action
部分种群位于自然保护区内
Part of population are covered by nature reserve

▲ 参考文献 / References

Jiang et al. (蒋志刚等), 2021; Burgin et al., 2020; IUCN, 2020; Hunter and Barrett, 2011; Wilson and Mittermeier, 2009; Pan et al. (潘清华等), 2007; Wilson and Reeder, 2005; Wang (王应祥), 2003; Zhang (张荣祖), 1997; Xia (夏武平), 1988, 1964; Gao et al. (高耀亭等), 1987

304 / 伶鼬

Mustela nivalis Linnaeus, 1766

· Least Weasel

▲ 分类地位 / Taxonomy

食肉目 Carnivora / 鼬科 Mustelidae / 鼬属 *Mustela*

科建立者及其文献 / Family Authority
Fischer, 1817

属建立者及其文献 / Genus Authority
Linnaeus, 1758

亚种 / Subspecies
东北亚种 *M. n. pygmaeus* (J. Allen, 19093)
内蒙古、黑龙江、吉林、辽宁和河北
Inner Mongolia, Heilongjiang, Jilin, Liaoning and Hebei

四川亚种 *M. n. russelliana* (Thomas, 1911)
四川西北部（30°N 以北的康定、马尔康）
Sichuan (northwestern parts-Kangding and Markam, where extending southwards to 30°N.)

南疆亚种 *M. n. stoliczkana* (Blanford, 1877)
新疆南部（莎车）
Xinjiang (southern part-Shache)

模式标本产地 / Type Locality
瑞典
"Westrobothnia" (Sweden)

武耀祥 / 供图

张铭 / 供图

▲ 其他名称 / Other Name(s)

其他中文名 / Other Chinese Name(s)
白鼠、银鼠

其他英文名 / Other English Name(s)
Weasel

同物异名 / Synonym(s)
无 None

▲ 形态及生境 / Morphology and Habitat

形态特征 / Morphological Characteristics
齿式: 3.1.3.1/3.1.3.2=34。头体长 13~26 cm。体重 0.03~0.07 kg。身体纤细。夏季与冬季毛色明显不同：夏毛棕色至棕红色，腹面为白色至乳白色，略呈黄色，体侧背腹毛色分界线清晰。冬毛全白。尾长 5~9 cm，冬季尾巴亦为白色。
Dental formula: 3.1.3.1/3.1.3.2=34. Head and body length 13-26 cm. Body mass 0.03-0.07 kg. Body slender. Summer and winter hair colors sharp contrasting: summer hairs brown to brownish red, abdominal hairs white to milky white, slightly yellow, and dorsal abdominal hair color boundary on body side is clear. Winter hairs white. Tail is also white in winter. Tail length 5-9 cm.

生境 / Habitat
森林、草地、草甸、乡村种植园、农田
Forest, grassland, meadow, rural garden, arable land

▲ 地理分布 / Geographic Distribution

国内分布 / Domestic Distribution

陕西、河北、青海、四川、内蒙古、辽宁、吉林、黑龙江、新疆

Shaanxi, Hebei, Qinghai, Sichuan, Inner Mongolia, Liaoning, Jilin, Heilongjiang, Xinjiang

全球分布 / World Distribution

阿富汗、阿尔巴尼亚、阿尔及利亚、安道尔、亚美尼亚、奥地利、阿塞拜疆、白俄罗斯、比利时、波斯尼亚和黑塞哥维那、保加利亚、加拿大、中国、克罗地亚、捷克、丹麦、爱沙尼亚、芬兰、法国、格鲁吉亚、德国、希腊、匈牙利、伊朗、伊拉克、以色列、意大利、日本、哈萨克斯坦、韩国、朝鲜、吉尔吉斯斯坦、拉脱维亚、黎巴嫩、列支敦士登、立陶宛、卢森堡、马其顿、马耳他、摩尔多瓦、摩纳哥、蒙古国、黑山、摩洛哥、荷兰、挪威、波兰、葡萄牙、罗马尼亚、俄罗斯、圣马力诺、塞尔维亚、斯洛伐克、斯洛文尼亚、西班牙、瑞典、瑞士、叙利亚、塔吉克斯坦、土耳其、土库曼斯坦、乌克兰、英国、美国、乌兹别克斯坦、越南

Afghanistan, Albania, Algeria, Andorra, Armenia, Austria, Azerbaijan, Belarus, Belgium, Bosnia and Herzegovina, Bulgaria, Canada, China, Croatia, Czech, Denmark, Estonia, Finland, France, Georgia, Germany, Greece, Hungary, Iran, Iraq, Israel, Italy, Japan, Kazakhstan, Democratic People's Republic of Korea, Republic of Korea, Kyrgyzstan, Latvia, Lebanon, Liechtenstein, Lithuania, Luxembourg, Macedonia, Malta, Moldova, Monaco, Mongolia, Montenegro, Morocco, Netherlands, Norway, Poland, Portugal, Romania, Russia, San Marino, Serbia, Slovakia, Slovenia, Spain, Sweden, Switzerland, Syrian, Tajikistan, Turkey, Turkmenistan, Ukraine, United Kingdom, United States, Uzbekistan, Vietnam

生物地理界 / Biogeographic Realm

新北界、古北界
Nearctic, Palearctic

WWF 生物群系 / WWF Biome

北方森林 / 针叶林
Boreal Forests/Taiga

动物地理分布型 / Zoogeographic Distribution Type
Uf

分布标注 / Distribution Note

非特有种 Non-Endemic

▲ 濒危状况 / Threatened Status

中国生物多样性红色名录等级 / CB RL Category (2021)
易危 VU

IUCN 红色名录 / IUCN Red List (2021)
无危 LC

威胁因子 / Threats
猎捕、毒杀
Trapping, poisoning

▲ 法律保护地位 / Legal Protection Status

国家重点保护野生动物等级 / Category of National Key Protected Wild Animals (2021)
未列入 Not listed

"三有"名录 / TWIESSV (2023)
列入 Listed

CITES 附录等级 / CITES Appendix (2023)
未列入 Not listed

迁徙物种公约附录 / CMS Appendix (2020)
未列入 Not listed

保护行动 / Conservation Action
部分种群位于自然保护区内
Part of population are covered by nature reserve

▲ 参考文献 / References

Jiang et al. (蒋志刚等), 2021; Burgin et al., 2020; IUCN, 2020; Liu et al. (刘少英等), 2020; Hunter and Barrett, 2011; Wilson and Mittermeier, 2009; Lau et al., 2010; Smith et al., 2009; Pan et al. (潘清华等), 2007; Wilson and Reeder, 2005; Wang (王应祥), 2003; Zhang (张荣祖), 1997; Xia (夏武平), 1988, 1964; Gao et al. (高耀亭等), 1987

305 / 黄鼬

Mustela sibirica Pallas, 1773

• Siberian Weasel

浙江 / 供图

▲ 其他名称 / Other Name(s)

其他中文名 / Other Chinese Name(s)
黄狼、黄鼠狼

其他英文名 / Other English Name(s)
无 None

同物异名 / Synonym(s)
无 None

▲ 分类地位 / Taxonomy

食肉目 Carnivora / 鼬科 Mustelidae / 鼬属 *Mustela*

科建立者及其文献 / Family Authority
Fischer, 1817

属建立者及其文献 / Genus Authority
Linnaeus, 1758

亚种 / Subspecies

指名亚种 *M. s. sibirica* Palla, 1773
内蒙古东北部（大兴安岭）和新疆北部（阿尔泰山）
Inner Mongolia (northeastern part-Greater Xingan Mountains) and Xinjiang (northern part-Altai Mountain)

东北亚种 *M. s.. manchurica* Brass, 1911
黑龙江、吉林和辽宁东部
Heilongjiang, Jilin and Liaoning (eastern part)

华北亚种 *M. s. fontanieri* (Milne-Edwards, 1871)
辽宁西南部、内蒙古中部、北京、天津、河北、河南、山东、江苏、上海、安徽、山西、湖北和陕西（长江以北地区）
Liaoning(western part), Inner Mongolia (midpart), Beijing, Tianjin, Hebei, Henan, Shandong, Jiangsu, Shanghai, Anhui, Shanxi, Hubei and Shaanxi, where extending southwards to Yangtze River

华南亚种 *M. s. davidiana* (Milne-Edwards, 1871)
长江以南的安徽、浙江、江西、福建、广东、香港、广西、湖南、贵州东部、湖北南部和四川东部
Anhui, Zhejiang, Jiangxi, Fujian, Guangdong, Hong Kong, Guangxi, Hunan, Guizhou (eastern part), Hubei(southern part) and Sichuan (eastern part), where extending northwards to Yangtze River

台湾亚种 *M. s. taivana* Thomas, 1913
台湾 Taiwan

西南亚种 *M. s. moupinensis* (Milne-Edwards, 1874)
四川西部、湖北西部、陕西南部、甘肃南部和青海东南部
Sichuan (western part), Hubei (western part), Shaanxi (southern part), Gansu(southern part)and Qinghai(southeastern part)

拉萨亚种 *M. s. canigula* (Hodgson, 1842)
西藏南部（拉萨）
Tibet (southern part-Lasa)

模式标本产地 / Type Locality
俄罗斯
"Sibiriae montanis, sylvis densissimis", restricted by Pocock (1941) to "Vorposten Tigerazkoi, near Usstkomengorsk, W. Altai," based on Pallas (1773:570) [U. S. S. R., E. Kazakhstan, vic. of Ust-Kamenogorsk, Tigeretskoie (Honacki et al., 1982)]

▲ 形态及生境 / Morphology and Habitat

形态特征 / Morphological Characteristics
齿式：3.1.3.1/3.1.3.2=34。雄性头体长 28~39 cm，体重 0.65~0.82 kg。雌性头体长 25~31 cm，体重 0.36~0.45 kg。身体纤细。整体毛色为棕黄色，面部有黑色或暗褐色的"面罩"，吻部和下颌为白色。腹面毛色浅于背面。四肢、足的毛色与身体相同。尾巴蓬松，尾长 13.5~23 cm，约为头体长之半。
Dental formula: 3.1.3.1/3.1.3.2=34. Male head and body length 28-39 cm and body mass 0.65-0.82 kg. Female head and body length 25-31 cm and body mass 0.36-0.45 kg. Body slender. The overall pelage color

is brownish yellow, the face has a black or dark brown "mask", the snout and lower jaw are white. Abdominal hair color is lighter than that on the dorsum. The limbs and feet are of the same color as the body. Tail is fluffy, 13.5 -23 cm long, about half the length of the head.

生境 / Habitat
森林、次生林、沼泽、耕地
Forest, secondary forest, swamp, arable land

▲ 地理分布 / Geographic Distribution

国内分布 / Domestic Distribution
吉林、山西、河南、云南、湖南、新疆、北京、河北、内蒙古、辽宁、黑龙江、上海、江苏、浙江、安徽、福建、江西、山东、湖北、广东、广西、四川、贵州、西藏、陕西、甘肃、青海、宁夏、重庆、台湾
Jilin, Shanxi, Henan, Yunnan, Hunan, Xinjiang, Beijing, Hebei, Inner Mongolia, Liaoning, Heilongjiang, Shanghai, Jiangsu, Zhejiang, Anhui, Fujian, Jiangxi, Shandong, Hubei, Guangdong, Guangxi, Sichuan, Guizhou, Tibet, Shaanxi, Gansu, Qinghai, Ningxia, Chongqing, Taiwan

全球分布 / World Distribution
不丹、中国、印度、日本、朝鲜、韩国、老挝、蒙古国、缅甸、尼泊尔、巴基斯坦、俄罗斯、泰国、越南
Bhutan, China, India, Japan, Democratic People's Republic of Korea, Republic of Korea, Laos, Mongolia, Myanmar, Nepal, Pakistan, Russia, Thailand, Vietnam

生物地理界 / Biogeographic Realm
印度马来界、古北界
Indomalaya, Palearctic

WWF 生物群系 / WWF Biome
北方森林 / 针叶林、山地草原和灌丛
Boreal Forests/Taiga Montane, Grasslands & Shrublands

动物地理分布型 / Zoogeographic Distribution Type
Uh

分布标注 / Distribution Note
非特有种 Non-Endemic

▲ 濒危状况 / Threatened Status

中国生物多样性红色名录等级 / CB RL Category (2021)
无危 LC

IUCN 红色名录 / IUCN Red List (2021)
无危 LC

威胁因子 / Threats
无 None

▲ 法律保护地位 / Legal Protection Status

国家重点保护野生动物等级 / Category of National Key Protected Wild Animals (2021)
未列入 Not listed

"三有" 名录 / TWIESSV (2023)
列入 Listed

CITES 附录等级 / CITES Appendix (2023)
III

迁徙物种公约附录 / CMS Appendix (2020)
未列入 Not listed

保护行动 / Conservation Action
部分种群位于自然保护区内
Part of population are covered by nature reserve

▲ 参考文献 / References

Jiang et al. (蒋志刚等), 2021; Burgin et al., 2020; IUCN, 2020; Hunter and Barrett, 2011; Wilson and Mittermeier, 2009; Smith et al., 2009; Hu and Hu (胡锦矗和胡杰), 2007; Pan et al. (潘清华等), 2007; Wilson and Reeder, 2005; Wang (王应祥), 2003; Zhang (张荣祖), 1997; Xia (夏武平), 1988, 1964; Gao et al. (高耀亭等), 1987

306 / 纹鼬

Mustela strigidorsa Gray, 1853

· Stripe-backed Weasel

食肉目 Carnivora / 鼬科 Mustelidae / 鼬属 *Mustela*

科建立者及其文献 / Family Authority
Fischer, 1817

属建立者及其文献 / Genus Authority
Linnaeus, 1758

亚种 / Subspecies
无 None

模式标本产地 / Type Locality
印度
Not given. Gray (1853) based the type description on a manuscript given to him by Hodgson. Horsfield (1855) later fixed the type locality as "the Sikim Hills of Tarai." (India, Sikkim)

▲ 其他名称 / Other Name(s)

其他中文名 / Other Chinese Name(s)
纹背鼬

其他英文名 / Other English Name(s)
Back-striped Weasel

同物异名 / Synonym(s)
无 None

▲ 形态及生境 Morphology and Habitat

形态特征 / Morphological Characteristics

齿式：3.1.3.1/3.1.3.2=34。头体长 25~33 cm。体重 0.7~2 kg。身体细长，四肢较短，双耳甚小。整体毛色为深棕色至棕黑色，喉部至胸部为乳黄色至浅黄色。颌下至颈侧可见背腹毛色分界线。背部具一条白色至银色的纵纹，仅在背部中段清晰可见。尾长而蓬松。

Dental formula: 3.1.3.1/3.1.3.2=34. Head and body length 25-33 cm. Body mass 0.7-2 kg. Body slender, with short limbs and very small ears. The overall pelage color is dark brown to brown-black, and hairs on the throat to the chest is creamy yellow to light yellow. Boundary between dorsal and abdominal hairs can be seen from the underjaw to the neck side. A white to silver longitudinal lines on center of dorsum, only the middle of the line clearly visible. The tail is long and fluffy.

生境 / Habitat
农田、森林
Arable land, forest

▲ 地理分布 / Geographic Distribution

国内分布 / Domestic Distribution
广西、贵州、云南、西藏
Guangxi, Guizhou, Yunnan, Tibet

全球分布 / World Distribution
中国、印度、老挝、缅甸、泰国、越南
China, India, Laos, Myanmar, Thailand, Vietnam

生物地理界 / Biogeographic Realm
印度马来界 Indomalaya

WWF 生物群系 / WWF Biome
热带和亚热带湿润阔叶林
Tropical & Subtropical Moist Broadleaf Forests

动物地理分布型 / Zoogeographic Distribution Type
Wa

分布标注 / Distribution Note
非特有种 Non-Endemic

▲ 濒危状况 / Threatened Status

中国生物多样性红色名录等级 / CB RL Category (2021)
濒危 EN

IUCN 红色名录 / IUCN Red List (2021)
无危 LC

威胁因子 / Threats
猎捕 Trapping

▲ 法律保护地位 / Legal Protection Status

国家重点保护野生动物等级 / Category of National Key Protected Wild Animals (2021)
未列入 Not listed

"三有" 名录 / TWIESSV (2023)
列入 Listed

CITES 附录等级 / CITES Appendix (2023)
未列入 Not listed

迁徙物种公约附录 / CMS Appendix (2020)
未列入 Not listed

保护行动 / Conservation Action
部分种群位于自然保护区内
Part of population are covered by nature reserve

▲ 参考文献 / References

Jiang et al. (蒋志刚等), 2021; Burgin et al., 2020; IUCN, 2020; Liu et al. (刘少英等), 2020; Hunter and Barrett, 2011; Wilson and Mittermeier, 2009; Deng et al. (邓可等), 2013; Smith et al., 2009; Pan et al. (潘清华等), 2007; Wilson and Reeder, 2005; Wang (王应祥), 2003; Zhang (张荣祖), 1997; Gao et al. (高耀亭等), 1987

307 / 虎鼬

Vormela peregusna (Güldenstädt, 1770)

• European Marbled Polecat

▲ 分类地位 / Taxonomy

食肉目 Carnivora / 鼬科 Mustelidae / 虎鼬属 *Vormela*

科建立者及其文献 / Family Authority
Fischer, 1817

属建立者及其文献 / Genus Authority
Blasius, 1884

亚种 / Subspecies
蒙新亚种 *V. p. negans* (Miller, 1910)
内蒙古、山西、陕西、甘肃、宁夏、青海和新疆
Inner Mongolia, Shanxi, Shaanxi, Gansu, Ningxia, Qinghai and Xinjiang

模式标本产地 / Type Locality
俄罗斯
"habitat in campis apricis desertis Tanaicensibus" [U. S. S. R., Rostov Obl., steppes at lower Don River (Honacki et al., 1982)]

高云江 / 摄图

▲ 其他名称 / Other Name(s)

其他中文名 / Other Chinese Name(s)
马艾虎

其他英文名 / Other English Name(s)
无 None

同物异名 / Synonym(s)
无 None

▲ 形态及生境 / Morphology and Habitat

形态特征 / Morphological Characteristics

齿式：3.1.3.1/3.1.3.2=34。头体长 30~40 cm。体重 0.4~0.7 kg。体型细长，四肢短。唇周白色。耳大而突出，耳尖白色。面部有深色"面罩"。额部、耳基之间有一条宽白纹，向两侧延伸至颌下。背部为浅黄色至浅棕黄色，杂以褐色的不规则条纹与斑点。腹面、四肢为均匀褐色至黑褐色。尾长约为头体长之半。尾毛蓬松，白色，尾尖黑褐色。

Dental formula: 3.1.3.1/3.1.3.2=34. Head and body length 30-40 cm. Body mass 0.4-0.7 kg. The body is slender with short limbs. White hairs around lips. The ears are large and prominent with white tips. The face has a dark "mask". There is a wide white strip between the forehead and ear bases, extending to the two sides under the jaw. The dorsum is light yellow to light brownish yellow, mixed with irregular brown stripes and spots. Abdomen and limbs are uniformly brown to dark brown color. The tail is about half the length of the head. The tail hairs are fluffy and white with a dark brown tip.

生境 / Habitat
草地、荒漠、半荒漠
Grassland, desert, semi-desert

▲ 地理分布 / Geographic Distribution

国内分布 / Domestic Distribution
山西、内蒙古、陕西、甘肃、宁夏、新疆
Shanxi, Inner Mongolia, Shaanxi, Gansu, Ningxia, Xinjiang

全球分布 / World Distribution
阿富汗、亚美尼亚、阿塞拜疆、保加利亚、中国、格鲁吉亚、希腊、伊朗、伊拉克、以色列、哈萨克斯坦、黎巴嫩、马其顿、蒙古国、黑山、巴基斯坦、罗马尼亚、俄罗斯、塞尔维亚、叙利亚、土耳其、土库曼斯坦、乌克兰、乌兹别克斯坦
Afghanistan, Armenia, Azerbaijan, Bulgaria, China, Georgia, Greece, Iran, Israel, Kazakhstan, Lebanon, Macedonia, Mongolia, Montenegro, Pakistan, Romania, Russia, Serbia, Syria, Turkey, Turkmenistan, Ukraine, Uzbekistan

生物地理界 / Biogeographic Realm
古北界 Palearctic

WWF 生物群系 / WWF Biome
山地草原和灌丛、沙漠和干旱灌木地
Montane Grasslands & Shrublands, Deserts & Xeric Shrublands

动物地理分布型 / Zoogeographic Distribution Type
D

分布标注 / Distribution Note
非特有种 Non-Endemic

▲ 濒危状况 / Threatened Status

中国生物多样性红色名录等级 / CB RL Category (2021)
濒危 EN

IUCN 红色名录 / IUCN Red List (2021)
易危 VU

威胁因子 / Threats
栖息地变化、猎捕
Habitat shifting or alteration, trapping

▲ 法律保护地位 / Legal Protection Status

国家重点保护野生动物等级 / Category of National Key Protected Wild Animals (2021)
未列入 Not listed

"三有" 名录 / TWIESSV (2023)
列入 Listed

CITES 附录等级 / CITES Appendix (2023)
未列入 Not listed

迁徙物种公约附录 / CMS Appendix (2020)
未列入 Not listed

保护行动 / Conservation Action
部分种群位于自然保护区内
Part of population are covered by nature reserve

▲ 参考文献 / References

Jiang et al. (蒋志刚等), 2021; Burgin et al., 2020; IUCN, 2020; Liu et al. (刘少英等), 2020;Hunter and Barrett, 2011; Wilson and Mittermeier, 2009; Smith et al., 2009; Abramov et al., 2008; Pan et al. (潘清华等), 2007;Wilson and Reeder, 2005;Wang (王应祥), 2003;Zhang (张荣祖), 1997; Gao et al., 1987

308 / 越南鼬獾

Melogale cucphuongensis
Nadler, Streicher, Stefen, Schwierz &
Roos, 2011

• Vietnam Ferret-badger

▲ 分类地位 / Taxonomy

食肉目 Carnivora / 鼬科 Mustelidae / 鼬獾属 *Melogale*

科建立者及其文献 / Family Authority
Fischer, 1817

属建立者及其文献 / Genus Authority
Blasius, 1884

亚种 / Subspecies
无 None

模式标本产地 / Type Locality
越南
Cúc Phương National Park in Vietnam

▲ 其他名称 / Other Name(s)

其他中文名 / Other Chinese Name(s)
无 None

其他英文名 / Other English Name(s)
Cuc Phuong Ferret-badger

同物异名 / Synonym(s)
无 None

▲ 形态及生境 / Morphology and Habitat

形态特征 / Morphological Characteristics
齿式：3.1.4.1/3.1.4.2=38。与鼬獾 *Melogale moschata* 比较，越南鼬獾有
明显不同的特征：深棕色的头部和身体，从颈部到肩部的黑白条纹，以
及不同的头骨形状。

Dental formula: 3.1.4.1/3.1.4.2=38. Compared with *Melogale moschata*, the Viet
Nam Ferret-badger has distinctly different features: dark brown head and body, black
and white stripes from neck to shoulder, and different skull shape.

生境 / Habitat
亚热带湿润低地森林、草地、耕地
Subtropical moist lowland forest, grassland, arable land

▲ 地理分布 / Geographic Distribution

国内分布 / Domestic Distribution
福建 Fujian

全球分布 / World Distribution
中国、越南
China, Vietnam

生物地理界 / Biogeographic Realm
印度马来界 Indomalaya

WWF 生物群系 / WWF Biome
热带和亚热带湿润阔叶林
Tropical & Subtropical Moist Broadleaf Forests

动物地理分布型 / Zoogeographic Distribution Type
Wa

分布标注 / Distribution Note
非特有种 Non-Endemic

▲ 濒危状况 / Threatened Status

中国生物多样性红色名录等级 / CB RL Category (2021)
数据缺乏 DD

IUCN 红色名录 / IUCN Red List (2021)
数据缺乏 DD

威胁因子 / Threats
未知 Unknown

▲ 法律保护地位 / Legal Protection Status

国家重点保护野生动物等级 / Category of National Key Protected Wild Animals (2021)
未列入 Not listed

"三有" 名录 / TWIESSV (2023)
未列入 Not listed

CITES 附录等级 / CITES Appendix (2023)
未列入 Not listed

迁徙物种公约附录 / CMS Appendix (2020)
未列入 Not listed

保护行动 / Conservation Action
无 None

▲ 参考文献 / References

Jiang et al. (蒋志刚等), 2021; Burgin et al., 2020; IUCN, 2020; Liu et al. (刘少英等), 2020; Li et al., 2019

309 / 鼬獾

Melogale moschata (Gray, 1831)

• Small-toothed Ferret-badger

杜卿 / 供图

▲ 其他名称 / Other Name(s)

其他中文名 / Other Chinese Name(s)
白鼻猪、猸子狸、山獭

其他英文名 / Other English Name(s)
无 None

同物异名 / Synonym(s)
无 None

▲ 分类地位 / Taxonomy

食肉目 Carnivora / 鼬科 Mustelidae / 鼬獾属 *Melogale*

科建立者及其文献 / Family Authority
Fischer, 1817

属建立者及其文献 / Genus Authority
I. Saint-Hilaire, 1831

亚种 / Subspecies
指名亚种 *M. m. moschata* (Gray,1831)
广东、香港、广西和贵州
Guangdong, Hong Kong, Guangxi and Guizhou

台湾亚种 *M. m. subaurantiaca* (Swinhoe, 1862)
台湾 Taiwan

江南亚种 *M. m. ferreogriseus* (Hilzheimer, 1905)
安徽、江苏、上海、浙江、江西、福建、湖南、湖北、四川和陕西
Anhui, Jiangsu, Shanghai, Zhejiang, Jiangxi, Fujian, Hunan, Hubei, Sichuan and Shaanxi

阿萨姆亚种 *M. m. mills* (Thomas, 1922)
云南西北部（高黎贡山）
Yunnan (northwestern part-Gaoligong Mountain)

滇南亚种 *M. m. axilla* (Thomas, 1925)
广西南部和云南南部
Guangxi (southern part) and Yunnan (southern part)

海南亚种 *M. m. hainanensis* Zheng et Xu, 1983
海南 Hainan

模式标本产地 / Type Locality
中国
"China", restricted by Allen (1929) to "Canton, Kwangtung Province, South China"

▲ 形态及生境 / Morphology and Habitat

形态特征 / Morphological Characteristics
齿式：3.1.4.1/3.1.4.2=38。头体长 31~42 cm。体重 0.5~1.6 kg。与同域分布的猪獾和亚洲狗獾相比，体型小而纤细，四肢比例更长。毛色黑白相间。颊部为白色，两眼之间有一块心形的白斑，眼周具一个近似三角形的黑色"眼罩"。吻部与额部为黑色，头顶正中有一条白色条纹，向后延伸至枕部。尾长接近头体长之半。

Dental formula: 3.1.4.1/3.1.4.2=38. Head and body length 31-42 cm. Body mass 0.5-1.6 kg. Compared to sympatric Hog-nosed Badgers and Asian Badgers, body size is small and slender, with a longer proportion of limbs. The coat is black and white. Cheeks are white. There is a heart-shaped white spot between the eyes, which covered with a nearly triangular black "eye patch". Snout and forehead are black, and there is a white stripe in the middle of the crown, extending backwards to the occiput. The tail is nearly half the length of the head and body, with white tail end.

生境 / Habitat
亚热带湿润低地森林、草地、耕地
Subtropical moist lowland forest, grassland, arable land

▲ 地理分布 / Geographic Distribution

国内分布 / Domestic Distribution

山西、河南、上海、江苏、浙江、安徽、福建、江西、湖北、湖南、
广东、广西、海南、四川、贵州、云南、陕西、台湾、香港、重庆
Shanxi, Henan, Shanghai, Jiangsu, Zhejiang, Anhui, Fujian, Jiangxi, Hubei, Hunan,
Guangdong, Guangxi, Hainan, Sichuan, Guizhou, Yunnan, Shaanxi, Taiwan, Hong
Kong, Chongqing

全球分布 / World Distribution

中国、印度、老挝、缅甸、越南
China, India, Laos, Myanmar, Vietnam

生物地理界 / Biogeographic Realm

古北界、印度马来界
Palearctic, Indomalaya

WWF 生物群系 / WWF Biome

热带和亚热带湿润阔叶林
Tropical & Subtropical Moist Broadleaf Forests

动物地理分布型 / Zoogeographic Distribution Type

Wd

分布标注 / Distribution Note

非特有种 Non-Endemic

▲ 濒危状况 / Threatened Status

中国生物多样性红色名录等级 / CB RL Category (2021)

近危 NT

IUCN 红色名录 / IUCN Red List (2021)

无危 LC

威胁因子 / Threats

栖息地变化、猎捕
Habitat shifting or alteration, trapping

▲ 法律保护地位 / Legal Protection Status

国家重点保护野生动物等级 / Category of National Key Protected Wild Animals (2021)

未列入 Not listed

"三有"名录 / TWIESSV (2023)

列入 Listed

CITES 附录等级 / CITES Appendix (2023)

未列入 Not listed

迁徙物种公约附录 / CMS Appendix (2020)

未列入 Not listed

保护行动 / Conservation Action

尚未采取保护措施
None

▲ 参考文献 / References

Jiang et al. (蒋志刚等), 2021; Burgin et al., 2020; IUCN, 2020; Liu et al. (刘少英等), 2020; Hunter and Barrett, 2011; Wilson and Mittermeier,
2009; Pan et al. (潘清华等), 2007; Wilson and Reeder, 2005; Wang (王应祥), 2003; Zhang (张荣祖), 1997; Xia (夏武平), 1988, 1964; Gao et
al. (高耀亭等), 1987

310 / 缅甸鼬獾

Melogale personata I. Geoffroy Saint-Hilaire, 1831

• Large-toothed Ferret Badger

▲ 分类地位 / Taxonomy

食肉目 Carnivora / 鼬科 Mustelidae / 鼬獾属 *Melogale*

科建立者及其文献 / Family Authority
Fischer, 1817

属建立者及其文献 / Genus Authority
I. Saint-Hilaire, 1831

亚种 / Subspecies
无 None

模式标本产地 / Type Locality
缅甸
"environs de Rangoun"Burma (Myanmar) (Myanmar)

▲ 其他名称 / Other Name(s)

其他中文名 / Other Chinese Name(s)
无 None

其他英文名 / Other English Name(s)
Burmese ferret-badge

同物异名 / Synonym(s)
无 None

▲ 形态及生境 / Morphology and Habitat

形态特征 / Morphological Characteristics
齿式：3.1.4.1/3.1.4.2=38。头体长 33~43 cm。体重 1.5~3 kg。本种 P4 齿巨大，长度大于 8 mm，而鼬獾的 P4 齿长度通常小于 6 mm。吻端裸露，有白色触须。整体形态、毛色与鼬獾相似，体背被毛毛尖为白色，整体颜色泛白。白色嵴中线长，延伸至背中部，甚至尾基部。尾长大于头体长之半，后半部为白色。尾长 14~23 cm。
Dental formula: 3.1.4.1/3.1.4.2=38. Head and body length 33-43 cm. Body mass 1.5-3 kg. The P4 tooth are huge, greater than 8 mm in length, while the P4 teeth of the ferret badger are usually smaller than 6 mm. The snout is bare and has white vibrissae. The overall shape and color are similar to those of the ferret badger, with white hairs on its back and white overall color. The midline of the white ridge is long, extending to the middorsal part and even to the base of the tail. The tail is longer than half the length of the head and body, and covered with white hairs.

生境 / Habitat
森林、草地、耕地
Forest, grassland, arable land

▲ 地理分布 / Geographic Distribution

国内分布 / Domestic Distribution
云南、广东
Yunnan, Guangdong

全球分布 / World Distribution
中国、印度、老挝、缅甸、泰国、越南
China, India, Laos, Myanmar, Thailand, Vietnam

生物地理界 / Biogeographic Realm
印度马来界 Indomalaya

WWF 生物群系 / WWF Biome
热带和亚热带湿润阔叶林
Tropical & Subtropical Moist Broadleaf Forests

动物地理分布型 / Zoogeographic Distribution Type
Wa

分布标注 / Distribution Note
非特有种 Non-Endemic

▲ 濒危状况 / Threatened Status

中国生物多样性红色名录等级 / CB RL Category (2021)
濒危 EN

IUCN 红色名录 / IUCN Red List (2021)
数据缺乏 DD

威胁因子 / Threats
栖息地变化、猎捕
Habitat shifting or alteration, trapping

▲ 法律保护地位 / Legal Protection Status

国家重点保护野生动物等级 / Category of National Key Protected Wild Animals (2021)
未列入 Not listed

"三有"名录 / TWIESSV (2023)
列入 Listed

CITES 附录等级 / CITES Appendix (2023)
未列入 Not listed

迁徙物种公约附录 / CMS Appendix (2020)
未列入 Not listed

保护行动 / Conservation Action
尚未采取保护措施
None

▲ 参考文献 / References

Jiang et al. (蒋志刚等), 2021; Burgin et al., 2020; IUCN, 2020; Liu et al. (刘少英等), 2020; Hunter and Barrett, 2011; Wilson and Mittermeier, 2009; Zhang et al., 2010; Zhou et al., 2008; Pan et al. (潘清华等), 2007; Wilson and Reeder, 2005; Wang (王应祥), 2003; Zhang (张荣祖), 1997; Zheng (郑永烈), 1981

311 / 亚洲狗獾

Meles leucurus (Hodgson, 1847)

• Asian Badger

宋大昭 / 供图

食肉目 Carnivora / 鼬科 Mustelidae / 獾属 *Meles*

科建立者及其文献 / Family Authority
Fischer, 1817

属建立者及其文献 / Genus Authority
Brisson, 1762

亚种 / Subspecies
西藏亚种 *M. m. leucurus* (Hodgson, 1847)
西藏（拉萨）
Tibet(Lasa)

东北亚种 *M. m. amurensis* Schrenck, 1859
黑龙江、吉林、辽宁和内蒙古东北部
Heilongjiang, Jilin, Liaoning and Inner Mongolia (northeastern part)

北方亚种 *M. m. leptorhynchus* Milne-Edwards, 1867
内蒙古中部（四子王旗）、河北、北京、天津、河南、山东、山西、陕西、湖北、甘肃、青海、安徽和江苏（长江以北）
Inner Mongolia (midpart-Siziwang Qi), Hebei, Beijing, Tianjin, Henan, Shandong, Shanxi, Shaanxi, Hubei, Gansu, Qinghai, Jiangsu and Anhui, where extending southwards to Yangtze River

华南亚种 *M. m. chinensis* Gray, 1868
浙江、福建、江西、广东、广西、湖南、贵州、云南、四川和湖北（长江以南地区）
Zhejiang, Fujian, Jiangxi, Guangdong, Guangxi, Hunan, Guizhou, Yunnan, Sichuan and Hubei, where extending northwards to Yangtze River

喀什亚种 *M. m. blanfordii* Matschie, 1907
新疆西部（喀什和叶城）
Xinjiang(western parts-Kashi and Yecheng)

天山亚种 *M. m. tianschanensis* Hoyningen-Huene, 1910
新疆中部（天山地区）
Xinjiang (midpart-Tianshan Mountain area)

模式标本产地 / Type Locality
中国
"Lhasa, Tibet," (China)

▲ 其他名称 / Other Name(s)

其他中文名 / Other Chinese Name(s)
獾

其他英文名 / Other English Name(s)
无 None

同物异名 / Synonym(s)
无 None

▲ 形态及生境 / Morphology and Habitat

形态特征 / Morphological Characteristics
齿式：3.1.4.1/3.1.4.2=38。头体长 50~90 cm。体重 3.5~17 kg。身体矮壮。头部圆锥形。吻鼻部突出，覆有短毛。鼻部为黑色，脸部具窄长黑色贯眼纵纹，延伸至头顶。两颊、耳背、颈侧为白色。耳内为深褐色。背部及体侧毛尖白色，整体呈灰白。四肢及胸腹为灰黑色至黑色。喉部黑色。

Dental formula: 3.1.4.1/3.1.4.2=38. Head and body length 50-90 cm. Body mass 3.5-17 kg. Body short and stout. Head is conical. Snout is prominent and covered with short hairs. Nose is black. A narrow long black strip through the eye to the head top. The cheeks, the back of the ears, and the neck side covered with white hairs. Ears are dark brown. Hairs on the dorsum and lateral sides are white, and the whole badger is grey-white. Hairs on limbs, chest and abdomen gray-black to black. Throat is black.

生境 / Habitat
森林、灌丛、耕地、草地、半荒漠
Forest, shrubland, arable land, grassland, semi-desert

▲ 地理分布 / Geographic Distribution

国内分布 / Domestic Distribution

黑龙江、吉林、辽宁、内蒙古、新疆、安徽、北京、福建、甘肃、广东、广西、贵州、河北、河南、湖北、湖南、江苏、江西、青海、陕西、山东、山西、四川、云南、浙江、重庆、宁夏、西藏

Heilongjiang, Jilin, Liaoning, Inner Mongolia, Xinjiang, Anhui, Beijing, Fujian, Gansu, Guangdong, Guangxi, Guizhou, Hebei, Henan, Hubei, Hunan, Jiangsu, Jiangxi, Qinghai, Shaanxi, Shandong, Shanxi, Sichuan, Yunnan, Zhejiang, Chongqing, Ningxia, Tibet

全球分布 / World Distribution

中国、哈萨克斯坦、韩国、朝鲜、俄罗斯

China, Kazakhstan, Republic of Korea, Democratic People's Republic of Korea, Russia

生物地理界 / Biogeographic Realm

古北界 Palearctic

WWF 生物群系 / WWF Biome

山地草原和灌丛、沙漠和干旱灌木地

Montane Grasslands & Shrublands, Deserts & Xeric Shrublands

动物地理分布型 / Zoogeographic Distribution Type

Uh

分布标注 / Distribution Note

非特有种 Non-Endemic

▲ 濒危状况 / Threatened Status

中国生物多样性红色名录等级 / CB RL Category (2021)

近危 NT

IUCN 红色名录 / IUCN Red List (2021)

无危 LC

威胁因子 / Threats

狩猎，生境改变

Trapping, habitat modification

▲ 法律保护地位 / Legal Protection Status

国家重点保护野生动物等级 / Category of National Key Protected Wild Animals (2021)

未列入 Not listed

"三有" 名录 / TWIESSV (2023)

未列入 Not listed

CITES 附录等级 / CITES Appendix (2023)

未列入 Not listed

迁徙物种公约附录 / CMS Appendix (2020)

未列入 Not listed

保护行动 / Conservation Action

尚未采取保护措施

None

▲ 参考文献 / References

Jiang et al. (蒋志刚等), 2021; Burgin et al., 2020; IUCN, 2020; Liu et al. (刘少英等), 2020; Luo et al. (罗晓等), 2016; Jiang et al. (姜雪松等), 2013; Yao et al., 2013; Hunter and Barrett, 2011; Wilson and Mittermeier,2009; Pan et al. (潘清华等), 2007; Liu et al. (刘少英等), 2005; Wilson and Reeder, 2005; Wang (王应祥), 2003; Gao et al. (高耀亭等),1987

312 / 猪獾

Arctonyx collaris F. G. Cuvier, 1825

• Hog Badger

马文虎／供图

▲ 其他名称 / Other Name(s)

其他中文名 / Other Chinese Name(s)
獾猪、沙獾、猪鼻獾

其他英文名 / Other English Name(s)
Greater Hog Badge

同物异名 / Synonym(s)
无 None

▲ 分类地位 / Taxonomy

食肉目 Carnivora / 鼬科 Mustelidae / 猪獾属 *Arctonyx*

科建立者及其文献 / Family Authority
Fischer, 1817

属建立者及其文献 / Genus Authority
Cuvier, 1825

亚种 / Subspecies
西南亚种 *A. c. albogularis*（Blyth, 1853）
西藏、青海、甘肃、陕西、四川、湖北、江苏南部、浙江、安徽南部、福建、江西、广东、广西、湖南和贵州
Tibet, Qinghai, Gansu, Shaanxi, Sichuan, Hubei, Jiangsu (southern part), Zhejiang, Anhui(southern part), Fujian, Jiangxi, Guangdong, Guangxi, Hunan and Guizhou

华北亚种 *A. c. leucolaemus* Milne-Edwards, 1911
安徽北部、江苏北部、河南、山西、河北、北京、内蒙古、黑龙江、吉林和辽宁
Anhui (northern part), Jiangsu (northern part), Henan, Shanxi, Hebei, Beijing, Inner Mongolia, Heilongjiang, Jilin and Liaoning

滇南亚种 *A. c. dictate* Thomas, 1910
云南南部、西部和中部
Yunnan (southern part, western part and midpart)

模式标本产地 / Type Locality
印度
Indoustan

▲ 形态及生境 / Morphology and Habitat

形态特征 / Morphological Characteristics
齿式：3.1.3.1/3.1.3.2=34。头体长54~70 cm。体重5~10 kg。头部长圆锥形。吻鼻部类似于猪的吻鼻部，肉粉色。头颈部毛色黑白相间：两颊、喉部、颈侧、耳缘及头部中央为白色或黄白色。两条宽大的黑斑，从鼻喉部经眼睛一直延伸至颈后。两颊中央有黑色条纹。腹部、四肢和足均为黑色或暗棕色，身体及背部则为棕黑色或灰黑色。尾巴蓬松，为白色。

Dental formula: 3.1.3.1/3.1.3.2=34. Head length 54-70 cm. 5-10 kg weight. Head long conical shape. Snout is similar to the snout of a pig and is pink flesh color. Head and neck color black and white: cheeks, throat, neck side, ear edges and the center of the head are white or yellow white. Two broad dark patches extending from the nose and throat through the eyes to the back of the neck. There are black stripes in the middle of the cheeks. The abdomen, limbs and feet are black or dark brown, and the body and back are brown or gray black. Tail is fluffy and white.

生境 / Habitat
森林 Forest

▲ 地理分布 / Geographic Distribution

国内分布 / Domestic Distribution
山西、河南、湖南、河北、辽宁、江苏、浙江、安徽、福建、江西、湖北、广东、广西、四川、贵州、云南、西藏、陕西、甘肃、青海、宁夏、内蒙古、北京、重庆
Shanxi, Henan, Hunan, Hebei, Liaoning, Jiangsu, Zhejiang, Anhui, Fujian, Jiangxi, Hubei, Guangdong, Guangxi, Sichuan, Guizhou, Yunnan, Tibet, Shaanxi, Gansu, Qinghai, Ningxia, Inner Mongolia, Beijing, Chongqing

全球分布 / World Distribution
不丹、柬埔寨、中国、印度、印度尼西亚、老挝、蒙古国、缅甸、泰国、越南
Bhutan, Cambodia, China, India, Indonesia, Laos, Mongolia, Myanmar, Thailand, Vietnam

生物地理界 / Biogeographic Realm
印度马来界 Indomalaya

WWF 生物群系 / WWF Biome
热带和亚热带湿润阔叶林
Tropical & Subtropical Moist Broadleaf Forests

动物地理分布型 / Zoogeographic Distribution Type
Wd

分布标注 / Distribution Note
非特有种 Non-Endemic

▲ 濒危状况 / Threatened Status

中国生物多样性红色名录等级 / CB RL Category (2021)
近危 NT

IUCN 红色名录 / IUCN Red List (2021)
易危 VU

威胁因子 / Threats
狩猎 Hunting

▲ 法律保护地位 / Legal Protection Status

国家重点保护野生动物等级 / Category of National Key Protected Wild Animals (2021)
未列入 Not listed

"三有"名录 / TWIESSV (2023)
列入 Listed

CITES 附录等级 / CITES Appendix (2023)
未列入 Not listed

迁徙物种公约附录 / CMS Appendix (2020)
未列入 Not listed

保护行动 / Conservation Action
尚未采取保护措施
None

▲ 参考文献 / References

JJiang et al. (蒋志刚等), 2021; Burgin et al., 2020; IUCN, 2020; Liu et al. (刘少英等), 2020;Hunter and Barrett, 2011; Wilson and Mittermeier, 2009; Smith et al., 2009; Pan et al. (潘清华等), 2007; Wilson and Reeder, 2005; Wang (王应祥), 2003; Cheng and Liu (程泽信和刘武), 2000; Zhang (张荣祖), 1997; Xia (夏武平), 1988, 1964; Gao et al. (高耀亭等), 1987

313 / 水獭

Lutra lutra (Linnaeus, 1758)

• Eurasian Otter

朴龙国 / 供图

▲ 其他名称 / Other Name(s)

其他中文名 / Other Chinese Name(s)
獭

其他英文名 / Other English Name(s)
European Otter, Common Otter,
European River Otter

同物异名 / Synonym(s)
无 None

▲ 分类地位 / Taxonomy

食肉目 Carnivora / 鼬科 Mustelidae / 水獭属 *Lutra*

科建立者及其文献 / Family Authority
Fischer, 1817

属建立者及其文献 / Genus Authority
Brisson, 1762

亚种 / Subspecies
指名亚种 *L. l. lutra* (Linnaeus, 1758)
黑龙江、辽宁、吉林、内蒙古、新疆和河南
Heilongjiang, Liaoning, Jilin, Inner Mongolia, Xinjiang and Henan

江南亚种 *L. l. chinensis* Gray, 1837
安徽、江苏、上海、浙江、江西、福建、台湾、广东、
香港、广西、湖南、贵州、四川、湖北、陕西、甘肃
和青海
Anhui, Jiangsu, Shanghai, Zhejiang, Jiangxi, Fujian, Taiwan,
Guangdong, Hong Kong, Guangxi, Hunan, Guizhou, Sichuan,
Hubei, Shaanxi, Gansu and Qinghai

滇西亚种 *L. l. nair* F. cuvier, 1823
云南西部（澜沧江以西）
Yunnan (western part, where extending eastwards to Lancang
River)

西藏亚种 *L. l. huta* Schinz, 1844
西藏南部
Tibet (southern part)

海南亚种 *L. l. hainana* (Xu et Liu, 1983)
海南（五指山）
Hainan (Wuzhi Mts)

模式标本产地 / Type Locality
瑞典
"Upsala" (Sweden)

▲ 形态及生境 / Morphology and Habitat

形态特征 / Morphological Characteristics
齿式：3.1.4.1/3.1.3.2=36。躯体修长。雄性头体长
60~90 cm，体重 6~17 kg。雌性头体长 59~70 cm，体
重 6~12 kg。被毛厚实浓密。体背、四肢与尾巴被毛
棕灰色至咖啡色，腹面与喉部毛色呈白色或浅黄色。
头部宽扁而圆，吻部短。双耳小。四肢相对身体显得
短小，脚趾间具蹼。尾巴呈锥形，尾长 33~47 cm。
Dental formula: 3.1.4.1/3.1.3.2=36. Body is slender. Male head
and body length 60-90 cm, Body mass 6-17 kg. Female head and
body length 59-70 cm, body weighs 6-12 kg. The coat is thick
and dense. The dorsum, limb and tail hairs are brownish gray to
brown, the abdomen and throat are white or light yellow. The
head is wide, flat and round, and the snout is short. Both ears are
small. The limbs are short relative to the body. Toes are webbed.
The tail is tapered and 33-47 cm long.

生境 / Habitat
池塘、淡水湖、沼泽、溪流边、江河、农田
Pond, freshwater lake, swamp, near stream, river, arable land

▲ 地理分布 / Geographic Distribution

国内分布 / Domestic Distribution

山西、湖南、海南、江苏、浙江、河南、内蒙古、辽宁、吉林、黑龙江、上海、安徽、福建、江西、湖北、广东、香港、广西、四川、贵州、云南、西藏、陕西、甘肃、青海、新疆、台湾、重庆

Shanxi, Hunan, Hainan, Jiangsu, Zhejiang, Henan, Inner Mongolia, Liaoning, Jilin, Heilongjiang, Shanghai, Anhui, Fujian, Jiangxi, Hubei, Guangdong, Hong Kong, Guangxi, Sichuan, Guizhou, Yunnan, Tibet, Shaanxi, Gansu, Qinghai, Xinjiang, Taiwan, Chongqing

全球分布 / World Distribution

阿富汗、阿尔巴尼亚、阿尔及利亚、安道尔、亚美尼亚、奥地利、阿塞拜疆、孟加拉国、白俄罗斯、比利时、不丹、波黑、保加利亚、柬埔寨、中国、克罗地亚、捷克、丹麦、爱沙尼亚、芬兰、法国、格鲁吉亚、德国、直布罗陀、希腊、匈牙利、印度、印度尼西亚、伊朗、伊拉克、爱尔兰、以色列、意大利、日本、约旦、哈萨克斯坦、韩国、朝鲜、吉尔吉斯斯坦、老挝、拉脱维亚、黎巴嫩、列支敦士登、立陶宛、卢森堡、马其顿、摩尔多瓦、蒙古国、黑山、摩洛哥、缅甸、尼泊尔、荷兰、挪威、巴基斯坦、波兰、葡萄牙、罗马尼亚、俄罗斯、圣马力诺、塞尔维亚、斯洛伐克、斯洛文尼亚、西班牙、斯里兰卡、瑞典、瑞士、叙利亚、塔吉克斯坦、泰国、突尼斯、土耳其、土库曼斯坦、乌克兰、英国、乌兹别克斯坦、越南

Afghanistan, Albania, Algeria, Andorra, Armenia, Austria, Azerbaijan, Bangladesh, Belarus, Belgium, Bhutan, Bosnia and Herzegovina, Bulgaria, Cambodia, China, Croatia, Czech, Danmark, Estonia, Finland, France, Georgia, Germany, Gibraltar, Greece, Hungary, India, Indonesia, Iran, Iraq, Ireland, Israel, Italy, Japan, Jordan, Kazakhstan, Republic of Korea, Democratic People's Republic of Korea, Kyrgyzstan, Laos, Latvia, Lebanon, Liechtenstein, Lithuania, Luxembourg, Macedonia, Moldova, Mongolia, Montenegro, Morocco, Myanmar, Nepal, Netherlands, Norway, Pakistan, Poland, Portugal, Romania, Russia, San Marino, Serbia, Slovakia, Slovenia, Spain, Sri Lanka, Sweden, Switzerland, Syria, Tajikistan, Thailand, Tunisia, Turkey, Turkmenistan, Ukraine, United Kingdom, Uzbekistan, Vietnam

生物地理界 / Biogeographic Realm

古北界、印度马来界
Palearctic, Indomalaya

WWF 生物群系 / WWF Biome

北方森林 / 针叶林、热带和亚热带湿润阔叶林、山地草原和灌丛、山地草原和灌丛
Boreal Forests/Taiga, Tropical & Subtropical Moist Broadleaf Forests, Montane Grasslands & Shrublands, Montane Grasslands & Shrublands

动物地理分布型 / Zoogeographic Distribution Type

Uh

分布标注 / Distribution Note

非特有种 Non-Endemic

▲ 濒危状况 / Threatened Status

中国生物多样性红色名录等级 / CB RL Category (2021)
濒危 EN

IUCN 红色名录 / IUCN Red List (2021)
近危 NT

威胁因子 / Threats
堤坝及水道改变、狩猎、污染、公路碾压事件
Dams and water management use, hunting, pollution, road killing

▲ 法律保护地位 / Legal Protection Status

国家重点保护野生动物等级 / Category of National Key Protected Wild Animals (2021)
二级 Category II

"三有"名录 / TWIESSV (2023)
未列入 Not listed

CITES 附录等级 / CITES Appendix (2023)
I

迁徙物种公约附录 / CMS Appendix (2020)
未列入 Not listed

保护行动 / Conservation Action
部分种群位于自然保护区内
Part of population are covered by nature reserve

▲ 参考文献 / References

Jiang et al. (蒋志刚等), 2021; Burgin et al., 2020; IUCN, 2020; Liu et al. (刘少英等), 2020; Hunter and Barrett, 2011; Wilson and Mittermeier, 2009; Smith et al., 2009; Pan et al. (潘清华等), 2007; Wilson and Reeder, 2005; Wang (王应祥), 2003; Cheng and Liu (程泽信和刘武), 2000; Zhang (张荣祖), 1997; Xia (夏武平), 1988, 1964; Gao et al. (高耀亭等), 1987

314 / 江獭

Lutrogale perspicillata (I. Geoffroy Saint-Hilaire, 1826)

• Smooth-coated Otter

▲ 分类地位 / Taxonomy

食肉目 Carnivora / 鼬科 Mustelidae / 江獭属 *Lutrogale*

科建立者及其文献 / Family Authority
Fischer, 1817

属建立者及其文献 / Genus Authority
Gray, 1865

亚种 / Subspecies
无 None

模式标本产地 / Type Locality
印度尼西亚
"Sumatra" (Indonesia)

▲ 其他名称 / Other Name(s)

其他中文名 / Other Chinese Name(s)
滑毛獭、滑獭、印度水獭

其他英文名 / Other English Name(s)
Indian Smooth-coated Otter

同物异名 / Synonym(s)
无 None

▲ 形态及生境 / Morphology and Habitat

形态特征 / Morphological Characteristics
齿式：3.1.4.1/3.1.3.2=36。头圆，鼻突出，裸露，鼻垫上缘平坦。嘴唇白色。耳小而圆。成年头体长达 1.3 m。体重 7~11 kg。皮毛像天鹅绒光滑。护毛能防水，长 12~14 mm。下有排列紧密的绒毛，长 6~8 mm。背部毛浅棕色到深棕色，腹部毛灰色到浅棕色。蹼足。有蹼延伸到每根趾的第二个关节。爪锋利。尾扁平。

Dental formula: 3.1.4.1/3.1.3.2=36. Head round, nose prominent, exposed, nose pad upper margin flat. Lip white. Ears are small and round. Adult head and body length 1.3 m, weight 7-11 kg. Fur is as smooth as velvet. The guard hairs are waterproof and 12-14 mm long. Underside densely covered villi, 6-8 mm long. Dorsal hairs are light brown to dark brown, and the belly hairs are gray to light brown. Webbed feet with the web that extends to the second joint of each digit. Sharp claws. Tail flat.

生境 / Habitat
红树林、江河、沼泽、农田
Mangrove, river, swamp, arable land

▲ 地理分布 / Geographic Distribution

国内分布 / Domestic Distribution
广东、云南
Guangdong, Yunnan

全球分布 / World Distribution
孟加拉国、不丹、文莱、柬埔寨、中国、印度、印度尼西亚、伊拉克、老挝、马来西亚、缅甸、尼泊尔、巴基斯坦、泰国、越南
Bangladesh, Bhutan, Brunei, Cambodia, China, India, Indonesia, Iraq, Laos, Malaysia, Myanmar, Nepal, Pakistan, Thailand, Vietnam

生物地理界 / Biogeographic Realm
印度马来界 Indomalaya

WWF 生物群系 / WWF Biome
热带和亚热带湿润阔叶林
Tropical & Subtropical Moist Broadleaf Forests

动物地理分布型 / Zoogeographic Distribution Type
Wa

分布标注 / Distribution Note
非特有种 Non-Endemic

▲ 濒危状况 / Threatened Status

中国生物多样性红色名录等级 / CB RL Category (2021)
极危 CR

IUCN 红色名录 / IUCN Red List (2021)
易危 VU

威胁因子 / Threats
堤坝及水道改变、耕种、食物缺乏、农业林业污染、狩猎
Dams and water management use, farming, food scarcity, agricultural or forestry effluents, hunting

▲ 法律保护地位 / Legal Protection Status

国家重点保护野生动物等级 / Category of National Key Protected Wild Animals (2021)
二级 Category II

"三有"名录 / TWIESSV (2023)
未列入 Not listed

CITES 附录等级 / CITES Appendix (2023)
I

迁徙物种公约附录 / CMS Appendix (2020)
未列入 Not listed

保护行动 / Conservation Action
部分种群位于自然保护区内
Part of population are covered by nature reserve

▲ 参考文献 / References

Jiang et al. (蒋志刚等), 2021; Burgin et al., 2020; IUCN, 2020; Li and Chen (李飞和陈辈乐), 2017; Li et al. (李飞等), 2017; Hu et al. (胡一鸣等), 2014; Lau et al., 2010; Lei and Li (雷伟和李玉春), 2008

315 / 小爪水獭

Aonyx cinereus (Illiger, 1815)

• Asian Small-clawed Otter

▲ 分类地位 / Taxonomy

食肉目 Carnivora / 鼬科 Mustelidae / 小爪水獭属 *Aonyx*

科建立者及其文献 / Family Authority
Fischer, 1817

属建立者及其文献 / Genus Authority
Lesson, 1827

亚种 / Subspecies
华南亚种 *A. c. concolor* (Rafinesque, 1832)
云南、四川、贵州、广西、海南、广东、福建和台湾
Yunnan, Sichuan, Guizhou, Guangxi, Hainan, Guangdong, Fujian and Taiwan

模式标本产地 / Type Locality
印度尼西亚
"Batavia" (Indonesia, Java, Jakarta)

程斌 / 供图

▲ 其他名称 / Other Name(s)

其他中文名 / Other Chinese Name(s)
东方小爪水獭、水獭

其他英文名 / Other English Name(s)
Oriental Small-clawed Otter, Small-clawed Otter

同物异名 / Synonym(s)
无 None

▲ 形态及生境 / Morphology and Habitat

形态特征 / Morphological Characteristics
齿式: 3.1.3.1/3.1.3.2=36。头体长 36~47 cm。体重 2.4~3.8 kg。触须长而密。头部、背部、四肢和尾巴为暗褐色。脸部和颈部为浅奶油色。脸颊下部、喉部和胸部为灰白色。双耳较其他水獭种的圆，眼睛也相对大。爪较为退化，仅趾间具蹼。尾长 22.5~27.5 cm，尾基部粗壮，逐渐变细。
Dental formula: 3.1.3.1/3.1.3.2=36. Head and body length 36-47 cm. Body mass is 2.4-3.8 kg. The vibrissae are long and dense. The head, back, limbs and tail are dark brown. The face and neck are light cream color. The lower cheeks, throat and chest are grayish white. The ears are rounder than those of other otter species, and the eyes are relatively large. Claw is relatively vestigial, webbed only between the toes. The tail is 22.5-27.5 cm long, stout at the base and tapering gradually.

生境 / Habitat
红树林、沼泽、池塘、淡水湖
Mangrove, swamp, pond, freshwater lake

0716

▲ 地理分布 / Geographic Distribution

国内分布 / Domestic Distribution
福建、广东、广西、贵州、湖南、江西、云南、西藏、香港、海南
Fujian, Guangdong, Guangxi, Guizhou, Hunan, Jiangxi, Yunnan, Tibet, Hong Kong, Hainan

全球分布 / World Distribution
孟加拉国、不丹、文莱、柬埔寨、中国、印度、印度尼西亚、老挝、
马来西亚、缅甸、尼泊尔、菲律宾、新加坡、泰国、越南
Bangladesh, Bhutan, Brunei, Cambodia, China, India, Indonesia, Laos, Malaysia, Myanmar, Nepal, Philippines, Singapore, Thailand, Vietnam

生物地理界 / Biogeographic Realm
印度马来界 Indomalaya

WWF 生物群系 / WWF Biome
热带和亚热带湿润阔叶林
Tropical & Subtropical Moist Broadleaf Forests

动物地理分布型 / Zoogeographic Distribution Type
Wb

分布标注 / Distribution Note
非特有种 Non-Endemic

▲ 濒危状况 / Threatened Status

中国生物多样性红色名录等级 / CB RL Category (2021)
极危 CR

IUCN 红色名录 / IUCN Red List (2021)
易危 VU

威胁因子 / Threats
堤坝及水道改变、耕种、食物缺乏、农业林业污染、狩猎
Dams and water management, farming, food scarcity, agricultural or forestry effluents, trapping

▲ 法律保护地位 / Legal Protection Status

国家重点保护野生动物等级 / Category of National Key Protected Wild Animals (2021)
二级 Category II

"三有" 名录 / TWIESSV (2023)
未列入 Not listed

CITES 附录等级 / CITES Appendix (2023)
I

迁徙物种公约附录 / CMS Appendix (2020)
未列入 Not listed

保护行动 / Conservation Action
部分种群位于自然保护区内
Parts of the population are covered by nature reserve

▲ 参考文献 / References

Jiang et al. (蒋志刚等), 2021; Burgin et al., 2020; IUCN, 2020; Hunter and Barrett, 2011; Wilson and Mittermeier, 2009; Lau et al., 2010 ; Kruuk et al., 1993

316 / 斑海豹

Phoca largha (Pallas, 1811)

• Spotted Seal

▲ 分类地位 / Taxonomy

食肉目 Carnivora / 海豹科 Phocidae / 海豹属 *Phoca*

科建立者及其文献 / Family Authority
Gray, 1821

属建立者及其文献 / Genus Authority
Linnaeus, 1758

亚种 / Subspecies
无 None

模式标本产地 / Type Locality
俄罗斯
"quam quod observetur tantum ad orientale littus Camtschatcae" [Eastern coast of Kamchatka, Russia (Shaughnessy and Fay, 1977)]

周佳俊 / 供图

▲ 其他名称 / Other Name(s)

其他中文名 / Other Chinese Name(s)
海豹、海狗

其他英文名 / Other English Name(s)
Larga Seal

同物异名 / Synonym(s)
无 None

▲ 形态及生境 / Morphology and Habitat

形态特征 / Morphological Characteristics

齿式：I 3/2, C 1/1, PC 5/5=34。成体头体长 1.51~1.7 6m。身体呈流线型。颈部不明显。无外耳郭。前肢短小，似鳍。后肢较大呈扇状，后伸似尾。触须浅色，呈念珠状。被毛稀疏，被毛颜色随年龄变化。体背呈棕灰色或黄灰色，腹部乳白色。全身分布直径为 1~2 cm 的暗色椭圆形斑点。背部斑点密度比腹部高。斑点周围有浅色的环以及不规则的块斑。

Dental formula: I 3/2, C 1/1, PC 5/5=34. Adult head and body length 1.51-1.76 m. The body is streamlined. The neck is not obvious. No external auricles. The forelimbs are short and fin-like. The hind limbs are larger and fan-shaped, extending back like the tail. The vibrissa is pale in color and shaped like beads. The coat is sparse and the color varies with age. The back of the body is brownish-gray or yellow-gray, and the abdomen is milky white. Dark elliptical spots with a diameter of 1-2 cm are found all over the body. The density of spots is higher on the back than on the abdomen. The spots are surrounded by light-colored rings and irregular patches.

生境 / Habitat

江河、海滩
River, beach

▲ 地理分布 / Geographic Distribution

国内分布 / Domestic Distribution
渤海、黄海、东海、南海
Bohai Sea, Yellow Sea, East China Sea, South China Sea

全球分布 / World Distribution
加拿大、中国、日本、韩国、朝鲜、俄罗斯、美国
Canada, China, Japan, Republic of Korea, Democratic People's Republic of Korea, Russia, United States

生物地理界 / Biogeographic Realm
新北界、古北界
Nearctic, Palearctic

WWF 生物群系 / WWF Biome
海洋生物群系 Marine Biome

动物地理分布型 / Zoogeographic Distribution Type
MAo

分布标注 / Distribution Note
非特有种 Non-Endemic

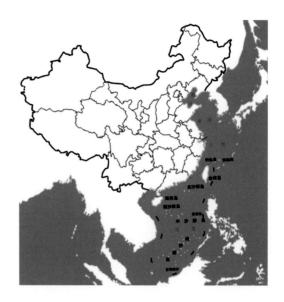

▲ 濒危状况 / Threatened Status

中国生物多样性红色名录等级 / CB RL Categories (2021)
易危 VU

IUCN 红色名录 / IUCN Red List (2023)
无危 LC

威胁因子 / Threats
狩猎及采集、渔业、工业污染、气候变化
Hunting and collections, fishing and harvesting aquatic resources, industrial pollution, climate change

▲ 法律保护地位 / Legal Protection Status

国家重点保护野生动物等级 / Category of National Key Protected Wild Animals (2021)
一级 Category I

"三有"名录 / TWIESSV (2023)
未列入 Not listed

CITES 附录等级 / CITES Appendix (2023)
未列入 Not listed

迁徙物种公约附录 / CMS Appendix (2020)
未列入 Not listed

保护行动 / Conservation Action
部分种群位于自然保护区内
Parts of the population are covered by nature reserve

▲ 参考文献 / References

IUCN, 2023; Jiang et al. (蒋志刚等), 2021; Burgin et al., 2020; Wilson and Mittermeier, 2009; Wang et al. (王丕烈等), 2008; Zhou (周开亚),2008, 2004; Pan et al. (潘清华等), 2007; Ma et al. (马志强等), 2007; Wilson and Reeder, 2005; Wang (王应祥), 2003; Zhao (赵正阶), 1999; Zhou et al. (周开亚等), 2001; Chen et al. (陈万青等), 1992

317 / 环斑小头海豹

Pusa hispida (Schreber, 1775)

· Ringed Seal

▲ 分类地位 / Taxonomy

食肉目 Carnivora / 海豹科 Phocidae / 环斑海豹属 *Pusa*

科建立者及其文献 / Family Authority
Gray, 1821

属建立者及其文献 / Genus Authority
Scopoli, 1771

亚种 / Subspecies
无 None

模式标本产地 / Type Locality
格陵兰
"Man fogt ihn auf den Koten von Groland und Labrader"

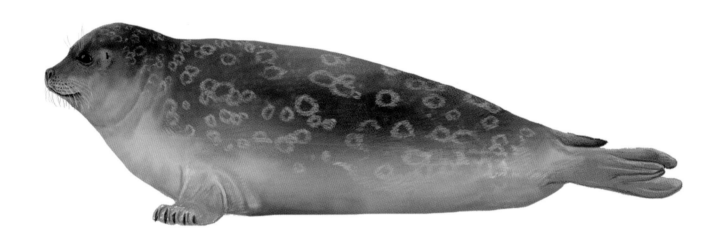

▲ 其他名称 / Other Name(s)

其他中文名 / Other Chinese Name(s)
无 None

其他英文名 / Other English Name(s)
Pusa hispida, Jar Seal

同物异名 / Synonym(s)
环斑海豹 *Phoca hispida* (Schreber, 1775)

▲ 形态及生境 / Morphology and Habitat

形态特征 / Morphological Characteristics
齿式：I 3/2, C 1/1, PC 5/5=34。成年头体长 100~175 cm，体重 132~140 kg。海豹科中体型最小的种。皮毛黑色，背面和体侧有银色的环，腹部银色。

Dental formula: I 3/2, C 1/1, PC 5/5=34. Adult head and body length 100-175 cm. Body mass 132-140 kg. Smallest species of the family Sealidae. The fur is black with silvery rings on the back and sides of the body, and the belly is silvery.

生境 / Habitat
海岸 Coast

▲ 地理分布 / Geographic Distribution

国内分布 / Domestic Distribution
黄海、渤海
Yellow Sea, bohai Sea

全球分布 / World Distribution
加拿大、爱沙尼亚、芬兰、格陵兰、日本、拉脱维亚、挪威、俄罗斯、斯瓦尔巴群岛和扬马延岛、瑞典、美国、中国、丹麦、法罗群岛、法国、德国、爱尔兰、立陶宛、波兰、葡萄牙、英国
Canada, Estonia, Finland, Greenland, Japan, Latvia, Norway, Russia, Svalbard and Jan Mayen, Sweden, United States, China, Danmark, Faroe Islands, France, Germany, Ireland, Lithuania, Poland, Portugal, United Kingdom

生物地理界 / Biogeographic Realm
新北界、古北界
Nearctic, Palearctic

WWF 生物群系 / WWF Biome
海洋生物群系
Marine Biome

动物地理分布型 / Zoogeographic Distribution Type
MAo

分布标注 / Distribution Note
非特有种 Non-Endemic

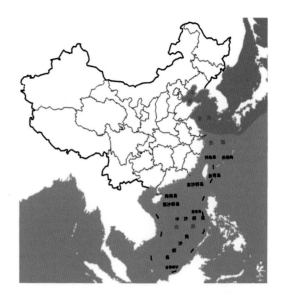

▲ 濒危状况 / Threatened Status

中国生物多样性红色名录等级 / CB RL Category (2021)
易危 VU

IUCN 红色名录 / IUCN Red List (2021)
无危 LC

威胁因子 / Threats
狩猎及采集、工业污染、农业和林业污染、渔业、旅游、气候变化
Hunting and collections, industrial pollution, agricultural or forestry effluents, fishing and harvesting aquatic resources, tourism, climate change

▲ 法律保护地位 / Legal Protection Status

国家重点保护野生动物等级 / Category of National Key Protected Wild Animals (2021)
二级 Category II

"三有" 名录 / TWIESSV (2023)
未列入 Not listed

CITES 附录等级 / CITES Appendix (2023)
未列入 Not listed

迁徙物种公约附录 / CMS Appendix (2020)
未列入 Not listed

保护行动 / Conservation Action
部分种群位于自然保护区内
Parts of the population are covered by nature reserve

▲ 参考文献 / References

Jiang et al. (蒋志刚等), 2021; Burgin et al., 2020; IUCN, 2020; Liu et al. (刘少英等), 2020; Hao et al. (郝玉江等), 2011; Wilson and Mittermeier, 2009; Zhou (周开亚), 2008, 2004; Pan et al. (潘清华等), 2007; Wilson and Reeder, 2005; Chen et al. (陈万青等), 1992

318 / 髯海豹

Erignathus barbatus (Erxleben, 1777)

• Bearded Seal

▲ 分类地位 / Taxonomy

食肉目 Carnivora / 海豹科 Phocidae / 髯海豹属 *Erignathus*

科建立者及其文献 / Family Authority
Gray, 1821

属建立者及其文献 / Genus Authority
Gill, 1866

亚种 / Subspecies
无 None

模式标本产地 / Type Locality
格陵兰岛南部
"ad Scotiam atque Groelandiam australiorem, vulgaris circa Islandiam" (North Atlantic, S Greenland)

Klein & Hubert (naturepl.com) / 供图

▲ 其他名称 / Other Name(s)

其他中文名 / Other Chinese Name(s)
无 None

其他英文名 / Other English Name(s)
Square Flipper

同物异名 / Synonym(s)
无 None

▲ 形态及生境 / Morphology and Habitat

形态特征 / Morphological Characteristics
齿式：I 3/2, C 1/1, PC 5/5=34。成体体长 2~2.5 m。雄性体重 250~300 kg，雌性可超过 425 kg。成体体色为灰棕色，背面颜色深灰色，背面及侧面很少有斑点。面部和颈部呈红棕调，吻部与眼周灰色，两眼之间有浅黑色条纹。前鳍肢短。触须很多，长且密，呈银白色，潮湿时触须是直的，干燥时触须顶端向内卷曲。

Dental formula: I 3/2, C 1/1, PC 5/5=34. Adult head and body length 2-2.5 m. Males weigh 250-300 kg and females weigh more than 425 kg. Adults are grayish-brown in color, dark gray in color on the back, with few spots on the back and sides. Face and neck are reddish brown, the snout is gray around the eyes, and there are light black streaks between the eyes. The fore flippers are short. Many, long and dense vibrissa, silvery white, straight when wet and curling inwards at the tips when dry.

生境 / Habitat
海洋 Ocean

▲ 地理分布 / Geographic Distribution

国内分布 / Domestic Distribution
偶尔到达东海、南海
Occasionally reached East China Sea, South China Sea

全球分布 / World Distribution
中国、加拿大、格陵兰岛、冰岛、日本、挪威、俄罗斯、美国
China, Canada, Greenland, Iceland, Japan, Norway, Russia, United States

生物地理界 / Biogeographic Realm
新北界、古北界
Nearctic, Palearctic

WWF 生物群系 / WWF Biome
海洋生物群系
Marine Biome

动物地理分布型 / Zoogeographic Distribution Type
MAo

分布标注 / Distribution Note
非特有种 Non-Endemic

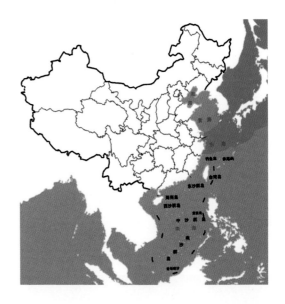

▲ 濒危状况 / Threatened Status

中国生物多样性红色名录等级 / CB RL Category (2021)
数据缺乏 DD

IUCN 红色名录 / IUCN Red List (2021)
无危 LC

威胁因子 / Threats
未知 Unknown

▲ 法律保护地位 / Legal Protection Status

国家重点保护野生动物等级 / Category of National Key Protected Wild Animals (2021)
二级 Category II

"三有" 名录 / TWIESSV (2023)
未列入 Not listed

CITES 附录等级 / CITES Appendix (2023)
未列入 Not listed

迁徙物种公约附录 / CMS Appendix (2020)
未列入 Not listed

保护行动 / Conservation Action
在海洋和沿岸保护区内的种群及生境得到保护
Populations and habitats are protected in marine and coastal protected areas

▲ 参考文献 / References

Jiang et al. (蒋志刚等), 2021; Burgin et al., 2020; IUCN, 2020; Liu et al. (刘少英等), 2020; Hao et al. (郝玉江等), 2011; Smith et al., 2009; Wilson and Mittermeier, 2009; Pan et al. (潘清华等), 2007; Wilson and Reeder, 2005; Zhou (周开亚), 2004; Zhang (张荣祖), 1997; Chen et al. (陈万青等), 1992

319 / 大斑灵猫

Viverra megaspila Blyth, 1862

· Large-spotted Civet

▲ 分类地位 / Taxonomy

食肉目 Carnivora / 灵猫科 Viverridae / 灵猫属 *Viverra*

科建立者及其文献 / Family Authority
Gray, 1821

属建立者及其文献 / Genus Authority
Linnaeus, 1758

亚种 / Subspecies
无 None

模式标本产地 / Type Locality
缅甸
"vicinity of Prome" [Burma (Myanmar), Prome (Pye) 18°9'N, 95°3'E]

中国科学院西双版纳热带植物园动物行为与环境变化研究组 / 供图

▲ 其他名称 / Other Name(s)

其他中文名 / Other Chinese Name(s)
斑香狸、臭猫

其他英文名 / Other English Name(s)
无 None

同物异名 / Synonym(s)
无 None

▲ 形态及生境 / Morphology and Habitat

形态特征 / Morphological Characteristics

齿式：3.1.3~4.1~2/ 3.1.3~4.1~2=32~40。头体长 72~85 cm。体重 8~9 kg。头部大，颈部粗壮，四肢相对身体比例长。整体毛色为浅棕调的灰色至灰褐色。全身密布深色斑点。颈部两侧具黑色宽纵纹。体侧数行斑点大致与背嵴中线平行,腰部至臀部靠近背嵴的斑点有时相互连接形成纵纹。背部具一条黑色嵴纹，从枕后一直延至尾尖。尾长 30~37 cm，具黑色环纹，环纹在尾腹面中线处不闭合，尾尖几乎全黑。

Dental formula: 3.1.3-4.1-2/ 3.1.3-4.1-2=32-40. Head and body length 72-85 cm. Body mass 8-9 kg. The head is large, the neck is strong, and the limbs are long in proportion to the body. Overall color is grayish to grayish-brown with light brown tune. The body is covered with dark spots. There are black broad lines on both sides of neck. Several lines of spots on the body side are roughly parallel to the midline of the back, and the spots from the waist to the rump are sometimes connected to form longitudinal lines. A black ridge extending from the occipital to the tip of the tail. The tail length is 30-37 cm, with black ring, the ring is not closed at the midline of the caudal ventral surface, and the tail tip is almost black.

生境 / Habitat
亚热带湿润低地、山地森林
Subtropical moist lowland, montane forest

▲ 地理分布 / Geographic Distribution

国内分布 / Domestic Distribution
广西、云南、贵州
Guangxi, Yunnan, Guizhou

全球分布 / World Distribution
柬埔寨、中国、老挝、马来西亚、缅甸、泰国、越南
Cambodia, China, Laos, Malaysia, Myanmar, Thailand, Vietnam

生物地理界 / Biogeographic Realm
印度马来界 Indomalaya

WWF 生物群系 / WWF Biome
热带和亚热带湿润阔叶林
Tropical & Subtropical Moist Broadleaf Forests

动物地理分布型 / Zoogeographic Distribution Type
Wb

分布标注 / Distribution Note
非特有种 Non-Endemic

▲ 濒危状况 / Threatened Status

中国生物多样性红色名录等级 / CB RL Categories (2021)
极危 CR

IUCN 红色名录 / IUCN Red List (2023)
濒危 EN

威胁因子 / Threats
狩猎、森林砍伐、耕种
Hunting, logging, farming

▲ 法律保护地位 / Legal Protection Status

国家重点保护野生动物等级 / Category of National Key Protected Wild Animals (2021)
一级 Category I

"三有"名录 / TWIESSV (2023)
未列入 Not listed

CITES 附录等级 / CITES Appendix (2023)
未列入 Not listed

迁徙物种公约附录 / CMS Appendix (2020)
未列入 Not listed

保护行动 / Conservation Action
部分种群位于自然保护区内
Part of population are covered by nature reserve

▲ 参考文献 / References

IUCN, 2020; Jiang et al. (蒋志刚等), 2021; Burgin et al., 2020; Liu et al. (刘少英等), 2020; Wei et al., 2017; Hunter and Barrett, 2011; Lau et al., 2010; Smith et al., 2009; Wilson and Mittermeier, 2009; Pan et al. (潘清华等), 2007; Wang (王应祥), 2003; Zhang (张荣祖), 1997; Gao et al. (高耀亭等), 1987

320 / 大灵猫

Viverra zibetha Linnaeus, 1758

• Large Indian Civet

肖诗白 / 供图

▲ 其他名称 / Other Name(s)

其他中文名 / Other Chinese Name(s)
九节狸、九尾狐、麝香猫

其他英文名 / Other English Name(s)
无 None

同物异名 / Synonym(s)
Viverra tainguensis Sokolov, Rozhnov & Pham Chong Anh, 1997

▲ 分类地位 / Taxonomy

食肉目 Carnivora / 灵猫科 Viverridae /
灵猫属 *Viverra*

科建立者及其文献 / Family Authority
Gray, 1821

属建立者及其文献 / Genus Authority
Linnaeus, 1758

亚种 / Subspecies
华东亚种 *V. z. ashton* Swinhoe, 1864
江苏、安徽、浙江、江西、福建、广东、广西、
湖南、贵州、云南、重庆、四川、湖北和陕西
Jiangsu, Anhui, Zhejiang, Jiangxi, Fujian, Guangdong,
Guangxi, Hunan, Guizhou, Yunnan, Chongqing,
Sichuan, Hubei and Shaanxi

缅北亚种 *V. z. picta* Wroughton, 1915
西藏和云南
Tibet and Yunnan

印支亚种 *V. z. surdaster* Thomas, 1927
云南、广西和贵州
Yunnan, Guangxi and Guizhou

海南亚种 *V. z. hainana* Wang et Xu, 1983
海南
Hainan

模式标本产地 / Type Locality
孟加拉国
"Indiis", subsequently restricted by Thomas (1911:137)
to "Bengal"

▲ 形态及生境 / Morphology and Habitat

形态特征 / Morphological Characteristics
齿式：3.1.3~4.1~2/ 3.1.3~4.1~2=32~40。头体
长 75~85 cm，体重 8~9 kg。吻部较尖，毛色
灰至灰棕，颈部有两条黑白相间的宽纹。体
表密布不清晰的、连接的斑点。腹部毛色灰棕
色，不具斑纹。背部有黑色纵纹。尾长 38~50
cm，粗大，有 5~6 条黑色环纹，环纹之间毛
色棕黄，尾尖黑。

Dental formula: 3.1.3-4.1-2/ 3.1.3-4.1-2=32-40. Head
and body length 75-85 cm and body mass 8-9 kg. Snout
is more pointed, the coat color is gray to gray brown, the
neck has two wide black and white stripes. The body
is densely covered with indistinct, connective spots.
Abdominal coat grayish-brown, without striped. There
are black stripes on the back. Tail length is 38-50 cm,
thick, with 5-6 black rings. The hair color between the
rings is brown and yellow, and the tail tip is black.

生境 / Habitat
森林、灌丛、农田
Forest, shrubland, arable land

▲ 地理分布 / Geographic Distribution

国内分布 / Domestic Distribution

河南、湖南、海南、浙江、上海、江苏、安徽、福建、江西、湖北、广东、
广西、四川、贵州、云南、西藏、陕西、甘肃、重庆
Henan, Hunan, Hainan, Zhejiang, Shanghai, Jiangsu, Anhui, Fujian, Jiangxi, Hubei,
Guangdong, Guangxi, Sichuan, Guizhou, Yunnan, Tibet, Shaanxi, Gansu, Chongqing

全球分布 / World Distribution

不丹、柬埔寨、中国、印度、老挝、马来西亚、缅甸、尼泊尔、新加坡、
泰国、越南
Bhutan, Cambodia, China, India, Laos, Malaysia, Myanmar, Nepal, Singapore,
Thailand, Vietnam

生物地理界 / Biogeographic Realm

印度马来界、古北界
Indomalaya, Palearctic

WWF 生物群系 / WWF Biome

热带和亚热带湿润阔叶林
Tropical & Subtropical Moist Broadleaf Forests

动物地理分布型 / Zoogeographic Distribution Type

Wd

分布标注 / Distribution Note

非特有种 Non-Endemic

▲ 濒危状况 / Threatened Status

中国生物多样性红色名录等级 / CB RL Category (2021)

极危 CR

IUCN 红色名录 / IUCN Red List (2021)

无危 LC

威胁因子 / Threats

狩猎、森林砍伐、耕种
Hunting, logging, farming

▲ 法律保护地位 / Legal Protection Status

国家重点保护野生动物等级 / Category of National Key Protected Wild Animals (2021)

一级 Category I

"三有"名录 / TWIESSV (2023)

未列入 Not listed

CITES 附录等级 / CITES Appendix (2023)

III

迁徙物种公约附录 / CMS Appendix (2020)

未列入 Not listed

保护行动 / Conservation Action

部分种群位于自然保护区内
Part of population are covered by nature reserve

▲ 参考文献 / References

Jiang et al. (蒋志刚等), 2021; Burgin et al., 2020; IUCN, 2020; Hunter and Barrett, 2011; Wilson and Mittermeier, 2009; Lau et al., 2010; Pan et al. (潘清华等), 2007; Wilson and Reeder, 2005; Wang (王应祥), 2003; Zhang (张荣祖), 1997; Li and Li (李义明和李典谟), 1994; Xia (夏武平), 1988, 1964; Gao et al. (高耀亭等), 1987

321 / 小灵猫

Viverricula indica (É. Geoffroy Saint-Hilaire, 1803)

• Small Indian Civet

安徽大学张某某研究组/供图

▲ 分类地位 / Taxonomy

食肉目 Carnivora / 灵猫科 Viverridae /
小灵猫属 *Viverricula*

科建立者及其文献 / Family Authority
Gray, 1821

属建立者及其文献 / Genus Authority
Hodgson, 1838

亚种 / Subspecies
华东亚种 *V. i. pallida* (Gray, 1831)
江苏、安徽、浙江、江西、福建、广东、香港、
广西、湖南、贵州、云南、重庆、四川、湖北
和陕西
Jiangsu, Anhui, Zhejiang, Jiangxi, Fujian, Guangdong,
Hong Kong, Guangxi, Hunan, Guizhou, Yunnan,
Chongqing, Sichuan, Hubei and Shaanxi
印支亚种 *V. i. thai* Kloss,1919
云南和贵州
Yunnan and Guizhou

台湾亚种 *V. i. taiana* Schwayz,1911
台湾和海南
Taiwan and Hainan

滇西南亚种 *V. i. peni* Wang, 2003
云南
Yunnan

模式标本产地 / Type Locality
印度
"l'Inde" (India)

▲ 其他名称 / Other Name(s)

其他中文名 / Other Chinese Name(s)
斑灵猫、笔猫、七节狸

其他英文名 / Other English Name(s)
Lesser Oriental Cive

同物异名 / Synonym(s)
无 None

▲ 形态及生境 / Morphology and Habitat

形态特征 / Morphological Characteristics
头体长 45~68 cm，体重 2~4 kg。吻部尖而突出。
体型纤细，四肢短，后肢略长于前肢。身体毛
色灰色至灰棕色，四足色深近黑。体表密布呈
纵向排列的深色斑点，相互连接形成 5~7 条纵
纹，从肩部延伸至臀部。尾长 30~43 cm，具黑
棕相间的宽环纹，尾尖毛色白。

Head and body length 45-68 cm, body mass 2-4 kg. The
snout is pointed and protruding. Body slender, with
short limbs, hind limbs slightly longer than forelimbs.
Body color gray to grayish brown, four feet nearly black.
The body surface is densely covered with dark spots,
which are connected to form 5-7 longitudinal stripes,
extending from the shoulder to the rump. The tail length
is 30-43 cm, with black and brown rings and white tail
tip.

生境 / Habitat
草地、灌丛、农田
Grassland, shrubland, farmland

▲ 地理分布 / Geographic Distribution

国内分布 / Domestic Distribution

河南、湖南、海南、上海、江苏、浙江、安徽、福建、江西、湖北、广东、广西、四川、贵州、云南、西藏、陕西、香港、重庆、台湾

Henan, Hunan, Hainan, Shanghai, Jiangsu, Zhejiang, Anhui, Fujian, Jiangxi, Hubei, Guangdong, Guangxi, Sichuan, Guizhou, Yunnan, Tibet, Shaanxi, Hong Kong, Chongqing, Taiwan

全球分布 / World Distribution

孟加拉国、不丹、柬埔寨、中国、印度、印度尼西亚、老挝、马来西亚、缅甸、尼泊尔、斯里兰卡、泰国、越南

Bangladesh, Bhutan, Cambodia, China, India, Indonesia, Laos, Malaysia, Myanmar, Nepal, Sri Lanka, Thailand, Vietnam

生物地理界 / Biogeographic Realm
印度马来界 Indomalaya

WWF 生物群系 / WWF Biome
热带和亚热带湿润阔叶林
Tropical & Subtropical Moist Broadleaf Forests

动物地理分布型 / Zoogeographic Distribution Type
Wd

分布标注 / Distribution Note
非特有种 Non-Endemic

▲ 濒危状况 / Threatened Status

中国生物多样性红色名录等级 / CB RL Category (2021)
近危 NT

IUCN 红色名录 / IUCN Red List (2021)
无危 LC

威胁因子 / Threats
狩猎、森林砍伐、耕种
Hunting, logging, farming

▲ 法律保护地位 / Legal Protection Status

国家重点保护野生动物等级 / Category of National Key Protected Wild Animals (2021)
一级 Category I

"三有"名录 / TWIESSV (2023)
未列入 Not listed

CITES 附录等级 / CITES Appendix (2023)
III

迁徙物种公约附录 / CMS Appendix (2020)
未列入 Not listed

保护行动 / Conservation Action
部分种群位于自然保护区内
Part of population are covered by nature reserve

▲ 参考文献 / References

Jiang et al. (蒋志刚等), 2021; Burgin et al., 2020; IUCN, 2020; Liu et al. (刘少英等), 2020; Hunter and Barrett, 2011; Wilson and Mittermeier, 2009; Bai et al. (白德凤等), 2018; Wen et al. (温立嘉等), 2014; Lau et al., 2010; Pan et al. (潘清华等), 2007; Wilson and Reeder, 2005; Wang (王应祥), 2003; Zhong (钟福生), 2001; Zhang (张荣祖), 1997; Xia (夏武平), 1988, 1964; Gao et al. (高耀亭等), 1987

322 / 椰子猫

Paradoxurus hermaphroditus (Pallas, 1777)

· Common Palm Civet

▲ 分类地位 / Taxonomy

食肉目 Carnivora / 灵猫科 Viverridae / 椰子猫属 *Paradoxurus*

科建立者及其文献 / Family Authority
Gray, 1821

属建立者及其文献 / Genus Authority
Cuvier, 1822

亚种 / Subspecies
虎门亚种 *P. h. exitus* Schwartz, 1911
广东（已灭绝）
Guangdong (Extirpated)

海南亚种 *P. h. hainana* Wang et xu, 1981
海南
Hainan

模式标本产地 / Type Locality
印度
Uncertain. "Das Vaterland des beschriebenen Thieres ist die Barbarey". Listed as "India?" by Corbet and Hill (1992)

曾祥乐 / 供图

▲ 其他名称 / Other Name(s)

其他中文名 / Other Chinese Name(s)
花果狸、棕榈猫

其他英文名 / Other English Name(s)
South Asian Palm Civet

同物异名 / Synonym(s)
无 None

▲ 形态及生境 / Morphology and Habitat

形态特征 / Morphological Characteristics

头体长 42~71 cm。体重 2~5 kg。整体毛色为灰黑色至浅棕黄色。眼下方、眼上方各有一白色斑块。背部有纵向排列的暗色斑点，并在臀部融合成纵纹。体侧有大片白毛。尾巴、四肢与面部毛色灰黑。尾细长，长 33~66 cm，与头体长大致相当。

Head and body length 42-71 cm, body mass 2-5 kg. The overall coat color is grayish black to light brown-yellow. There are white patched above the eyes and under the eyes. Dark spots are arranged longitudinally on the back and merge into longitudinal strips on the rump. There are large white hairs on the flank. Tail, limbs and face are grayish black. Tail is slender, 33-66 cm long, about the same length as the head.

生境 / Habitat

热带和亚热带湿润山地森林、种植园、次生林
Tropical and subtropical moist montane forest, plantations, secondary forest

▲ 地理分布 / Geographic Distribution

国内分布 / Domestic Distribution
海南、广东、广西、四川、贵州、云南
Hainan, Guangdong, Guangxi, Sichuan, Guizhou, Yunnan

全球分布 / World Distribution
孟加拉国、不丹、文莱、柬埔寨、中国、印度、印度尼西亚、老挝、马来西亚、缅甸、尼泊尔、菲律宾、新加坡、斯里兰卡、泰国、越南
Bangladesh, Bhutan, Brunei, Cambodia, China, India, Indonesia, Laos, Malaysia, Myanmar, Nepal, Philippines, Singapore, Sri Lanka, Thailand, Vietnam

生物地理界 / Biogeographic Realm
印度马来界 Indomalaya

WWF 生物群系 / WWF Biome
热带和亚热带湿润阔叶林
Tropical & Subtropical Moist Broadleaf Forests

动物地理分布型 / Zoogeographic Distribution Type
Wc

分布标注 / Distribution Note
非特有种 Non-Endemic

▲ 濒危状况 / Threatened Status

中国生物多样性红色名录等级 / CB RL Category (2021)
濒危 EN

IUCN 红色名录 / IUCN Red List (2021)
无危 LC

威胁因子 / Threats
栖息地变化、猎捕
Habitat alteration, trapping

▲ 法律保护地位 / Legal Protection Status

国家重点保护野生动物等级 / Category of National Key Protected Wild Animals (2021)
二级 Category II

"三有"名录 / TWIESSV (2023)
未列入 Not listed

CITES 附录等级 / CITES Appendix (2023)
III

迁徙物种公约附录 / CMS Appendix (2020)
未列入 Not listed

保护行动 / Conservation Action
部分种群位于自然保护区内
Part of population are covered by nature reserve

▲ 参考文献 / References

Jiang et al. (蒋志刚等), 2021; Burgin et al., 2020; IUCN, 2020; Liu et al. (刘少英等), 2020; Hunter and Barrett, 2011; Lau et al., 2010; Wilson and Mittermeier, 2009; Pan et al. (潘清华等), 2007; Wilson and Reeder, 2005; Wang (王应祥), 2003; Zhang (张荣祖), 1997

323 / 果子狸

Paguma larvata (C. E. H. Smith, 1827)

• Masked Palm Civet

蒋志刚 / 供图

食肉目 Carnivora / 灵猫科 Viverridae / 花面狸属 *Paguma*

科建立者及其文献 / Family Authority
Gray, 1821

属建立者及其文献 / Genus Authority
Gray, 1831

亚种 / Subspecies
指名亚种 *P. l. lanata* (Hamilton-Smith,1827)
浙江、福建、江西、广东、香港和广西
Zhejiang, Fujian, Jiangxi, Guangdong, Hong Kong and Guangxi

台湾亚种 *P. l. taivana* Swinhoe, 1861
台湾 Taiwan

秦巴亚种 *P. l. reevesi* Matschie, 1907
上海、安徽、湖北、湖南、重庆、四川、陕西、山西、河北和北京
Shanghai, Anhui, Hubei, Hunan, Chongqing, Sichuan, Shaanxi, Shanxi, Hebei and Beijing

海南亚种 *P. l. hainana* Thomas, 1909
海南 Hainan

西南亚种 *P. l. intrudens* Wroughton, 1910
广西、贵州、四川和云南
Guangxi, Guizhou, Sichuan and Yunnan

七箐亚种 *P. l. chichingensis* Wang, 1981
云南 Yunnan

阿萨姆亚种 *P. l. neglecta* Pocock, 1934
西藏、云南
Tibet and Yunnan

察隅亚种 *P. l. nigriceps* Pocock, 1934
西藏 Tibet

尼泊尔亚种 *P. l. grayi* Benett, 1835
西藏南部 Southern Tibet

模式标本产地 / Type Locality
中国
Not given. Fixed by Temminck (1841) as "Nepal". Gray (1864) discounted this because he knew of no specimens from Nepal, and reassigned the name to two specimens from Canton, China collected by J. R. Reeve (Pocock, 1934)

▲ 其他名称 / Other Name(s)

其他中文名 / Other Chinese Name(s)
牛尾狸

其他英文名 / Other English Name(s)
South Asian Palm Civet, Gem-faced Civet, Himalayan Palm Civet

同物异名 / Synonym(s)
Gulo larvatus C.E.H. Smith, 1827

▲ 形态及生境 / Morphology and Habitat

形态特征 / Morphological Characteristics
头体长 51~87 cm。体重 3~5 kg。不同地区的个体毛色有差异。眼周黑色。白色条纹从鼻端延伸至枕部。眼下、耳基有白斑。被毛浅棕色至棕灰色，偶见浅棕黄色。头颈、四肢和尾中后部均为黑色。腹面毛色灰白色。体表无斑点或条纹。尾粗，尾长 51~64 cm，尾长超过头体长之半。
Head and body length 51-87 cm. Body mass 3-5 kg. Individual hair color varies from region to region. Black around the eyes. The white stripes extend from the tip of the nose to the occipital region. White spots under the eyes, at the ear bases. Coat light brown to brownish gray, occasionally light brown yellow. The head, neck, limbs and tail are black. The underside coat is grayish white. No spots or streaks on the body surface. Tail thick, 51-64 cm long, more than half the length of the head.

生境 / Habitat
森林、农田 Forest, farmland

▲ 地理分布 / Geographic Distribution

国内分布 / Domestic Distribution

山西、河南、湖南、河北、海南、陕西、北京、江苏、浙江、安徽、福建、江西、湖北、广东、广西、四川、贵州、云南、西藏、甘肃、香港、重庆、上海、台湾

Shanxi, Henan, Hunan, Hebei, Hainan, Shaanxi, Beijing, Jiangsu, Zhejiang, Anhui, Fujian, Jiangxi, Hubei, Guangdong, Guangxi, Sichuan, Guizhou, Yunnan, Tibet, Gansu, Hong Kong, Chongqing, Shanghai, Taiwan

全球分布 / World Distribution

不丹、文莱、柬埔寨、中国、印度、印度尼西亚、老挝、马来西亚、缅甸、尼泊尔、泰国、越南

Bhutan, Brunei, Cambodia, China, India, Indonesia, Laos, Malaysia, Myanmar, Nepal, Thailand, Vietnam

生物地理界 / Biogeographic Realm

印度马来界、古北界

Indomalaya, Palearctic

WWF 生物群系 / WWF Biome

热带和亚热带湿润阔叶林

Tropical & Subtropical Moist Broadleaf Forests

动物地理分布型 / Zoogeographic Distribution Type

Wc

分布标注 / Distribution Note

非特有种 Non-Endemic

▲ 濒危状况 / Threatened Status

中国生物多样性红色名录等级 / CB RL Category (2021)

近危 NT

IUCN 红色名录 / IUCN Red List (2021)

无危 LC

威胁因子 / Threats

栖息地变化、猎捕

Habitat shifting or alteration, trapping

▲ 法律保护地位 / Legal Protection Status

国家重点保护野生动物等级 / Category of National Key Protected Wild Animals (2021)

未列入 Not listed

"三有" 名录 / TWIESSV (2023)

列入 Listed

CITES 附录等级 / CITES Appendix (2023)

III

迁徙物种公约附录 / CMS Appendix (2020)

未列入 Not listed

保护行动 / Conservation Action

部分种群位于自然保护区内

Part of population are covered by nature reserve

▲ 参考文献 / References

Jiang et al. (蒋志刚等), 2021; Burgin et al., 2020; IUCN, 2020; Hunter and Barrett, 2011; Wilson and Mittermeier, 2009; Lau et al., 2010; Zheng et al. (曾国仕等), 2010; Zhu et al. (朱红艳等), 2010; Wang et al. (王健等), 2009; Pan et al. (潘清华等), 2007; Wilson and Reeder, 2005; Wang (王应祥), 2003; Zhang (张荣祖), 1997; Gao et al. (高耀亭等), 1987

324 / 熊狸

Arctictis binturong (Raffles, 1821)

· Binturong

▲ 分类地位 / Taxonomy

食肉目 Carnivora / 灵猫科 Viverridae / 熊狸属 *Arctictis*

科建立者及其文献 / Family Authority
Gray, 1821

属建立者及其文献 / Genus Authority
Temminck, 1824

亚种 / Subspecies
云南亚种 *A. b. menglaensis* Wang et Li, 1987
云南和广西
Yunnan and Guangxi

模式标本产地 / Type Locality
马来西亚
"Malacca"

肖诗白 / 供图

▲ 其他名称 / Other Name(s)

其他中文名 / Other Chinese Name(s)
貉獾、熊灵猫

其他英文名 / Other English Name(s)
Bearcat

同物异名 / Synonym(s)
Viverra binturong Raffles, 1821

▲ 形态及生境 / Morphology and Habitat

形态特征 / Morphological Characteristics
头体长 52~97 cm。体重 9~20 kg。头大，吻短，吻部密布白色
长须。头部毛色灰色。双眼红褐色。耳缘前部白，耳上有长毛簇。
身体粗胖，四肢粗壮。被毛长而蓬松，毛色黑或棕黑，无斑纹。
尾粗，长 52~89 cm，被覆长毛，具缠绕抓握能力。
Head and body length 52-97 cm. Body mass 9-20 kg. The head is large, the
snout is short, and the snout is covered with long white whiskers. The head
color is grey. The eyes are reddish-brown. Ear rims with white hair clusters.
Body stout. Limbs strong. The coat is with long and fluffy, black or brown
hairs, without strips or spots. Tail thick, 52-89 cm long, covered with long
hairs, capable to twine and to grip.

生境 / Habitat
热带湿润低地森林
Tropical moist lowland forest

▲ 地理分布 / Geographic Distribution

国内分布 / Domestic Distribution
广西、云南、西藏
Guangxi, Yunnan, Tibet

全球分布 / World Distribution
孟加拉国、不丹、文莱、柬埔寨、中国、印度、印度尼西亚、老挝、
马来西亚、缅甸、尼泊尔、菲律宾、泰国、越南
Bangladesh, Bhutan, Brunei, Cambodia, China, India, Indonesia, Laos, Malaysia,
Myanmar, Nepal, Philippines, Thailand, Vietnam

生物地理界 / Biogeographic Realm
印度马来界 Indomalaya

WWF 生物群系 / WWF Biome
热带和亚热带湿润阔叶林
Tropical & Subtropical Moist Broadleaf Forests

动物地理分布型 / Zoogeographic Distribution Type
We

分布标注 / Distribution Note
非特有种 Non-Endemic

▲ 濒危状况 / Threatened Status

中国生物多样性红色名录等级 / CB RL Category (2021)
极危 CR

IUCN 红色名录 / IUCN Red List (2021)
易危 VU

威胁因子 / Threats
耕种、森林砍伐、狩猎
Farming, logging, hunting

▲ 法律保护地位 / Legal Protection Status

国家重点保护野生动物等级 / Category of National Key Protected Wild Animals (2021)
一级 Category I

"三有"名录 / TWIESSV (2023)
未列入 Not listed

CITES 附录等级 / CITES Appendix (2023)
III

迁徙物种公约附录 / CMS Appendix (2020)
未列入 Not listed

保护行动 / Conservation Action
部分种群位于自然保护区内
Part of population are covered by nature reserve

▲ 参考文献 / References

Jiang et al. (蒋志刚等), 2021; Burgin et al., 2020; IUCN, 2020; Liu et al. (刘少英等), 2020; Huang et al., 2017; Hunter and Barrett, 2011; Wilson and Mittermeier, 2009; Pan et al. (潘清华等), 2007; Wilson and Reeder, 2005; Wang (王应祥), 2003; Zhang (张荣祖), 1997; Li (李思华), 1989; Gao et al. (高耀亭等), 1987

325 / 小齿狸

Arctogalidia trivirgata (Gray, 1832)

· Small-toothed Palm Civet

▲ 分类地位 / Taxonomy

食肉目 Carnivora / 灵猫科 Viverridae / 小齿狸属 *Arctogalidia*

科建立者及其文献 / Family Authority
Gray, 1821

属建立者及其文献 / Genus Authority
Merriam, 1897

亚种 / Subspecies
缅甸亚种 *A. t. millsi* Wroughton, 1921
云南
Yunnan

模式标本产地 / Type Locality
印度尼西亚
"from a specimen in the Leyden Museum, sent from the Molcas", restricted by Jentink (1887) to "Java, Buitenzorg"(Indonesia, Java, Bogor] (see comments)

李健 / 供图

▲ 其他名称 / Other Name(s)

其他中文名 / Other Chinese Name(s)
小齿灵猫、小齿椰子猫

其他英文名 / Other English Name(s)
Three-striped Palm Civet

同物异名 / Synonym(s)
Paradoxurus trivirgatus Gray, 1832

▲ 形态及生境 / Morphology and Habitat

形态特征 / Morphological Characteristics

头体长 44~60 cm。体重 2~2.5 kg。毛短，黄褐色到浅黄色。头部和背部毛米黄色、棕灰色。腹部毛红褐色。头、耳朵、脚和尾毛深棕色到灰黑色。白色条纹从鼻端延伸到前额，背部有 3 条黑色或深棕色条纹或斑点带。尾长 48~66 cm。树栖，夜间活动。依据形态划分为三个亚种：*A. t. trileneata*，*A. t. leucotis* 和 *A. t. trivirgata*。

Head and body length 44-60 cm. Body mass 2-2.5 kg. The hairs are short, yellowish brown to light yellow. The hairs on the head and back are beige and brownish-gray. The belly hairs are reddish-brown. Hairs on the head, ears, feet, and tail are dark brown to grayish-black. White stripes extend from the nose to the forehead, and there are 3 black or dark brown stripes or speckled bands on the back. The tail length is 48-66 cm. Arboreal, nocturnal. Three subspecies are recognized according to morphology: *A. t. trileneata*, *A. t. leucotis*, and *A. t. trivirgata*.

生境 / Habitat

热带湿润低地森林、次生林、种植园
Tropical moist lowland forest, secondary forest, plantations

▲ 地理分布 / Geographic Distribution

国内分布 / Domestic Distribution
云南 Yunnan

全球分布 / World Distribution
孟加拉国、文莱、柬埔寨、中国、印度、印度尼西亚、老挝、马来西亚、缅甸、新加坡、泰国、越南
Bangladesh, Brunei, Cambodia, China, India, Indonesia, Laos, Malaysia, Myanmar, Singapore, Thailand, Vietnam

生物地理界 / Biogeographic Realm
印度马来界 Indomalaya

WWF 生物群系 / WWF Biome
热带和亚热带湿润阔叶林
Tropical & Subtropical Moist Broadleaf Forests

动物地理分布型 / Zoogeographic Distribution Type
Wb

分布标注 / Distribution Note
非特有种 Non-Endemic

▲ 濒危状况 / Threatened Status

中国生物多样性红色名录等级 / CB RL Category (2021)
极危 CR

IUCN 红色名录 / IUCN Red List (2021)
无危 LC

威胁因子 / Threats
森林砍伐、耕种
Logging, farming

▲ 法律保护地位 / Legal Protection Status

国家重点保护野生动物等级 / Category of National Key Protected Wild Animals (2021)
一级 Category I

"三有" 名录 / TWIESSV (2023)
未列入 Not listed

CITES 附录等级 / CITES Appendix (2023)
未列入 Not listed

迁徙物种公约附录 / CMS Appendix (2020)
未列入 Not listed

保护行动 / Conservation Action
部分种群位于自然保护区内
Part of population are covered by nature reserve

▲ 参考文献 / References

Jiang et al. (蒋志刚等), 2021; Burgin et al., 2020; IUCN, 2020; Liu et al. (刘少英等), 2020; Hunter and Barrett, 2011; Wilson and Mittermeier, 2009; Smith et al., 2009; Pan et al. (潘清华等), 2007; Tanomton et al., 2005; Wilson and Reeder, 2005; Wang (王应祥), 2003;Zhang (张荣祖), 1997; Gao et al. (高耀亭等), 1987

326 / 缟灵猫

Chrotogale owstoni Thomas, 1912

· Owston's Civet

▲ 分类地位 / Taxonomy

食肉目 Carnivora / 灵猫科 Viverridae / 缟灵猫属 *Chrotogale*

科建立者及其文献 / Family Authority
Gray, 1821

属建立者及其文献 / Genus Authority
Thomas, 1912

亚种 / Subspecies
无 None

模式标本产地 / Type Locality
越南
"Yen-bay, on the Song-koi River, Tonkin"(Vietnam: Yen Bay on the Songhoi River; 21°3'N 104°4'E)

肖诗白 / 供图

▲ 其他名称 / Other Name(s)

其他中文名 / Other Chinese Name(s)
长颌带狸、横斑灵猫、灵猫

其他英文名 / Other English Name(s)
Owston's Banded Civet, Owston's Banded Palm Civet

同物异名 / Synonym(s)
Hemigalus owstoni (Thomas, 1912)

▲ 形态及生境 / Morphology and Habitat

形态特征 / Morphological Characteristics
头体长 56~72 cm。体重 2.4~4.2 kg。头部狭长。吻部尖细，鼻端裸露。两眼大而外凸。耳大，耳内裸露无毛。颈部长。背部被毛浅黄褐色，腹部浅灰白色。背部有 5 条黑色斑块组成的纵纹。2 条黑色纵纹，向后延伸至肩部，向前延伸至眼和口鼻部。1 条细纵纹从额部延伸至口鼻处。四肢外侧、体侧下部与颈侧具黑色斑点。尾粗，尾长 35~49 cm，有黑色环纹或半环纹，尾尖黑色。

Head and body length 56-72 cm. Body mass 2.4-4.2 kg. Head long and narrow. Snout tapering with a bared muzzle. Eyes large and bulging. Ears large, glabrous inside the ears. Neck long. Dorsum coat is fawn and the belly coat is pale grayish-white. Five lines of black patches on the back. Two black lines extending backwards to the shoulder and forwards to the eyes and nose. A fine line extends from the forehead to the muzzle. There are black spots on the front of legs, lower body side and neck side. Tail thick, 35-49 cm long, with black ring or half ring, black tip.

生境 / Habitat
森林、次生林、竹林
Forest, secondary forest, bamboo forest

▲ 地理分布 / Geographic Distribution

国内分布 / Domestic Distribution
云南 Yunnan

全球分布 / World Distribution
中国、老挝、越南
China, Laos, Vietnam

生物地理界 / Biogeographic Realm
印度马来界 Indomalaya

WWF 生物群系 / WWF Biome
热带和亚热带湿润阔叶林
Tropical & Subtropical Moist Broadleaf Forests

动物地理分布型 / Zoogeographic Distribution Type
Wa

分布标注 / Distribution Note
非特有种 Non-Endemic

▲ 濒危状况 / Threatened Status

中国生物多样性红色名录等级 / CB RL Category (2021)
极危 CR

IUCN 红色名录 / IUCN Red List (2021)
濒危 EN

威胁因子 / Threats
森林砍伐、耕种、狩猎
Logging, farming, hunting

▲ 法律保护地位 / Legal Protection Status

国家重点保护野生动物等级 / Category of National Key Protected Wild Animals (2021)
一级 Category I

"三有" 名录 / TWIESSV (2023)
未列入 Not listed

CITES 附录等级 / CITES Appendix (2023)
未列入 Not listed

迁徙物种公约附录 / CMS Appendix (2020)
未列入 Not listed

保护行动 / Conservation Action
部分种群位于自然保护区内
Part of population are covered by nature reserve

▲ 参考文献 / References

Jiang et al. (蒋志刚等), 2021; Burgin et al., 2020; IUCN, 2020; Hunter and Barrett, 2011; Wilson and Mittermeier, 2009; Pan et al. (潘清华等), 2007; Wilson and Reeder, 2005; Wang (王应祥), 2003; Zhang (张荣祖), 1997; Chu (褚新洛), 1989; Gao et al. (高耀亭等), 1987

327 / 斑林狸

Prionodon pardicolor Hodgson, 1842

· Spotted Linsang

食肉目 Carnivora / 林狸科 Prionodontidae / 林狸属 *Prionodon*

科建立者及其文献 / Family Authority
Gray, 1821

属建立者及其文献 / Genus Authority
Hardwicke Horsfield, 1822

亚种 / Subspecies
无 None

模式标本产地 / Type Locality
印度
"Sikim…Sub-Hemalayan mountains" (India)

肖诗白 / 供图

▲ 其他名称 / Other Name(s)

其他中文名 / Other Chinese Name(s)
点斑灵狸、点斑灵猫、虎灵猫

其他英文名 / Other English Name(s)
无 None

同物异名 / Synonym(s)
无 None

▲ 形态及生境 / Morphology and Habitat

形态特征 / Morphological Characteristics

头体长 31~45 cm。体重 0.6~1.2 kg。体型纤细。口鼻部狭长，鼻端裸露。有白色触须。眼睛大，耳大，耳缘黑色。颈长。毛色为沙褐色至棕黄色，体表大型黑斑排列成行，背部的斑块大，近圆形，边缘清晰。颈两侧的黑色条纹后延至肩部。尾长 30~40 cm，有 8~10 个清晰的黑色环纹，尾尖毛色变淡。

Head and body length 31-45 cm. Body mass 0.6-1.2 kg. Body slender. Nasal long and narrow, with a bared muzzle. It has white whiskers. Eyes big, ears big, with black rim. Neck long. Hair color is sandy brown to brown. Large black spots line on the body surface. The spots on the back are large, nearly round, with clear edges. The black stripes on both sides of the neck extend back to the shoulders. The tail is 30-40 cm long, with 8-10 clear black rings and pale tail tip.

生境 / Habitat
亚热带湿润低地森林
Subtropical moist lowland forest

▲ 地理分布 / Geographic Distribution

国内分布 / Domestic Distribution
江西、湖南、广东、广西、四川、贵州、云南、西藏
Jiangxi, Hunan, Guangdong, Guangxi, Sichuan, Guizhou, Yunnan, Tibet

全球分布 / World Distribution
柬埔寨、中国、印度、老挝、缅甸、尼泊尔、泰国、越南
Cambodia, China, India, Laos, Myanmar, Nepal, Thailand, Vietnam

生物地理界 / Biogeographic Realm
印度马来界 Palearctic

WWF 生物群系 / WWF Biome
热带和亚热带湿润阔叶林
Tropical & Subtropical Moist Broadleaf Forests

动物地理分布型 / Zoogeographic Distribution Type
Wa

分布标注 / Distribution Note
非特有种 Non-Endemic

▲ 濒危状况 / Threatened Status

中国生物多样性红色名录等级 / CB RL Category (2021)
易危 VU

IUCN 红色名录 / IUCN Red List (2021)
无危 LC

威胁因子 / Threats
狩猎、森林砍伐、耕种
Hunting, logging, farming

▲ 法律保护地位 / Legal Protection Status

国家重点保护野生动物等级 / Category of National Key Protected Wild Animals (2021)
二级 Category II

"三有" 名录 / TWIESSV (2023)
未列入 Not listed

CITES 附录等级 / CITES Appendix (2023)
I

迁徙物种公约附录 / CMS Appendix (2020)
未列入 Not listed

保护行动 / Conservation Action
部分种群位于自然保护区内
Part of population are covered by nature reserve

▲ 参考文献 / References

Jiang et al. (蒋志刚等), 2021; Burgin et al., 2020; IUCN, 2020; Liu et al. (刘少英等), 2020; Hunter and Barrett, 2011; Lau et al., 2010; Pei et al., 2010; Wilson and Mittermeier, 2009; Pan et al. (潘清华等), 2007; Wilson and Reeder, 2005; Wang (王应祥), 2003; Zhang (张荣祖), 1997

328 / 灰獴

Herpestes edwardsii
(É. Geoffroy Saint-Hilaire, 1818)

• Indian Grey Mongoose

▲ 分类地位 / Taxonomy

食肉目 Carnivora / 獴科 Herpestidae / 獴属 *Herpestes*

科建立者及其文献 / Family Authority
Bonaparte, 1845

属建立者及其文献 / Genus Authority
Illiger, 1811

亚种 / Subspecies
无 None

模式标本产地 / Type Locality
印度尼西亚
"Java"

▲ 其他名称 / Other Name(s)

其他中文名 / Other Chinese Name(s)
无 None

其他英文名 / Other English Name(s)
Common Mongoose, Grey Mongoose

同物异名 / Synonym(s)
Herpestes edwardsi (É. Geoffroy Saint-Hilaire, 1818), *Urva edwardsii* (É. Geoffroy Saint-Hilaire, 1818)

▲ 形态及生境 / Morphology and Habitat

形态特征 / Morphological Characteristics
头体长 38~46 cm。体修长，头部圆，眼睛大。面颊被毛橙黄色。胡须、鼻梁、眼眶深棕色。腿短。被毛毛基部深棕色，毛尖灰橙黄色。被毛粗，体侧被毛长。深色的背景中可见灰橙黄色的毛尖。前后脚各有 5 个脚趾。前脚毛发覆盖着锋利弯曲的爪子。后脚脚后跟赤裸。尾粗，长 35 cm，毛色与背部同色。肛门腺发达。

Head and body length 38-46 cm. Body long, with round head and big eyes. Cheek orange colored. Whiskers, nose bridge, eye sockets dark brown colored. Legs short. Hair bases dark brown with grayish-orange tips. The coat is thick. Hairs on lateral side are long. Grayish-orange hairs visible against a dark background. There are five toes on each of the front and back feet. Sharp, curved claws of the forefoot are covered with hairs. The heels of the hind feet are bare. The tail length is 35 cm, covered with hairs of the same as those on the body. Anal glands are well developed.

生境 / Habitat
人居生境、次生林和多刺丛林
Urban area, dry secondary forest and thorn forest

▲ 地理分布 / Geographic Distribution

国内分布 / Domestic Distribution
西藏 Tibet

全球分布 / World Distribution
阿富汗、巴林、孟加拉国、不丹、中国、印度、伊朗、科威特、尼泊尔、
巴基斯坦、沙特阿拉伯、斯里兰卡、土耳其、阿联酋
Afghanistan, Bahrain, Bangladesh, Bhutan, China, India, Iran, Kuwait, Nepal,
Pakistan, Saudi Arabia, Sri Lanka, Turkey, United Arab Emirates

生物地理界 / Biogeographic Realm
古北界 Palearctic

WWF 生物群系 / WWF Biome
热带和亚热带湿润阔叶林
Tropical & Subtropical Moist Broadleaf Forests

动物地理分布型 / Zoogeographic Distribution Type
Wa

分布标注 / Distribution Note
非特有种 Non-Endemic

▲ 濒危状况 / Threatened Status

中国生物多样性红色名录等级 / CB RL Category (2021)
无危 LC

IUCN 红色名录 / IUCN Red List (2021)
无危 LC

威胁因子 / Threats
无 None

▲ 法律保护地位 / Legal Protection Status

国家重点保护野生动物等级 / Category of National Key Protected Wild Animals (2021)
未列入 Not listed

"三有" 名录 / TWIESSV (2023)
未列入 Not listed

CITES 附录等级 / CITES Appendix (2023)
未列入 Not listed

迁徙物种公约附录 / CMS Appendix (2020)
未列入 Not listed

保护行动 / Conservation Action
尚未采取保护措施
None

▲ 参考文献 / References

Jiang et al. (蒋志刚等), 2021; Burgin et al., 2020; IUCN, 2020; Liu et al. (刘少英等), 2020; Hunter and Barrett, 2011; Lau et al., 2010; Patou et al., 2010; Wilson and Mittermeier, 2009; Wang (王应祥), 2003; Gao et al. (高耀亭等), 1987

329 / 爪哇獴

Herpestes javanicus (Hodgson, 1836)

· Small Asian Mongoose

食肉目 Carnivora / 獴科 Herpestidae / 獴属 *Herpestes*

科建立者及其文献 / Family Authority
Bonaparte, 1845

属建立者及其文献 / Genus Authority
Illiger, 1811

亚种 / Subspecies
海南亚种 *H. j. rubrifrons* (J. Allen, 1909)
海南、广东、香港和广西
Hainan, Guangdong, Hong Kong and Guangxi

滇南亚种 *H. j. nerubrifrons* Wang, 2003
云南
Yunnan

模式标本产地 / Type Locality
印度尼西亚
"Indes orientales"

▲ 其他名称 / Other Name(s)

其他中文名 / Other Chinese Name(s)
红颊獴、竹狸

其他英文名 / Other English Name(s)
无 None

同物异名 / Synonym(s)
Urva javanica (É. Geoffroy Saint-Hilaire, 1818)

▲ 形态及生境 / Morphology and Habitat

形态特征 / Morphological Characteristics
头体长 30~41.5 cm。体重 0.45~1 kg。身体纤细。脸颊及颌部锈红色。被毛毛基部深棕色，毛尖灰橙黄色。被毛粗，体侧被毛长。深色背景中可见灰橙黄色的毛尖。腹面毛色为棕褐色。与食蟹獴相比，体型小，四肢短，颊部无白色毛簇。尾长 21~31.5 cm，被覆蓬松长毛，与背毛同色。
Head and body length 30-41.5 cm. Body mass 0.45-1 kg. Body slender. Cheeks and jaw are rusted red. Hairs coarser, with bases dark brown and gray-orange tips. Hairs longer on the lateral side. Grayish-orange hair tips can be seen against a dark background. The ventral hairs are tan. Compared with the Crab-eating Mongoose, it is small in size, with short limbs and no white tufts on its cheeks. The tail is 21-31.5 cm long and it is covered with fluffy long hairs of the same color as those on the dorsum.

生境 / Habitat
热带亚热带干旱森林、草地、灌丛、耕地
Tropical subtropical dry forest, grassland, bush and farmland

▲ 地理分布 / Geographic Distribution

国内分布 / Domestic Distribution
海南、广东、广西、贵州、云南、香港
Hainan, Guangdong, Guangxi, Guizhou, Yunnan, Hong Kong

全球分布 / World Distribution
阿富汗、孟加拉国、不丹、柬埔寨、中国、印度、印度尼西亚、老挝、马来西亚、缅甸、尼泊尔、巴基斯坦、泰国、越南、波黑、克罗地亚、古巴、多米尼加共和国、斐济、牙买加、日本、毛里求斯、波多黎各、圣基茨和尼维斯、圣卢西亚岛、苏里南、特立尼达和多巴哥、英属维尔京群岛、美国
Afghanistan, Bangladesh, Bhutan, Cambodia, China, India, Indonesia, Laos, Malaysia, Myanmar, Nepal, Pakistan, Thailand, Vietnam, Bosnia and Herzegovina, Croatia, Cuba, Dominican Republic, Fiji, Jamaica, Japan, Mauritius, Puerto Rico, Saint Kitts and Nevis, Saint Lucia, Suriname, Trinidad and Tobago, The British Virgin Islands, United States

生物地理界 / Biogeographic Realm
印度马来界、古北界
Indomalaya, Palearctic

WWF 生物群系 / WWF Biome
热带和亚热带湿润阔叶林
Tropical & Subtropical Moist Broadleaf Forests

动物地理分布型 / Zoogeographic Distribution Type
Wb

分布标注 / Distribution Note
非特有种 Non-Endemic

▲ 濒危状况 / Threatened Status

中国生物多样性红色名录等级 / CB RL Category (2021)
易危 VU

IUCN 红色名录 / IUCN Red List (2021)
无危 LC

威胁因子 / Threats
未知 Unknown

▲ 法律保护地位 / Legal Protection Status

国家重点保护野生动物等级 / Category of National Key Protected Wild Animals (2021)
未列入 Not listed

"三有"名录 / TWIESSV (2023)
列入 Listed

CITES 附录等级 / CITES Appendix (2023)
III

迁徙物种公约附录 / CMS Appendix (2020)
未列入 Not listed

保护行动 / Conservation Action
尚未采取保护措施
None

▲ 参考文献 / References

Jiang et al. (蒋志刚等), 2021; Burgin et al., 2020; IUCN, 2020; Liu et al. (刘少英等), 2020; Hunter and Barrett, 2011; Wilson and Mittermeier, 2009; Pan et al. (潘清华等), 2007; Wilson and Reeder, 2005; Choudhury, 2003; Wang (王应祥), 2003; Zhang (张荣祖), 1997

330 / 食蟹獴

Herpestes urva (Hodgson, 1836)

· Crab-eating Mongoose

▲ 分类地位 / Taxonomy

食肉目 Carnivora / 獴科 Herpestidae / 獴属 *Herpestes*

科建立者及其文献 / Family Authority
Bonaparte, 1845

属建立者及其文献 / Genus Authority
Illiger, 1811

亚种 / Subspecies
无 None

模式标本产地 / Type Locality
尼泊尔
"Central and Northern Regions" (Nepal)

郑培鍪 / 供图

▲ 其他名称 / Other Name(s)

其他中文名 / Other Chinese Name(s)
山獾、石獾、棕蓑猫

其他英文名 / Other English Name(s)
无 None

同物异名 / Synonym(s)
Urva urva

▲ 形态及生境 / Morphology and Habitat

形态特征 / Morphological Characteristics

头体长 44~56 cm。体重 3~4 kg。身体粗壮。鼻端裸露。耳圆。嘴及颊部被覆白色长毛，延伸至颈部。四肢毛色深。被毛粗，被毛毛基部深棕色，毛尖橙黄色。靠近尾尖，被毛几近灰黄色。尾长 26~35 cm，基部粗大而末端尖细。

Head and body length 44-56 cm. Body mass 3-4 kg. Body stout. The nose is bare. Ears round. The mouth and cheeks are covered with long white hairs that extend to the neck. The limbs are dark in color. Coarse hairs, with bases dark brown, tips orange yellow. Near the tip of the tail, the hairs are almost light grayish-yellow. The tail is 26-35 cm long, thick at the base and tapering at the end.

生境 / Habitat
森林、农田、溪流边
Forest, farmland and streamside

▲ 地理分布 / Geographic Distribution

国内分布 / Domestic Distribution

海南、广东、广西、贵州、云南、香港、福建、台湾、浙江、江苏、湖北、江西、湖南、重庆、四川、西藏

Hainan, Guangdong, Guangxi, Guizhou, Yunnan, Hong Kong, Fujian, Taiwan, Zhejiang, Jiangsu, Hubei, Jiangxi, Hunan, Chongqing, Sichuan, Tibet

全球分布 / World Distribution

阿富汗、孟加拉国、不丹、柬埔寨、中国、印度、印度尼西亚、老挝、马来西亚、缅甸、尼泊尔、巴基斯坦、泰国、越南、波黑、克罗地亚、古巴、多米尼加共和国、斐济、牙买加、日本、毛里求斯、波多黎各、圣基茨和尼维斯、圣卢西亚岛、苏里南、特立尼达和多巴哥、美属维尔京群岛、英属维尔京群岛、美国

Afghanistan, Bangladesh, Bhutan, Cambodia, China, India, Indonesia, Laos, Malaysia, Myanmar, Nepal, Pakistan, Thailand, Vietnam, Bosnia and Herzegovina, Croatia, Cuba, Dominican Republic, Fiji, Jamaica, Japan, Mauritius, Puerto Rico, Saint Kitts and Nevis, Saint Lucia, Suriname, Trinidad and Tobago, The United States Virgin Islands, The British Virgin Islands, United States

生物地理界 / Biogeographic Realm

印度马来界 Indomalaya, Palearctic

WWF 生物群系 / WWF Biome

热带和亚热带湿润阔叶林
Tropical & Subtropical Moist Broadleaf Forests

动物地理分布型 / Zoogeographic Distribution Type

Wc

分布标注 / Distribution Note

非特有种 Non-Endemic

▲ 濒危状况 / Threatened Status

中国生物多样性红色名录等级 / CB RL Category (2021)

易危 VU

IUCN 红色名录 / IUCN Red List (2021)

无危 LC

威胁因子 / Threats

狩猎 Hunting

▲ 法律保护地位 / Legal Protection Status

国家重点保护野生动物等级 / Category of National Key Protected Wild Animals (2021)
未列入 Not listed

"三有" 名录 / TWIESSV (2023)

列入 Listed

CITES 附录等级 / CITES Appendix (2023)

III

迁徙物种公约附录 / CMS Appendix (2020)

未列入 Not listed

保护行动 / Conservation Action

尚未采取保护措施
None

▲ 参考文献 / References

Jiang et al. (蒋志刚等), 2021; Burgin et al., 2020; Castelló, 2020; IUCN, 2020; Liu et al. (刘少英等), 2020; Lau et al., 2010; Pei et al., 2010; Pan et al. (潘清华等), 2007; Shek et al., 2007; Wilson and Reeder, 2005; Huo et al., 2003; Wang (王应祥), 2003; Zhang (张荣祖), 1997

331 / 荒漠猫

Felis bieti Milne-Edwards, 1892

• Chinese Mountain Cat

▲ 分类地位 / Taxonomy

食肉目 Carnivora / 猫科 Felidae / 猫属 *Felis*

科建立者及其文献 / Family Authority
Fischer de Waldheim, 1817

属建立者及其文献 / Genus Authority
Linnaeus, 1758

亚种 / Subspecies
指名亚种 *F. b. bieti* Milne-edwards, 1892
四川、甘肃和青海
Sichuan, Gansu and Qinghai

模式标本产地 / Type Locality
中国
"Batang Tatsien-Lou", restricted by Pousargues (1898:358) to "environ de Tongolo et de Ta-tsien-lou" (China, Sichuan)

北京山水自然保护区中心 / 供图

▲ 其他名称 / Other Name(s)

其他中文名 / Other Chinese Name(s)
漠猫

其他英文名 / Other English Name(s)
Chinese Desert Cat, Pale Desert Cat

同物异名 / Synonym(s)
Felis chaus ssp. *pallida* Buchner, 1892,
Felis pallida Buchner, 1892, *Felis pallida* ssp. *subpallida* Jacobi, 1923, *Felis silvestris* ssp. *bieti* Milne-Edwards, 1892,
Poliailurus pallida (Buchner, 1892)

▲ 形态及生境 / Morphology and Habitat

形态特征 / Morphological Characteristics
齿式：3.1.3.1/3.1.2.1=30。头体长 68~84 cm。体重 6.5~9 kg。毛色基调为沙褐色至黄褐色。不同地区个体毛色有变异。双耳为竖起的三角形，耳尖具黑色毛簇。颊部具两条棕褐色横条纹。背部有深色斑块。下颌与腹部为浅灰色至白色。体侧具不明显的暗色棕纹，四肢上部具深色横纹。尾长 32~35 cm，被覆蓬松长毛，有若干暗色环纹，尾尖黑色。
Dental formula: 3.1.3.1/3.1.2.1=30. Head and body length 68-84 cm. Body mass 6.5-9 kg. The background color of the coat is sandy brown to tan. Individual hair color varies from region to region. The ears are triangular and erect, with black hair tufts on the tips. There are two horizontal brown stripes on cheeks. Dark patches on the back. The lower jaw and abdomen are grayish to white. No visible dark brown strips on lateral side. Upper limbs with dark horizontal strips. Tail is 32-35 cm long, covered with fluffy long hairs, with several dark rings, and black tail tip.

生境 / Habitat
草甸、灌丛、针叶林、草地
Meadow, shrubland, taiga, grassland

▲ 地理分布 / Geographic Distribution

国内分布 / Domestic Distribution
青海、甘肃、四川
Qinghai, Gansu, Sichuan

全球分布 / World Distribution
中国 China

生物地理界 / Biogeographic Realm
古北界 Palearctic

WWF 生物群系 / WWF Biome
热带和亚热带湿润阔叶林
Tropical & Subtropical Moist Broadleaf Forests

动物地理分布型 / Zoogeographic Distribution Type
Db

分布标注 / Distribution Note
特有种 Endemic

▲ 濒危状况 / Threatened Status

中国生物多样性红色名录等级 / CB RL Category (2021)
极危 CR

IUCN 红色名录 / IUCN Red List (2021)
易危 VU

威胁因子 / Threats
人类活动干扰
Human disturbance

▲ 法律保护地位 / Legal Protection Status

国家重点保护野生动物等级 / Category of National Key Protected Wild Animals (2021)
一级 Category I

"三有" 名录 / TWIESSV (2023)
未列入 Not listed

CITES 附录等级 / CITES Appendix (2023)
II

迁徙物种公约附录 / CMS Appendix (2020)
未列入 Not listed

保护行动 / Conservation Action
部分种群位于自然保护区内
Part of population are covered by nature reserve

▲ 参考文献 / References

Jiang et al. (蒋志刚等), 2021; Burgin et al., 2020; Castelló, 2020; IUCN, 2020; Liu et al. (刘少英等), 2020; Hunter and Barrett, 2011; Wilson and Mittermeier, 2009; Liao (廖炎发), 1988; Pan et al. (潘清华等), 2007; Wilson and Reeder, 2005; Wang (王应祥), 2003; Zhang (张荣祖), 1997; Gao et al. (高耀亭等), 1987

332 / 丛林猫

Felis chaus Schreber, 1777

· Jungle Cat

食肉目 Carnivora / 猫科 Felidae / 猫属 *Felis*

科建立者及其文献 / Family Authority
Fischer de Waldheim, 1817

属建立者及其文献 / Genus Authority
Linnaeus, 1758

亚种 / Subspecies
西藏亚种 *F. c. affinis* Milne-edwards, 1892
西藏、云南、贵州和四川
Tibet, Yunnan, Guizhou and Sichuan

模式标本产地 / Type Locality
俄罗斯
"wohnt in den sumpfigen mit Schilf bewachsenen oder bewaldeten Gegenden der Steppen um das kaspische Meer, und die in selbiges fallenden Flae. Auf der Nordseite des Terekflusses und der Festung Kislar . . . desto Hafiger aber bey der Madung der Kur

▲ 其他名称 / Other Name(s)

其他中文名 / Other Chinese Name(s)
麻狸

其他英文名 / Other English Name(s)
Swamp Cat, Reed Cat

同物异名 / Synonym(s)
无 None

▲ 形态及生境 / Morphology and Habitat

形态特征 / Morphological Characteristics
齿式：3.1.3.1/3.1.2.1=30。头体长 59~76 cm。体重 2~16 kg。吻部白色。耳大而尖。鼻梁有黑斑。耳背红棕色，耳尖有黑色簇毛。黑条纹从眼角延伸到鼻子两侧。被毛基调为沙色、红棕色或灰色，无斑点。头毛黑色。喉部苍白色。腹部毛色浅前肢内侧有四到五个隐约均可见的浅色环斑。尾长 21~36 cm，有 2~3 个黑色环。有黑化和白化个体。

Dental formula: 3.1.3.1/3.1.2.1=30. Head and body length 59-76 cm. Body mass 2-16 kg. Snout white. Ears large and pointed. There are dark spots on the muzzle. The back of the ears is reddish-brown, and the tips of the ears have black tufts. Black stripes run from the corners of the eyes to the sides of the nose. The coat is sandy, reddish brown or gray, without spots. The hairs on the head are black. The throat is pale. The abdomen is light colored and there are four or five faintly visible light ring spots on the inner sides of the forelimbs. The tail is 21-36 cm long, with 2 to 3 black rings. There are black and albino individuals.

生境 / Habitat
草地、沼泽、森林、荒漠、乡村种植园
Grassland, swamp, forest, desert, rural garden

▲ 地理分布 / Geographic Distribution

国内分布 / Domestic Distribution

四川、贵州、云南、西藏、新疆
Sichuan, Guizhou, Yunnan, Tibet, Xinjiang

全球分布 / World Distribution

阿富汗、亚美尼亚、阿塞拜疆、孟加拉国、不丹、柬埔寨、中国、埃及、格鲁吉亚、印度、伊朗、伊拉克、以色列、约旦、哈萨克斯坦、吉尔吉斯斯坦、老挝、黎巴嫩、缅甸、尼泊尔、巴基斯坦、俄罗斯、斯里兰卡、叙利亚、塔吉克斯坦、泰国、土耳其、土库曼斯坦、乌兹别克斯坦、越南

Afghanistan, Armenia, Azerbaijan, Bangladesh, Bhutan, Cambodia, China, Egypt, Georgia, India, Iran, Iraq, Israel, Jordan, Kazakhstan, Kyrgyzstan, Laos, Lebanon, Myanmar, Nepal, Pakistan, Russia, Sri Lanka, Syria, Tajikistan, Thailand, Turkey, Turkmenistan, Uzbekistan, Vietnam

生物地理界 / Biogeographic Realm

印度马来界、古北界
Indomalaya, Palearctic

WWF 生物群系 / WWF Biome

热带和亚热带湿润阔叶林
Tropical & Subtropical Moist Broadleaf Forests

动物地理分布型 / Zoogeographic Distribution Type

O

分布标注 / Distribution Note

非特有种 Non-Endemic

▲ 濒危状况 / Threatened Status

中国生物多样性红色名录等级 / CB RL Category (2021)

极危 CR

IUCN 红色名录 / IUCN Red List (2021)

无危 LC

威胁因子 / Threats

耕种、狩猎及采集陆生动物
Farming, hunting or harvesting wildlife

▲ 法律保护地位 / Legal Protection Status

国家重点保护野生动物等级 / Category of National Key Protected Wild Animals (2021)

一级 Category I

"三有"名录 / TWIESSV (2023)

未列入 Not listed

CITES 附录等级 / CITES Appendix (2023)

II

迁徙物种公约附录 / CMS Appendix (2020)

未列入 Not listed

保护行动 / Conservation Action

部分种群位于自然保护区内
Part of population are covered by nature reserve

▲ 参考文献 / References

Jiang et al. (蒋志刚等), 2021; Burgin et al., 2020; Castelló, 2020; IUCN, 2020; Hunter and Barrett, 2011; Smith et al., 2009; Wilson and Mittermeier, 2009; Pan et al. (潘清华等), 2007; Wilson and Reeder, 2005; He et al., 2004; Wang (王应祥), 2003; Zhang (张荣祖), 1997; Xia (夏武平), 1988, 1964; Gao et al. (高耀亭等), 1987

333 / 亚非野猫

Felis lybica Forster, 1780

• Africa-asian Wild Cat

高云江 / 供图

▲ 分类地位 / Taxonomy

食肉目 Carnivora / 猫科 Felidae / 猫属 *Felis*

科建立者及其文献 / Family Authority
Fischer de Waldheim, 1817

属建立者及其文献 / Genus Authority
Linnaeus, 1758

亚种 / Subspecies
新疆亚种 *F. l. ornata* (Gray, 1874)
新疆、甘肃和宁夏
Xinjiang, Gansu and Ningxia

模式标本产地 / Type Locality
德国
Not given. Fixed by Haltenorth (1953) as "vielleicht Nordfrankreich".
Listed by Pocock (1951) as "Germany"

▲ 其他名称 / Other Name(s)

其他中文名 / Other Chinese Name(s)
欧林猫、草原斑猫、沙漠斑猫

其他英文名 / Other English Name(s)
Asiatic Steppe Wildcat, African Wildcat, Asiatic Wildcat, Indian Desert Cat

同物异名 / Synonym(s)
Kitchener 等人（2017）将野猫（*Felis silvestris*）分为两种：欧洲野猫（*F. silvestris*）和非洲野猫（*F. lybica*）。欧洲野猫栖息在欧洲、安纳托利亚和高加索的森林地区，而亚非野猫栖息在非洲、阿拉伯半岛、中亚、印度西部和中国西部的半干旱地区和大草原上。在中国发现的野猫亚种为 *F. l. ornata*。

Kitchener et al. (2017) split the Wildcat (*Felis silvestris*) into two species: the European Wildcat (*F. silvestris*) and the African Wildcat (*F. lybica*). The European Wildcat inhabits forests in Europe, Anatolia, and the Caucasus, while the African Wildcat inhabits semi-arid landscapes and steppes in Africa, the Arabian Peninsula, Central Asia, into western India and western China. The subspecies of *F. lybica* found in China is *F. l. ornata*

▲ 形态及生境 / Morphology and Habitat

形态特征 / Morphological Characteristics
齿式：3.1.3.1/3.1.2.1=30。头体长 40~75 cm。雄性体重 2~8 kg，雌性体重 2~6 kg。形似家猫。头圆，吻短，颊部具两条浅褐色条纹。双耳呈三角形直立，耳尖无毛簇。整体毛色为浅黄色至沙黄色。腹面色浅。背部、体侧与四肢上部外侧密布深色斑点。四肢上部正面具数条深色横纹。尾长 22~38 cm，略上翘，具数个深色环纹，尾尖黑。
Dental formula: 3.1.3.1/3.1.2.1=30. Head and body length 40-75 cm. Body weight of the male is 2-8 kg, the body weight of the female is 2-6 kg. It looks like a domestic cat. The head is round, the snout is short, and the cheeks have 2 light brown stripes. The ears are triangular and erect, and the tips of the ears are glabrous. Overall color is light yellow to sandy yellow. The ventral hairs are light colored. Dark spots on the back, sides and upper and lateral extremities. There are several dark

horizontal stripes on the upper side of the limbs. The tail is 22-38 cm long, slightly upturned, with several dark rings, and black at the tip.

生境 / Habitat
草地、荒漠、半荒漠、灌丛、沙漠、绿洲、乡村种植园
Grassland, desert, semi-desert, shrubland, desert, oasis, rural garden

▲ 地理分布 / Geographic Distribution

国内分布 / Domestic Distribution
新疆、青海、陕西、内蒙古、四川、西藏、甘肃、宁夏
Xinjiang, Qinghai, Shaanxi, Inner Mongolia, Sichuan, Tibet, Gansu, Ningxia

全球分布 / World Distribution
中国、阿富汗、阿尔及利亚、安哥拉、亚美尼亚、阿塞拜疆、贝宁、博茨瓦纳、布基纳法索、乍得、埃及、埃塞俄比亚、冈比亚、印度、伊朗、伊拉克、以色列、哈萨克斯坦、肯尼亚、黎巴嫩、莱索托、利比亚、马里、毛里塔尼亚、蒙古国、摩洛哥、莫桑比克、纳米比亚、尼日尔、巴基斯坦、俄罗斯、沙特阿拉伯、塞内加尔、南非、叙利亚、塔吉克斯坦、坦桑尼亚、突尼斯、土耳其、土库曼斯坦、乌干达、阿联酋、乌兹别克斯坦、西撒哈拉、也门、津巴布韦
China, Afghanistan, Algeria, Angola, Armenia, Azerbaijan, Benin, Botswana, Burkina Faso, Chad, Egypt, Ethiopia, Gambia, India, Iran, Iraq, Israel, Kazakhstan, Kenya, Lebanon, Lesotho, Libya, Mali, Mauritania, Mongolia, Morocco, Mozambique, Namibia, Niger, Pakistan, Russia, Saudi Arabia, Senegal, South Africa, Syria, Tajikistan, Tanzania, Tunisia, Turkey, Turkmenistan, Uganda, United Arab Emirates, Uzbekistan, Western Sahara, Yemen, Zimbabwe

生物地理界 / Biogeographic Realm
古北界 Palearctic

WWF 生物群系 / WWF Biome
温带草原、热带稀树草原和灌木地
Temperate Grasslands, Savannas & Shrublands

动物地理分布型 / Zoogeographic Distribution Type
O3

分布标注 / Distribution Note
非特有种 Non-Endemic

▲ 濒危状况 / Threatened Status

中国生物多样性红色名录等级 / CB RL Category (2021)
濒危 EN

IUCN 红色名录 / IUCN Red List (2021)
无危 LC

威胁因子 / Threats
杂交、毒杀
Interbreeding, poisoning

▲ 法律保护地位 / Legal Protection Status

国家重点保护野生动物等级 / Category of National Key Protected Wild Animals (2021)
二级 Category II

"三有"名录 / TWIESSV (2023)
未列入 Not listed

CITES 附录等级 / CITES Appendix (2023)
II

迁徙物种公约附录 / CMS Appendix (2020)
未列入 Not listed

保护行动 / Conservation Action
尚未采取保护措施
None

▲ 参考文献 / References

Jiang et al. (蒋志刚等), 2021; Burgin et al., 2020; Castelló, 2020; IUCN, 2020; Liu et al. (刘少英等), 2020; Kitchener et al., 2017; Abdukadir and Khan, 2013; Hunter and Barrett, 2011; Abdukadir et al., 2010; Li et al. (李云秀等), 2012; Smith et al., 2009; Wilson and Mittermeier, 2009; Pan et al. (潘清华等), 2007; Wilson and Reeder, 2005; Wang (王应祥), 2003; Liu and Sheng (刘志霄和盛和林), 1998; Gao et al. (高耀亭等), 1987

334 / 渔猫

Prionailurus viverrinus (Bennett, 1833)

· Fishing cat

▲ 分类地位 / Taxonomy

食肉目 Carnivora / 猫科 Felidae / 豹猫属 *Prionailurus*

科建立者及其文献 / Family Authority
Fischer de Waldheim, 1817

属建立者及其文献 / Genus Authority
Severtzov, 1858

亚种 / Subspecies
指名亚种 *P. v. viverrinus* (Bennett, 1833)
西藏 Tibet

模式标本产地 / Type Locality
印度
"from the continent of India"

Sylvain Cordier (naturepl.com) / 供图

▲ 其他名称 / Other Name(s)

其他中文名 / Other Chinese Name(s)
无 None

其他英文名 / Other English Name(s)
无 None

同物异名 / Synonym(s)
Felis viverrina Bennett, 1833

▲ 形态及生境 / Morphology and Habitat

形态特征 / Morphological Characteristics
齿式：3.1.3.1/3.1.2.1=30。头体长 658~857 mm。体重 6.3~11.8 kg。头长，
脸部被短毛，胡须短。耳短而圆，背面黑色。耳内有白色长毛。被毛棕
灰色。6~8 条深色斑纹从头顶延伸到颈背，在肩部分裂成较短的条纹和斑
点。腹部被毛长，有斑点，尾有环纹。爪子有蹼。尾长 254~280 mm。
Dental formula: 3.1.3.1/3.1.2.1=30. Head and body length 658-857 mm. Body mass
6.3-11.8 kg. Long head, facial hairs short, whiskers short. The ears are short and round,
with black hairs on the ear backs. Long white hairs in the ears. The coat is brownish
gray. Six to eight dark stripes extend from the top of the head to the nape, splitting into
shorter stripes and spots on the shoulders. Hairs on venter are long and spotted, and
the tail is with ring strips. The paws are webbed. The tail is 254-280 mm long.

生境 / Habitat
热带干燥森林，但通常栖息在有牛轭湖、芦苇床、潮汐溪流和红树林的
沼泽地区
Tropical dry forest, but are usually found in swampy areas with oxford, reed bed, tidal
streams and mangrove

▲ 地理分布 / Geographic Distribution

国内分布 / Domestic Distribution
西藏 Tibet

全球分布 / World Distribution
中国、印度、尼泊尔、孟加拉国、斯里兰卡。而马来西亚、越南和老挝都没有确认的记录
China, India, Nepal, Bangladesh, Sri Lanka. There are no confirmed records from Peninsular Malaysia, Vietnam and Laos

生物地理界 / Biogeographic Realm
印度马来界 Indomalaya

WWF 生物群系 / WWF Biome
热带和亚热带湿润阔叶林
Tropical & Subtropical Moist Broadleaf Forests

动物地理分布型 / Zoogeographic Distribution Type
Wa

分布标注 / Distribution Note
非特有种 Non-Endemic

▲ 濒危状况 / Threatened Status

中国生物多样性红色名录等级 / CB RL Category (2021)
数据缺乏 DD

IUCN 红色名录 / IUCN Red List (2021)
易危 VU

威胁因子 / Threats
未知 Unknown

▲ 法律保护地位 / Legal Protection Status

国家重点保护野生动物等级 / Category of National Key Protected Wild Animals (2021)
二级 Category II

"三有"名录 / TWIESSV (2023)
未列入 Not listed

CITES 附录等级 / CITES Appendix (2023)
II

迁徙物种公约附录 / CMS Appendix (2020)
未列入 Not listed

保护行动 / Conservation Action
未知 Known

▲ 参考文献 / References

Jiang et al. (蒋志刚等), 2021; Burgin et al., 2020; Castelló, 2020; IUCN, 2020; Liu et al. (刘少英等), 2020; Jutzeler et al., 2014; Hunter and Barrett, 2011; Smith et al., 2009; Wilson and Mittermeier, 2009; Choudhury, 2003; Wang (王应祥), 2003

335 / 豹猫

Prionailurus bengalensis (Kerr, 1792)

· Leopard Cat

马文红 供图

▲ 其他名称 / Other Name(s)

其他中文名 / Other Chinese Name(s)
无 None

其他英文名 / Other English Name(s)
Common Leopard Cat

同物异名 / Synonym(s)
Felis bengalensis Kerr, 1792

▲ 分类地位 / Taxonomy

食肉目 Carnivora / 猫科 Felidae / 豹猫属 *Prionailurus*

科建立者及其文献 / Family Authority
Fischer de Waldheim, 1817

属建立者及其文献 / Genus Authority
Severtzov, 1858

亚种 / Subspecies
指名亚种 *P. b. bengalensis* Pallas, 1776
西藏、云南、贵州和广西
Tibet, Yunnan, Guizhou and Guangxi

华南亚种 *P. b. chinensis* Hodgson, 1842
安徽、江苏、上海、浙江、江西、福建、台湾、广东、
香港、广西、湖南、贵州、重庆、四川和湖北
Anhui, Jiangsu, Shanghai, Zhejiang, Jiangxi, Fujian, Taiwan,
Guangdong, Hong Kong, Guangxi, Hunan, Guizhou, Chongqing,
Sichuan and Hubei

四川亚种 *P. b. scripta* Milne-Edwards, 1870
云南、四川、青海、甘肃、宁夏和陕西
Yunnan, Sichuan, Qinghai, Gansu, Ningxia and Shaanxi

北方亚种 *P. b. euptilurua* Elliot, 1871
黑龙江、内蒙古、辽宁、吉林、河北、山东、河南、山西、
安徽和江苏
Heilongjiang, Inner Mongolia, Liaoning, Jilin, Hebei, Shandong,
Henan, Shanxi, Anhui and Jiangsu

海南亚种 *P. b. hainana* Xu et Liu, 1983
海南 Hainan

模式标本产地 / Type Locality
俄罗斯
"Frequens in rupestribus, apricis totius Tatariae Mongoliaeque
desertae" [USSR, Chita Province, Borzya District, Kulusutai
(Heptner and Sludskii, 1992)]

▲ 形态及生境 / Morphology and Habitat

形态特征 / Morphological Characteristics
齿式：3.1.3.1/3.1.2.1=30。头体长 40~75 cm。雄性体重 1~7 kg，雌性体重 0.6~4.5 kg。头部、背部、体侧与尾巴的毛色为浅黄色至浅棕色，腹部毛色为白色。全身密布深色斑点或条纹，面部具数条纵纹，延伸至头顶和枕部。前肢上部和尾巴背面具深色横纹。肩背部具数条纵向粗条纹。尾粗大，尾长略等于头体长之半。
Dental formula: 3.1.3.1/3.1.2.1=30. Head and body length 40-75 cm. Male weight 1-7 kg, female weight 0.6-4.5 kg. The hairs on the head, back, sides and tail are light yellow to light brown, and the belly hairs are white. Whole body is covered with dark spots or stripes. Face with several longitudinal strips, extending to the top of the head and occiput. Dark horizontal stripes on upper forelimbs and the back of tail. Several longitudinal large stripes on the shoulder and back. The tail is thick and the length of the tail is slightly equal to half the length of the head and body.

生境 / Habitat
荒漠、草地 Desert, grassland

▲ 地理分布 / Geographic Distribution

国内分布 / Domestic Distribution

安徽、福建、广东、广西、海南、贵州、湖北、湖南、江苏、江西、上海、四川、重庆、台湾、云南、浙江、北京、河北、黑龙江、河南、吉林、辽宁、内蒙古、山东、山西、青海、甘肃、宁夏、陕西和西藏

Anhui, Fujian, Guangdong, Guangxi, Hainan, Guizhou, Hubei, Hunan, Jiangsu, Jiangxi, Shanghai, Sichuan, Chongqing, Taiwan, Yunnan, Zhejiang, Beijing, Hebei, Heilongjiang, Henan, Jilin, Liaoning, Inner Mongolia, Shandong, Shanxi, Qinghai, Gansu, Ningxia, Shaanxi and Tibet

全球分布 / World Distribution

阿富汗、孟加拉国、不丹、柬埔寨、中国、印度、日本、韩国、朝鲜、老挝、马来西亚、缅甸、尼泊尔、巴基斯坦、俄罗斯、新加坡、泰国、越南

Afghanistan, Bangladesh, Bhutan, Cambodia, China, India, Japan, Republic of Korea, Democratic People's Republic of Korea, Laos, Malaysia, Myanmar, Nepal, Pakistan, Russia, Singapore, Thailand, Vietnam

生物地理界 / Biogeographic Realm
印度马来界、古北界
Indomalaya, Palearctic

WWF 生物群系 / WWF Biome
热带和亚热带湿润阔叶林，北方森林 / 针叶林，温带草原、热带稀树草原和灌木地
Tropical & Subtropical Moist Broadleaf Forests, Boreal Forests/Taiga, Temperate Grasslands, Savannas & Shrublands

动物地理分布型 / Zoogeographic Distribution Type
Da

分布标注 / Distribution Note
非特有种 Non-Endemic

▲ 濒危状况 / Threatened Status

中国生物多样性红色名录等级 / CB RL Category (2021)
易危 VU

IUCN 红色名录 / IUCN Red List (2021)
无危 LC

威胁因子 / Threats
狩猎、食物缺乏、耕种、家畜养殖、放牧
Hunting, food Scarcity, farming, livestock farming or ranching

▲ 法律保护地位 / Legal Protection Status

国家重点保护野生动物等级 / Category of National Key Protected Wild Animals (2021)
二级 Category II

"三有" 名录 / TWIESSV (2023)
未列入 Not listed

CITES 附录等级 / CITES Appendix (2023)
II

迁徙物种公约附录 / CMS Appendix (2020)
未列入 Not listed

保护行动 / Conservation Action
在自然保护区内的种群得到保护
Populations in nature reserves are under protection

▲ 参考文献 / References

Jiang et al. (蒋志刚等), 2021; Burgin et al., 2020; Castelló, 2020; IUCN, 2020; Jiang et al. (蒋志刚等), 2017; Hunter and Barrett, 2011; Jutzeler et al., 2010; Yu, 2010; Wilson and Mittermeier, 2009; Pan et al. (潘清华等), 2007; Wilson and Reeder, 2005; Choudhury, 2003; Wang (王应祥), 2003; Gao et al. (高耀亭等), 1987; Wang et al. (王应祥等), 1997; Zhang (张荣祖), 1997

336 / 兔狲

Otocolobus manul (Pallas, 1776)

· Pallas's Cat

▲ 分类地位 / Taxonomy

食肉目 Carnivora / 猫科 Felidae / 兔狲属 *Otocolobus*

科建立者及其文献 / Family Authority
Fischer de Waldheim, 1817

属建立者及其文献 / Genus Authority
Severtzov, 1858

亚种 / Subspecies
指名亚种 *O. m. manul* Kerr, 1792
内蒙古、黑龙江、河北、北京、甘肃和四川
Inner Mongolia, Heilongjiang, Hebei, Beijing, Gansu and Sichuan
高原亚种 *O. m. nigripectus* Gray, 1837
西藏、青海、四川、甘肃、新疆
Tibet, Qinghai, Sichuan, Gansu, Xinjiang

模式标本产地 / Type Locality
印度
"Bengal" (India)

孙万清 / 供图

张永 / 供图

▲ 其他名称 / Other Name(s)

其他中文名 / Other Chinese Name(s)
狸猫、山狸、石虎

其他英文名 / Other English Name(s)
Manul, Steppe Cat

同物异名 / Synonym(s)
Felis manul Pallas, 1776

▲ 形态及生境 / Morphology and Habitat

形态特征 / Morphological Characteristics
齿式：3.1.3.1 / 3.1.2.1=30。头体长 45~65 cm。体重 2.3~4.5 kg。与其他猫科动物相比，面部宽扁，额头扁平，两耳间距大。前额具小黑色斑点。眼周具明显的白色眼圈。颊部有一条白纹。身体低矮粗壮，四肢短。毛发密，毛尖白色，整体毛色显得泛灰白或银灰。体侧及前肢具模糊的黑色纵纹。尾巴粗，尾长 21~35 cm，被毛蓬松，具黑色环纹，尾尖黑色。
Dental formula: 3.1.3.1 / 3.1.2.1=30. Head and body length 45-65 cm. Body mass 2.3-4.5 kg. Compared with other cats, the face of Pallas' Cat is broad and flat, and the forehead is also flat, and the ears are wide apart. A small black spot on the forehead. There are distinct white circles around the eyes and a white strip on the cheeks. The body is low and stout, and the limbs are short. The hairs are dense, with white tips. Hair color appears pan-gray or silver gray. Body side and forelimbs with fuzzy black longitudinal strips. The tail is thick, 21-35 cm long, shaggy, with black rings and a black tip.

生境 / Habitat
森林、针叶林、灌丛、次生林、耕地、种植园
Forest, taiga, shrubland, secondary forest, arable land, plantations

▲ 地理分布 / Geographic Distribution

国内分布 / Domestic Distribution
山西、青海、甘肃、内蒙古、四川、云南、西藏、陕西、宁夏
Shanxi, Qinghai, Gansu, Inner Mongolia, Sichuan, Yunnan, Tibet, Shaanxi, Ningxia

全球分布 / World Distribution
中国、阿富汗、不丹、印度、伊朗、哈萨克斯坦、吉尔吉斯斯坦、蒙古国、尼泊尔、巴基斯坦、俄罗斯、土库曼斯坦
China, Afghanistan, Bhutan, India, Iran, Kazakhstan, Kyrgyzstan, Mongolia, Nepal, Pakistan, Russia, Turkmenistan

生物地理界 / Biogeographic Realm
古北界 Palearctic

WWF 生物群系 / WWF Biome
温带草原、热带稀树草原和灌木地
Temperate Grasslands, Savannas & Shrublands

动物地理分布型 / Zoogeographic Distribution Type
Pa

分布标注 / Distribution Note
非特有种 Non-Endemic

▲ 濒危状况 / Threatened Status

中国生物多样性红色名录等级 / CB RL Category (2021)
濒危 EN

IUCN 红色名录 / IUCN Red List (2021)
无危 LC

威胁因子 / Threats
狩猎、耕种、森林砍伐
Hunting or collection, farming, logging

▲ 法律保护地位 / Legal Protection Status

国家重点保护野生动物等级 / Category of National Key Protected Wild Animals (2021)
二级 Category II

"三有"名录 / TWIESSV (2023)
未列入 Not listed

CITES 附录等级 / CITES Appendix (2023)
II

迁徙物种公约附录 / CMS Appendix (2020)
未列入 Not listed

保护行动 / Conservation Action
在自然保护区内的种群得到保护
Populations in nature reserves are under protection

▲ 参考文献 / References

Jiang et al. (蒋志刚等), 2021; Burgin et al., 2020; Castelló, 2020; IUCN, 2020; Hunter and Barrett, 2011; Smith et al., 2009; Wilson and Mittermeier, 2009; Pan et al. (潘清华等), 2007; Wilson and Reeder, 2005;Wang (王应祥), 2003; Gao et al. (高耀亭等), 1987; Zhang (张荣祖), 1997

337 | 猞猁

Lynx lynx (Linnaeus, 1758)

• Eurasian Lynx

初雯雯 / 供图

▲ 其他名称 / Other Name(s)

其他中文名 / Other Chinese Name(s)
无 None

其他英文名 / Other English Name(s)
无 None

同物异名 / Synonym(s)
无 None

▲ 形态及生境 / Morphology and Habitat

形态特征 / Morphological Characteristics
齿式：3.1.3.1/3.1.2.1=30。雄性头体长 76~148 cm。体重 12~38 kg。雌性头体长 85~130 cm，体重 13~21 kg。双耳直立，呈三角形，耳背具浅色斑，耳尖具黑色毛簇。毛色为沙黄色至灰棕色，有黑色或暗棕色斑点。喉部及腹部毛色白或浅灰。与其他猫科动物相比，四肢长。四足宽大，足掌及趾间具长毛。尾长 12~24 cm。尾尖钝圆且色黑。

Dental formula: 3.1.3.1/3.1.2.1=30. Male head and body length 76-148 cm. Body mass 12-38 kg. Female head and body length 85-130 cm, body mass 13-21 kg. The ears are upright, triangular in shape, with light patches on the backs of the ears and clusters of black hairs on the tips. The pelage color is sandy yellow to grayish brown with black or dark brown spots. Throat and abdomen are white or grayish. Limbs long compared to other cats. Four feet wide, long hairs on the palms and toes. Tail is 12-24 cm long., Tail end blunt and round, black color.

生境 / Habitat
森林、草地、内陆岩石区域、针叶林
Forest, grassland, inland rocky area, taiga

▲ 地理分布 / Geographic Distribution

国内分布 / Domestic Distribution

西藏、吉林、黑龙江、内蒙古、新疆、青海、甘肃、河北、山西、辽宁、四川、云南、陕西

Tibet, Jilin, Heilongjiang, Inner Mongolia, Xinjiang, Qinghai, Gansu, Hebei, Shanxi, Liaoning, Sichuan, Yunnan, Shaanxi

全球分布 / World Distribution

阿富汗、阿尔巴尼亚、亚美尼亚、奥地利、阿塞拜疆、白俄罗斯、不丹、波斯尼亚和黑塞哥维那、保加利亚、中国、克罗地亚、捷克、爱沙尼亚、芬兰、法国、格鲁吉亚、德国、希腊、匈牙利、印度、伊朗、伊拉克、意大利、哈萨克斯坦、朝鲜、吉尔吉斯斯坦、拉脱维亚、立陶宛、马其顿、摩尔多瓦、蒙古国、黑山、尼泊尔、挪威、巴基斯坦、波兰、罗马尼亚、俄罗斯、塞尔维亚、斯洛伐克、斯洛文尼亚、西班牙、瑞典、瑞士、塔吉克斯坦、土耳其、土库曼斯坦、乌克兰、乌兹别克斯坦

Afghanistan, Albania, Armenia, Austria, Azerbaijan, Belarus, Bhutan, Bosnia and Herzegovina, Bulgaria, China, Croatia, Czech, Estonia, Finland, France, Georgia, Germany, Greece, Hungary, India, Iran, Iraq, Italy, Kazakhstan, Democratic People's Republic of Korea, Kyrgyzstan, Latvia, Lithuania, Macedonia, Moldova, Mongolia, Montenegro, Nepal, Norway, Pakistan, Poland, Romania, Russia, Serbia, Slovakia, Slovenia, Spain, Sweden, Switzerland, Tajikistan, Turkey, Turkmenistan, Ukraine, Uzbekistan

生物地理界 / Biogeographic Realm

古北界 Palearctic

WWF 生物群系 / WWF Biome

北方森林 / 针叶林
Boreal Forests/Taiga

动物地理分布型 / Zoogeographic Distribution Type

C

分布标注 / Distribution Note

非特有种 Non-Endemic

▲ 濒危状况 / Threatened Status

中国生物多样性红色名录等级 / CB RL Category (2021)

濒危 EN

IUCN 红色名录 / IUCN Red List (2021)

无危 LC

威胁因子 / Threats

狩猎、食物缺乏
Hunting, food scarcity

▲ 法律保护地位 / Legal Protection Status

国家重点保护野生动物等级 / Category of National Key Protected Wild Animals (2021)

二级 Category II

"三有"名录 / TWIESSV (2023)

未列入 Not listed

CITES 附录等级 / CITES Appendix (2023)

II

迁徙物种公约附录 / CMS Appendix (2020)

未列入 Not listed

保护行动 / Conservation Action

在自然保护区内的种群得到保护
Populations in nature reserves are under protection

▲ 参考文献 / References

Jiang et al. (蒋志刚等), 2021; Burgin et al., 2020; Castelló, 2020; IUCN, 2020; Hunter and Barrett, 2011; Ju et al. (鞠丹等), 2013; Pu et al. (朴正吉等), 2011; Bao, 2010; Wilson and Mittermeier, 2009; Pan et al. (潘清华等), 2007; Wilson and Reeder, 2005; Wang (王应祥), 2003; Zhang (张荣祖), 1997; Xia (夏武平), 1988, 1964; Gao et al. (高耀亭等), 1987

338 / 云猫

Pardofelis marmorata (Martin, 1837)

· Marbled Cat

▲ 分类地位 / Taxonomy

食肉目 Carnivora / 猫科 Felidae / 云猫属 *Pardofelis*

科建立者及其文献 / Family Authority
Fischer de Waldheim, 1817

属建立者及其文献 / Genus Authority
Severtzov, 1858

亚种 / Subspecies
指名亚种 *P. m. marmorata* (Martin, 1837)
云南中部
Yunnan (midpart)
石斑亚种 *P. m. charltoni* (Gray, l846)
云南
Yunnan

模式标本产地 / Type Locality
印度尼西亚
"Java or Sumatra" (Indonesia), restricted by Robinson and Kloss (1919:261), to "Sumatra"

▲ 其他名称 / Other Name(s)

其他中文名 / Other Chinese Name(s)
草豹、石斑猫、石猫

其他英文名 / Other English Name(s)
无 None

同物异名 / Synonym(s)
无 None

▲ 形态及生境 / Morphology and Habitat

形态特征 / Morphological Characteristics

齿式：3.1.3.1/3.1.2.1=30。头体长 40~66 cm。体重 3~5.5 kg。头部较圆，整体斑纹特征类似于云豹。毛色基调为灰黄色至棕黄色。背嵴至体侧分布有大块黑色斑块，斑块外缘黑、中心色浅。背嵴具断续黑纹。额部中央、四肢外侧与尾巴具黑色斑点。尾长 36~54 cm，尾巴长而蓬松，几乎与头体长相当。

Dental formula: 3.1.3.1/3.1.2.1=30. Head and body length 40-66 cm. Body mass 3-5.5 kg. Head is round and the overall body markings are similar to those of clouded leopard. The basic color of the coat is grayish-yellow to brownish yellow. There are large black patches from the dorsum to the side of the body. The outer edge of the patch is black and the center is light. Dorsum with intermittent black markings. Black spots on center of forehead, outer limbs and tail. Tail is long and fluffy, almost as long as the head.

生境 / Habitat
热带湿润低地森林、灌丛
Tropical moist lowland forest, shrubland

▲ 地理分布 / Geographic Distribution

国内分布 / Domestic Distribution
云南、西藏
Yunnan, Tibet

全球分布 / World Distribution
不丹、文莱、柬埔寨、中国、印度、印度尼西亚、老挝、马来西亚、
缅甸、尼泊尔、泰国、越南
Bhutan, Brunei, Cambodia, China, India, Indonesia, Laos, Malaysia, Myanmar,
Nepal, Thailand, Vietnam

生物地理界 / Biogeographic Realm
印度马来界 Indomalaya

WWF 生物群系 / WWF Biome
热带和亚热带湿润阔叶林
Tropical & Subtropical Moist Broadleaf Forests

动物地理分布型 / Zoogeographic Distribution Type
Wc

分布标注 / Distribution Note
非特有种 Non-Endemic

▲ 濒危状况 / Threatened Status

中国生物多样性红色名录等级 / CB RL Category (2021)
濒危 EN

IUCN 红色名录 / IUCN Red List (2021)
易危 VU

威胁因子 / Threats
耕种、森林砍伐、树木种植、狩猎
Farming, logging, wood farming, hunting

▲ 法律保护地位 / Legal Protection Status

国家重点保护野生动物等级 / Category of National Key Protected Wild Animals (2021)
二级 Category II

"三有"名录 / TWIESSV (2023)
未列入 Not listed

CITES 附录等级 / CITES Appendix (2023)
I

迁徙物种公约附录 / CMS Appendix (2020)
未列入 Not listed

保护行动 / Conservation Action
在自然保护区内的种群得到保护
Populations in nature reserves are under protection

▲ 参考文献 / References

Jiang et al. (蒋志刚等), 2021; Burgin et al., 2020; Castelló, 2020; IUCN, 2020; Hunter and Barrett, 2011; Smith et al., 2009; Wilson and Mittermeier, 2009; Pan et al. (潘清华等), 2007; Wilson and Reeder, 2005; Wang (王应祥), 2003; Zhang (张荣祖), 1997; Gao et al. (高耀亭等), 1987; Sun and Gao (孙崇烁和高耀亭), 1976

339 | 金猫

Catopuma temminckii
(Vigors & Horsfield, 1827)

· Asiatic Golden Cat

李晟 / 供图

▲ 其他名称 / Other Name(s)

其他中文名 / Other Chinese Name(s)
黄虎、狸猫、原猫

其他英文名 / Other English Name(s)
Golden Cat, Temminck's Cat

同物异名 / Synonym(s)
Felis temminckii Vigors & Horsfield, 1827; *Pardofelis temminckii* (Vigors & Horsfield, 1827)

▲ 形态及生境 / Morphology and Habitat

形态特征 / Morphological Characteristics
齿式：3.1.3.1/3.1.2.1=30。头体长 116~161 cm。体重 12~15 kg。尾长为头体长的三分之一到二分之一。个体毛色多种多样，包括金棕色、棕色、黑色、狐红色和灰色。从头顶到眼睛内侧，穿过颈部有白色带黑边的条纹，毛长适中。下腹部、腿部内侧和尾巴下侧被毛白色。肌肉发达，腿很长，尾巴长。

Dental formula: 3.1.3.1/3.1.2.1=30. Head and body length 116-161 cm. Body mass 12-15 kg. The tail is one half to one third of the head and body length. Individuals have a variety of coat colors, including golden-brown, brown, black, fox red, and gray. From the top of the head to the side of the eyes, across the neck there are white stripes with black frames. Hairs medium length. Hairs on underbelly, insides of legs and underside of tail are white. Muscularity, long legs and long tails.

生境 / Habitat
森林、草地、灌丛
Forest, grassland, shrubland

▲ 地理分布 / Geographic Distribution

国内分布 / Domestic Distribution

浙江、河南、安徽、福建、江西、湖北、湖南、广东、广西、四川、
贵州、云南、西藏、陕西、甘肃、重庆
Zhejiang, Henan, Anhui, Fujian, Jiangxi, Hubei, Hunan, Guangdong, Guangxi,
Sichuan, Guizhou, Yunnan, Tibet, Shaanxi, Gansu, Chongqing

全球分布 / World Distribution

孟加拉国、不丹、柬埔寨、中国、印度、印度尼西亚、老挝、马来西
亚、缅甸、尼泊尔、泰国、越南
Bangladesh, Bhutan, Cambodia, China, India, Indonesia, Laos, Malaysia, Myanmar,
Nepal, Thailand, Vietnam

生物地理界 / Biogeographic Realm

印度马来界 Indomalaya

WWF 生物群系 / WWF Biome

热带和亚热带湿润阔叶林
Tropical & Subtropical Moist Broadleaf Forests

动物地理分布型 / Zoogeographic Distribution Type

We

分布标注 / Distribution Note

非特有种 Non-Endemic

▲ 濒危状况 / Threatened Status

中国生物多样性红色名录等级 / CB RL Category (2021)

濒危 EN

IUCN 红色名录 / IUCN Red List (2021)

近危 NT

威胁因子 / Threats

狩猎、食物缺乏
Hunting, food scarcity

▲ 法律保护地位 / Legal Protection Status

国家重点保护野生动物等级 / Category of National Key Protected Wild Animals (2021)

一级 Category I

"三有" 名录 / TWIESSV (2023)

未列入 Not listed

CITES 附录等级 / CITES Appendix (2023)

I

迁徙物种公约附录 / CMS Appendix (2020)

未列入 Not listed

保护行动 / Conservation Action

在自然保护区内的种群得到保护
Populations in nature reserves are under protection

▲ 参考文献 / References

Jiang et al. (蒋志刚等), 2021; Burgin et al., 2020; Castelló, 2020; IUCN, 2020; Jutzeler et al., 2014; Chen and Shi (陈鹏和师杜鹃), 2013; Deng et al. (邓可等), 2013; Shi et al. (师蕾等), 2013; Smith et al., 2009; Pan et al. (潘清华等), 2007; Wilson and Reeder, 2005; Wang (王应祥), 2003; Zhang (张荣祖), 1997; Xia (夏武平), 1988, 1964; Gao et al. (高耀亭等), 1987

340 / 云豹

Neofelis nebulosa (Griffith, 1821)

· Clouded Leopard

▲ 分类地位 / Taxonomy

食肉目 Carnivora / 猫科 Felidae / 云豹属 *Neofelis*

科建立者及其文献 / Family Authority
Fischer de Waldheim, 1817

属建立者及其文献 / Genus Authority
Gray, 1867

亚种 / Subspecies
指名亚种 *N. n. nebulas* (Griffith, 1821)
安徽、浙江、江西、福建、广东、广西、海南、湖南、贵州、云南、四川、湖北和陕西
Anhui, Zhejiang, Jiangxi, Fujian, Guangdong, Guangxi, Hainan, Hunan, Guizhou, Yunnan, Sichuan, Hubei and Shaanxi

台湾亚种 *N. n. brachyurus* (Swinhoe, 1862)
台湾 Taiwan

模式标本产地 / Type Locality
中国
"brought from Canton" (China, Guangdong: Guangzhou)

冯利民 / 供图

▲ 其他名称 / Other Name(s)

其他中文名 / Other Chinese Name(s)
艾叶豹、龟纹豹、樟豹

其他英文名 / Other English Name(s)
无 None

同物异名 / Synonym(s)
Felis nebulosa Griffith, 182

▲ 形态及生境 / Morphology and Habitat

形态特征 / Morphological Characteristics
齿式：3.1.3.1/3.1.2.1=30。雄性头体长 81~108 cm。体重 17~25 kg。雌性头体长 68~94 cm，体重 10~12 kg。头部小。犬齿发达。两耳圆，耳背黑色。后肢长于前肢。毛色为浅黄至灰棕色，背部中央具两条黑色断续纵纹，延伸至尾基部。颈部背面具 6 条黑色纵纹。体侧具形状不规则的大型块状斑纹。腹面白色，具黑色斑点。四肢具黑色斑点。尾巴长于头体长之半，具黑色的半环形斑纹。偶见黑化个体。

Dental formula: 3.1.3.1/3.1.2.1=30. Male head and body length 81-108 cm. Body mass of 17-25 kg. Female head and body length 68-94 cm, body weighs 10-12 kg. The head is small. Canines well developed. The two ears are round and the back of the ears is black. The hind limbs are longer than the forelimbs. The coat color is light yellow to grayish brown, with 2 black intermittent longitudinal strips in the middle of the back, extending to the base of the tail. Neck dorsal with 6 black longitudinal stripes. Body side with irregular shape of large block markings. The ventral surface is white with black spots. Black spots on limbs. The tail is more than half the length of the head, with black semicircular markings. Occasionally, black individuals are seen.

生境 / Habitat
森林、次生林、针叶林
Forest, secondary forest, taiga

▲ 地理分布 / Geographic Distribution

国内分布 / Domestic Distribution

江西、海南、浙江、安徽、福建、湖北、湖南、广东、广西、四川、
贵州、云南、西藏、陕西、甘肃、台湾、重庆
Jiangxi, Hainan, Zhejiang, Anhui, Fujian, Hubei, Hunan, Guangdong, Guangxi,
Sichuan, Guizhou, Yunnan, Tibet, Shaanxi, Gansu, Taiwan, Chongqing

全球分布 / World Distribution

孟加拉国、不丹、柬埔寨、中国、印度、老挝、马来西亚、缅甸、尼
泊尔、泰国、越南
Bangladesh, Bhutan, Cambodia, China, India, Laos, Malaysia, Myanmar, Nepal,
Thailand, Vietnam

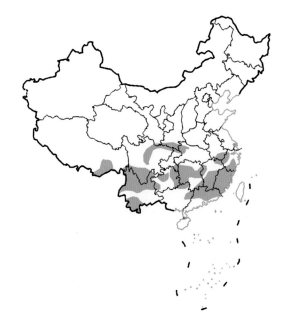

生物地理界 / Biogeographic Realm

印度马来界 Indomalaya

WWF 生物群系 / WWF Biome

热带和亚热带湿润阔叶林
Tropical & Subtropical Moist Broadleaf Forests

动物地理分布型 / Zoogeographic Distribution Type

Wc

分布标注 / Distribution Note

非特有种 Non-Endemic

▲ 濒危状况 / Threatened Status

中国生物多样性红色名录等级 / CB RL Category (2021)

极危 CR

IUCN 红色名录 / IUCN Red List (2021)

易危 VU

威胁因子 / Threats

狩猎、食物缺乏、生境丧失
Hunting, food scarcity, loss of habitat

▲ 法律保护地位 / Legal Protection Status

国家重点保护野生动物等级 / Category of National Key Protected Wild Animals (2021)

一级 Category I

"三有"名录 / TWIESSV (2023)

未列入 Not listed

CITES 附录等级 / CITES Appendix (2023)

I

迁徙物种公约附录 / CMS Appendix (2020)

未列入 Not listed

保护行动 / Conservation Action

在自然保护区内的种群得到保护
Populations in nature reserves are under protection

▲ 参考文献 / References

Jiang et al. (蒋志刚等), 2021; Burgin et al., 2020; Castelló, 2020; IUCN, 2020; Hunter and Barrett, 2011; Smith et al., 2009; Wilson and
Mittermeier, 2009; Pan et al. (潘清华等), 2007; Wilson and Reeder, 2005; Wang (王应祥), 2003; Zhang (张荣祖), 1997; Xia (夏武平), 1988,
1964; Gao et al. (高耀亭等), 1987

341 / 豹

Panthera pardus (Linnaeus, 1758)

· Leopard

▲ 其他名称 / Other Name(s)

其他中文名 / Other Chinese Name(s)
金钱豹、印度豹

其他英文名 / Other English Name(s)
无 None

同物异名 / Synonym(s)
Felis pardus Linnaeus, 1758

▲ 分类地位 / Taxonomy

食肉目 Carnivora / 猫科 Felidae / 豹属 *Panthera*

科建立者及其文献 / Family Authority
Fischer de Waldheim, 1817

属建立者及其文献 / Genus Authority
Oken, 1816

亚种 / Subspecies
华南亚种 *P. p. fusca* (Meer, 1794)
安徽、浙江、江西、福建、广东、广西、湖南、贵州、云南、西藏、四川、青海和陕西
Anhui, Zhejiang, Jiangxi, Fujian, Guangdong, Guangxi, Hunan, Guizhou, Yunnan, Tibet, Sichuan, Qinghai and Shaanxi

华北亚种 *P. p. fontaneri* (Gray, 1862)
河北、北京、山西和陕西
Hebei, Beijing, Shanxi and Shaanxi

东北亚种 *P. p. orientalis* (Schlegel, 1857)
黑龙江、吉林和内蒙古
Heilongjiang, Jilin and Inner Mongolia

印支亚种 *P. p. delacouri* Pocock, 1930
云南 Yunnan

印度亚种 *P. p. fusca* (Meyer, 1794)
西藏 Tibet

模式标本产地 / Type Locality
埃及
"Indiis", fixed by Thomas (1911:135), as "Egypt"; see discussion by Pocock (1930)

▲ 形态及生境 / Morphology and Habitat

形态特征 / Morphological Characteristics
齿式：3.1.3.1/3.1.2.1=30。雄性头体长 91~191 cm，体重 20~90 kg。雌性头体长 95~123 cm，体重 17~42 kg。尾长 51~101 cm。整体毛色为浅棕色至黄色或橘黄色。背部、体侧及尾部密布黑色空心斑点。腹部和四肢内侧为白色。头部、腿部和腹部有黑色实心斑点。偶见黑色个体。
Dental formula: 3.1.3.1 / 3.1.2.1=30. Male head and body length 91-191 cm, body mass 20-90 kg. Female head and body length 95-123 cm, body mass 17-42 kg. Tail length 51-101 cm. The overall color is light brown to yellow or orange color. Dorsum, lateral side and tail covered with hollow black spots. The abdomen and insides of the extremities are white. Solid black spots on head, legs and abdomen. Occasionally black individuals have been reported.

生境 / Habitat
灌丛、森林
Shrubland, forest

▲ 地理分布 / Geographic Distribution

国内分布 / Domestic Distribution

山西、河南、黑龙江、浙江、北京、河北、内蒙古、
吉林、江苏、安徽、福建、江西、湖北、湖南、
广东、广西、四川、贵州、云南、西藏、陕西、
甘肃、青海、宁夏、天津、重庆

Shanxi, Henan, Heilongjiang, Zhejiang, Beijing, Hebei, Inner Mongolia, Jilin, Jiangsu, Anhui, Fujian, Jiangxi, Hubei, Hunan, Guangdong, Guangxi, Sichuan, Guizhou, Yunnan, Tibet, Shaanxi, Gansu, Qinghai, Ningxia, Tianjin, Chongqing

全球分布 / World Distribution

阿富汗、阿尔及利亚、安哥拉、亚美尼亚、阿
塞拜疆、孟加拉国、贝宁、不丹、博茨瓦纳、
布基纳法索、布隆迪、柬埔寨、喀麦隆、中非
共和国、乍得、中国、刚果、刚果民主共和国、
科特迪瓦、吉布提、埃及、赤道几内亚、厄立
特里亚、埃塞俄比亚、加蓬、冈比亚、格鲁吉亚、
加纳、几内亚、几内亚比绍、印度、印度尼西
亚、伊朗、以色列、约旦、肯尼亚、朝鲜、老挝、
利比里亚、马拉维、马来西亚、马里、摩洛哥、
莫桑比克、缅甸、纳米比亚、尼泊尔、尼日尔、
尼日利亚、阿曼、巴基斯坦、俄罗斯、卢旺达、
沙特阿拉伯、塞内加尔、塞拉利昂、索马里、
南非、斯里兰卡、苏丹、斯威士兰、塔吉克斯坦、
坦桑尼亚、泰国、多哥、土耳其、土库曼斯坦、
乌干达、阿联酋、乌兹别克斯坦、越南、也门、
赞比亚、津巴布韦

Afghanistan, Algeria, Angola, Armenia, Azerbaijan, Bangladesh, Benin, Bhutan, Botswana, Burkina Faso, Burundi, Cambodia, Cameroon, Central African Republic, Chad, China, Congo, The Democratic Republic of the Congo, Cote d'Ivoire, Djibouti, Egypt, Equatorial Guinea, Eritrea, Ethiopia, Gabon, Gambia, Georgia, Ghana, Guinea, Guinea-Bissau, India, Indonesia, Iran, Israel, Jordan, Kenya, Democratic People's Republic of Korea, Laos, Liberia, Malawi, Malaysia, Mali, Morocco, Mozambique, Myanmar, Namibia, Nepal, Niger, Nigeria, Oman, Pakistan, Russia, Rwanda, Saudi Arabia, Senegal, Sierra Leone, Somalia, South Africa, Sri Lanka, Sudan, Swaziland, Tajikistan, Tanzania, Thailand, Togo, Turkey, Turkmenistan, Uganda, United Arab Emirates, Uzbekistan, Vietnam, Yemen, Zambia, Zimbabwe

生物地理界 / Biogeographic Realm

古北界、非洲热带界、印度马来界
Palearctic, Afrotropical, Indomalaya

WWF 生物群系 / WWF Biome

温带草原、热带稀树草原和灌木地
Temperate Grasslands, Savannas & Shrublands

动物地理分布型 / Zoogeographic Distribution Type

O

分布标注 / Distribution Note

非特有种 Non-Endemic

▲ 濒危状况 / Threatened Status

中国生物多样性红色名录等级 / CB RL Category (2021)
濒危 EN

IUCN 红色名录 / IUCN Red List (2023)
易危 VU

威胁因子 / Threats
狩猎、人兽冲突、栖息地改变
Hunting, human-animal conflict, habitat alteration

▲ 法律保护地位 / Legal Protection Status

国家重点保护野生动物等级 / Category of National Key Protected Wild Animals (2021)
一级 Category I

"三有"名录 / TWIESSV (2023)
未列入 Not listed

CITES 附录等级 / CITES Appendix (2023)
I

迁徙物种公约附录 / CMS Appendix (2020)
II

保护行动 / Conservation Action
已经建立东北虎豹国家公园，在自然保护区和国家公园内的种群得到保护
The Northeast Leopards and Tigers National Park has been established. Populations in nature reserves are under protection

▲ 参考文献 / References

Jiang et al. (蒋志刚等), 2021; Burgin et al., 2020; Castelló, 2020; IUCN, 2023; Christiansen and Kitchener, 2011; Hunter and Barrett, 2011; Piao et al. (朴正吉等), 2011; Wei et al., 2011; Feng and Jutzeler, 2010; Jutzeler et al., 2010a; Lau et al., 2010; Wilson and Mittermeier, 2009; Pan et al. (潘清华等), 2007; Wilson and Reeder, 2005; Wang (王应祥), 2003; Zhang (张荣祖), 1997; Gao et al. (高耀亭等), 1987

342 / 虎

Panthera tigris (Linnaeus, 1758)

· Tiger

蒋志刚 / 供图

▲ 其他名称 / Other Name(s)

其他中文名 / Other Chinese Name(s)
无 None

其他英文名 / Other English Name(s)
无 None

同物异名 / Synonym(s)
Felis tigris Linnaeus, 1758

▲ 分类地位 / Taxonomy

食肉目 Carnivora / 猫科 Felidae / 豹属 *Panthera*

科建立者及其文献 / Family Authority
Fischer de Waldheim, 1817

属建立者及其文献 / Genus Authority
Oken, 1816

亚种 / Subspecies
孟加拉亚种 *P. t. tigris* (Linnaeus, 1758)
西藏 Tibet

东北亚种 *P. t. altaica* (Temminck, 1844)
黑龙江、吉林
Heilongjiang, Jilin

华南亚种 *P. t. amoyensis* Hilzheimer, 1905
曾广泛分布在我国东部黄河流域以南至珠江以北
的广大地区
Formerly distributed widely in the area from Yellow River
to Zhujiang River

中亚亚种 *P. t. virgata* (Illiger, 1915)
新疆（已经绝迹）
Xinjiang (Extirpated)

印支亚种 *P. t. corbetti* Mazak, 1904
云南 Yunnan

模式标本产地 / Type Locality
印度
"Asia", fixed by Thomas (1911:135) as "Bengal" (India)

▲ 形态及生境 / Morphology and Habitat

形态特征 / Morphological Characteristics
齿式：3.1.3.1/3.1.2.1=30。雄性头体长 189~300
cm，体重 100~260 kg。雌性头体长 146~177 cm，
体重 75~177 kg。体型健壮，头部宽大。眼上方
有一块白斑，耳郭背面亦有白斑。基底毛色为锈
黄色至橘黄色或浅棕红色。腹部、四肢内侧和尾
巴腹面毛色为白色。背部至体侧有黑色条纹，延
伸至四肢和腹部。尾粗壮，具黑色环纹，尾长约
头体长之半。

Dental formula: 3.1.3.1/3.1.2.1=30. Male head and body
length 189-300 cm, body mass 100-260 kg. Female head
and body length 146-177 cm, body mass 75-177 kg. Body
stout, with large and wide head. There is a white spot above
the eye and another one on the back of the auricle. Base
coat color is rust yellow to orange yellow or light brown red.
The belly, the inside of the limbs and the underside of the
tail are white. There are black stripes from the back to the
sides of the body, extending to the limbs and abdomen. Tail
stout, with black ring, tail length about half the length of the
head.

生境 / Habitat
灌丛、森林、红树林、沼泽
Shrubland, forest, mangrove, swamp

▲ 地理分布 / Geographic Distribution

国内分布 / Domestic Distribution
云南、吉林、黑龙江、西藏
Yunnan, Jilin, Heilongjiang, Tibet

全球分布 / World Distribution
孟加拉国、不丹、柬埔寨、中国、印度、印度尼西亚、老挝、
马来西亚、缅甸、尼泊尔、俄罗斯、泰国、越南
Bangladesh, Bhutan, Cambodia, China, India, Indonesia, Laos, Malaysia,
Myanmar, Nepal, Russia, Thailand, Vietnam

生物地理界 / Biogeographic Realm
印度马来界、古北界
Indomalaya, Palearctic

WWF 生物群系 / WWF Biome
温带阔叶和混交林
Temperate Broadleaf & Mixed Forests

动物地理分布型 / Zoogeographic Distribution Type
We

分布标注 / Distribution Note
非特有种 Non-Endemic

▲ 濒危状况 / Threatened Status

中国生物多样性红色名录等级 / CB RL Category (2021)
极危 CR

IUCN 红色名录 / IUCN Red List (2021)
濒危 EN

威胁因子 / Threats
狩猎、住宅及商业发展、耕种、森林砍伐、人兽冲突
Hunting, residential and commercial development, farming, logging, human-animal conflict

▲ 法律保护地位 / Legal Protection Status

国家重点保护野生动物等级 / Category of National Key Protected Wild Animals (2021)
一级 Category I

"三有" 名录 / TWIESSV (2023)
未列入 Not listed

CITES 附录等级 / CITES Appendix (2023)
I

迁徙物种公约附录 / CMS Appendix (2020)
未列入 Not listed

保护行动 / Conservation Action
已经建立东北虎豹国家公园，在自然保护区和国家公园内的种群得到保护
The Northeast Leopards and Tigers National Park has been established. Populations in nature reserves are under protection

▲ 参考文献 / References

Jiang et al. (蒋志刚等), 2021; Burgin et al., 2020; Castelló, 2020; IUCN, 2020; Liu et al. (刘少英等), 2020; Hunter and Barrett, 2011; Wilson and Mittermeier, 2009; Wen (文榕生), 2016; Tian et al., 2014; Feng et al. (冯利民等), 2013; Zhang et al.,2013; Wei et al., 2011; Tian et al. (田瑜等), 2009; Pan et al. (潘清华等), 2007; Wilson and Reeder, 2005; Wang (王应祥), 2003; Zhang (张荣祖), 1997; Xia (夏武平), 1988, 1964; Gao et al. (高耀亭等), 1987

343 / 雪豹

Panthera uncia (Schreber, 1775)

• Snow Leopard

▲ 分类地位 / Taxonomy

食肉目 Carnivora / 猫科 Felidae / 豹属 *Panthera*

科建立者及其文献 / Family Authority
Fischer de Waldheim, 1817

属建立者及其文献 / Genus Authority
Oken, 1816

亚种 / Subspecies
无 None

模式标本产地 / Type Locality
中国
"Barbarey, Persien, Ostindien, und China", restricted by Pocock (1930:332) to "Altai Mountains"

张明 / 供图

▲ 其他名称 / Other Name(s)

其他中文名 / Other Chinese Name(s)
无 None

其他英文名 / Other English Name(s)
Ounce

同物异名 / Synonym(s)
Felis uncia Schreber, 1775; *Uncia uncia* (Schreber, 1775)

▲ 形态及生境 / Morphology and Habitat

形态特征 / Morphological Characteristics
齿式：3.1.3.1/3.1.2.1=30。雄性头体长 104~130 cm，体重 25~55 kg。雌性头体长 86~117 cm，体重 21~53 kg。整体毛色为浅灰色，有时呈浅棕色，体表布黑斑点、圆环或断续圆环。腹部毛色白，双耳圆而小。尾巴长而粗大，覆毛蓬松，尾长与体长相当。

Dental formula: 3.1.3.1/3.1.2.1=30. Male head and body length 104-130 cm, Body mass 25-55 kg. Female head and body length 86-117 cm, body mass 21-53 kg. The overall color is light gray, sometimes slightly light brown, and the body surface is covered with black spots, rings or intermittent rings. The belly is white, and the ears are round and small. The tail is long and thick, shaggy, and the length of the tail equals the length of the body.

生境 / Habitat
内陆岩石区域、草地、灌丛
Inland rocky area, grassland, shrubland

▲ 地理分布 / Geographic Distribution

国内分布 / Domestic Distribution
青海、内蒙古、新疆、四川、云南、西藏、甘肃
Qinghai, Inner Mongolia, Xinjiang, Sichuan, Yunnan, Tibet, Gansu

全球分布 / World Distribution
阿富汗、不丹、中国、印度、哈萨克斯坦、吉尔吉斯斯坦、蒙古国、
尼泊尔、巴基斯坦、俄罗斯、塔吉克斯坦、乌兹别克斯坦
Afghanistan, Bhutan, China, India, Kazakhstan, Kyrgyzstan, Mongolia, Nepal,
Pakistan, Russia, Tajikistan, Uzbekistan

生物地理界 / Biogeographic Realm
古北界 Palearctic

WWF 生物群系 / WWF Biome
温带草原，热带稀树草原和灌木地、岩石和冰原
Temperate Grasslands, Savannas & Shrublands, Rock and Ice

动物地理分布型 / Zoogeographic Distribution Type
Pw

分布标注 / Distribution Note
非特有种 Non-Endemic

▲ 濒危状况 / Threatened Status

中国生物多样性红色名录等级 / CB RL Category (2021)
濒危 EN

IUCN 红色名录 / IUCN Red List (2021)
易危 VU

威胁因子 / Threats
狩猎、食物缺乏、人兽冲突、人类活动干扰
Hunting, food scarcity, human-animal conflict, human disturbance

▲ 法律保护地位 / Legal Protection Status

国家重点保护野生动物等级 / Category of National Key Protected Wild Animals (2021)
一级 Category I

"三有"名录 / TWIESSV (2023)
未列入 Not listed

CITES 附录等级 / CITES Appendix (2023)
I

迁徙物种公约附录 / CMS Appendix (2020)
I

保护行动 / Conservation Action
在自然保护区内的种群得到保护
Populations in nature reserves are under protection

▲ 参考文献 / References

Jiang et al. (蒋志刚等), 2021; Burgin et al., 2020; Castelló, 2020; Chu et al. (初雯等), 2020; IUCN, 2020; Liu et al. (刘少英等), 2020; McCarthy et al., 2017; Xu et al. (徐峰等), 2011; Wilson and Mittermeier, 2009; Xu et al., 2008; Wei et al., 2009; Zhang et al. (张于光等), 2009; Xia (夏武平), 1988, 1964; Gao et al. (高耀亭等), 1987

344 / 双角犀

Dicerorhinus sumatrensis (G. Fischer, 1814)

· Sumatran Rhinoceros

▲ 分类地位 / Taxonomy

奇蹄目 Perissodactyla / 犀科 Rhinocerotidae / 双角犀属 *Dicerorhinus*

科建立者及其文献 / Family Authority
Gray, 1821

属建立者及其文献 / Genus Authority
Gloger, 1841

亚种 / Subspecies
无 None

模式标本产地 / Type Locality
印度尼西亚
"Sumatra", now known to be Indonesia, Sumatra, Bencoolen (= Bintuhan) Dist., Fort Marlborough (Groves, 1967c)

▲ 其他名称 / Other Name(s)

其他中文名 / Other Chinese Names
苏门犀、苏门答腊犀

其他英文名 / Other English Name(s)
无 None

同物异名 / Synonym(s)
Rhinoceros sumatrensis G. Fischer, 1814

▲ 形态及生境 / Morphology and Habitat

形态特征 / Morphological Characteristics
齿式：1.0.3.3/0.1.3.3=28。体形粗壮，头体长为 236~318 cm。肩高 112~145 cm。皮肤平均厚 16 mm，边缘有皱纹。腿和躯干部之间的皮肤皱褶深，硬毛短，皮厚。鼻部有 2 个角，前角要比后角明显得多。犀牛角是由皮下组织发育而来的，它是由像毛发一样的角质组成。吻端圆形，没有褶皱。体色一般为深灰色或棕色。

Dental formula: 1.0.3.3/0.1.3.3=28. It has a stout body and short body length, with a head length of 236-318 cm. Shoulder height 112-145 cm. Skin average thickness 16 mm, wrinkled. Deep wrinkled skin around the body between the legs and the trunk, short bristles, and thick skin. The nose has two horns, and the anterior horn is much more pronounced than the nose horn. Rhinoceros horns develop from subcutaneous tissues, and are made of keratinous mineralized compartments like hairs. The snout is rounded, without folds. The body color is usually dark gray or brown.

生境 / Habitat
热带亚热带低山河谷
Subtropical-tropical mountain valley

▲ 地理分布 / Geographic Distribution

国内分布 / Domestic Distribution

云南（腾冲，1948 年绝迹；勐海，1947 年绝迹）、西藏（20 世纪 80 年代藏南仍有分布记录）

Formerly distributed in Yunnan (Tengchong population extirpated in 1948 and Menghai population extirpated in 1947) and Tibet (Recorded in Zangnan in 80s of the 20th century)

全球分布 / World Distribution

中国、印度尼西亚、印度、缅甸、泰国、马来西亚

China, Indonesia, India, Myanmar, Thailand, Malaysia

生物地理界 / Biogeographic Realm

印度马来界 Indomalaya

WWF 生物群系 / WWF Biome

热带和亚热带湿润阔叶林

Tropical & Subtropical Moist Broadleaf Forests

动物地理分布型 / Zoogeographic Distribution Type

Wa

分布标注 / Distribution Note

非特有种 Non-Endemic

▲ 濒危状况 / Threatened Status

中国生物多样性红色名录等级 / CB RL Categories (2021)

区域灭绝 RE

IUCN 红色名录 / IUCN Red List (2021)

极危 CR

威胁因子 / Threats

栖息地丧失、猎捕

Loss of habitat, hunting

▲ 法律保护地位 / Legal Protection Status

国家重点保护野生动物等级 / Category of National Key Protected Wild Animals (2021)

未列入 Not listed

"三有"名录 / TWIESSV (2023)

未列入 Not listed

CITES 附录等级 / CITES Appendix (2023)

I

迁徙物种公约附录 / CMS Appendix (2020)

未列入 Not listed

保护行动 / Conservation Action

未知 Unknown

▲ 参考文献 / References

Jiang et al. (蒋志刚等), 2021; Burgin et al., 2020; IUCN, 2020; Liu et al. (刘少英等), 2020; Wilson and Mittermeier, 2012; Graves and Grubb, 2011; Wang (王应祥), 2003; Nowak R M, 1999

345 / 爪哇犀

Rhinoceros sondaicus Desmarest, 1822

• Javan Rhinoceros

▲ 分类地位 / Taxonomy

奇蹄目 Perissodactyla / 犀科 Rhinocerotidae / 独角犀属 *Rhinoceros*

科建立者及其文献 / Family Authority
Gray, 1821

属建立者及其文献 / Genus Authority
Linnaeus, 1758

亚种 / Subspecies
无 None

模式标本产地 / Type Locality
印度尼西亚
"Sumatra" (Indonesia), later corrected to "Java" (Indonesia)

▲ 其他名称 / Other Name(s)

其他中文名 / Other Chinese Names
小独角犀

其他英文名 / Other English Name(s)
无 None

同物异名 / Synonym(s)
无 None

▲ 形态及生境 / Morphology and Habitat

形态特征 / Morphological Characteristics

齿式：1.0.3.3/0.1.3.3=28。头体长 2~4 m。身高 1.4~1.7 m。独角，仅雄性有角。爪哇犀的角是现存犀牛中最小的，长度通常不到 20 cm，最长 27 cm。上唇、下门牙长而尖。嗅觉、听觉好，但视力很差。无毛，肩、背部和臀部有灰斑色或灰褐色的皮肤折叠。

Dental formula: 1.0.3.3/0.1.3.3=28. The head is 2-4 m long and the boy height is 1.4-1.7 m. Only males possess horns. Only one single hornpresent, which is the smallest amony all living rhinos, usually less than 20 cm long and up to 27 cm. Upper lip and lower front teeth are long and pointed. Good at smell and hearing, but vision is poor. Glabrous, with folds of gray spotted or grayish brown skin on shoulders, back and rumps.

生境 / Habitat
热带湿润低地森林
Tropical moist lowland forest

▲ 地理分布 / Geographic Distribution

国内分布 / Domestic Distribution

云南(云南南部思茅菜阳河,1948年以前绝迹;江城,1957年绝迹)

Formerly only found in Yunnan (southern parts-Caiyanghe of Simao population extirpated before 1948, and Jiangcheng population extirpated in 1957)

全球分布 / World Distribution

中国、印度尼西亚、越南

China, Indonesia, Vietnam

生物地理界 / Biogeographic Realm

印度马来界 Indomalaya

WWF 生物群系 / WWF Biome

热带和亚热带湿润阔叶林

Tropical & Subtropical Moist Broadleaf Forests

动物地理分布型 / Zoogeographic Distribution Type

Wa

分布标注 / Distribution Note

非特有种 Non-Endemic

▲ 濒危状况 / Threatened Status

中国生物多样性红色名录等级 / CB RL Categories (2021)

区域灭绝 RE

IUCN 红色名录 / IUCN Red List (2021)

极危 CR

威胁因子 / Threats

栖息地丧失、猎捕

Loss of habitat, hunting

▲ 法律保护地位 / Legal Protection Status

国家重点保护野生动物等级 / Category of National Key Protected Wild Animals (2021)

未列入 Not listed

"三有"名录 / TWIESSV (2023)

未列入 Not listed

CITES 附录等级 / CITES Appendix (2023)

I

迁徙物种公约附录 / CMS Appendix (2020)

未列入 Not listed

保护行动 / Conservation Action

未知 Unknown

▲ 参考文献 / References

Jiang et al. (蒋志刚等), 2021; Burgin et al., 2020; IUCN, 2020; Castelló, 2016; Wilson and Mittermeier, 2012; Graves and Grubb, 2011; Pan et al. (潘清华等), 2007; Grubb(2005); Wilson and Reeder, 2005; Wang (王应祥), 2003; Xu (许再富), 2000; Nowak(1999); He (何业恒), 1993; Rookmaaker, 1980

346 / 大独角犀

Rhinoceros unicornis Linnaeus, 1758

· Indian Rhinoceros

▲ 分类地位 / Taxonomy

奇蹄目 Perissodactyla / 犀科 Rhinocerotidae / 独角犀属 *Rhinoceros*

科建立者及其文献 / Family Authority
Gray, 1821

属建立者及其文献 / Genus Authority
Linnaeus, 1758

亚种 / Subspecies
无 None

模式标本产地 / Type Locality
印度
"Habitat in Africa, India", now identified as India, Assam, Terai

▲ 其他名称 / Other Name(s)

其他中文名 / Other Chinese Names
印度犀

其他英文名 / Other English Name(s)
Greater One-horned Rhino, Great Indian Rhinoceros, Indian Rhinoceros

同物异名 / Synonym(s)
无 None

▲ 形态及生境 / Morphology and Habitat

形态特征 / Morphological Characteristics
齿式：1.0.3.3/0.1.3.3=28。皮肤厚，灰褐色。除了睫毛、耳缘和尾毛刷，通体几乎没有体毛。雄性与雌性鼻端均有一个由毛发黏合而成的黑色角，长 500~600 mm。腿和肩上覆盖着疣状的隆起。皮肤上有许多松散的褶皱，雄性颈部和臀部皮肤上覆盖着大疣状隆起。

Dental formula: 1.0.3.3/0.1.3.3=28. The skin is thick and grayish brown. Almost no body hair except for eyelashes, ear rims and tail brushes. Both males and females have a black horn formed by hair bonding at the nose end, 500-600 mm long. Many loose folds in the skin. The legs and shoulders were covered with warty ridges especially in the male's neck and rump area.

生境 / Habitat
草地、森林、沼泽、农田
Grassland, forest, swamp, arable land

▲ 地理分布 / Geographic Distribution

国内分布 / Domestic Distribution

西藏（Churdhury 报道，现在藏南没有大独角犀定居种群，但几乎每年都有一些大独角犀个体从阿萨姆邦 Kiziranga 国家公园进入藏南）
Tibet (Churdhury reported that there is no resident population of Greater Onehorned Rhinos in Zangnan now, but almost every year a few individuals stray into Zangnan from Kiziranga National Park, Assam)

全球分布 / World Distribution

中国、印度、尼泊尔、孟加拉国、不丹、缅甸、印度尼西亚、巴基斯坦
China, India, Nepal, Bangladesh, Bhutan, Myanmar, Indonesia, Pakistan

生物地理界 / Biogeographic Realm
印度马来界 Indomalaya

WWF 生物群系 / WWF Biome
热带和亚热带湿润阔叶林
Tropical & Subtropical Moist Broadleaf Forests

动物地理分布型 / Zoogeographic Distribution Type
Wa

分布标注 / Distribution Note
非特有种 Non-Endemic

▲ 濒危状况 / Threatened Status

中国生物多样性红色名录等级 / CB RL Categories (2023)
数据缺乏 DD（有待近期数据 Recent information pending）

IUCN 红色名录 / IUCN Red List (2021)
易危 VU

威胁因子 / Threats
栖息地丧失、猎捕
Loss of habitat, hunting

▲ 法律保护地位 / Legal Protection Status

国家重点保护野生动物等级 / Category of National Key Protected Wild Animals (2021)
未列入 Not listed

"三有"名录 / TWIESSV (2023)
未列入 Not listed

CITES 附录等级 / CITES Appendix (2023)
I

迁徙物种公约附录 / CMS Appendix (2020)
未列入 Not listed

保护行动 / Conservation Action
有重引入的计划 Re-introduction Planned

▲ 参考文献 / References

Jiang et al. (蒋志刚等), 2021; Burgin et al., 2020; IUCN, 2020; Liu et al. (刘少英等), 2020; Castelló, 2016; Wilson and Mittermeier, 2012; Graves and Grubb, 2011; Smith et al., 2009; Choudhury, 2003; Xu (许再富), 2000; Nowak, 1999; He (何业恒), 1993

347 / 野马

Equus ferus Boddaert, 1785

· Przewalski's Horse

▲ 分类地位 / Taxonomy

奇蹄目 Perissodactyla / 马科 Equidae / 马属 *Equus*

科建立者及其文献 / Family Authority
Gray, 1821

属建立者及其文献 / Genus Authority
Linnaeus, 1758

亚种 / Subspecies
无 None

模式标本产地 / Type Locality
中国（新疆准噶尔盆地）
Peski Khanobo (Kanabo) okolo 250 km k yugo-vostoku ot Zaisanskovo posta (priblizitel'no ha 46°c. sh. k yugu ot oz. Ulyungur); tsen tral'naya Dzhungariya

▲ 其他名称 / Other Name(s)

其他中文名 / Other Chinese Names
蒙古野马、普氏野马

其他英文名 / Other English Name(s)
Asian Wild Horse, Mongolian Wild Horse

同物异名 / Synonym(s)
无 None

▲ 形态及生境 / Morphology and Habitat

形态特征 / Morphological Characteristics
齿式：2~3.1.3~4.3/3.1.3.3=44~48。头体长 180~280 cm。体重 200~350 kg。吻部短且钝，白色。前额无长毛。颈部有鬃毛。毛色浅褐色至黄褐色，侧下部至腹面毛色稍浅。四肢下部色深，冬季毛色浅于夏季。尾下部具棕黑色束状长毛。

Dental formula: 2-3.1.3-4.3/3.1.3.3=44-48. Head and body length 180-280 cm. Body mass 200-350 kg. Snout short and blunt, white. No hair on forehead. Neck with mane. Hairs light brown to yellowish brown, slightly lighter from the lower part of the body to the ventral surface. The lower part of the limbs is dark in color. Winter pelage is lighter than the summer pelage. Tail with brown black bundles of long hairs.

生境 / Habitat
半荒漠地区
Semi-desert area

0780

▲ 地理分布 / Geographic Distribution

国内分布 / Domestic Distribution
新疆、甘肃 Xinjiang, Gansu

全球分布 / World Distribution
白俄罗斯、中国、德国、哈萨克斯坦、立陶宛、波兰、俄罗斯、乌克兰、蒙古国
Belarus, China, Germany, Kazakhstan, Lithuania, Poland, Russia, Ukraine, Mongolia

生物地理界 / Biogeographic Realm
古北界 Palearctic

WWF 生物群系 / WWF Biome
温带草原、热带稀树草原和灌木地
Temperate Grasslands, Savannas & Shrublands

动物地理分布型 / Zoogeographic Distribution Type
D

分布标注 / Distribution Note
非特有种 Non-Endemic

▲ 濒危状况 / Threatened Status

中国生物多样性红色名录等级 / CB RL Categories (2021)
野外灭绝 EW

IUCN 红色名录 / IUCN Red List (2021)
濒危 EN

威胁因子 / Threats
人类活动干扰、气候变化、家畜放牧、采矿
Hunting, human disturbance, climate change, livestock ranching, mining

▲ 法律保护地位 / Legal Protection Status

国家重点保护野生动物等级 / Category of National Key Protected Wild Animals (2021)
一级 Category I

"三有" 名录 / TWIESSV (2023)
未列入 Not listed

CITES 附录等级 / CITES Appendix (2023)
I

迁徙物种公约附录 / CMS Appendix (2020)
I

保护行动 / Conservation Action
正在开展重野化计划 Undergoing Re-wilding Plan

▲ 参考文献 / References

Jiang et al. (蒋志刚等), 2021; Burgin et al., 2020; IUCN, 2020; Liu et al. (刘少英等), 2020; Jiang and Zong, 2019; Jiang et al. (蒋志刚等), 2016; Su et al.(苏旭坤等), 2014; Smith et al., 2009; Meng et al. (孟玉萍等), 2009; Zhang et al. (张峰等), 2009; Pan et al. (潘清华等), 2007; Wilson and Reeder, 2005; Wang (王应祥), 2003; Zhang (张荣祖), 1997

348 / 蒙古野驴

Equus hemionus Pallas, 1775

· Asiatic Wild Ass

▲ 分类地位 / Taxonomy

奇蹄目 Perissodactyla / 马科 Equidae / 马属 *Equus*

科建立者及其文献 / Family Authority
Gray, 1821

属建立者及其文献 / Genus Authority
Linnaeus, 1758

亚种 / Subspecies
指名亚种 *E. h. hemionus* Pallas, 1775
新疆和内蒙古
Xinjiang and Inner Mongolia

模式标本产地 / Type Locality
俄罗斯
Russia, Transbaikalia, S Chitinsk. Obl., Tarei-Nor, 50°N, 115°E

蒋志刚 / 供图

▲ 其他名称 / Other Name(s)

其他中文名 / Other Chinese Name(s)
野驴、亚洲野驴、野马

其他英文名 / Other English Name(s)
Asian Wild Ass

同物异名 / Synonym(s)
无 None

▲ 形态及生境 / Morphology and Habitat

形态特征 / Morphological Characteristics

齿式：3.1.4.3/3.1.4.3=44。头体长 200~220 cm。体重 200~260 kg。头部大，吻部钝圆。双耳长，体背为暗褐色至浅沙黄色，腹面污白色，四肢内侧白色，吻部白色。背脊中央具深褐色纵纹，颈背具短而竖立的褐色鬃毛。冬季毛色较浅。尾末端具棕黄色长毛。

Dental formula: 3.1.4.3/3.1.4.3=44. Head length 200-220 cm. Body mass 200-260 kg. Body robust, short and blunt snout, white. No hair on forehead. It has a mane on the neck. Light brown to yellowish brown, slightly lighter from the lower part of the body to the ventral surface. The lower part of the limbs is dark in color. Winter coat is lighter in color than the summer coat. Underpart of the tail with black-brown bundles of long hairs.

生境 / Habitat

荒漠 Desert

▲ 地理分布 / Geographic Distribution

国内分布 / Domestic Distribution
甘肃、新疆、内蒙古
Gansu, Xinjiang, Inner Mongolia

全球分布 / World Distribution
中国、印度、伊朗、蒙古国、土库曼斯坦、哈萨克斯坦、沙特阿拉伯、
乌克兰、乌兹别克斯坦
China, India, Iran, Mongolia, Turkmenistan, Kazakhstan, Saudi Arabia, Ukraine,
Uzbekistan

生物地理界 / Biogeographic Realm
古北界 Palearctic

WWF 生物群系 / WWF Biome
温带草原、热带稀树草原和灌木地
Temperate Grasslands, Savannas & Shrublands

动物地理分布型 / Zoogeographic Distribution Type
Dg

分布标注 / Distribution Note
非特有种 Non-Endemic

▲ 濒危状况 / Threatened Status

中国生物多样性红色名录等级 / CB RL Categories (2023)
濒危 EN

IUCN 红色名录 / IUCN Red List (2021)
濒危 EN

威胁因子 / Threats
家畜放牧、人类活动干扰、人兽冲突、耕种、狩猎
Livestock ranching, human disturbance, human-animal conflict, farming, hunting

▲ 法律保护地位 / Legal Protection Status

国家重点保护野生动物等级 / Category of National Key Protected Wild Animals (2021)
一级 Category I

"三有"名录 / TWIESSV (2023)
未列入 Not listed

CITES 附录等级 / CITES Appendix (2023)
II

迁徙物种公约附录 / CMS Appendix (2020)
II

保护行动 / Conservation Action
自然保护区内种群得到保护
Populations in nature reserves are protected

▲ 参考文献 / References

Jiang et al. (蒋志刚等), 2021; Burgin et al., 2020; IUCN, 2020; Castelló, 2016; Wilson and Mittermeier, 2012; Graves and Grubb, 2011; Lin et al. (林杰等), 2011; Chu et al. (初红军等), 2009; Pan et al. (潘清华等), 2007; Wilson and Reeder, 2005; Wang (王应祥), 2003; Li et al. (李春旺等), 2002; Zhang (张荣祖), 1997

349 / 藏野驴

Equus kiang Moorcroft, 1841

· Kiang

▲ 分类地位 / Taxonomy

奇蹄目 Perissodactyla / 马科 Equidae / 马属 *Equus*

科建立者及其文献 / Family Authority
Gray, 1821

属建立者及其文献 / Genus Authority
Linnaeus, 1758

亚种 / Subspecies
指名亚种 *E. k. kiang* Moorcroft, 1841
新疆和青海
Xinjiang and Qinghai

青海亚种 *E. k. holdereri* Matschie, 1911
青海、四川和甘肃
Qinghai, Sichuan and Gansu

模式标本产地 / Type Locality
克什米尔地区
"Ladak" (Kashmir)

蒋志刚 / 供图

▲ 其他名称 / Other Name(s)

其他中文名 / Other Chinese Name(s)
藏驴、西藏野驴、野马

其他英文名 / Other English Name(s)
Tibetan Wild Ass

同物异名 / Synonym(s)
无 None

▲ 形态及生境 / Morphology and Habitat

形态特征 / Morphological Characteristics
齿式：3.1.4.3/3.1.4.3=44。头体长 180~215 cm，体重 250~400 kg。吻部钝圆。耳尖黑色。体背棕色或棕红色，腹部和四肢白色或灰白色，背腹面分界线明显。夏毛短，冬毛长，色深。颈后有直立鬃毛，棕色背中线沿背脊中央延伸至尾部。

Dental formula: 3.1.4.3/3.1.4.3=44. Head length 180-215 cm. Body mass 250-400 kg. The snout is blunt and round. Ear tips are black. Dorsum is brown or brownish red, the abdomen and limbs are white or grayish white, and the boundary between the dorsumand abdomen is clear. Hairs short in summer, long in winter and dark in color. An erect short mane at the back of the neck, with a brown midline extending along the ridge to the tail.

生境 / Habitat
草甸、荒漠
Meadow, desert

▲ 地理分布 / Geographic Distribution

国内分布 / Domestic Distribution
新疆、青海、甘肃、四川、西藏
Xinjiang, Qinghai, Gansu, Sichuan, Tibet

全球分布 / World Distribution
中国、印度、尼泊尔、巴基斯坦
China, India, Nepal, Pakistan

生物地理界 / Biogeographic Realm
古北界 Palearctic

WWF 生物群系 / WWF Biome
温带草原、热带稀树草原和灌木地
Temperate Grasslands, Savannas & Shrublands

动物地理分布型 / Zoogeographic Distribution Type
Pa

分布标注 / Distribution Note
非特有种 Non-Endemic

▲ 濒危状况 / Threatened Status

中国生物多样性红色名录等级 / CB RL Categories (2021)
近危 NT

IUCN 红色名录 / IUCN Red List (2021)
无危 LC

威胁因子 / Threats
人兽冲突、家畜放牧、狩猎、道路建设
Human-wild animal conflict, livestock ranching, hunting

▲ 法律保护地位 / Legal Protection Status

国家重点保护野生动物等级 / Category of National Key Protected Wild Animals (2021)
一级 Category I

"三有"名录 / TWIESSV (2023)
未列入 Not listed

CITES 附录等级 / CITES Appendix (2023)
II

迁徙物种公约附录 / CMS Appendix (2020)
II

保护行动 / Conservation Action
自然保护区内种群得到保护
Populations in nature reserves are protected

▲ 参考文献 / References

Turgh et al., 2022; Jiang et al. (蒋志刚等), 2021; Burgin et al., 2020; IUCN, 2020; Castelló, 2016; Wilson and Mittermeier, 2012; Graves and Grubb, 2011; Kaczensky et al., 2011; Pan et al. (潘清华等), 2007; Wilson and Reeder, 2005; Wang (王应祥), 2003

350 / 北太平洋露脊鲸

Eubalaena japonica (Lacépède, 1818)

· North Pacific Right Whale

▲ 分类地位 / Taxonomy

鲸偶蹄目 Cetartiodactyla / 露脊鲸科 Balaenidae / 露脊鲸属 *Eubalaena*

科建立者及其文献 / Family Authority
Gray, 1821

属建立者及其文献 / Genus Authority
Gray, 1864

亚种 / Subspecies
无 None

模式标本产地 / Type Locality
日本
Japan

▲ 其他名称 / Other Name(s)

其他中文名 / Other Chinese Name(s)
黑露脊鲸、脊美鲸、瘤头鲸

其他英文名 / Other English Name(s)
Black Right Whale,
Northern Right Whale

同物异名 / Synonym(s)
无 None

▲ 形态及生境 / Morphology and Habitat

形态特征 / Morphological Characteristics

体黑色，腹面有大块白色斑点。头长约体长的三分之一。头部有一些白色、黄色或粉红色的胼胝体。其中最大的位于吻端顶端，称为帽。鲸须板长达 3 m，口内每侧 200~270 枚。成年体长 14~17 m，最大体长 18.3 m。成年体重 70000~100000 kg，雌性个体比雄性大。背侧呈拱形，无背鳍或背脊。下颌很窄。两个相距很远的呼吸孔，通常会喷出 2~3 m 高的 "V" 形水雾柱。

The skin of North Pacific right whales is largely black, although individuals may have white patches on their undersides. The head is about one-third of the body length. They are marked by large white, yellow, or pink callosities on the rostrum, near the blowholes and eyes, and on the chin and lower lip. The largest callosity, on the top of the rostrum, is called a "bonnet". Baleen plates are 3 m long, range from 200-270 on each side of the mouth. Adult body length 14-17 m. Maximum body length 18.3 m. Adult weigh up to 70,000-100,000 kg, and females are larger than the males. Dorsum is arched, no dorsal fin or dorsal ridge, and the chin is narrow. Two widely separated blowholes, usually spewing up to 2-3 m high V-shaped column of water spray.

生境 / Habitat
海洋
Temperate and sub-arctic waters in the Pacific Ocean

▲ 地理分布 / Geographic Distribution

国内分布 / Domestic Distribution
黄海、台湾海峡、台湾东部海域
Yellow Sea, Taiwan Strait, Seas east of Taiwan

全球分布 / World Distribution
美国、墨西哥、加拿大、中国、俄罗斯、日本、朝鲜、韩国
United States, Mexico, Canada, China, Russia, Japan, Democratic People's Republic of Korea, Republic of Korea

生物地理界 / Biogeographic Realm
新北界、古北界
Nearctic, Palearctic

WWF 生物群系 / WWF Biome
海洋生物群系 Marine Biome

动物地理分布型 / Zoogeographic Distribution Type
MAo

分布标注 / Distribution Note
非特有种 Non-Endemic

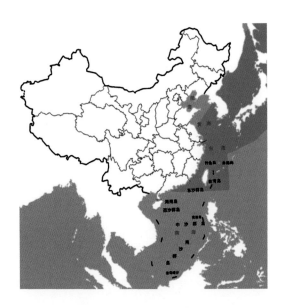

▲ 濒危状况 / Threatened Status

中国生物多样性红色名录等级 / CB RL Category (2021)
濒危 EN

IUCN 红色名录 / IUCN Red List (2021)
濒危 EN

威胁因子 / Threats
人类活动干扰
Human disturbance

▲ 法律保护地位 / Legal Protection Status

国家重点保护野生动物等级 / Category of National Key Protected Wild Animals (2021)
一级 Category I

"三有"名录 / TWIESSV (2023)
未列入 Not listed

CITES 附录等级 / CITES Appendix (2023)
I

迁徙物种公约附录 / CMS Appendix (2020)
I

保护行动 / Conservation Action
法律保护物种 Legally protected species

▲ 参考文献 / References

Jiang et al. (蒋志刚等), 2021; Burgin et al., 2020; IUCN, 2020; Liu et al. (刘少英等), 2020; Jefferson et al., 2015; Mittermeier and Wilson, 2014; Perrin et al., 2008; Zhou (周开亚), 2004, 2008; Pan et al. (潘清华等), 2007; Wilson and Reeder, 2005; Wang (王应祥), 2003; Zhou et al. (周开亚等), 2001; Zhang (张荣祖), 1997; Chen et al. (陈万青等), 1992; Shi and Wang (施友仁和王秀玉), 1978

351 / 灰鲸

Eschrichtius robustus (Lilljeborg, 1861)

• Gray Whale

▲ 分类地位 / Taxonomy

鲸偶蹄目 Cetartiodactyla / 灰鲸科 Eschrichtiidae / 灰鲸属 *Eschrichtius*

科建立者及其文献 / Family Authority
Ellerman and Morrison-Scott, 1951

属建立者及其文献 / Genus Authority
Gray, 1864

亚种 / Subspecies
无 None

模式标本产地 / Type Locality
瑞典
Sweden, "Greai Roslagen" (Uppland, Graso Isl)

Bertie Gregory (naturepl.com) / 供图

▲ 其他名称 / Other Name(s)

其他中文名 / Other Chinese Name(s)
无 None

其他英文名 / Other English Name(s)
Gray Back Whale, Scrag, Devil Fish

同物异名 / Synonym(s)
无 None

▲ 形态及生境 / Morphology and Habitat

形态特征 / Morphological Characteristics
身体呈深灰色，有灰白色花纹。腹部颜色稍浅。成年体长为 13~15 m。成年体重可达 45 t。头部较短，上颌吻端钝圆，下颌吻端突出，眼睛紧邻口角上方。头顶上有 2 个呼吸孔。鳍肢短小，末端圆形。背鳍缺如，有 6~12 个小圆突。尾叶缺刻深，梢端钝圆。鲸须为乳白色至淡黄色，异常短。头部腹侧面不像其他须鲸那样有许多明显的沟，仅在喉部下面有 2~7 道浅沟。

The body is dark gray, covered with a grayish-white pattern, with the abdomen slightly lighter colored. Adult body length is 13-15 m. Adult body mass can reach 45 t. The head is short, the snout is blunt and round, the lower jaw is prominent, and the eyes are close to the upper corner of the mouth. There are two blowholes on the top of the head. The flippers are short and rounded. There are no dorsal fins, only 6-12 raised bumps. Tail flukes deep notched, tip blunt rounded. Unlike other baleen whales, the baleens are milky-white to light yellow, and are unusually short. Ventral side of the head does not have as many obvious grooves as other baleen whales, but only 2-7 shallow grooves under the throat.

生境 / Habitat
北太平洋的沿岸浅海
Shallow coastal waters of the North Pacific Ocean

▲ 地理分布 / Geographic Distribution

国内分布 / Domestic Distribution
渤海、黄海、东海、南海
Bohai Sea, Yellow Sea, East China Sea, South China Sea

全球分布 / World Distribution
中国、日本、韩国、朝鲜、俄罗斯、加拿大、美国、墨西哥
China, Japan, Republic of Korea, Democratic People's Republic of Korea, Russia, Canada, United States, Mexico

生物地理界 / Biogeographic Realm
印度马来界、新北界、新热带界、古北界
Indomalaya, Nearctic, Neotropical, Palearctic

WWF 生物群系 / WWF Biome
海洋生物群系 Marine Biome

动物地理分布型 / Zoogeographic Distribution Type
MAo

分布标注 / Distribution Note
非特有种 Non-Endemic

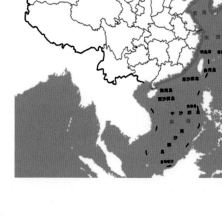

▲ 濒危状况 / Threatened Status

中国生物多样性红色名录等级 / CB RL Category (2021)
无危 LC

IUCN 红色名录 / IUCN Red List (2021)
无危 LC

威胁因子 / Threats
海洋污染、渔具缠绕
Ocean pollution, entanglement in fishing gear

▲ 法律保护地位 / Legal Protection Status

国家重点保护野生动物等级 / Category of National Key Protected Wild Animals (2021)
一级 Category I

"三有" 名录 / TWIESSV (2023)
未列入 Not listed

CITES 附录等级 / CITES Appendix (2023)
I

迁徙物种公约附录 / CMS Appendix (2020)
未列入 Not listed

保护行动 / Conservation Action
法律保护物种 Legally protected species

▲ 参考文献 / References

Jiang et al. (蒋志刚等), 2021; Burgin et al., 2020; IUCN, 2020; Jefferson et al., 2015; Mittermeier and Wilson, 2014; Perrin et al., 2008; Kenney, 2018; Pan et al. (潘清华等), 2007; Wilson and Reeder, 2005; Zhou (周开亚), 2008, 2004; Wang (王应祥), 2003; Zhou et al. (周开亚等), 2001; Zhang (张荣祖), 1997; Chen et al. (陈万青等); 1992

352 / 小须鲸

Balaenoptera acutorostrata Lacépède, 1804

• Common Minke Whale

鲸偶蹄目 Cetartiodactyla / 须鲸科 Balaenopteridae / 须鲸属 *Balaenoptera*

科建立者及其文献 / Family Authority
Gray, 1864

属建立者及其文献 / Genus Authority
Lacépède, 1804

亚种 / Subspecies
无 None

模式标本产地 / Type Locality
法国
France, "pris aux environs de la rade de Cherbourg", Mancha

Nick Hawkins (naturepl.com) / 供图

▲ 其他名称 / Other Name(s)

其他中文名 / Other Chinese Name(s)
无 None

其他英文名 / Other English Name(s)
Lesser Rorqual, Little Piked Whale,
Sharp-snouted Fin Whale, Pygmy Whale

同物异名 / Synonym(s)
无 None

▲ 形态及生境 Morphology and Habitat

形态特征 / Morphological Characteristics
背侧深灰色，腹侧白色。头狭窄，吻端尖，头背中央的脊显著。有
50~70 个喉褶延伸到鳍肢后面，230~360 块乳白色的鲸须板。鳍肢短而
窄，有 1 条显著的白色横斑。背鳍后弯，位于吻端向后约三分之二体长
处。尾叶较宽，后缘有缺刻。

The dorsal side is dark gray, and the ventral side is white. Narrow head with a pointed snout and single ridge. 50-70 throat grooves extend just past the flippers, and 230-360 cream-colored baleen plate-short, narrow flippers with distinct white bands. Dorsal fin is posteriorly curved, about 2/3 of the length backward at the snout. Tail flukes are wide with notches at the trailing edge.

生境 / Habitat
沿岸海域
Coastal waters

▲ 地理分布 / Geographic Distribution

国内分布 / Domestic Distribution
渤海、黄海、东海、南海、台湾东部海域
Bohai Sea, Yellow Sea, East China Sea, South China Sea, Seas east of Taiwan

全球分布 / World Distribution
全球海洋 Global oceans

生物地理界 / Biogeographic Realm
非洲热带界、南极洲界、澳大利西亚界、印度马来界、新北界、新热带界、大洋洲界、古北界
Afrotropical, Antarctic, Australasian, Indomalaya, Nearctic, Neotropical, Oceanian, Palearctic

WWF 生物群系 / WWF Biome
海洋生物群系 Marine Biome

动物地理分布型 / Zoogeographic Distribution Type
MAo

分布标注 / Distribution Note
非特有种 Non-Endemic

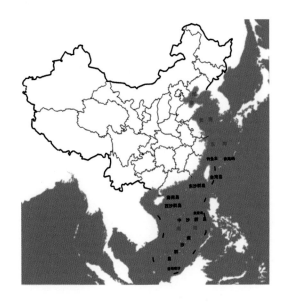

▲ 濒危状况 / Threatened Status

中国生物多样性红色名录等级 / CB RL Category (2021)
无危 LC

IUCN 红色名录 / IUCN Red List (2021)
无危 LC

威胁因子 / Threats
海洋污染、渔业纠缠
Ocean pollution, fisheries entanglement

▲ 法律保护地位 / Legal Protection Status

国家重点保护野生动物等级 / Category of National Key Protected Wild Animals (2021)
一级 Category I

"三有"名录 / TWIESSV (2023)
未列入 Not listed

CITES 附录等级 / CITES Appendix (2023)
I

迁徙物种公约附录 / CMS Appendix (2020)
未列入 Not listed

保护行动 / Conservation Action
法律保护物种 Legally protected species

▲ 参考文献 / References

Jiang et al. (蒋志刚等), 2021; Burgin et al., 2020; IUCN, 2020; Jefferson et al., 2015; Mittermeier and Wilson, 2014; Perrin et al., 2008; Wang et al. (王先艳等), 2013; Wang (王丕烈), 2011; Zhou (周开亚), 2008, 2004; Pan et al. (潘清华等), 2007; Wilson and Reeder, 2005; Wang (王应祥), 2003; Zhou et al. (周开亚等), 2001; Zhang (张荣祖), 1997

353 / 塞鲸

Balaenoptera borealis Lesson, 1828

· Sei Whale

▲ 分类地位 / Taxonomy

鲸偶蹄目 Cetartiodactyla / 须鲸科 Balaenopteridae / 须鲸属 *Balaenoptera*

科建立者及其文献 / Family Authority
Gray, 1864

属建立者及其文献 / Genus Authority
Lacépède, 1804

亚种 / Subspecies
无 None

模式标本产地 / Type Locality
德国
Germany, Schleswig-Holstein, Lubeck Bay, near Gromitz (see Rudolphi, 1822)

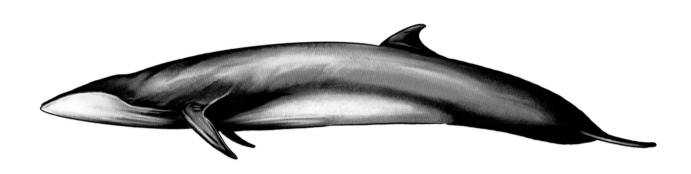

▲ 其他名称 / Other Name(s)

其他中文名 / Other Chinese Name(s)
无 None

其他英文名 / Other English Name(s)
Coalfish Whale, Northern Rorqual,
Sardine Whale, Lesser Fin Whale

同物异名 / Synonym(s)
无 None

▲ 形态及生境 / Morphology and Habitat

形态特征 / Morphological Characteristics

成年长可达 18 m 长。成体重 14000~27000 kg。雌性个体比雄性稍大一些。头部微微拱起，有一个突出的纵向脊，侧面观吻端向下。背鳍高、直、镰刀状。鳍肢短而尖。体深灰色，接近黑色，体侧和腹部白色。32~65 条喉沟止于脐的远前方，口腔内有 300~380 片灰黑色鲸须。

Adults up to 18 m in length. The adult body weighs 14000-27000 kg. Females slightly larger than males. Head is slightly arched and has one central ridge. Dorsal fin is tall, upright, and falcate. Flippers short and pointed. Body dark gray to black, with white sides and belly. 32-65 throat grooves end well before naval. Mouth with 300-380 ashy black baleens.

生境 / Habitat
海洋
Open sea, coastal waters

▲ 地理分布 / Geographic Distribution

国内分布 / Domestic Distribution
渤海、黄海、东海、南海
Bohai Sea, Yellow Sea, East China Sea, South China Sea

全球分布 / World Distribution
全球海洋 Global oceans

生物地理界 / Biogeographic Realm
非洲热带界、南极洲界、澳大利西亚界、印度马来界、新北界、新热带界、大洋洲界、古北界
Afrotropical, Antarctic, Australasian, Indomalaya, Nearctic, Neotropical, Oceanian, Palearctic

WWF 生物群系 / WWF Biome
海洋生物群系 Marine Biome

动物地理分布型 / Zoogeographic Distribution Type
MAo

分布标注 / Distribution Note
非特有种 Non-Endemic

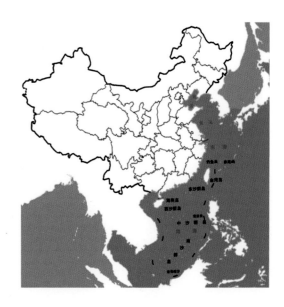

▲ 濒危状况 / Threatened Status

中国生物多样性红色名录等级 / CB RL Category (2021)
濒危 EN

IUCN 红色名录 / IUCN Red List (2021)
濒危 EN

威胁因子 / Threats
海洋污染、气候变化
Ocean pollution, climate change

▲ 法律保护地位 / Legal Protection Status

国家重点保护野生动物等级 / Category of National Key Protected Wild Animals (2021)
一级 Category I

"三有"名录 / TWIESSV (2023)
未列入 Not listed

CITES 附录等级 / CITES Appendix (2023)
I

迁徙物种公约附录 / CMS Appendix (2020)
I（该种的一些种群或该种所在比种高的分类阶元列入了附录 II）

保护行动 / Conservation Action
法律保护物种 Legally protected species

▲ 参考文献 / References

Jiang et al. (蒋志刚等), 2021; Burgin et al., 2020; IUCN, 2020; Liu et al. (刘少英等), 2020; Jefferson et al., 2015; Mittermeier and Wilson, 2014; Perrin et al., 2008; Wang et al. (王先艳等), 2013; Wang and Lu (王丕烈和鹿志创), 2009; Zhou (周开亚), 2004, 2008; Pan et al. (潘清华等), 2007; Wilson and Reeder, 2005; Wang (王应祥), 2003; Zhou et al. (周开亚等), 2001; Zhang (张荣祖), 1997; Chen et al. (陈万青等), 1992

354 / 布氏鲸

Balaenoptera edeni Anderson, 1879

· Bryde's Whale

▲ 分类地位 / Taxonomy

鲸偶蹄目 Cetartiodactyla / 须鲸科 Balaenopteridae / 须鲸属 *Balaenoptera*

科建立者及其文献 / Family Authority
Gray, 1864

属建立者及其文献 / Genus Authority
Lacépède, 1804

亚种 / Subspecies
无 None

模式标本产地 / Type Locality
缅甸
Burma (Myanmar), "found its way into the Thaybyoo Choung, which runs into the Gulf of Martaban between the Sittang and Beeling Rivers, and about equidistant from each"

陈炳耀 / 供图

▲ 其他名称 / Other Name(s)

其他中文名 / Other Chinese Name(s)
鳀鲸

其他英文名 / Other English Name(s)
无 None

同物异名 / Synonym(s)
无 None

▲ 形态及生境 / Morphology and Habitat

形态特征 / Morphological Characteristics

成体体长 11~15 m。体重 12000~20000 kg。体背部呈暗灰色，常有鲨类咬痕愈合后形成的环状疤使皮肤呈杂色，体下面浅白色。有 3 条显著的吻脊自吻端至呼吸孔。长的喉沟延伸过脐。背鳍镰刀状。鳍肢狭窄，梢端尖，上面暗灰色。尾叶上面暗色，下面可能白色。有 250~370 对石板灰色的鲸须板，具有长而粗的浅灰色或白色的须毛。

Adult body length 11-15 m, weighs 12000-20000 kg. Upper body dark gray, with circular cookie-cutter scars, giving skin a mottled appearance, underside lighter. Three distinctive rostral ridges run from the rostrum to the blowhole. Long throat grooves extending beyond the navel. The dorsal fin is falcate. The flippers are slender, dark gray on the upper side, and with pointed tips. Tail flukes are dark on top and maybe whitish underneath. 250-370 pairs of short, slate grey baleen plates with long, coarse, lighter grey or white bristles.

生境 / Habitat
温带和热带沿岸和近海
Temperate and tropical inshore and offshore waters

▲ 地理分布 / Geographic Distribution

国内分布 / Domestic Distribution
黄海、东海、南海、台湾东部海域
Yellow Sea, East China Sea, South China Sea, Seas east of Taiwan

全球分布 / World Distribution
除南极地区外的全球海洋
Global oceans except the Antarctic

生物地理界 / Biogeographic Realm
非洲热带界、澳大利西亚界、印度马来界、新北界、新热带界、大洋
洲界、古北界
Afrotropical, Australasian, Indomalaya, Nearctic, Neotropical, Oceanian, Palearctic

WWF 生物群系 / WWF Biome
海洋生物群系 Marine Biome

动物地理分布型 / Zoogeographic Distribution Type
MAo

分布标注 / Distribution Note
非特有种 Non-Endemic

▲ 濒危状况 / Threatened Status

中国生物多样性红色名录等级 / CB RL Category (2021)
无危 LC

IUCN 红色名录 / IUCN Red List (2021)
数据缺乏 DD

威胁因子 / Threats
海洋污染、船舶撞击
Ocean pollution, vessel strike

▲ 法律保护地位 / Legal Protection Status

国家重点保护野生动物等级 / Category of National Key Protected Wild Animals (2021)
一级 Category I

"三有"名录 / TWIESSV (2023)
未列入 Not listed

CITES 附录等级 / CITES Appendix (2023)
I

迁徙物种公约附录 / CMS Appendix (2020)
II

保护行动 / Conservation Action
法律保护物种 Legally protected species

▲ 参考文献 / References

Jiang et al. (蒋志刚等), 2021; Burgin et al., 2020; IUCN, 2020; Yang et al. (杨光等), 2020; Jefferson et al., 2015; Mittermeier and Wilson, 2014; Perrin et al., 2008; Horwood, 2018; Wang (王丕烈), 2011; Zhou (周开亚), 2008; Pan et al. (潘清华等), 2007; Wilson and Reeder, 2005 ; Wang (王应祥), 2003; Zhou et al. (周开亚等), 2001; Zhang (张荣祖), 1997; Chen et al. (陈万青等), 1992; Chen et al. (陈炳耀等), 2019

355 / 蓝鲸

Balaenoptera musculus (Linnaeus, 1758)

· Blue Whale

▲ 分类地位 / Taxonomy

鲸偶蹄目 Cetartiodactyla / 须鲸科 Balaenopteridae / 须鲸属 *Balaenoptera*

科建立者及其文献 / Family Authority
Gray, 1864

属建立者及其文献 / Genus Authority
Lacépède, 1804

亚种 / Subspecies
指名亚种 *B. m. musculus* (Linnaeus, 1758)
渤海、黄海、东海、台湾海域和南海
Bohai Sea, Yellow Sea, East China Sea, Taiwan waters and South China Sea

模式标本产地 / Type Locality
英国
UK, Scotland, Firth of Forth ("Habitat in Mari Scotico")

美盟 / 供图

▲ 其他名称 / Other Name(s)

其他中文名 / Other Chinese Name(s)
蓝长须鲸、剃刀鲸

其他英文名 / Other English Name(s)
Blue Rorqual, Sibbald's Rorqual,
Sulphur-bottomed Whale

同物异名 / Synonym(s)
无 None

▲ 形态及生境 / Morphology and Habitat

形态特征 / Morphological Characteristics

成年雄性平均体长为 25 m，雌性平均体长为 27 m。最大体长 33.5 m。最大体重 190000 kg。是地球上现存最大的动物。体色从深蓝灰到灰蓝色，体表带有斑驳的浅色斑点，尤其是在背部和肩部。由于被硅藻覆盖，腹部呈淡黄色。背鳍很短，长约 35 cm，位于体背末端。喉部有 50~90 条喉沟，从下巴颏延伸到刚超过肚脐处。下颌略长于上颌。呼吸孔一对，有一条吻端至呼吸孔的嵴。眼位于口角上方，呼吸孔的下方。

Average adult male body length is 25 m and the average female body length is 27 m. The longest body length is 33.5 m and the heaviest weight is 190,000 kg. It's the largest living animal on Earth. Body color varies from dark blue-gray to grayish-blue, with light mottled spots on the surface, especially on the dorsum and shoulders. Abdomen is pale yellow because it is covered with diatoms. Dorsal fin very short, is about 35 cm long, located far back on the body. The throat has 50-90 throat grooves that extend from the chin to just beyond the navel. Lower jaw is slightly longer than the upper jaw. A pair of blowholes, with a ridge from the snout to the blowholes. Eyes located above the corner of the mouth and below the blowholes.

生境 / Habitat
海洋 Ocean

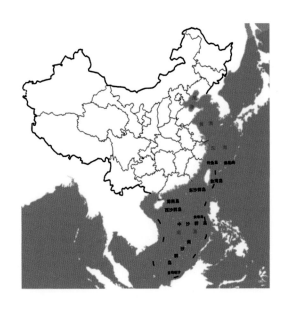

▲ 地理分布 / Geographic Distribution

国内分布 / Domestic Distribution
渤海、黄海、东海、南海、台湾东部海域
Bohai Sea, Yellow Sea, East China Sea, South China Sea, Seas east of Taiwan

全球分布 / World Distribution
全球海洋 Global oceans

生物地理界 / Biogeographic Realm
非洲热带界、南极洲界、澳大利西亚界、印度马来界、新北界、新热带界、大洋洲界、古北界
Afrotropical, Antarctic, Australasian, Indomalaya, Nearctic, Neotropical, Oceanian, Palearctic

WWF 生物群系 / WWF Biome
海洋生物群系 Marine Biome

动物地理分布型 / Zoogeographic Distribution Type
MAo

分布标注 / Distribution Note
非特有种 Non-Endemic

▲ 濒危状况 / Threatened Status

中国生物多样性红色名录等级 / CB RL Category (2021)
濒危 EN

IUCN 红色名录 / IUCN Red List (2021)
濒危 EN

威胁因子 / Threats
海洋污染、气候变化
Ocean pollution, climate change

▲ 法律保护地位 / Legal Protection Status

国家重点保护野生动物等级 / Category of National Key Protected Wild Animals (2021)
一级 Category I

"三有"名录 / TWIESSV (2023)
未列入 Not listed

CITES 附录等级 / CITES Appendix (2023)
I

迁徙物种公约附录 / CMS Appendix (2020)
I

保护行动 / Conservation Action
法律保护物种 Legally protected species

▲ 参考文献 / References

Jiang et al. (蒋志刚等), 2021; Burgin et al., 2020; IUCN, 2020; Jefferson et al., 2015; Mittermeier and Wilson, 2014; Perrin et al., 2008; Kato and Perrin., 2018; Zhou (周开亚), 2004; Pan et al. (潘清华等), 2007; Wilson and Reeder, 2005; Wang (王应祥), 2003; Zhou et al. (周开亚等), 2001; Zhang (张荣祖), 1997; Chen et al. (陈万青等),1992

356 / 大村鲸

Balaenoptera omurai
Wada, Oishi & Yamada, 2003

• Omura's Whale

▲ 分类地位 / Taxonomy

鲸偶蹄目 Cetartiodactyla / 须鲸科 Balaenopteridae / 须鲸属 *Balaenoptera*

科建立者及其文献 / Family Authority
Gray, 1864

属建立者及其文献 / Genus Authority
Lacépède, 1804

亚种 / Subspecies
无 None

模式标本产地 / Type Locality
日本、印度
The Sea of Japan (type locality), the Solomon Sea and the eastern Indian Ocean near the Cocos Islands

▲ 其他名称 / Other Name(s)

其他中文名 / Other Chinese Name(s)
无 None

其他英文名 / Other English Name(s)
Pygmy Bryde's Whale

同物异名 / Synonym(s)
无 None

▲ 形态及生境 / Morphology and Habitat

形态特征 / Morphological Characteristics

身体呈光滑流线型。成年个体体长一般不超过 11.5 m。最大体重不超过 20000 kg。雌性可能比雄性稍大。体色还未完全被记录。已知个体体色是反差明显的，背部暗，腹侧淡色。右侧下颌白色，左侧的黑色。一些个体身上有浅色条纹，从腹部延伸到背部。喉褶 80~90 条，达到脐。鲸须板 180~210 对，短而宽。吻突部有一个突出脊。背鳍高，镰刀状。尾叶很宽，后缘直。鳍肢前边缘和内表面是白色的，尾叶腹面白色，后缘黑色。

Streamlined body and sleek body shape. Adult body length is generally not more than 11.5 m. Bodyweight shall not exceed 20,000 kg. Females may be slightly larger than males. Body color pattern has not been fully recorded. It is known to be counter-shaded, dark on the back, and light on the abdomen. The right side of the jaw is white, and the left side is black. Some individuals have light-colored stripes extending from the abdomen to the back. Throat folds, 80-90, reaching the navel. Baleen plates, 180-210 pairs, short and wide. Snout has a protruding ridge. The dorsal fin is high and falcate. Tail flukes are wide with a straight trailing margin. Front edge and inner surface of the flippers are white, the ventral surface of the tail flukes are white, and the edges are black.

生境 / Habitat

海洋 Ocean

▲ 地理分布 / Geographic Distribution

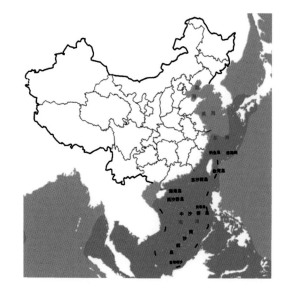

国内分布 / Domestic Distribution
东海、南海、台湾东部海域
East China Sea, South China Sea, Seas east of Taiwan

全球分布 / World Distribution
中国、科科斯群岛、印度尼西亚、日本、马来西亚、菲律宾、所罗门群岛
China, Cocos Islands, Indonesia, Japan, Malaysia, Philippines, Solomon Islands

生物地理界 / Biogeographic Realm
澳大利西亚界、印度马来界、古北界
Australasian, Indomalaya, Palearctic

WWF 生物群系 / WWF Biome
海洋生物群系 Marine Biome

动物地理分布型 / Zoogeographic Distribution Type
MAo

分布标注 / Distribution Note
非特有种 Non-Endemic

▲ 濒危状况 / Threatened Status

中国生物多样性红色名录等级 / CB RL Category (2021)
数据缺乏 DD

IUCN 红色名录 / IUCN Red List (2021)
数据缺乏 DD

威胁因子 / Threats
未知 Unknown

▲ 法律保护地位 / Legal Protection Status

国家重点保护野生动物等级 / Category of National Key Protected Wild Animals (2021)
一级 Category I

"三有"名录 / TWIESSV (2023)
未列入 Not listed

CITES 附录等级 / CITES Appendix (2023)
I

迁徙物种公约附录 / CMS Appendix (2020)
II

保护行动 / Conservation Action
法律保护物种 Legally protected species

▲ 参考文献 / References

Jiang et al. (蒋志刚等), 2021; Burgin et al., 2020; IUCN, 2020; Liu et al. (刘少英等), 2020; Jefferson et al., 2015; Mittermeier and Wilson, 2014; Perrin et al., 2008; Wang (王丕烈), 2011; Zhou (周开亚), 2008

357 / 长须鲸

Balaenoptera physalus (Linnaeus, 1758)

· Fin Whale

▲ 分类地位 / Taxonomy

鲸偶蹄目 Cetartiodactyla / 须鲸科 Balaenopteridae / 须鲸属 *Balaenoptera*

科建立者及其文献 / Family Authority
Gray, 1864

属建立者及其文献 / Genus Authority
Lacépède, 1804

亚种 / Subspecies
无 None

模式标本产地 / Type Locality
挪威海域
"Habitat in Oceano Europeao", restricted to Norway, near Svalbard, Spitsbergen Sea by Thomas (1911)

王先艳 / 供图

▲ 其他名称 / Other Name(s)

其他中文名 / Other Chinese Name(s)
无 None

其他英文名 / Other English Name(s)
Common Rorqual, Finback Whale, Fin-backed Whale, Finner, Herring Whale, Razorback

同物异名 / Synonym(s)
无 None

▲ 形态及生境 / Morphology and Habitat

形态特征 / Morphological Characteristics

雄性通常略小于雌性。北半球成年雄性个体体重 45000 kg，成年雌性个体体重 50000 kg。吻突窄，有一条发达的纵脊。身体上方和两侧为黑色或深灰褐色，腹部为白色。头部颜色不对称，左下颌大部分黑色，而右下颌大部分白色。头部顶端有两个呼吸孔，背部呼吸孔之后有 "V" 形的灰色斑。口较大。椭圆形的眼位于口角上方。具有 50~100 条腹褶，由下颌一直延伸到脐部。鳍肢小而狭长，末端较尖。身体后部经常有由七鳃鳗、鲨鱼咬伤造成的白色圆形疤痕。腹部可能有一层淡黄色的硅藻膜。

Males usually slightly smaller than females. Adult male weight 45000 kg, adult female weight 50000 kg in the northern hemisphere. Rostrum narrow, with a single, developed, longitudinal ridge. Upper and lateral sides of the body black or dark brown-gray, the abdomen white. Head color pattern asymmetrical, with the left underjaw mostly black, while the right underjaw mostly white. There are two blowing holes at the top of the head, and a "V" shaped gray spot on the back behind the blowholes. The mouth is bigger. Oval eye is located above the mouth. It has 50-100 ventral grooves extending from the mandible to the umbilicus. Flippers are small and long, with sharp ends. The back of the body often has white circular bite scars left by lampreys and sharks. Abdomen may have a yellowish membrane of diatoms.

生境 / Habitat

海洋 Ocean

▲ 地理分布 / Geographic Distribution

国内分布 / Domestic Distribution
渤海、黄海、东海、南海、台湾东部海域
Bohai Sea, Yellow Sea, East China Sea, South China Sea, Seas east of Taiwan

全球分布 / World Distribution
全球海洋 Global oceans

生物地理界 / Biogeographic Realm
非洲热带界、南极洲界、澳大利西亚界、印度马来界、新北界、新热带界、大洋洲界、古北界
Afrotropical, Antarctic, Australasian, Indomalaya, Nearctic, Neotropical, Oceanian, Palearctic

WWF 生物群系 / WWF Biome
海洋生物群系 Marine Biome

动物地理分布型 / Zoogeographic Distribution Type
MAo

分布标注 / Distribution Note
非特有种 Non-Endemic

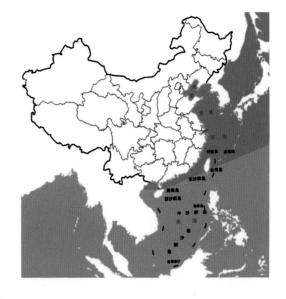

▲ 濒危状况 / Threatened Status

中国生物多样性红色名录等级 / CB RL Category (2021)
濒危 EN

IUCN 红色名录 / IUCN Red List (2021)
濒危 EN

威胁因子 / Threats
船只撞击、海洋污染、渔具误捕。
Vessel collisions, ocean pollution, incidental catch in fishing gear

▲ 法律保护地位 / Legal Protection Status

国家重点保护野生动物等级 / Category of National Key Protected Wild Animals (2021)
一级 Category I

"三有"名录 / TWIESSV (2023)
未列入 Not listed

CITES 附录等级 / CITES Appendix (2023)
I

迁徙物种公约附录 / CMS Appendix (2020)
I（该种的一些种群或该种所在比种高的分类阶元列入了附录 II）

保护行动 / Conservation Action
法律保护物种 Legally protected species

▲ 参考文献 / References

Jiang et al. (蒋志刚等), 2021; Burgin et al., 2020; IUCN, 2020; Yang et al. (杨光等), 2020; Jefferson et al., 2015; Mittermeier and Wilson, 2014; Perrin et al., 2008; Cerchio and Yamada, 2018; Wang (王丕烈), 2011; Zhou (周开亚), 2008, 2004; Pan et al. (潘清华等), 2007; Wilson and Reeder, 2005; Wang (王应祥), 2003; Zhou et al. (周开亚等), 2001; Zhang (张荣祖), 1997; Chen et al. (陈万青等), 1992; Yang (杨鸿嘉), 1976

358 / 大翅鲸

Megaptera novaeangliae (Borowski, 1781)

· Humpback Whale

▲ 分类地位 / Taxonomy

鲸偶蹄目 Cetartiodactyla / 须鲸科 Balaenopteridae / 大翅鲸属 *Megaptera*

科建立者及其文献 / Family Authority
Gray, 1864

属建立者及其文献 / Genus Authority
Gray, 1846

亚种 / Subspecies
无 None

模式标本产地 / Type Locality
美国
USA, "de la nouvelle Angleterre" (coast of New England)

那兴海 / 供图

▲ 其他名称 / Other Name(s)

其他中文名 / Other Chinese Name(s)
座头鲸、巨臂鲸、驼背鲸

其他英文名 / Other English Name(s)
Jungle Bunch, Hump Whale,
Hunchbacked Whale

同物异名 / Synonym(s)
无 None

▲ 形态及生境 / Morphology and Habitat

形态特征 / Morphological Characteristics

体形健壮，体色多变。背部黑色或深灰色。腹部通常白色。黑色与白色的边界因种群而不同。头部和下颌有许多瘤状突。14~35 条喉沟自下颌下面至脐。黑色至灰色的鲸须板 270~400 块。鳍肢很长，有许多主要在前缘的瘤状突。背鳍低而矮胖，尾叶大。

Body robust, with variable body color. The dorsum is black or dark gray and the belly is usually white. The boundaries between black and white vary from population to population. The head and lower jaw have several tubercles. 14-35 throat grooves that run from the underside of the lower jaw to the navel. 270-400 black to gray baleen plates. Flippers very long, with tubercles primarily along the leading edge. Dorsal fin low and stubby, and the tail flukes large.

生境 / Habitat

海洋 Ocean

▲ 地理分布 / Geographic Distribution

国内分布 / Domestic Distribution
渤海、黄海、东海、南海、台湾东部海域
Bohai Sea, Yellow Sea, East China Sea, South China Sea, Seas east of Taiwan

全球分布 / World Distribution
全球海洋 Global oceans

生物地理界 / Biogeographic Realm
非洲热带界、南极洲界、澳大利西亚界、印度马来界、新北界、新热带界、大洋洲界、古北界
Afrotropical, Antarctic, Australasian, Indomalaya, Nearctic, Neotropical, Oceanian, Palearctic

WWF 生物群系 / WWF Biome
海洋生物群系 Marine Biome

动物地理分布型 / Zoogeographic Distribution Type
MAo

分布标注 / Distribution Note
非特有种 Non-Endemic

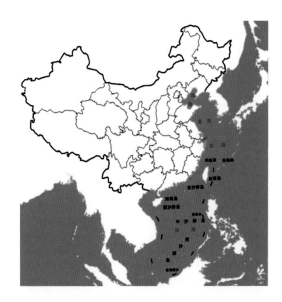

▲ 濒危状况 / Threatened Status

中国生物多样性红色名录等级 / CB RL Category (2021)
无危 LC

IUCN 红色名录 / IUCN Red List (2021)
无危 LC

威胁因子 / Threats
船舶撞击、渔网纠缠。
Ship collision, fisheries entanglement

▲ 法律保护地位 / Legal Protection Status

国家重点保护野生动物等级 / Category of National Key Protected Wild Animals (2021)
一级 Category I

"三有"名录 / TWIESSV (2023)
未列入 Not listed

CITES 附录等级 / CITES Appendix (2023)
I

迁徙物种公约附录 / CMS Appendix (2020)
I

保护行动 / Conservation Action
法律保护物种 Legally protected species

▲ 参考文献 / References

Jiang et al. (蒋志刚等), 2021; Burgin et al., 2020; IUCN, 2020; Jefferson et al., 2015; Mittermeier and Wilson, 2014; Perrin et al., 2008; Wang (王丕烈), 2011; Zhou (周开亚), 2008, 2004 ; Pan et al. (潘清华等), 2007; Wilson and Reeder, 2005; Wang (王应祥), 2003; Zhou et al. (周开亚等), 2001; Zhang (张荣祖), 1997; Xia (夏武平), 1988, 1964; Cai et al. (蔡仁逵等), 1959

359 / 白鱀豚

Lipotes Vexillifer Miller, 1918

· Baiji

▲ 分类地位 / Taxonomy

鲸偶蹄目 Cetartiodactyla / 白鱀豚科 Lipotidae / 白鱀豚属 *Lipotes*

科建立者及其文献 / Family Authority
Zhou, Quian and Li, 1978

属建立者及其文献 / Genus Authority
Miller, 1918

亚种 / Subspecies
无 None

模式标本产地 / Type Locality
中国
"Tung Ting Lake, about 960 km up the Yangtze River, (Hunan) China"

周开亚 / 供图

▲ 其他名称 / Other Name(s)

其他中文名 / Other Chinese Name(s)
白鳍豚

其他英文名 / Other English Name(s)
Yangtze River Dolphin,
Chinese River Dolphin

同物异名 / Synonym(s)
无 None

▲ 形态及生境 / Morphology and Habitat

形态特征 / Morphological Characteristics

雌成体最大体长 253 cm，雄成体最大体长 229 cm。吻突长而微上翘。额隆圆。呼吸孔纵卵圆形。眼很小，位于头部侧面高处。鳍肢宽且梢端钝圆，上面蓝灰色，下面白色。背鳍低三角形。尾叶上面蓝灰色，后缘中央有缺刻。体上面青灰色，体下面白色。

Adult female maximum body length is 253 cm, and adult male maximum body length is 229 cm. Snout is long, narrow and slightly upturned. Melon rounded. The blowhole is oval longitudinally. The eyes are very small and up on the sides of the head. Broad, rounded flippers are blue-grey on top and white underneath. Dorsal fin low triangular. Tail flukes are blue-grey on top and have a notch in the middle. Upper body bluish gray, lower body white.

生境 / Habitat

江河 River

▲ 地理分布 / Geographic Distribution

国内分布 / Domestic Distribution
长江、钱塘江
Yangtze River, Qiantang River

全球分布 / World Distribution
中国 China

生物地理界 / Biogeographic Realm
古北界 Palearctic

WWF 生物群系 / WWF Biome
热带和亚热带入海河流
Tropic and Subtropic Coastal River

动物地理分布型 / Zoogeographic Distribution Type
Mar

分布标注 / Distribution Note
特有种 Endemic

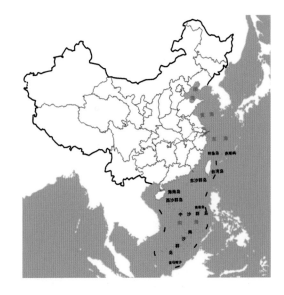

▲ 濒危状况 / Threatened Status

中国生物多样性红色名录等级 / CB RL Category (2021)
极危 CR

IUCN 红色名录 / IUCN Red List (2021)
极危 CR

威胁因子 / Threats
渔业、航道、污染、人类活动干扰
Fishery, river lanes, pollution, human disturbance

▲ 法律保护地位 / Legal Protection Status

国家重点保护野生动物等级 / Category of National Key Protected Wild Animals (2021)
一级 Category I

"三有"名录 / TWIESSV (2023)
未列入 Not listed

CITES 附录等级 / CITES Appendix (2023)
I

迁徙物种公约附录 / CMS Appendix (2020)
未列入 Not listed

保护行动 / Conservation Action
法律保护物种 Legally protected species

▲ 参考文献 / References

Jiang et al. (蒋志刚等), 2021; Burgin et al., 2020; IUCN, 2020; Liu et al. (刘少英等), 2020; Yang et al. (杨光等), 2020; Zhou (周开亚) 2008; 1982, Pan et al. (潘清华等), 2007; Turvey et al., 2007; Wilson and Reeder, 2005; Wang (王应祥), 2003; Zhang et al., 2003; Zhou et al. (周开亚等), 2001; Chen et al. (陈佩薰等), 1997; Zhang (张荣祖), 1997; Chen and Hua, 1989; Zhou and Li, 1989; Zhou et al. (周开亚等), 1978

360 / 抹香鲸

Physeter macrocephalus Linnaeus, 1758

· Sperm Whale

▲ 分类地位 / Taxonomy

鲸偶蹄目 Cetartiodactyla / 抹香鲸科 Physeteridae / 抹香鲸属 *Physeter*

科建立者及其文献 / Family Authority
Gray, 1821

属建立者及其文献 / Genus Authority
Linnaeus, 1758

亚种 / Subspecies
无 None

模式标本产地 / Type Locality
荷兰
"Habitat in Oceano Septentrionali.", restricted to Netherlands, Middenpiat by Husson and Holthuis (1974)

▲ 其他名称 / Other Name(s)

其他中文名 / Other Chinese Name(s)
巨头鲸

其他英文名 / Other English Name(s)
Cachalot

同物异名 / Synonym(s)
Physeter catodon (Linnaeus, 1758)

▲ 形态及生境 / Morphology and Habitat

形态特征 / Morphological Characteristics

头呈巨大的方形。头长占体长的 1/4~1/3。侧视方形。下颌狭窄，最前端圆钝。额隆及上颌超出下颌。眼小，位于口角的后斜上方。外耳孔极小，位于眼和鳍肢之间。呼吸孔为单个，位于头部前端并偏向左侧，呈"S"形。身体多皱纹。体色多呈蓝黑色或黑褐色，上唇和下颌为白色，在腹部生殖区前和胁部有不规则白斑。雄鲸远大于雌鲸，鳍肢短宽呈椭圆形。背鳍为一侧扁的隆起，低而圆。尾叶宽大呈三角形，后缘缺刻很深。Large square head. Head length accounts for 1/4-1/3 of body length. View from the side, the head is square shaped. The lower jaw narrow, round, and blunt at the front. Top of the forehead and the upper jaw exceeds the lower jaw. Eyes are small and located above the posterior angle of the mouth. The external ear aperture is very small, located between the eye and the flipper. The blowhole is single, located in the front of the head and to the left, in the shape of an "S". Body has many wrinkles. The body color is mostly blue-black or blackish-brown, the upper lip and lower jaw are white, and there are irregular white spots in the anterior and flank parts of the genital area of the venter. Males are much larger than les, and their flippers are short and oval in width. Dorsal fin is a lateral flat hump, low and round. Tail flukes are wide and triangular with a deep notch at the trailing edge.

生境 / Habitat
海洋 Ocean

▲ 地理分布 / Geographic Distribution

国内分布 / Domestic Distribution
黄海、东海、南海、台湾东部海域
Yellow Sea, East China Sea, South China Sea, Seas east of Taiwan

全球分布 / World Distribution
全球海洋 Global oceans

生物地理界 / Biogeographic Realm
非洲热带界、南极洲界、澳大利西亚界、印度马来界、新北界、
新热带界、大洋洲界、古北界
Afrotropical, Antarctic, Australasian, Indomalaya, Nearctic, Neotropical,
Oceanian, Palearctic

WWF 生物群系 / WWF Biome
海洋生物群系 Marine Biome

动物地理分布型 / Zoogeographic Distribution Type
MAo

分布标注 / Distribution Note
非特有种 Non-Endemic

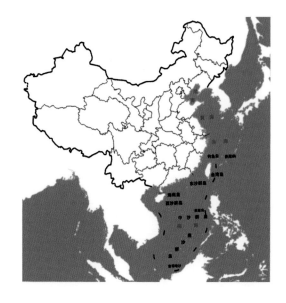

▲ 濒危状况 / Threatened Status

中国生物多样性红色名录等级 / CB RL Category (2021)
易危 VU

IUCN 红色名录 / IUCN Red List (2021)
易危 VU

威胁因子 / Threats
小规模捕鲸、船舶撞击、海洋垃圾、水下噪声。
Small scale whaling, ship strikes, oceanic debris, underwater noise

▲ 法律保护地位 / Legal Protection Status

国家重点保护野生动物等级 / Category of National Key Protected Wild Animals (2021)
一级 Category I

"三有" 名录 / TWIESSV (2023)
未列入 Not listed

CITES 附录等级 / CITES Appendix (2023)
I

迁徙物种公约附录 / CMS Appendix (2020)
I（该种的一些种群或该种所在比种高的分类阶元列入了附录 II）

保护行动 / Conservation Action
法律保护物种 Legally protected species

▲ 参考文献 / References

Jiang et al. (蒋志刚等), 2021; Burgin et al., 2020; IUCN, 2020; Liu et al. (刘少英等), 2020; Yang et al. (杨光等), 2020; Zhou (周开亚), 2018, 2004, 1982

361 / 小抹香鲸

Kogia breviceps (Blainville, 1838)

· Pygmy Sperm Whale

▲ 分类地位 / Taxonomy

鲸偶蹄目 Cetartiodactyla / 抹香鲸科 Physeteridae / 小抹香鲸属 *Kogia*

科建立者及其文献 / Family Authority
Gray, 1821

属建立者及其文献 / Genus Authority
G. R. Gray, 1846

亚种 / Subspecies
无 None

模式标本产地 / Type Locality
南非
South Africa, Western Cape Prov., "rapport des mers du cap de Bonne-Espance" (Cape of Good Hope)

▲ 其他名称 / Other Name(s)

其他中文名 / Other Chinese Name(s)
无 None

其他英文名 / Other English Name(s)
无 None

同物异名 / Synonym(s)
无 None

▲ 形态及生境 / Morphology and Habitat

形态特征 / Morphological Characteristics

成年体长 2.4~3.3 m，最大体长可达 4 m。成体体重约 400 kg。头和躯干部粗而尾部细，头部近似方形，下颌短而窄。身背部呈蓝铁灰色，体侧面浅灰色，腹面暗白色或带一些粉红色调。鳍肢上面和尾叶背面也呈铁灰色。鳍肢前方的头部每侧有一个新月形的浅色斑。背鳍位于体背后半部约体长三分之二处，镰刀形，较小。鳍肢短而宽。尾叶宽大，中间的缺刻深。

Adult body length is 2.4-3.3 m, and the maximum body length can reach 4 m. The adult body mass is about 400 kg. Head and trunk are thick and the tail is thin. Head is nearly square shape, lower jaw short and narrow. Dorsal part of the body is bluish-iron gray, and the lateral sides are light gray. The ventral part is dark white or with a pinkish tint. Upper part of the flippers and the dorsal part of the tail flukes are also iron gray. There is a crescent-shaped light-colored spot on each side of the head in front of the flippers. The dorsal fin is located two-thirds of the way back toward the tail, sickle-shaped and smaller. The flippers are short and broad. The tail flukes are broad with deep notch in the middle.

生境 / Habitat

海洋 Ocean

▲ 地理分布 / Geographic Distribution

国内分布 / Domestic Distribution
渤海、黄海、东海、南海、台湾东部海域
Bohai Sea, Yellow Sea, East China Sea, South China Sea, Seas east of Taiwan

全球分布 / World Distribution
除南极地区外的全球海洋
Global oceans except the Antarctic

生物地理界 / Biogeographic Realm
非洲热带界、澳大利西亚界、印度马来界、新北界、新热带界、大洋洲界、古北界
Afrotropical, Australasian, Indomalaya, Nearctic, Neotropical, Oceanian, Palearctic

WWF 生物群系 / WWF Biome
海洋生物群系 Marine Biome

动物地理分布型 / Zoogeographic Distribution Type
MAo

分布标注 / Distribution Note
非特有种 Non-Endemic

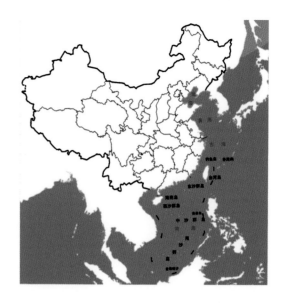

▲ 濒危状况 / Threatened Status

中国生物多样性红色名录等级 / CB RL Category (2021)
数据缺乏 DD

IUCN 红色名录 / IUCN Red List (2021)
数据缺乏 DD

威胁因子 / Threats
水下噪声、流刺网渔业兼捕
Under water noise, bycatch in driftnet fisheries

▲ 法律保护地位 / Legal Protection Status

国家重点保护野生动物等级 / Category of National Key Protected Wild Animals (2021)
二级 Category II

"三有"名录 / TWIESSV (2023)
未列入 Not listed

CITES 附录等级 / CITES Appendix (2023)
II

迁徙物种公约附录 / CMS Appendix (2020)
未列入 Not listed

保护行动 / Conservation Action
法律保护物种 Legally protected species

▲ 参考文献 / References

Jiang et al. (蒋志刚等), 2021; Burgin et al., 2020; IUCN, 2020; Liu et al. (刘少英等), 2020; Jefferson et al., 2015; Mittermeier and Wilson, 2014; Wang (王丕烈), 2011; Perrin et al., 2008; Zhou (周开亚), 2008, 2004 ; Pan et al. (潘清华等), 2007; Wilson and Reeder, 2005; Wang (王应祥), 2003; Zhou et al. (周开亚等), 2001; Zhang (张荣祖), 1997; Chen et al. (陈万青等), 1992; Dong et al. (董金海等),1977

362 / 侏抹香鲸

Kogia sima (Owen, 1866)

· Dwarf Sperm Whale

鲸偶蹄目 Cetartiodactyla / 抹香鲸科 Physeteridae / 小抹香鲸属 *Kogia*

科建立者及其文献 / Family Authority
Gray, 1821

属建立者及其文献 / Genus Authority
G. R. Gray, 1846

亚种 / Subspecies
无 None

模式标本产地 / Type Locality
印度
India, Andhra Pradesh (Madras Presidency), "taken at Waltair"

▲ 其他名称 / Other Name(s)

其他中文名 / Other Chinese Name(s)
拟小抹香鲸

其他英文名 / Other English Name(s)
无 None

同物异名 / Synonym(s)
无 None

▲ 形态及生境 / Morphology and Habitat

形态特征 / Morphological Characteristics

成年个体体长可达 2.7 m，体重可达 303 kg。雄性比雌性稍大一些。头部方形，有浅色的"假鳃"状的色斑和悬挂在头部下面的下颌。下颌窄，有 7~12 对小而尖的牙齿。呼吸孔位于额隆左侧。背鳍大，位于体背中部。从背鳍后方开始，体型迅速变细。鳍肢短而宽。体背面灰褐色，腹面白色。
Adults can grow up to 2.7 m long and weigh up to 303 kg. The male is slightly larger than the female. Head squarish with "false gill slit" coloration pattern and small underslung jaw. The narrow mandible has 7-12 pairs of small pointed teeth. The blowhole is located on the left side of the melon. The dorsal fin is large and positioned mid-back. Starting from the rear of the dorsal fin, the body rapidly tapers. Flippers are short and broad. Grayish-brown on dorsum, white abdomen.

生境 / Habitat
海洋 Ocean

▲ 地理分布 / Geographic Distribution

国内分布 / Domestic Distribution
渤海、黄海、东海、南海、台湾东部海域
Bohai Sea, Yellow Sea, East China Sea, South China Sea, Seas east of Taiwan

全球分布 / World Distribution
除南极地区外的全球海洋
Global oceans except the Antarctic

生物地理界 / Biogeographic Realm
非洲热带界、澳大利西亚界、印度马来界、新北界、新热带界、大洋洲界、古北界
Afrotropical, Australasian, Indomalaya, Nearctic, Neotropical, Oceanian, Palearctic

WWF 生物群系 / WWF Biome
海洋生物群系 Marine Biome

动物地理分布型 / Zoogeographic Distribution Type
MAo

分布标注 / Distribution Note
非特有种 Non-Endemic

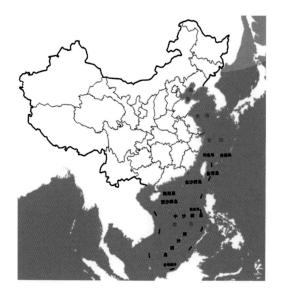

▲ 濒危状况 / Threatened Status

中国生物多样性红色名录等级 / CB RL Category (2021)
数据缺乏 DD

IUCN 红色名录 / IUCN Red List (2021)
数据缺乏 DD

威胁因子 / Threats
水下噪声、流刺网渔业兼捕、炸药捕鱼
Under water noise, bycatch in driftnet fisheries, dynamite fishing

▲ 法律保护地位 / Legal Protection Status

国家重点保护野生动物等级 / Category of National Key Protected Wild Animals (2021)
二级 CategoryII

"三有"名录 / TWIESSV (2023)
未列入 Not listed

CITES 附录等级 / CITES Appendix (2023)
II

迁徙物种公约附录 / CMS Appendix (2020)
未列入 Not listed

保护行动 / Conservation Action
法律保护物种 Legally protected species

▲ 参考文献 / References

Jiang et al. (蒋志刚等), 2021; Burgin et al., 2020; IUCN, 2020; Jefferson et al., 2015; Mittermeier and Wilson, 2014; Perrin et al., 2008; Wang et al. (王丕烈等), 2007; Zhou (周开亚), 2008, 2004 ; Zhou et al. (周开亚等), 2001

363 / 鹅喙鲸

Ziphius cavirostris G. Cuvier, 1823

• Cuvier's Beaked Whale

▲ 分类地位 / Taxonomy

鲸偶蹄目 Cetartiodactyla / 喙鲸科 Ziphiidae / 喙鲸属 *Ziphius*

科建立者及其文献 / Family Authority
Gray, 1821

属建立者及其文献 / Genus Authority
Cuvier, 1823

亚种 / Subspecies
无 None

模式标本产地 / Type Locality
法国
France, "dans le departement des Bouches-du-Rhae, entre de Fos et l'embouchure du Gaaeon" (between Fos and the mouth of the Galaeon River)

▲ 其他名称 / Other Name(s)

其他中文名 / Other Chinese Name(s)
剑吻鲸

其他英文名 / Other English Name(s)
无 None

同物异名 / Synonym(s)
无 None

▲ 形态及生境 / Morphology and Habitat

形态特征 / Morphological Characteristics

身体粗壮、体型纺锤形。体长可达 7 m。通常雌性个体稍大。头粗短，几乎全白色。眼睛位于口角后上方。白色脸上的暗色眼睛，并有新月形的暗色和浅色斑围绕眼睛。喙短。额平稳地斜降到短喙，状似鹅喙。成年雄性下颌有 2 颗大牙齿，可长到 8 cm。体背灰褐色或棕灰色，头部及腹部颜色淡。背鳍中等高，镰刀形。鳍肢小。尾叶后缘微弯曲，缺刻小。身上通常有鲨鱼撕咬造成的白色疤痕和斑块。

Body robust and fusiform. Body length up to 7 meters. Females are usually slightly larger. Head is stubby and almost white. Eyes are above and behind the corner of the mouth. White face with dark eyes and crescentic dark and light markings around the eyes. Beak short. Forehead slopes smoothly onto the short beak reminiscent of a goose beak. Adult males have two large teeth in their lower jaw, growing up to 8 cm long. The back of the body is grayish brown or brownish gray, and the head and abdomen are lighter in color. Dorsal fin is medium tall and falcate, and the flippers are small, and the trailing edge of the caudal flukes is slightly curved with small notches. Body usually has white scars and patches caused by shark bites.

生境 / Habitat

海洋 Ocean

▲ 地理分布 / Geographic Distribution

国内分布 / Domestic Distribution
渤海、黄海、东海、南海、台湾东部海域
Bohai Sea, Yellow Sea, East China Sea, South China Sea, Seas east of Taiwan

全球分布 / World Distribution
除南极地区外的全球海洋
Global oceans except the Antarctic

生物地理界 / Biogeographic Realm
非洲热带界、澳大利西亚界、印度马来界、新北界、新热带界、大洋洲界、古北界
Afrotropical, Australasian, Indomalaya, Nearctic, Neotropical, Oceanian, Palearctic

WWF 生物群系 / WWF Biome
海洋生物群系 Marine Biome

动物地理分布型 / Zoogeographic Distribution Type
MAo

分布标注 / Distribution Note
非特有种 Non-Endemic

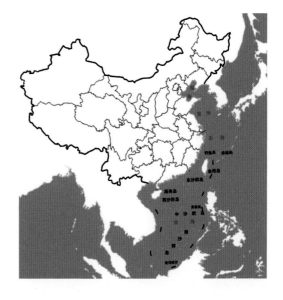

▲ 濒危状况 / Threatened Status

中国生物多样性红色名录等级 / CB RL Category (2021)
无危 LC

IUCN 红色名录 / IUCN Red List (2021)
无危 LC

威胁因子 / Threats
水下噪声，尤其是声呐、流刺网渔业兼捕
Under water noise, especially from naval sonar, bycatch in driftnet fisheries

▲ 法律保护地位 / Legal Protection Status

国家重点保护野生动物等级 / Category of National Key Protected Wild Animals (2021)
二级 Category II

"三有" 名录 / TWIESSV (2023)
未列入 Not listed

CITES 附录等级 / CITES Appendix (2023)
II

迁徙物种公约附录 / CMS Appendix (2020)
未列入 Not listed

保护行动 / Conservation Action
法律保护物种 Legally protected species

▲ 参考文献 / References

Jiang et al. (蒋志刚等), 2021; Burgin et al., 2020; IUCN, 2020; Liu et al. (刘少英等), 2020; Jefferson et al., 2015; Mittermeier and Wilson, 2014; Perrin et al., 2008; Jiang et al. (蒋志刚等), 2015; Wang (王丕烈), 2011; Zhou (周开亚), 2008, 2004; Pan et al. (潘清华等), 2007; Wilson and Reeder, 2005; Wang (王应祥), 2003; Zhou et al. (周开亚等), 2001; Zhang (张荣祖), 1997; Chen et al. (陈万青等), 1992

364 / 柏氏中喙鲸

Mesoplodon densirostris (Blainville, 1817)

· Blainville's Beaked Whale

▲ 分类地位 / Taxonomy

鲸偶蹄目 Cetartiodactyla / 喙鲸科 Ziphiidae / 中喙鲸属 *Mesoplodon*

科建立者及其文献 / Family Authority
Gray, 1850

属建立者及其文献 / Genus Authority
Gervais, 1850

亚种 / Subspecies
无 None

模式标本产地 / Type Locality
不明
None given, unknown

Todd Pusser (naturepl.com) / 供图

▲ 其他名称 / Other Name(s)

其他中文名 / Other Chinese Name(s)
无 None

其他英文名 / Other English Name(s)
Dense-beaked Whale

同物异名 / Synonym(s)
无 None

▲ 形态及生境 / Morphology and Habitat

形态特征 / Morphological Characteristics

成体最大体长 4.7 m。体重 800~1000 kg。头小、额隆平、喙相当长。两性的下颌都有大而升起的区域。雄成体的一枚大牙齿的齿冠从升起的区域伸出。小簇单柄藤壶附着在这些暴露的牙齿上。背部和侧面深蓝灰色，腹部浅灰色。镰刀状背鳍大约位于背部三分之二处。下颌间有一对喉沟。呼吸孔半圆形，开口一侧对准头部。尾叶宽大，中央无明显缺刻。

Maximum body length 4.7 m in adults. Body mass 800-1, 000 kg. Small head with a flat melon and a fairly long beak. Large, conspicuous raised area on the lower jaw in both sexes. In adult males, the crown of a single large tooth erupts at the front of each elevated portion. Small clusters of single-handled barnacles attach to these exposed teeth. Deep blue-gray color on the dorsum and lateral sides, light gray on the belly. Sickle-shaped dorsal fin is located approximately two-thirds of the way down the dorsum. A pair of throat grooves found under the lower jaw. Blowhole is often semicircular, with the open side aimed at the head. Tail flukes are wide with no obvious central notch.

生境 / Habitat

海洋 Ocean

▲ 地理分布 / Geographic Distribution

国内分布 / Domestic Distribution
黄海、东海、南海、台湾东部海域
Yellow Sea, East China Sea, South China Sea, Seas east of Taiwan

全球分布 / World Distribution
除南极地区外的全球海洋
Global oceans except the Antarctic

生物地理界 / Biogeographic Realm
非洲热带界、澳大利西亚界、印度马来界、新北界、新热带界、大洋洲界、古北界
Afrotropical, Australasian, Indomalaya, Nearctic, Neotropical, Oceanian, Palearctic

WWF 生物群系 / WWF Biome
海洋生物群系 Marine Biome

动物地理分布型 / Zoogeographic Distribution Type
MAo

分布标注 / Distribution Note
非特有种 Non-Endemic

▲ 濒危状况 / Threatened Status

中国生物多样性红色名录等级 / CB RL Category (2021)
数据缺乏 DD

IUCN 红色名录 / IUCN Red List (2021)
数据缺乏 DD

威胁因子 / Threats
水下噪声，尤其是声呐、流刺网渔业兼捕
Under water noise, especially from naval sonar, bycatch in driftnet fisheries

▲ 法律保护地位 / Legal Protection Status

国家重点保护野生动物等级 / Category of National Key Protected Wild Animals (2021)
二级 Category II

"三有" 名录 / TWIESSV (2023)
未列入 Not listed

CITES 附录等级 / CITES Appendix (2023)
II

迁徙物种公约附录 / CMS Appendix (2020)
未列入 Not listed

保护行动 / Conservation Action
法律保护物种 Legally protected species

▲ 参考文献 / References

Jiang et al. (蒋志刚等), 2021; Burgin et al., 2020; IUCN, 2020; Liu et al. (刘少英等), 2020; Jefferson et al., 2015; Mittermeier and Wilson, 2014; Perrin et al., 2008; Jiang et al. (蒋志刚等), 2015; Wang et al. (王丕烈等), 2011; Zhou (周开亚), 2004, 2008; Pan et al. (潘清华等), 2007; Wilson and Reeder, 2005; Wang (王应祥), 2003; Zhou et al. (周开亚等), 2001; Chen et al. (陈万青等), 1992

365 / 银杏齿中喙鲸

Mesoplodon ginkgodens
Nishiwaki & Kamiya, 1958

· Ginkgo-toothed Beaked Whale

▲ 分类地位 / Taxonomy

鲸偶蹄目 Cetartiodactyla / 喙鲸科 Ziphiidae / 中喙鲸属 *Mesoplodon*

科建立者及其文献 / Family Authority
Gray, 1850

属建立者及其文献 / Genus Authority
Gervais, 1850

亚种 / Subspecies
无 None

模式标本产地 / Type Locality
日本
Japan, "Oiso Beach, Sagami Bay, near Tokyo"

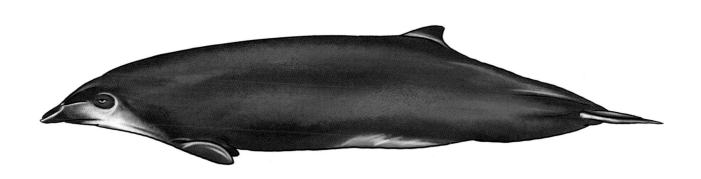

▲ 其他名称 / Other Name(s)

其他中文名 / Other Chinese Name(s)
扁齿喙鲸 、日本喙鲸

其他英文名 / Other English Name(s)
Japanese Beaked Whale

同物异名 / Synonym(s)
无 None

▲ 形态及生境 / Morphology and Habitat

形态特征 / Morphological Characteristics
成体最大体长约 5 m。头部小。背鳍小，位于身体大约三分之二处。尾叶没有中间缺刻，略凹入。有一对"V"形的浅喉沟，呼吸孔新月形，两端指向前方。前额有一个浅浅的隆起。鳍肢小，位于体侧的低处。成年雄性深灰色，喙前部是白色的。尾柄背部和腹面有七鳃鳗或鲨鱼造成的浅圆形或椭圆形白色疤痕。有一对银杏叶状的牙齿，每侧下颌各一枚，在雄性长出，雌性不长出。幼体的牙齿看起来像银杏树叶。

The maximum body length for adult is about 5 m. Head is small. Dorsal fin is small and located about two-thirds of the body. Tail flukes unnotched or only slithtly notched. There are a pair of "V" shaped throat grooves. Blow hole crescent-shaped, both ends pointing forward. There is a slight bulge in the forehead. Small flippers located low on sides. Adult males dark gray with white anterior beak. Shallow round or oval white scars from lampreys or sharks on the back and ventral sides of the tail stalk. Ginkgo-toothed beaked whale has a pair of distinguishing ginkgo-shaped teeth, one on each side of the lower jaw towards the middle of the beak. In males, they erupt beyond the gum line, but in females, they do not. In juveniles (but not adults), they resemble the leaves of the ginkgo tree.

生境 / Habitat
海洋 Ocean

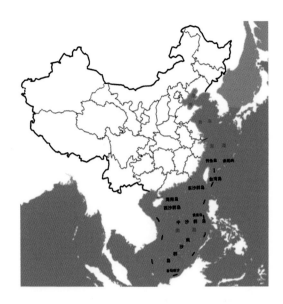

▲ 地理分布 / Geographic Distribution

国内分布 / Domestic Distribution

渤海、黄海、东海、南海、台湾东部海域
Bohai Sea, Yellow Sea, East China Sea, South China Sea, Seas east of Taiwan

全球分布 / World Distribution

澳大利亚、智利、中国、哥伦比亚、库克群岛、厄瓜多尔加拉帕戈斯群岛、斐济、法属波利尼西亚、印度、印度尼西亚、日本、肯尼亚、基里巴斯、马绍尔群岛、墨西哥、密克罗尼西亚联邦、瑙鲁、新喀里多尼亚、新西兰、纽埃岛、北马里亚纳群岛、帕劳、巴布亚新几内亚、秘鲁、菲律宾、皮特克恩、萨摩亚、斯里兰卡、坦桑尼亚、托克劳、汤加、图瓦卢、美国、瓦努阿图、瓦利斯群岛和富图纳群岛

Australia, Chile, China, Colombia, Cook Islands, Ecuador Galapagos Islands, Fiji, French Polynesia, India, Indonesia, Japan, Kenya, Kiribati, Marshall Islands, Mexico, Federated States of Micronesia, Nauru, New Caledonia, New Zealand, Niue, Northern Mariana Islands, Palau, Papua New Guinea, Peru, Philippines, Pitcairn, Samoa, Sri Lanka, Tanzania, Tokelau, Tonga, Tuvalu, United States, Vanuatu, Wallis and Futuna

生物地理界 / Biogeographic Realm

澳大利西亚界、印度马来界、新北界、新热带界、大洋洲界、古北界
Australasian, Indomalaya, Nearctic, Neotropical, Oceanian, Palearctic

WWF 生物群系 / WWF Biome

海洋生物群系 Marine Biome

动物地理分布型 / Zoogeographic Distribution Type

MAo

分布标注 / Distribution Note

非特有种 Non-Endemic

▲ 濒危状况 / Threatened Status

中国生物多样性红色名录等级 / CB RL Category (2021)

数据缺乏 DD

IUCN 红色名录 / IUCN Red List (2021)

数据缺乏 DD

威胁因子 / Threats

刺网或张网等误捕、地震测量和声呐的噪声
Incidental mortality in fisheries including in gill nets and set nets, noise from seismic survey and naval sonar

▲ 法律保护地位 / Legal Protection Status

国家重点保护野生动物等级 / Category of National Key Protected Wild Animals (2021)

二级 Category II

"三有"名录 / TWIESSV (2023)

未列入 Not listed

CITES 附录等级 / CITES Appendix (2023)

II

迁徙物种公约附录 / CMS Appendix (2020)

未列入 Not listed

保护行动 / Conservation Action

法律保护物种 Legally protected species

▲ 参考文献 / References

Jiang et al. (蒋志刚等), 2021; Burgin et al., 2020; IUCN, 2020; Liu et al. (刘少英等), 2020; Jefferson et al., 2015; Mittermeier and Wilson, 2014; Perrin et al., 2008; Wang et al. (王丕烈等), 2011; Zhou (周开亚), 2008, 2004; Pan et al. (潘清华等), 2007; Wilson and Reeder, 2005; Wang (王应祥), 2003; Zhou et al. (周开亚等), 2001; Huang and Liu (黄宗国和刘文华), 2000; Zhang (张荣祖), 1997; Chen et al. (陈万青等), 1992

366 / 贝氏喙鲸

Berardius bairdii Stejneger, 1883

· Baird's Beaked Whale

▲ 分类地位 / Taxonomy

鲸偶蹄目 Cetartiodactyla / 喙鲸科 Ziphiidae / 贝氏喙鲸属 *Berardius*

科建立者及其文献 / Family Authority
Gray, 1850

属建立者及其文献 / Genus Authority
Duvernoy, 1851

亚种 / Subspecies
无 None

模式标本产地 / Type Locality
俄罗斯
Russia, Commander Isls, "found stranded in Stare Gavan, on the eastern shore of Bering Island"

▲ 其他名称 / Other Name(s)

其他中文名 / Other Chinese Name(s)
拜氏贝喙鲸、槌鲸

其他英文名 / Other English Name(s)
Giant Bottlenosed Whale, Giant Beaked Whale

同物异名 / Synonym(s)
无 None

▲ 形态及生境 / Morphology and Habitat

形态特征 / Morphological Characteristics

为最大的喙鲸。雄成体体长 12 m，雌成体长 12.8 m。头小喙长，额隆的前表面几乎是垂直的。2 枚牙齿露出在下颌前端（性成熟时），比上颌前端稍前。体色呈均匀的深棕色至黑色，体侧颜色较淡，腹部有一些不规则的白色区域，有许多线状疤痕（齿疤）和鲨鱼咬伤疤痕。背鳍小，呈镰刀状或三角形，梢端圆形，位于背中部的远后方。鳍肢小，长在体壁凹陷处。尾叶后缘无缺刻。

The largest of the beaked whales. The adult male is 12 m long and the female adult is 12.8 m long. Small head and long beak. The melon has a front surface that is almost veritcal. Two teeth exposed at tip of lower jaw (at sexual maturity), which extends slithtly farther forward than the upper jaw. Coloration evenly dark brown to black, paler at the sides with irregular white areas on the belly, numerous linear scars (tooth rakes) and cookie cutter shark bite scars. Small dorsal fin, either falcate of triangular, rounded at the tip and set far behind the mid-back. Small flippers that fit into depressions on the body. No notch in the rear margin of the flukes.

生境 / Habitat

海洋 Ocean

▲ 地理分布 / Geographic Distribution

国内分布 / Domestic Distribution
黄海、渤海、东海、台湾东部海域
Yellow Sea, Bohai Sea, East China Sea, Seas east of Taiwan

全球分布 / World Distribution
中国、加拿大、日本、朝鲜、韩国、墨西哥、俄罗斯、美国
China, Canada, Japan, Democratic People's Republic of Korea,
Mexico, Russia, United States

生物地理界 / Biogeographic Realm
新北界、古北界 Nearctic, Palearctic

WWF 生物群系 / WWF Biome
海洋生物群系
Marine Biome

动物地理分布型 / Zoogeographic Distribution Type
MAo

分布标注 / Distribution Note
非特有种 Non-Endemic

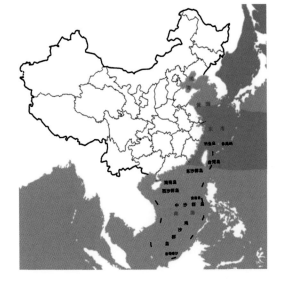

▲ 濒危状况 / Threatened Status

中国生物多样性红色名录等级 / CB RL Category (2021)
数据缺乏 DD

IUCN 红色名录 / IUCN Red List (2021)
数据缺乏 DD

威胁因子 / Threats
商业捕鲸、渔业误捕、声呐噪声
Commercial whaling, fisheries accidental catching, naval sonar noise

▲ 法律保护地位 / Legal Protection Status

国家重点保护野生动物等级 / Category of National Key Protected Wild Animals (2021)
二级 Category II

"三有" 名录 / TWIESSV (2023)
未列入 Not listed

CITES 附录等级 / CITES Appendix (2023)
I

迁徙物种公约附录 / CMS Appendix (2020)
II

保护行动 / Conservation Action
法律保护物种 Legally protected species

▲ 参考文献 / References

Jiang et al. (蒋志刚等), 2021; Burgin et al., 2020; IUCN, 2020; Liu et al. (刘少英等), 2020; Jefferson et al., 2015; Mittermeier and Wilson, 2014; Culik, 2011; Wang et al. (王丕烈等), 2011; Perrin et al., 2008; Zhou (周开亚), 2008, 2004; Pan et al. (潘清华等), 2007; Wilson and Reeder, 2005; Wang (王应祥), 2003; Zhou et al. (周开亚等), 2001; Chen et al. (陈万青等), 1992

367 / 朗氏喙鲸

Indopacetus pacificus (Longman, 1926)

• Longman's Beaked Whale

▲ 分类地位 / Taxonomy

鲸偶蹄目 Cetartiodactyla / 喙鲸科 Ziphiidae / 印太喙鲸属 *Indopacetus*

科建立者及其文献 / Family Authority
Gray, 1850

属建立者及其文献 / Genus Authority
Longman, 1926

亚种 / Subspecies
无 None

模式标本产地 / Type Locality
澳大利亚
Australia, Queensland, "found at Mackay"

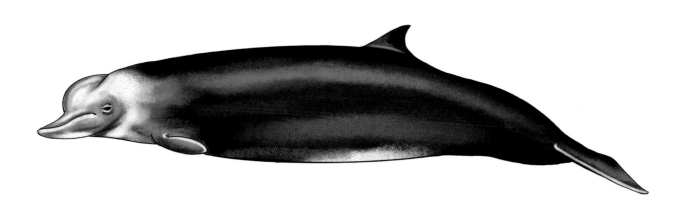

▲ 其他名称 / Other Name(s)

其他中文名 / Other Chinese Name(s)
无 None

其他英文名 / Other English Name(s)
Indo-Pacific Beaked Whale

同物异名 / Synonym(s)
无 None

▲ 形态及生境 / Morphology and Habitat

形态特征 / Morphological Characteristics

最大的雄性体长为 5.73 m，最大的雌性体长为 6.5 m。头部有突出的圆形额隆。雄成体的喙长，下梢端有 2 枚突出的牙齿。身体通常是棕色或灰色，头面部灰白，腹部浅色，向上延伸到体两侧。身体通常有许多白色椭圆形鲨鱼咬痕，成年雄性也有牙咬的线性疤痕。相对较大，有点镰刀状的背鳍约在体后部的三分之二处。鳍肢小。

The largest male was 5.73 m and the largest female was 6.5 m. The head with prominent rounded melon. Long beak with two erupted teeth at tip of lower jaw in adult males. Generally brown or gray body with paler head face, light ventral coloratiom extending up on to sides. Body often bears numerous white, oval cookie-cutter shark bite scars and adult males also have linear scars from tooth raking. Relatively large, somewhat falcate dorsal fin about two-thirds of the way back. The flippers small.

生境 / Habitat
海洋 Ocean

▲ 地理分布 / Geographic Distribution

国内分布 / Domestic Distribution
东海、南海、台湾东部海域
East China Sea, South China Sea, Seas east of Taiwan

全球分布 / World Distribution
澳大利亚、中国、科摩罗、日本、肯尼亚、马来西亚、马尔代夫、马约特岛、墨西哥、新喀里多尼亚、菲律宾、沙特阿拉伯、索马里、南非、斯里兰卡、美国
Australia, China, Comoros, Japan, Kenya, Malaysia, Maldives, Mayotte, Mexico, New Caledonia, Philippines, Saudi Arabia, Somalia, South Africa, Sri Lanka, United States

生物地理界 / Biogeographic Realm
非洲热带界、澳大利西亚界、印度马来界
Afrotropical, Australasian, Indomalaya

WWF 生物群系 / WWF Biome
海洋生物群系 Marine Biome

动物地理分布型 / Zoogeographic Distribution Type
MAo

分布标注 / Distribution Note
非特有种 Non-Endemic

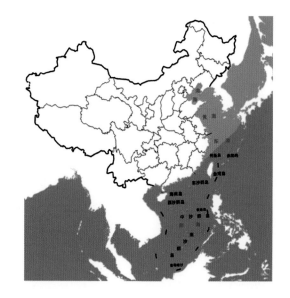

▲ 濒危状况 / Threatened Status

中国生物多样性红色名录等级 / CB RL Category (2021)
数据缺乏 DD

IUCN 红色名录 / IUCN Red List (2021)
数据缺乏 DD

威胁因子 / Threats
刺网渔业误捕、声呐噪声、塑料碎片
Bycatch in the gillnet fisheries, naval sonar noise, plastic debris

▲ 法律保护地位 / Legal Protection Status

国家重点保护野生动物等级 / Category of National Key Protected Wild Animals (2021)
二级 Category II

"三有" 名录 / TWIESSV (2023)
未列入 Not listed

CITES 附录等级 / CITES Appendix (2023)
II

迁徙物种公约附录 / CMS Appendix (2020)
未列入 Not listed

保护行动 / Conservation Action
法律保护物种 Legally protected species

▲ 参考文献 / References

Jiang et al. (蒋志刚等), 2021; Burgin et al., 2020; IUCN, 2020; Liu et al. (刘少英等), 2020; Jefferson et al., 2015; Mittermeier and Wilson, 2014; Perrin et al., 2008; Wang et al. (王丕烈等), 2011; Pitman et al., 1999

368 / 东亚江豚

Neophocaena sunameri Pilleri & Gihr, 1975

· East Asian Finless Porpoise

▲ 分类地位 / Taxonomy

鲸偶蹄目 Cetartiodactyla / 鼠海豚科 Phocoenidae / 江豚属 *Neophocaena*

科建立者及其文献 / Family Authority
Gray, 1850

属建立者及其文献 / Genus Authority
Palmer, 1899

亚种 / Subspecies
无 None

模式标本产地 / Type Locality
日本
Tachibana Bay, Nagasaki, Japan

黄奉 / 供图

▲ 其他名称 / Other Name(s)

其他中文名 / Other Chinese Name(s)
海猪、江猪

其他英文名 / Other English Name(s)
West Pacific Finless Porpoise

同物异名 / Synonym(s)
无 None

▲ 形态及生境 / Morphology and Habitat

形态特征 / Morphological Characteristics

每侧上下颌各有 15~22 枚铲状的齿。体较小，最大体长 2.27 m。头部圆，无喙，新月形的呼吸孔位于头部背面略偏左。无背鳍。沿背部中央有 1 条背脊，始于体长之半处或其前。东亚江豚的背脊高通常在 16 mm 以上，最高达 55 mm。体背面有成列的疣粒从背中部延伸至尾柄，形成 1 个疣粒区。体背面疣粒区宽 3~12 mm，上有 1~10 列疣粒。鳍肢中等大。体灰色，口缘和喉部有浅色斑。

There are 15-22 shovel-shaped teeth on each side of the upper and lower jaws. The body is small, with a maximum body length of 2.27 m. The head is round, without beak, and the crescent-shaped blow hole is located slightly to the left of the head. No dorsal fin. There is a dorsal ridge along the center of the back, starting at or before half of the body length. The height of the dorsal ridge is usually over 16 mm, up to 55 mm. There are rows of tubercles extending from the middle of the back to the caudal stalk, forming a tuberculated area. The tuberculated area on the back of the body is 3-12 mm wide, with 1-10 rows of tubercles. The flippers are medium-sized. The body is gray with light spots on the mouth and throat.

生境 / Habitat
海洋 Ocean

▲ 地理分布 / Geographic Distribution

国内分布 / Domestic Distribution
东海、渤海、黄海
East China Sea, Bohai Sea, Yellow Sea

全球分布 / World Distribution
中国、朝鲜、韩国、日本
China, Democratic People's Republic of Korea, Republic of Korea, Japan

生物地理界 / Biogeographic Realm
古北界 Palearctic

WWF 生物群系 / WWF Biome
海洋生物群系 Marine Biome

动物地理分布型 / Zoogeographic Distribution Type
MAo

分布标注 / Distribution Note
非特有种 Non-Endemic

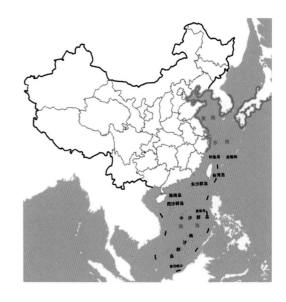

▲ 濒危状况 / Threatened Status

中国生物多样性红色名录等级 / CB RL Category (2021)
濒危 EN

IUCN 红色名录 / IUCN Red List (2021)
未评定 NE

威胁因子 / Threats
被动渔具误捕致死，沿海开发和工业化、污染、船只交通导致的栖息地退化和丧失
Incidental mortality in passive fishing gear, habitat degradation and loss caused by coastal development and industrialization, pollution and vessel traffic

▲ 法律保护地位 / Legal Protection Status

国家重点保护野生动物等级 / Category of National Key Protected Wild Animals (2021)
二级 Category II

"三有"名录 / TWIESSV (2023)
未列入 Not listed

CITES 附录等级 / CITES Appendix (2023)
II

迁徙物种公约附录 / CMS Appendix (2020)
未列入 Not listed

保护行动 / Conservation Action
法律保护物种 Legally protected species

▲ 参考文献 / References

Jiang et al. (蒋志刚等), 2021; Burgin et al., 2020; IUCN, 2020; Liu et al. (刘少英等), 2020; Culik, 2011; Zhou X et al. (周旭明等), 2018; Zhou (周开亚) 2008, 2004; Wang et al. (王丕烈等), 2011; Peng Y et al. (彭亚君等), 2009; Gao and Zhou (高安利和周开亚), 1995

369 / 长江江豚

Neophocaena asiaeorientalis
(Pilleri & Gihr, 1972)

· Yangtze Finless Porpoise

▲ 分类地位 / Taxonomy

鲸偶蹄目 Cetartiodactyla / 鼠海豚科 Phocoenidae / 江豚属 *Neophocaena*

科建立者及其文献 / Family Authority
Gray, 1825

属建立者及其文献 / Genus Authority
Palmer, 1899

亚种 / Subspecies
无 None

模式标本产地 / Type Locality
中国
Jiangyin, Jiangsu Province, China

▲ 其他名称 / Other Name(s)

其他中文名 / Other Chinese Name(s)
无 None

其他英文名 / Other English Name(s)
Narrow-ridged Finless Porpoise

同物异名 / Synonym(s)
无 None

▲ 形态及生境 / Morphology and Habitat

形态特征 / Morphological Characteristics

齿铲状，每侧上下颌各有14～22枚齿。体较小，最大体长1.77 m。头部圆，无喙。无背鳍。鳍肢中等大。尾叶的后缘凹入。背脊高通常不超过15 mm，始于体长之半处或其前。体背面有成列的疣粒从背中部延伸至尾柄，形成1个疣粒区。体背面疣粒区宽2～8 mm。背中央的疣粒2~5列。体暗灰色，比黄海沿岸的东亚江豚略深。

Teeth shovel-shaped, with 14-22 teeth on each side of the upper and lower jaw. The body is small, with a maximum body length of 1.77 m. The head is round and has no beak. No dorsal fin. The flippers are medium. The trailing edge of the tail flukes is concave. The height of the dorsal ridge is usually no more than 15 mm, starting at or before half of the body length. On the back of the body, there are rows of tubercles extending from the middle of the back to the caudal stalk, forming a tuberculated area. The tuberculated area on the back of the body is 2-8 mm wide. The body is dark gray, slightly darker than the East Asian finless porpoise on the coast of the Yellow Sea.

生境 / Habitat

江河、湖泊
River and lake

▲ 地理分布 / Geographic Distribution

国内分布 / Domestic Distribution
长江、洞庭湖、鄱阳湖
Yangtze River, Dongting Lake, Poyang Lake

全球分布 / World Distribution
中国 China

生物地理界 / Biogeographic Realm
古北界 Palearctic

WWF 生物群系 / WWF Biome
热带和亚热带入海河流
Tropical & Subtropical Coastal Rivers

动物地理分布型 / Zoogeographic Distribution Type
Mar

分布标注 / Distribution Note
特有种 Endemic

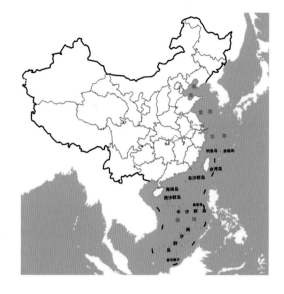

▲ 濒危状况 / Threatened Status

中国生物多样性红色名录等级 / CB RL Category (2021)
极危 CR

IUCN 红色名录 / IUCN Red List (2021)
濒危 EN

威胁因子 / Threats
船只撞击、渔业误捕、栖息地丧失和退化
Ship collisions, fisheries incidental capture, habitat loss and degradation

▲ 法律保护地位 / Legal Protection Status

国家重点保护野生动物等级 / Category of National Key Protected Wild Animals (2021)
一级 Category I

"三有"名录 / TWIESSV (2023)
未列入 Not listed

CITES 附录等级 / CITES Appendix (2023)
I

迁徙物种公约附录 / CMS Appendix (2020)
II

保护行动 / Conservation Action
部分种群位于自然保护区内
Part of population are covered by nature reserves

▲ 参考文献 / References

Jiang et al. (蒋志刚等), 2021; Liu et al. (刘少英等), 2020; Zhou et al. (周旭明等), 2018; Jefferson et al., 2015; Mittermeier and Wilson, 2014; Perrin et al., 2008; Amano, 2018; Zhou (周开亚), 2004, 2008; Gao and Zhou (高安利和周开亚), 1995; Chen et al. (陈万青等), 1992

370 / 印太江豚

Neophocaena phocaenoides
(G. Cuvier, 1829)

- Indo-Pacific Finless Porpoise

鲸偶蹄目 Cetartiodactyla / 鼠海豚科 Phocoenidae / 江豚属 *Neophocaena*

科建立者及其文献 / Family Authority
Gray, 1825

属建立者及其文献 / Genus Authority
Palmer, 1899

亚种 / Subspecies
指名亚种 *N. p. phocaenoides* (G. Culver, 1829)
东海、台湾海域和南海
East China Sea, Taiwan waters and South China Sea

模式标本产地 / Type Locality
南非
Cape of Good Hoop, South Africa

Roland Seitre (naturepl.com) / 供图

▲ 其他名称 / Other Name(s)

其他中文名 / Other Chinese Name(s)
无 None

其他英文名 / Other English Name(s)
Black Finless Porpoise, Finless Black Porpoise, Finless-backed Black Porpoise, Indian Dolphin, Indian Finless Porpoise, Little Indian Porpoise, Wide-ridged Finless Porpoise

同物异名 / Synonym(s)
无 None

▲ 形态及生境 / Morphology and Habitat

形态特征 / Morphological Characteristics

成体最大体长 1.7 m。头部圆，无喙，新月形的呼吸孔位于头部背面略偏左。无背鳍。沿背部中央有一条背脊，位于体背后部的 75%~90% 处，接近尾部。体背面有成列的疣粒从背中部延伸至尾柄，形成一个疣粒区。背脊较低而宽，其疣粒区宽 48~120 mm，上有 10~14 列疣粒。鳍肢中等大。体暗灰至中灰色，口缘和喉部有浅色斑。每侧上下颌各有 15~22 枚铲状的齿。

The maximum body length of an adult is 1.7 m. The head is round, without beak, and the crescent-shaped blowhole is located slightly to the left of the back of the head. No dorsal fin. There is a ridge along the center of the back, located at 75% to 90% of the back of the body, close to the tail. There are rows of tubercles on the back of the body extending from the middle of the back to the caudal stalk, forming a tuberclated area. The dorsal ridge is low and wide. The tuberculated area is 48-120 mm wide, with 10-14 rows of tuberucles on it. The flippers are medium sized. The body is dark to medium gray, with light spots on the mouth and throat. There are 15-22 shovel-shaped teeth on each side of the upper and lower jaw.

生境 / Habitat

海洋 Ocean

▲ 地理分布 / Geographic Distribution

国内分布 / Domestic Distribution
东海、南海
East China Sea, South China Sea

全球分布 / World Distribution
巴林、孟加拉国、文莱、柬埔寨、中国、印度、印度尼西亚、伊朗、伊拉克、科威特、马来西亚、缅甸、巴基斯坦、卡塔尔、沙特阿拉伯、新加坡、泰国、阿联酋、越南
Bahrain, Bangladesh, Brunei, Cambodia, China, India, Indonesia, Iran, Iraq, Kuwait, Malaysia, Myanmar, Pakistan, Qatar, Saudi Arabia, Singapore, Thailand, United Arab Emirates, Vietnam

生物地理界 / Biogeographic Realm
印度马来界 Indomalaya

WWF 生物群系 / WWF Biome
热带和亚热带入海河流
Tropical & Subtropical Coastal Rivers

动物地理分布型 / Zoogeographic Distribution Type
Mar

分布标注 / Distribution Note
非特有种 Non-Endemic

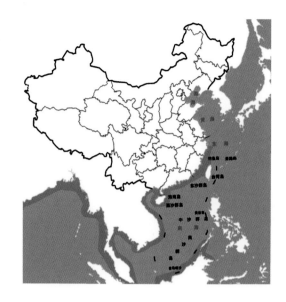

▲ 濒危状况 / Threatened Status

中国生物多样性红色名录等级 / CB RL Category (2021)
易危 VU

IUCN 红色名录 / IUCN Red List (2021)
易危 VU

威胁因子 / Threats
刺网误捕致死，沿海开发和工业化、污染、繁忙的船只交通导致的栖息地退化和丧失
Incidental mortality in gillnets, habitat degradation and loss caused by coastal development and industrialization, pollution and busy vessel traffic

▲ 法律保护地位 / Legal Protection Status

国家重点保护野生动物等级 / Category of National Key Protected Wild Animals (2021)
二级 Category II

"三有"名录 / TWIESSV (2023)
未列入 Not listed

CITES 附录等级 / CITES Appendix (2023)
I

迁徙物种公约附录 / CMS Appendix (2020)
II

保护行动 / Conservation Action
法律保护物种 Legally protected species

▲ 参考文献 / References

Jiang et al. (蒋志刚等), 2021; Burgin et al., 2020; IUCN, 2020; Yang et al. (杨光等), 2020; Zhou et al. (周旭明等), 2018; Jefferson et al., 2015; Mittermeier and Wilson,2014; Perrin et al., 2008; Zhou (周开亚), 2008, 2004; Wilson and Reeder, 2005; Zhou et al. (周开亚等), 1998; Gao and Zhou (高安利和周开亚), 1995

371 / 恒河豚

Platanista gangetica (Lebeck, 1801)

• South Asian River Dolphin

▲ 分类地位 / Taxonomy

鲸偶蹄目 Cetartiodactyla / 恒河豚科 Platanistidae / 恒河豚属 *Platanista*

科建立者及其文献 / Family Authority
Gray, 1825

属建立者及其文献 / Genus Authority
Wagler, 1830

亚种 / Subspecies
无 None

模式标本产地 / Type Locality
印度
India, West Bengal, "in the Ganges. . . rivers, and creeks, which intersect in the delta of that river to the South, S. E. and east of Calcutta." (Hooghly River, Ganges River delta)

Roland Seitre (naturepl.com) / 供图

▲ 其他名称 / Other Name(s)

其他中文名 / Other Chinese Name(s)
无 None

其他英文名 / Other English Name(s)
Blind River Dolphin, Susu

同物异名 / Synonym(s)
无 None

▲ 形态及生境 / Morphology and Habitat

形态特征 / Morphological Characteristics

恒河豚上颌有 26~39 枚齿，下颌有 35~36 枚齿。成体体长为 2.2~2.6 m。成体体重 70~90 kg。性成熟雌性比性成熟雄性体型大。它们具有深棕色的外观，体上侧略暗，下侧呈粉红色。微小的针孔状眼睛位于上翘嘴角的正上方。个体发育不良，没有晶状体，因此被称为"盲海豚"。有显著的外耳，额隆是圆形的，有一个纵向的脊。与大多数鲸类动物不同，呼吸孔是一条沿着动物身体长轴延伸的缝隙。恒河豚有一个独特的狭长、前端加粗的喙。下颌的尖牙较长且弯曲，并且明显紧扣。

The Ganges river dolphins have 26-39 upper teeth and 35-36 lower teeth. Adult body length 2.2-2.6 m. Adult weight 70-90 kg. Sexually mature females are larger than sexually mature males. Dark brown appearance with a slightly darker upper surface and pinkish underside. Tiny, pinhole eyes are located just above the corners of the upturned mouth. They are poorly developed and lack crystaline lenses, hence the nickname "blind dolphin". This species has prominent external ears and the melon is rounded with a longitudinal ridge. The blowhole, unlike that of most cetaceans, is a slit that runs along the long axis of the body. The dolphin has a distinctive long, narrow beak with a thickened tip and fang-like teeth in the lower jaw that are longer, curved and visibly interlocked.

生境 / Habitat

江河 River

▲ 地理分布 / Geographic Distribution

国内分布 / Domestic Distribution
西藏 Tibet

全球分布 / World Distribution
孟加拉国、中国、印度、尼泊尔、巴基斯坦
Bangladesh, China, India, Nepal, Pakistan

生物地理界 / Biogeographic Realm
印度马来界 Indomalaya

WWF 生物群系 / WWF Biome
热带和亚热带入海河流
Tropical & Subtropical Coastal Rivers

动物地理分布型 / Zoogeographic Distribution Type
MAo

分布标注 / Distribution Note
非特有种 Non-Endemic

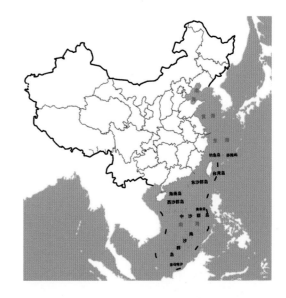

▲ 濒危状况 / Threatened Status

中国生物多样性红色名录等级 / CB RL Category (2021)
濒危 EN

IUCN 红色名录 / IUCN Red List (2021)
濒危 EN

威胁因子 / Threats
直接捕杀、误捕、污染、栖息地退化
Direct catch, incidental catch, pollution, habitat degradation

▲ 法律保护地位 / Legal Protection Status

国家重点保护野生动物等级 / Category of National Key Protected Wild Animals (2021)
一级 Category I

"三有"名录 / TWIESSV (2023)
未列入 Not listed

CITES 附录等级 / CITES Appendix (2023)
I

迁徙物种公约附录 / CMS Appendix (2020)
I

保护行动 / Conservation Action
法律保护物种 Legally protected species

▲ 参考文献 / References

Jiang et al. (蒋志刚等), 2021; Burgin et al., 2020; IUCN, 2020; Jefferson et al., 2015; Mittermeier and Wilson, 2014; Choudhury, 2003

372 / 糙齿海豚

Steno bredanensis G. Cuvier in Lesson, 1828

· Rough-toothed Dolphin

▲ 分类地位 / Taxonomy

鲸偶蹄目 Cetartiodactyla / 海豚科 Delphinidae / 糙齿海豚属 *Steno*

科建立者及其文献 / Family Authority
Gray, 1846

属建立者及其文献 / Genus Authority
Gray, 1846

亚种 / Subspecies
无 None

模式标本产地 / Type Locality
法国
Coast of France

Visuals Unlimited (naturepl.com) / 供图

▲ 其他名称 / Other Name(s)

其他中文名 / Other Chinese Name(s)
糙齿长吻海豚

其他英文名 / Other English Name(s)
Slopehead

同物异名 / Synonym(s)
无 None

▲ 形态及生境 / Morphology and Habitat

形态特征 / Morphological Characteristics

成年个体体长 2.55~2.8 m。最大体重 155 kg。雄性略大于雌性。额隆平缓，额隆与喙之间无凹痕分界。鳍肢大，位置较大多数海豚靠后。背鳍高，后缘略凹。尾叶较大，后缘内弯，缺刻明显。体背黑色到暗灰色，体侧灰色，背鳍与鳍肢深灰色。成年海豚在体侧和腹面显示出独特的白色点斑。牙齿表面有垂直的细皱褶或脊。上颌每侧有 19~26 枚牙齿，下颌每侧有 19~28 枚牙齿。

Adults body length 2.55-2.8 m and a maximum weight of 155 kg. Males are slightly larger than females. Narrow melon with minimal rise and no crease visible. Large flippers set farther back than most dolphin species. The dorsal fin is high and the rear edge is concave. The tail fluke is larger, the posterior edge is curved inward, and the notch is obvious. The back of the body is black to dark gray, and the sides of the body are gray, and the dorsal fin and flippers are dark gray. Adult dolphins display unique color patterns of white splotches on the lower sides and underside. The teeth are quite unique, with vertical fine folds or ridges on the surface. There are 19-26 teeth on each side of the upper jaw and 19-28 teeth on each side of the lower jaw.

生境 / Habitat

海洋 Ocean

▲ 地理分布 / Geographic Distribution

国内分布 / Domestic Distribution
黄海、渤海、东海、南海、台湾东部海域
Yellow Sea, Bohai Sea, East China Sea, South China Sea, Seas east of Taiwan

全球分布 / World Distribution
除南极地区外的全球海洋
Global oceans except the Antarctic

生物地理界 / Biogeographic Realm
非洲热带界、澳大利西亚界、印度马来界、新北界、新热带界、大洋洲界、古北界
Afrotropical, Australasian, Indomalaya, Nearctic, Neotropical, Oceanian, Palearctic

WWF 生物群系 / WWF Biome
海洋生物群系 Marine Biome

动物地理分布型 / Zoogeographic Distribution Type
MAo

分布标注 / Distribution Note
非特有种 Non-Endemic

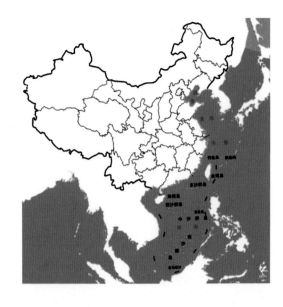

▲ 濒危状况 / Threatened Status

中国生物多样性红色名录等级 / CB RL Category (2021)
无危 LC

IUCN 红色名录 / IUCN Red List (2021)
无危 LC

威胁因子 / Threats
金枪鱼围网误捕、污染
Incidental catch in tuna purse seines, pollution

▲ 法律保护地位 / Legal Protection Status

国家重点保护野生动物等级 / Category of National Key Protected Wild Animals (2021)
二级 Category II

"三有" 名录 / TWIESSV (2023)
未列入 Not listed

CITES 附录等级 / CITES Appendix (2023)
II

迁徙物种公约附录 / CMS Appendix (2020)
未列入 Not listed

保护行动 / Conservation Action
法律保护物种 Legally protected species

▲ 参考文献 / References

Jiang et al. (蒋志刚等), 2021; Burgin et al., 2020; IUCN, 2020; Jefferson et al., 2015; Mittermeier and Wilson, 2014; Perrin et al., 2008; Culik, 2011; Zhou (周开亚), 2008, 2004; Pan et al. (潘清华等), 2007; Wilson and Reeder, 2005; Wang (王应祥), 2003; Zhou et al. (周开亚等), 2001; Chen et al. (陈万青等), 1992

373 / 中华白海豚

Sousa chinensis (Osbeck, 1765)

· Chinese White Dolphin

▲ 分类地位 / Taxonomy

鲸偶蹄目 Cetartiodactyla / 海豚科 Delphinidae / 白海豚属 *Sousa*

科建立者及其文献 / Family Authority
Gray, 1821

属建立者及其文献 / Genus Authority
Gray, 1866

亚种 / Subspecies
无 None

模式标本产地 / Type Locality
中国
China, Guangdong Prov., Zhujiang Kou (mouth of Canton River)

王先艳 / 供图

▲ 其他名称 / Other Name(s)

其他中文名 / Other Chinese Name(s)
太平洋驼海豚

其他英文名 / Other English Name(s)
Borneo White Dolphin, Lead-colored Dolphin,
Plumbeous Dolphin, Ridge-backed Dolphin,
Speckled Dolphin, White Dolphin, Pacific
Humpback Dolphin, Indian Humpback Dolphin

同物异名 / Synonym(s)
无 None

▲ 形态及生境 / Morphology and Habitat

形态特征 / Morphological Characteristics

上颌、下颌每侧具32~38枚齿。体粗壮，最大体长 2.7 m。喙中等长，下颌前端略超出上颌。背鳍三角形并略呈镰刀状，基部宽。鳍肢和尾叶宽。幼体暗灰色，随年龄增长逐渐变为浅粉红色。亚成体灰色和浅粉红色相杂。成体浅粉红色，在背部和背鳍上有许多暗色小斑点。老龄个体的暗色小斑点逐渐减少消失。

The upper and lower jaws have 32-38 teeth on each side. The body is stout, with a maximum body length of 2.7 meters. The rostrum is medium long, and the front end of the lower jaw slightly extends beyond the upper jaw. The dorsal fin is triangular and slightly sickle-shaped, with a broad base. The flippers and tail flukes are wide. The juveniles are dark gray and gradually turn light pink with age. Sub-adults are mixed with gray and light pink. Adult light pink, with many small dark spots on the back and dorsal fins. The small dark spots of aging individuals gradually decrease and disappear.

生境 / Habitat

海洋 Ocean

▲ 地理分布 / Geographic Distribution

国内分布 / Domestic Distribution
黄海、东海、南海
Yellow Sea, East China Sea, South China Sea

全球分布 / World Distribution
澳大利亚、巴林、孟加拉国、文莱、柬埔寨、中国、科摩罗、吉布提、埃及、埃塞俄比亚、印度、印度尼西亚、伊朗、伊拉克、以色列、肯尼亚、科威特、马达加斯加、马来西亚、莫桑比克、缅甸、阿曼、巴基斯坦、巴布亚新几内亚、菲律宾、卡塔尔、沙特阿拉伯、新加坡、索马里、南非、斯里兰卡、坦桑尼亚、泰国、东帝汶、阿联酋、越南、也门
Australia, Bahrain, Bangladesh, Brunei, Cambodia, China, Comoros, Djibouti, Egypt, Ethiopia, India, Indonesia, Iran, Iraq, Israel, Kenya, Kuwait, Madagascar, Malaysia, Mozambique, Myanmar, Oman, Pakistan, Papua New Guinea, Philippines, Qatar, Saudi Arabia, Singapore, Somalia, South Africa, Sri Lanka, Tanzania, Thailand, Timor-Leste, United Arab Emirates, Vietnam, Yemen

生物地理界 / Biogeographic Realm
非洲热带界、澳大利西亚界、印度马来界
Afrotropical, Australasian, Indomalaya

WWF 生物群系 / WWF Biome
海洋生物群系 Marine Biome

动物地理分布型 / Zoogeographic Distribution Type
MAo

分布标注 / Distribution Note
非特有种 Non-Endemic

▲ 濒危状况 / Threatened Status

中国生物多样性红色名录等级 / CB RL Category (2021)
濒危 EN

IUCN 红色名录 / IUCN Red List (2021)
易危 VU

威胁因子 / Threats
港口建设、填海、爆炸、繁忙的海上交通、过度捕捞、水污染、栖息地退化
Port construction, reclamation, explosion, busy sea traffic, over fishing, water pollution, habitat degradation

▲ 法律保护地位 / Legal Protection Status

国家重点保护野生动物等级 / Category of National Key Protected Wild Animals (2021)
一级 Category I

"三有"名录 / TWIESSV (2023)
未列入 Not listed

CITES 附录等级 / CITES Appendix (2023)
I

迁徙物种公约附录 / CMS Appendix (2020)
II

保护行动 / Conservation Action
部分种群位于自然保护区内
Part of population are covered by nature reserves

▲ 参考文献 / References

Jiang et al. (蒋志刚等), 2021; Burgin et al., 2020; IUCN, 2020; Jefferson et al., 2015; Xu et al. (徐信荣等), 2015; Mittermeier and Wilson, 2014; Perrin et al., 2008; Culik, 2011; Wang and Han(王丕烈和韩家波), 2007; Zhou (周开亚), 2008, 2004; Pan et al. (潘清华等), 2007; Wilson and Reeder, 2005; Wang (王应祥), 2003; Zhou et al. (周开亚等), 2001; Chen et al. (陈万青等), 1992

374 / 热带点斑原海豚

Stenella attenuata (Gray, 1846)

• Pantropical Spotted Dolphin

▲ 分类地位 / Taxonomy

鲸偶蹄目 Cetartiodactyla / 海豚科 Delphinidae / 原海豚属 *Stenella*

科建立者及其文献 / Family Authority
Gray, 1821

属建立者及其文献 / Genus Authority
Gray, 1866

亚种 / Subspecies
无 None

模式标本产地 / Type Locality
印度
None given, unknown (possibly India, see Gray, 1843)

Doug Perrine (naturepl.com) / 供图

▲ 其他名称 / Other Name(s)

其他中文名 / Other Chinese Name(s)
热带斑海豚

其他英文名 / Other English Name(s)
Bridled Dolphin, Narrow-snouted Dolphin, Slender-beaked Dolphin, Spotted Porpoise, Spotter, White-spotted Dolphin, Offshore Pantropical Spotted Dolphin, Coastal Pantropical Spotted Dolphin, Graffman's Dolphin

同物异名 / Synonym(s)
无 None

▲ 形态及生境 / Morphology and Habitat

形态特征 / Morphological Characteristics

体型流线型。雌性成体长 1.6~2.4 m，雄性成体长 1.6~2.6 m。最大记录重量为 119 kg。喙细长。背鳍窄，呈镰状，末端略圆，鳍肢细长，前缘有很强的弯曲度。独特的黑色披肩，延伸在眼上方和背鳍和尾鳍间的中途。幼体出生时没有斑点。它们有 2 种颜色，背侧深灰色，腹侧浅灰色。随着它们的成熟，点斑首先出现在它们的腹侧，然后出现在它们的背侧。成体的喙的前端可能是完全白色的。黑色披肩上有不同程度的白色点斑。点斑的程度因年龄和地理位置而异。

Streamlined body. Female adults are 1.6-2.4 m long, males 1.6-2.6 m long. The maximum recorded weight is 119 kg. Beak Slender. Dorsal fin is narrow, falcate, usually slightly rounded at the tip, and the flippers are slender with a strong curvature to the leading edge. Distinct dark cape that extends high above the eye and midway between the dorsal fin and tail flukes. Calves are born without spots. They are two-tones in coloration, dark gray dorsally and light gray to shite ventrally. Spotting appears on the ventral side and later on their dorsal side in mature individuals. In adults, the tip of the rostrum may be completely white, and have varying degrees of white markings on the black back bonnet. Extent of spotting varies with age and geographic location.

生境 / Habitat

海洋 Ocean

▲ 地理分布 / Geographic Distribution

国内分布 / Domestic Distribution
东海、南海、台湾东部海域
East China Sea, South China Sea, Seas east of Taiwan

全球分布 / World Distribution
除南极地区外的全球海洋
Global oceans except the Antarctic

生物地理界 / Biogeographic Realm
非洲热带界、澳大利西亚界、印度马来界、新北界、新热带界、大洋洲界、古北界
Afrotropical, Australasian, Indomalaya, Nearctic, Neotropical, Oceanian, Palearctic

WWF 生物群系 / WWF Biome
海洋生物群系 Marine Biome

动物地理分布型 / Zoogeographic Distribution Type
MAo

分布标注 / Distribution Note
非特有种 Non-Endemic

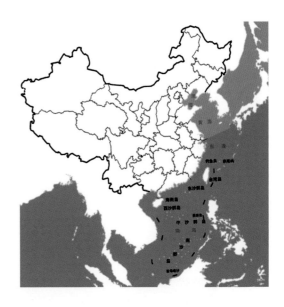

▲ 濒危状况 / Threatened Status

中国生物多样性红色名录等级 / CB RL Category (2021)
无危 LC

IUCN 红色名录 / IUCN Red List (2021)
无危 LC

威胁因子 / Threats
渔业直接捕获、渔业误捕、海洋污染
Direct catches, incidental catches, ocean pollution

▲ 法律保护地位 / Legal Protection Status

国家重点保护野生动物等级 / Category of National Key Protected Wild Animals (2021)
二级 Category II

"三有"名录 / TWIESSV (2023)
未列入 Not listed

CITES 附录等级 / CITES Appendix (2023)
II

迁徙物种公约附录 / CMS Appendix (2020)
II

保护行动 / Conservation Action
法律保护物种 Legally protected species

▲ 参考文献 / References

Jiang et al. (蒋志刚等), 2021; Burgin et al., 2020; IUCN, 2020; Jefferson et al., 2015; Mittermeier and Wilson, 2014; Perrin et al., 2008; Zhou (周开亚), 2008, 2004; Pan et al. (潘清华等), 2007; Wilson and Reeder, 2005; Wang (王应祥), 2003; Zhou et al. (周开亚等), 2001; Chen et al. (陈万青等), 1992

375 | 条纹原海豚

Stenella coeruleoalba (Meyen, 1833)

· Striped Dolphin

▲ 分类地位 / Taxonomy

鲸偶蹄目 Cetartiodactyla / 海豚科 Delphinidae / 原海豚属 *Stenella*

科建立者及其文献 / Family Authority
Gray, 1821

属建立者及其文献 / Genus Authority
Gray, 1866

亚种 / Subspecies
无 None

模式标本产地 / Type Locality
南大西洋
South Atlantic Ocean near Rio de la Plata, off coast of Argentina and Uruguay

王先艳 / 供图

▲ 其他名称 / Other Name(s)

其他中文名 / Other Chinese Name(s)
蓝白原海豚、蓝白海豚

其他英文名 / Other English Name(s)
Blue-white Dolphin, Euphrosyne Dolphin,
Gray's Dolphin, Meyen's Dolphin, Streaker
Porpoise, Whitebelly

同物异名 / Synonym(s)
无 None

▲ 形态及生境 / Morphology and Habitat

形态特征 / Morphological Characteristics

喙中等长，有很多小而尖的牙齿。上颌齿 39~53 对，下颌齿 39~55 对。体健壮，典型的海洋海豚体型。成体体长雄性 2.4 m，雌性 2.2 m。成体最大体重为 156 kg。喙、鳍肢和尾叶呈深灰色或蓝黑色，眼部至肛门、眼至鳍肢的条纹狭窄、深灰色或蓝黑色。白色或浅灰色条带与背部黑色披肩相连。镰刀状背鳍高大，靠近中背部。鳍肢狭长，末端尖。尾叶较宽，中央的缺刻较深。

The beak is medium long, with many small, pointed teeth. 39-53 pairs of maxillary teeth and 39-55 pairs of mandibular teeth. Robust, typical oceanic dolphin body shape. Adult body length is 2.4 m for males and 2.2 m for females. Adult weight up to 156 kg. Body color is accentuated dark and light colors. The beak, flippers, and flukes are dark gray or bluish-black, as are the narrow eye-to-anus and eye-to-flipper stripes. The dark dorsal cape is invaded by a white or light gray spinal blaze. The tall sickle-shaped dorsal fin is near the middle back. The flippers are long and narrow, with pointed ends. The tail flukes are wider and the central notch is deeper.

生境 / Habitat

海洋 Ocean

▲ 地理分布 / Geographic Distribution

国内分布 / Domestic Distribution
黄海、渤海、东海、南海、台湾东部海域
Yellow Sea, Bohai Sea, East China Sea, South China Sea, Seas east of Taiwan

全球分布 / World Distribution
除南极地区外的全球海洋
Global oceans except the Antarctic

生物地理界 / Biogeographic Realm
非洲热带界、澳大利西亚界、印度马来界、新北界、新热带界、大洋洲界、古北界
Afrotropical, Australasian, Indomalaya, Nearctic, Neotropical, Oceanian, Palearctic

WWF 生物群系 / WWF Biome
海洋生物群系 Marine Biome

动物地理分布型 / Zoogeographic Distribution Type
MAo

分布标注 / Distribution Note
非特有种 Non-Endemic

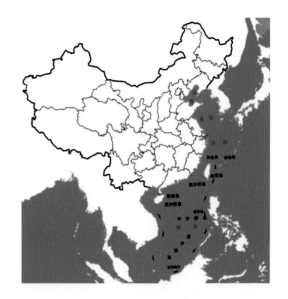

▲ 濒危状况 / Threatened Status

中国生物多样性红色名录等级 / CB RL Category (2021)
无危 LC

IUCN 红色名录 / IUCN Red List (2021)
无危 LC

威胁因子 / Threats
渔业直接捕获、渔业误捕、海洋污染、声呐噪声
Direct catch, incidental catch, ocean pollution, navy sonar noise

▲ 法律保护地位 / Legal Protection Status

国家重点保护野生动物等级 / Category of National Key Protected Wild Animals (2021)
二级 Category II

"三有"名录 / TWIESSV (2023)
未列入 Not listed

CITES 附录等级 / CITES Appendix (2023)
II

迁徙物种公约附录 / CMS Appendix (2020)
II

保护行动 / Conservation Action
法律保护物种 Legally protected species

▲ 参考文献 / References

Jiang et al. (蒋志刚等), 2021; Burgin et al., 2020; IUCN, 2020; Jefferson et al., 2015; Mittermeier and Wilson, 2014; Perrin et al., 2008; Culik, 2011; Wang (王丕烈), 2011; Zhou et al. (周开亚等), 2001; Zhou (周开亚), 2008, 2004; Pan et al. (潘清华等), 2007; Wilson and Reeder, 2005; Wang (王应祥), 2003; Zhang (张荣祖), 1997; Chen et al. (陈万青等), 1992

376 / 飞旋原海豚

Stenella longirostris (Gray, 1828)

• Spinner Dolphin

鲸偶蹄目 Cetartiodactyla / 海豚科 Delphinidae / 原海豚属 *Stenella*

科建立者及其文献 / Family Authority
Gray, 1821

属建立者及其文献 / Genus Authority
Gray, 1866

亚种 / Subspecies
无 None

模式标本产地 / Type Locality
不明
None given, unknown

孟姗姗 / 供图

▲ 其他名称 / Other Name(s)

其他中文名 / Other Chinese Name(s)
无 None

其他英文名 / Other English Name(s)
Long-beaked Dolphin, Long-snouted Dolphin,
Spinner Porpoise, Spinning Dolphin, Hawailan
Spinner Dolphinn

同物异名 / Synonym(s)
无 None

▲ 形态及生境 / Morphology and Habitat

形态特征 / Morphological Characteristics

上、下颌每侧各有 46~60 枚非常尖细的牙齿。体型细长的小型海豚。成体体长 1.6~2.4 m，体重在 75 kg 左右。喙长而细，上颌、唇和前端深色。体稍粗，体色从深灰色、灰色和白色三色到大部分是单调的灰色。背侧的披肩蓝色或蓝灰色，有一条白色至浅灰色的脊斑从胁部插入披肩并延伸到背鳍下方。背鳍的形状从略呈镰刀状、三角形或向前倾斜。

46-60 very sharp teeth on each side of the upper and lower jaw. Small delphinid with long, slender body. Adult body length is 1.6-2.4 m, weighing about 75 kg. Rostrum is long and slender with darker pigmentation on the upper jaw, lips and tip. Slightly thick body, coloration ranges from tricolored dark gray, gray, and white to mostly monotone gray. The cape on the back is blue or blue-gray. A white-to-light-gray pattern penetrates the cap from the flank and extends below the dorsal fin. Dorsal fin ranges from slightly falcate, triangular, or sloping forward.

生境 / Habitat

海洋 Ocean

▲ 地理分布 / Geographic Distribution

国内分布 / Domestic Distribution
东海、南海、台湾东部海域
East China Sea, South China Sea, Seas east of Taiwan

全球分布 / World Distribution
除南极地区外的全球海洋
Global oceans except the Antarctic

生物地理界 / Biogeographic Realm
非洲热带界、澳大利西亚界、印度马来界、新北界、新热带界、大洋洲界、古北界
Afrotropical, Australasian, Indomalaya, Nearctic, Neotropical, Oceanian, Palearctic

WWF 生物群系 / WWF Biome
海洋生物群系 Marine Biome

动物地理分布型 / Zoogeographic Distribution Type
MAo

分布标注 / Distribution Note
非特有种 Non-Endemic

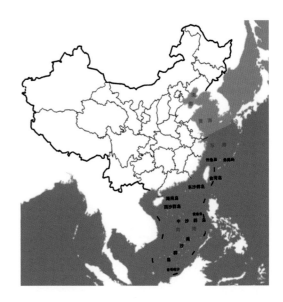

▲ 濒危状况 / Threatened Status

中国生物多样性红色名录等级 / CB RL Category (2021)
数据缺乏 DD

IUCN 红色名录 / IUCN Red List (2021)
数据缺乏 DD

威胁因子 / Threats
定向渔业、兼捕、污染
Directed fisheries, bycatch, pollution

▲ 法律保护地位 / Legal Protection Status

国家重点保护野生动物等级 / Category of National Key Protected Wild Animals (2021)
二级 Category II

"三有"名录 / TWIESSV (2023)
未列入 Not listed

CITES 附录等级 / CITES Appendix (2023)
II

迁徙物种公约附录 / CMS Appendix (2020)
II

保护行动 / Conservation Action
法律保护物种 Legally protected species

▲ 参考文献 / References

Jiang et al. (蒋志刚等), 2021; Burgin et al., 2020; IUCN, 2020; Jefferson et al., 2015; Mittermeier and Wilson, 2014; Culik, 2011; Wang (王丕烈), 2011; Perrin et al., 2008; Zhou (周开亚), 2008, 2004; Pan et al. (潘清华等), 2007; Wilson and Reeder, 2005; Wang (王应祥), 2003; Zhou et al. (周开亚等), 2001; Chen et al. (陈万青等), 1992

377 | 真海豚

Delphinus delphis Linnaeus, 1758

· Common dolphin

鲸偶蹄目 Cetartiodactyla / 海豚科 Delphinidae / 真海豚属 *Delphinus*

科建立者及其文献 / Family Authority
Gray, 1821

属建立者及其文献 / Genus Authority
Gray, 1866

亚种 / Subspecies
指名亚种 *D. d. delphis* Linnaeus, 1758
渤海、黄海、东海、台湾海域、南海和北部湾
Bohai Sea, Yellow Sea, East China Sea, Taiwan waters, South China Sea and Beibu Gulf

模式标本产地 / Type Locality
北大西洋
North Atlantic

▲ 其他名称 / Other Name(s)

其他中文名 / Other Chinese Name(s)
无 None

其他英文名 / Other English Name(s)
Saddle-backed Dolphin, White-bellied Porpoise

同物异名 / Synonym(s)
无 None

▲ 形态及生境 / Morphology and Habitat

形态特征 / Morphological Characteristics
每侧上颌和下颌各有41~54枚小而尖的齿。成年雌性个体体长1.6~1.9 m，雄性成体体长1.7~2.4 m。体重达200 kg。镰刀状的背鳍位于体背中部。鳍肢细长、弯曲而且尖。体侧有深色、浅灰色和黄色交叉图案。体两侧纵横交错的着色图案类似沙漏，由深色披肩、黄色胸斑、浅灰色侧腹斑和白色腹部色块形成。胸斑可能比长喙真海豚颜色更黄。背鳍中央可能出现灰色或白色区域。

41-54 small, pointed teeth on each side of the upper jaw and lower jaw. Adult females are 1.6-1.9 m in length and males 1.7-2.4 m in length. It weighs up to 200 kg. Falcate dorsal fin in the middle of the back. Flippers are slender, curved and pointed. Crisscross coloration pattern on the sides resembling an hourglass, formed by the color patterns of a dark cape, a yellow thoracic patch, a light gray flank patch, and a white belly. Thoracic patch can be more yellow than that in the long-beaked common dolphin. Dorsal fin may present a gray or whitish area in the center.

生境 / Habitat
海洋 Ocean

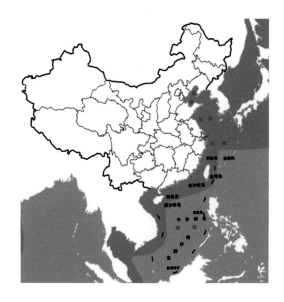

▲ 地理分布 / Geographic Distribution

国内分布 / Domestic Distribution

渤海、黄海、东海、南海、台湾东部海域
Bohai Sea, Yellow Sea, East China Sea, South China Sea, Seas east of Taiwan

全球分布 / World Distribution

阿尔及利亚、阿根廷、澳大利亚、比利时、贝宁、巴西、保加利亚、加拿大、智利、中国、哥伦比亚、刚果(金)、哥斯达黎加、丹麦、厄瓜多尔、萨尔瓦多、法国、加蓬、冈比亚、乔治亚州、德国、直布罗陀海峡、希腊、格林纳达、危地马拉、几内亚、几内亚比绍、圭亚那、洪都拉斯、爱尔兰、以色列、意大利、日本、朝鲜、韩国、利比亚、马耳他、毛里塔尼亚、墨西哥、摩洛哥、纳米比亚、荷兰、新加勒多尼亚、新西兰、尼加拉瓜、尼日利亚、挪威、巴拿马、秘鲁、波兰、葡萄牙、波多黎各、罗马尼亚、俄罗斯联邦、塞内加尔、南非、西班牙、苏里南、坦桑尼亚、多哥、突尼斯、土耳其、乌克兰、联合王国、美国、乌拉圭、委内瑞拉玻利瓦尔共和国、英属维尔京群岛、美属维尔京群岛、西撒哈拉

Algeria, Argentina, Australia, Belgium, Benin, Brazil, Bulgaria, Canada, Chile, China, Colombia, Costa Rica, Denmark, Ecuador, El Salvador, France, Gabon, Gambia, Georgia, Germany, Gibraltar, Greece, Grenada, Guatemala, Guinea, Guinea-Bissau, Guyana, Honduras, Ireland, Israel, Italy, Japan, Democratic People's Republic of Korea, Republic of Korea, Libya, Malta, Mauritania, Mexico, Morocco, Namibia, Netherlands, New Caledonia, New Zealand, Nicaragua, Nigeria, Norway, Panama, Peru, Poland, Portugal, Puerto Rico, Romania, Russian, Senegal, South Africa, Spain, Suriname, Tanzania, Togo, Tunisia, Turkey, Ukraine, United Kingdom, United States, Uruguay, Venezuela, British Virgin Islands, U. S Virgin Islands, Western Sahara

生物地理界 / Biogeographic Realm

非洲热带界、澳大利西亚界、新北界、新热带界、大洋洲界、古北界
Afrotropical, Australasian, Nearctic, Neotropical, Oceanian, Palearctic

WWF 生物群系 / WWF Biome

海洋生物群系 Marine Biome

动物地理分布型 / Zoogeographic Distribution Type

MAo

分布标注 / Distribution Note

非特有种 Non-Endemic

▲ 濒危状况 / Threatened Status

中国生物多样性红色名录等级 / CB RL Category (2021)
无危 LC

IUCN 红色名录 / IUCN Red List (2021)
无危 LC

威胁因子 / Threats
未知 Unknown

▲ 法律保护地位 / Legal Protection Status

国家重点保护野生动物等级 / Category of National Key Protected Wild Animals (2021)
二级 Category II

"三有"名录 / TWIESSV (2023)
未列入 Not listed

CITES 附录等级 / CITES Appendix (2023)
II

迁徙物种公约附录 / CMS Appendix (2020)
未列入 Not listed

保护行动 / Conservation Action
法律保护物种 Legally protected species

▲ 参考文献 / References

Jiang et al. (蒋志刚等), 2021; Burgin et al., 2020; IUCN, 2020; Liu et al. (刘少英等), 2020; Zhou (周开亚), 2008, 2004; Jefferson et al., 2015; Mittermeier and Wilson, 2014; Perrin et al., 2008; Pan et al. (潘清华等), 2007; Wilson and Reeder, 2005; Wang (王应祥), 2003; Zhou et al. (周开亚等), 2001; Chen et al. (陈万青等), 1992

378 / 印太瓶鼻海豚

Tursiops aduncus (Ehrenberg, 1833)

· Indo-pacific Bottlenose Dolphin

▲ 分类地位 / Taxonomy

鲸偶蹄目 Cetartiodactyla / 海豚科 Delphinidae / 瓶鼻豚属 *Tursiops*

科建立者及其文献 / Family Authority
Gray, 1821

属建立者及其文献 / Genus Authority
Linnaeus, 1758

亚种 / Subspecies
无 None

模式标本产地 / Type Locality
北大西洋
E North Atlantic ("Oceano Europaeo")

▲ 其他名称 / Other Name(s)

其他中文名 / Other Chinese Name(s)
南瓶鼻海豚、普通海豚

其他英文名 / Other English Name(s)
Indian Ocean Bottlenose Dolphin,
Inshore Bottlenose Dolphin

同物异名 / Synonym(s)
无 None

▲ 形态及生境 / Morphology and Habitat

形态特征 / Morphological Characteristics

上颌、下颌每侧具 23~29 枚齿。体长 1.8~2.5 m，体背侧呈深灰色，背鳍呈三角形或镰刀状。大多数个体在背鳍的后缘有独特的标记、刻痕和凹痕。这些标记随着时间的推移而演变，使区分动物个体成为可能。体腹侧呈浅灰色，在某些种群的成熟个体呈现深色斑点。

The upper and lower jaws have 23-29 teeth on each side. Body length is 1.8-2.5 m, The dorsal side is darker gray with a triangular or falcate dorsal fin. The majority of individuals have unique marks, nicks and notches, on the trailing edge of their dorsal fin. These marks evolve over time, and make it possible to distinguish between individual animals. The ventral side is lighter gray with dark speckles developing on mature individuals of some populations.

生境 / Habitat

海洋 Ocean

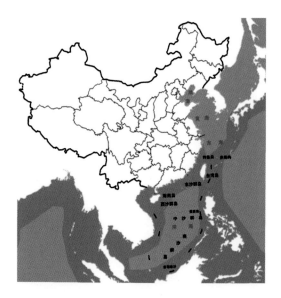

▲ 地理分布 / Geographic Distribution

国内分布 / Domestic Distribution
东海、南海、台湾东部海域
East China Sea, South China Sea, Seas east of Taiwan

全球分布 / World Distribution
阿尔巴尼亚、阿尔及利亚、阿根廷、澳大利亚、比利时、波斯尼亚和黑塞哥维那、巴西、保加利亚、加拿大、智利、中国、哥伦比亚、哥斯达黎加、克罗地亚、塞浦路斯、丹麦、厄瓜多尔、埃及、萨尔瓦多、法国、加蓬、冈比亚、格鲁吉亚、德国、直布罗陀海峡、希腊、危地马拉、几内亚、几内亚比绍、洪都拉斯、爱尔兰、以色列、意大利、日本、朝鲜、韩国、黎巴嫩、利比亚、马耳他、毛里塔尼亚、墨西哥、摩纳哥、黑山、摩洛哥、纳米比亚、荷兰、新喀里多尼亚、新西兰、尼加拉瓜、挪威、巴拿马、秘鲁、波兰、葡萄牙、罗马尼亚、俄罗斯、塞内加尔、斯洛文尼亚、南非、西班牙、叙利亚、突尼斯、土耳其、乌克兰、英国、美国、西撒哈拉
Albania, Algeria, Argentina, Australia, Belgium, Bosnia and Herzegovina, Brazil, Bulgaria, Canada, Chile, China, Colombia, Costa Rica, Croatia, Cyprus, Danmark, Ecuador, Egypt, El Salvador, France, Gabon, Gambia, Georgia, Germany, Gibraltar, Greece, Guatemala, Guinea, Guinea-Bissau, Honduras, Ireland, Israel, Italy, Japan, Democratic People's Republic of Korea, Republic of Korea, Lebanon, Libya, Malta, Mauritania, Mexico, Monaco, Montenegro, Morocco, Namibia, Netherlands, New Caledonia, New Zealand, Nicaragua, Norway, Palestine, Panama, Peru, Poland, Portugal, Romania, Russian, Senegal, Slovenia, South Africa, Spain, Syria, Tunisia, Turkey, Ukraine, United Kingdom, United States, Western Sahara

生物地理界 / Biogeographic Realm
非洲热带界、澳大利西亚界、印度马来界、古北界
Afrotropical, Australasian, Indomalaya, Palearctic

WWF 生物群系 / WWF Biome
海洋生物群系 Marine Biome

动物地理分布型 / Zoogeographic Distribution Type
MAo

分布标注 / Distribution Note
非特有种 Non-Endemic

▲ 濒危状况 / Threatened Status

中国生物多样性红色名录等级 / CB RL Category (2021)
数据缺乏 DD

IUCN 红色名录 / IUCN Red List (2021)
数据缺乏 DD

威胁因子 / Threats
定向渔业、兼捕、污染
Directed fisheries, bycatch, pollution

▲ 法律保护地位 / Legal Protection Status

国家重点保护野生动物等级 / Category of National Key Protected Wild Animals (2021)
二级 Category II

"三有"名录 / TWIESSV (2023)
未列入 Not listed

CITES 附录等级 / CITES Appendix (2023)
II

迁徙物种公约附录 / CMS Appendix (2020)
II

保护行动 / Conservation Action
法律保护物种 Legally protected species

▲ 参考文献 / References

Jiang et al. (蒋志刚等), 2021; Burgin et al., 2020; IUCN, 2020; Liu et al. (刘少英等), 2020; Zhou (周开亚), 2008, 2004; Jefferson et al., 2015; Mittermeier and Wilson, 2014; Perrin et al., 2008; Pan et al. (潘清华等), 2007; Wang (王应祥), 2003; Zhou et al. (周开亚等), 2001; Chen et al. (陈万青等), 1992

379 / 瓶鼻海豚

Tursiops truncatus (Montagu, 1821)

• Common Bottlenose Dolphin

▲ 分类地位 / Taxonomy

鲸偶蹄目 Cetartiodactyla / 海豚科 Delphinidae / 瓶鼻海豚属 *Tursiops*

科建立者及其文献 / Family Authority
Gray, 1821

属建立者及其文献 / Genus Authority
Gervais, 1855

亚种 / Subspecies
无 None

模式标本产地 / Type Locality
埃塞俄比亚
Ethiopia, Dahlak Arch., Belhosse Isl

姜盟 / 供图

▲ 其他名称 / Other Name(s)

其他中文名 / Other Chinese Name(s)
南瓶鼻海豚、普通海豚

其他英文名 / Other English Name(s)
Indian Ocean Bottlenose Dolphin,
Inshore Bottlenose Dolphin

同物异名 / Synonym(s)
无 None

▲ 形态及生境 / Morphology and Habitat

形态特征 / Morphological Characteristics

上颌、下颌每侧具18~26枚齿。体中等大小，体长1.9~4.3 m。雌性最大体重260 kg，雄性最大体重650 kg。喙短而结实，呈瓶状。喙与额隆间有一条明显的凹痕。鳍肢相对较长、细长、深色。背鳍高而呈镰刀形，位近体背中部。体背及体侧颜色从浅灰色至近黑色不等。腹面白色，有时带有粉红色。腹侧有对比鲜明的浅色。从眼至鳍肢有一条暗色条纹。在体表尤其是脸部以及自额隆前端至呼吸孔通常有灰色刷斑。

The upper and lower jaws have 18-26 teeth on each side. The body is medium in size, with a body length of 1.9-4.3 m. The maximum weight of females is 260 kg, and the maximum weight of males is 650 kg. The beak is short, strong and bottle-shaped. There is a clear dent between the beak and the melon. Relatively long, slender, dark-colored flippers. The dorsal fin is high and sickle-shaped, located near the middle of the back of the body. The body is primarily gray in color with a contrasting lighter coloration on the ventral side. The color of the back and sides of the body varies from light gray to almost black. The ventral side is white, sometimes pink. There is a dark streak from the eyes to the flippers. There are usually gray spots on the body surface, especially the face and the front of the forehead to the blowhole.

生境 / Habitat
海洋 Ocean

▲ 地理分布 / Geographic Distribution

国内分布 / Domestic Distribution

渤海、黄海、东海、南海、台湾东部海域
Bohai Sea, Yellow Sea, East China Sea, South China Sea, Seas east of Taiwan

全球分布 / World Distribution

澳大利亚、巴林、孟加拉国、文莱、柬埔寨、中国、科摩罗、埃及、厄立特里亚、印度、印度尼西亚、伊朗、日本、肯尼亚、马达加斯加、马来西亚、马约特岛、莫桑比克、缅甸、阿曼、巴基斯坦、巴布亚新几内亚、菲律宾、沙特阿拉伯、新加坡、所罗门群岛、索马里、南非、斯里兰卡、坦桑尼亚、泰国、东帝汶、阿联酋、也门
Australia, Bahrain, Bangladesh, Brunei, Cambodia, China, Comoros, Egypt, Eritrea, India, Indonesia, Iran, Japan, Kenya, Madagascar, Malaysia, Mayotte, Mozambique, Myanmar, Oman, Pakistan, Papua New Guinea, Philippines, Saudi Arabia, Singapore, Solomon Islands, Somalia, South Africa, Sri Lanka, Tanzania, Thailand, Timor-Leste, United Arab Emirates, Yemen

生物地理界 / Biogeographic Realm
非洲热带界、澳大利西亚界、印度马来界、新热带界、大洋洲界
Afrotropical, Australasian, Indomalaya, Neotropical, Oceanian

WWF 生物群系 / WWF Biome
海洋生物群系 Marine Biome

动物地理分布型 / Zoogeographic Distribution Type
MAo

分布标注 / Distribution Note
非特有种 Non-Endemic

▲ 濒危状况 / Threatened Status

中国生物多样性红色名录等级 / CB RL Category (2021)
无危 LC

IUCN 红色名录 / IUCN Red List (2021)
无危 LC

威胁因子 / Threats
直接捕捞、兼捕、栖息地退化、人类干扰
Direct catch, incidental catch, habitat degradation, human disturbance

▲ 法律保护地位 / Legal Protection Status

国家重点保护野生动物等级 / Category of National Key Protected Wild Animals (2021)
二级 Category II

"三有"名录 / TWIESSV (2023)
未列入 Not listed

CITES 附录等级 / CITES Appendix (2023)
II

迁徙物种公约附录 / CMS Appendix (2020)
未列入 Not listed

保护行动 / Conservation Action
法律保护物种 Legally protected species

▲ 参考文献 / References

Jiang et al. (蒋志刚等), 2021; Burgin et al., 2020; IUCN, 2020; Liu et al. (刘少英等), 2020; Jefferson et al., 2015; Mittermeier and Wilson, 2014; Perrin et al., 2008; Perrin 2018; Wang and Fan (王火根和范忠勇), 2004; Zhou (周开亚), 2008, 2004; Pan et al. (潘清华等), 2007; Wilson and Reeder, 2005; Wang (王应祥), 2003; Pitman et al., 1999; Zhou et al. (周开亚等), 2001; Chen et al. (陈万青等), 1992

380 / 弗氏海豚

Lagenodelphis hosei Fraser, 1956

· Fraser's Dolphin

▲ 分类地位 / Taxonomy

鲸偶蹄目 Cetartiodactyla / 海豚科 Delphinidae / 弗氏海豚属 *Lagenodelphis*

科建立者及其文献 / Family Authority
Gray, 1821

属建立者及其文献 / Genus Authority
Fraser, 1956

亚种 / Subspecies
无 None

模式标本产地 / Type Locality
婆罗洲
"Collected at the mouth of Lutong River, Baram, Borneo."

Mark Carwardine (naturepl.com) / 供图

▲ 其他名称 / Other Name(s)

其他中文名 / Other Chinese Name(s)
霍氏海豚、沙捞越海豚

其他英文名 / Other English Name(s)
Sarawak Dolphin

同物异名 / Synonym(s)
无 None

▲ 形态及生境 / Morphology and Habitat

形态特征 / Morphological Characteristics

上颌和下颌各具 34~44 对齿。雄性最大体长 2.2~2.4 m，雌性最大体长 2.1~2.2 m。身体结实。喙短但明显。背鳍小，三角形，有时略呈镰刀状。鳍肢小而梢端尖。尾叶很小，后缘略微凹入。短而明显的喙。背部呈深褐色至棕灰色。白色的腹部，有时呈粉红色。成年雄性有一条明显的黑色带，从面部延伸到肛门。这条黑色带在雌性、年轻成体和幼体中不太明显或缺失。

The upper jaw and lower jaw each have 34-44 pairs of teeth. The maximum length of the male is 2.2-2.4 m, and that of the female is 2.1-2.2 m. Stocky body. Short but distinct beak. Small, triangular, sometimes slightly falcate dorsal fin. Flippers small and pointed at tips. Flukes are small **with** trailing edge slightly concave. Short but distinct beak. Back is dark to brownish-gray. White belly that sometimes appears pink. Adult males have a distinct black band that runs from the face to the anus. This is less apparent or absent in females, young adult and calves.

生境 / Habitat

海洋 Ocean

▲ 地理分布 / Geographic Distribution

国内分布 / Domestic Distribution

东海、南海
East China Sea, South China Sea

全球分布 / World Distribution

安哥拉、阿根廷、澳大利亚、巴西、文莱、佛得角、中国、哥伦比亚、科摩罗、库克群岛、哥斯达黎加、多米尼加、厄瓜多尔、法属波利尼西亚、加纳、印度尼西亚、日本、肯尼亚、基里巴斯、马达加斯加、马来西亚、马尔代夫、马约特岛、密克罗尼西亚、瑙鲁、阿曼、帕劳、巴拿马、巴布亚新几内亚、菲律宾、波多黎各、留尼旺、圣文森特和格林纳丁斯、萨摩亚、塞内加尔、所罗门群岛、南非、西班牙、斯里兰卡、泰国、美国、乌拉圭、委内瑞拉、越南

Angola, Argentina, Australia, Brazil, Brunei, Cape Verde, China, Colombia, Comoros, Cook Islands, Costa Rica, Dominica, Ecuador, French Polynesia, Ghana, Indonesia, Japan, Kenya, Kiribati, Madagascar, Malaysia, Maldives, Mayotte, Micronesia, Nauru, Oman, Palau, Panama, Papua New Guinea, Philippines, Puerto Rico, Reunion, Saint Vincent and the Grenadines, Samoa, Senegal, Solomon Islands, South Africa, Spain, Sri Lanka, Thailand, United States, Uruguay, Venezuela, Vietnam

生物地理界 / Biogeographic Realm

非洲热带界、澳大利西亚界、印度马来界、新北界、新热带界、大洋洲界
Afrotropical, Australasian, Indomalaya, Nearctic, Neotropical, Oceanian

WWF 生物群系 / WWF Biome

海洋生物群系 Marine Biome

动物地理分布型 / Zoogeographic Distribution Type

MAo

分布标注 / Distribution Note

非特有种 Non-Endemic

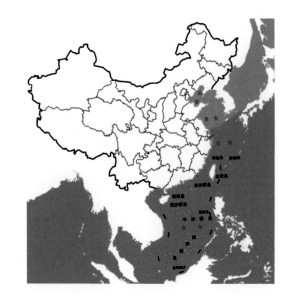

▲ 濒危状况 / Threatened Status

中国生物多样性红色名录等级 / CB RL Category (2021)

无危 LC

IUCN 红色名录 / IUCN Red List (2021)

无危 LC

威胁因子 / Threats

刺网兼捕、船舶撞击、污染
Bycatch in gill nets, boat strikes, pollution

▲ 法律保护地位 / Legal Protection Status

国家重点保护野生动物等级 / Category of National Key Protected Wild Animals (2021)

二级 Category II

"三有"名录 / TWIESSV (2023)

未列入 Not listed

CITES 附录等级 / CITES Appendix (2023)

II

迁徙物种公约附录 / CMS Appendix (2020)

II

保护行动 / Conservation Action

法律保护物种 Legally protected species

▲ 参考文献 / References

Jiang et al. (蒋志刚等), 2021; Burgin et al., 2020; IUCN, 2020; Liu et al. (刘少英等), 2020; Jefferson et al., 2015; Mittermeier and Wilson, 2014; Perrin et al., 2008; Culik, 2011; Zhou (周开亚), 2008, 2004; Pan et al. (潘清华等), 2007; Wilson and Reeder, 2005; Wang (王应祥), 2003; Zhou et al. (周开亚等), 2001; Zhou and Qian (周开亚和钱伟娟), 1985

381 / 里氏海豚

Grampus griseus (G. Cuvier, 1812)

· Risso's Dolphin

▲ 分类地位 / Taxonomy

鲸偶蹄目 Cetartiodactyla / 海豚科 Delphinidae / 灰海豚属 *Grampus*

科建立者及其文献 / Family Authority
Gray, 1821

属建立者及其文献 / Genus Authority
Gray, 1828

亚种 / Subspecies
无 None

模式标本产地 / Type Locality
法国
France, Finistere, "envoy de Brest"

王先艳 / 供图

▲ 其他名称 / Other Name(s)

其他中文名 / Other Chinese Name(s)
无 None

其他英文名 / Other English Name(s)
Grampus, Gray Dolphin, Gray Grampus,
Risso's Grampus, White-headed Grampus

同物异名 / Synonym(s)
无 None

▲ 形态及生境 / Morphology and Habitat

形态特征 / Morphological Characteristics

上颌没有牙齿，下颌有 2~7 对牙齿。体格健壮，尾部狭窄。雄性和雌性的大小大致相同。成体体长 2.6~4 m，平均体重 300~500 kg。头钝而方。无喙。标志性特征是头部和额隆上不寻常的垂直裂缝。背鳍高且呈镰刀状，位于背部中部。鳍肢长而窄。身体上伤痕累累，有划痕、咬痕、斑点，以及由鱿鱼、鲨鱼、七鳃鳗和其他里氏海豚造成的圆疤。

Robust bodied dolphin with a tail stock narrow. Males and females are roughly the same size. The upper jaw has no teeth, but the lower jaw has 2-7 pairs of sharp serrated teeth. Adult body length is 2.6-4 m, and the average weight is 300-500 kg. No beak. The head is blunt and square. The dolphin's features are the unusual vertical cleft in the head and melon. The dorsal fin is tall and falcate, and located in the middle of back. The flippers long, narrow. The body is heavily scarred with scratches, bite marks, splotches, and circular marks produced by squid, cookie-cutter sharks, lamprey and other Risso's dolphins.

生境 / Habitat

海洋 Ocean

▲ 地理分布 / Geographic Distribution

国内分布 / Domestic Distribution
黄海、东海、南海
Yellow Sea, East China Sea, South China Sea

全球分布 / World Distribution
除南极地区外的全球海洋
Global oceans except the Antarctic

生物地理界 / Biogeographic Realm
非洲热带界、澳大利西亚界、印度马来界、新北界、新热带界、大洋洲界、古北界
Afrotropical, Australasian, Indomalaya, Nearctic, Neotropical, Oceanian, Palearctic

WWF 生物群系 / WWF Biome
海洋生物群系 Marine Biome

动物地理分布型 / Zoogeographic Distribution Type
MAo

分布标注 / Distribution Note
非特有种 Non-Endemic

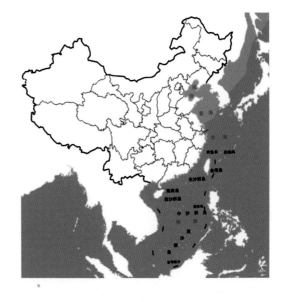

▲ 濒危状况 / Threatened Status

中国生物多样性红色名录等级 / CB RL Category (2021)
无危 LC

IUCN 红色名录 / IUCN Red List (2021)
无危 LC

威胁因子 / Threats
渔业兼捕、声呐噪声、污染
Incidental catch in fisheries, naval sonar noise, pollution

▲ 法律保护地位 / Legal Protection Status

国家重点保护野生动物等级 / Category of National Key Protected Wild Animals (2021)
二级 Category II

"三有"名录 / TWIESSV (2023)
未列入 Not listed

CITES 附录等级 / CITES Appendix (2023)
II

迁徙物种公约附录 / CMS Appendix (2020)
未列入 Not listed

保护行动 / Conservation Action
法律保护物种 Legally protected species

▲ 参考文献 / References

Jiang et al. (蒋志刚等), 2021; Burgin et al., 2020; IUCN, 2020; Jefferson et al., 2015; Mittermeier and Wilson, 2014; Perrin et al., 2008; Culik, 2011; Wang (王丕烈), 2011; Zhou (周开亚), 2008, 2004; Pan et al. (潘清华等), 2007; Wilson and Reeder, 2005; Wang (王应祥), 2003; Zhou et al. (周开亚等), 2001; Chen et al. (陈万青等), 1992

382 / 太平洋斑纹海豚

Lagenorhynchus obliquidens Gill, 1865

• Pacific White-sided Dolphin

▲ 分类地位 / Taxonomy

鲸偶蹄目 Cetartiodactyla / 海豚科 Delphinidae / 斑纹海豚属 *Lagenorhynchus*

科建立者及其文献 / Family Authority
Gray, 1821

属建立者及其文献 / Genus Authority
Reinhardt, 1862

亚种 / Subspecies
无 None

模式标本产地 / Type Locality
英国
UK, England, "in the great fen of Lincolnshire beneath the turf, in the neighborhood of the ancient town of Stamford" (subfossil)

Brandon Cole (naturepl.com) / 供图

▲ 其他名称 / Other Name(s)

其他中文名 / Other Chinese Name(s)
太平洋短吻海豚

其他英文名 / Other English Name(s)
Hookfin Porpoise, Lags

同物异名 / Synonym(s)
无 None

▲ 形态及生境 / Morphology and Habitat

形态特征 / Morphological Characteristics

上颌和下颌有 22~23 对牙齿。雄性体长 2.5 m，雌性体长 2.3 m。最大体重约 200 kg。体型粗壮，黑色的喙很短且粗。背部和体侧面暗灰色。暗灰色的背部和体侧与白色的腹部间有一条黑色镶边。鳍肢大，梢端略圆。位于体背中部的镰刀状背鳍大，灰色和白色双色。尾叶两侧呈深灰色至黑色，后缘有缺刻。

22-23 pairs of teeth in the upper and lower jaws. Males are 2.5 m long and females 2.3 m long. The maximum body weight is about 200 kg. The body is sturdy, the black bill is short and thick. Dark gray on back and sides. There is a black border between the dark gray back and sides and the white belly. The flippers are large, slightly rounded at the ends. Large, falcate dorsal fin located at mid-back, bicolored gray and white. The tail flukes dark gray to black on both sides, and with a notch on the posterior edge.

生境 / Habitat

海洋 Ocean

▲ 地理分布 / Geographic Distribution

国内分布 / Domestic Distribution
黄海、东海
Yellow Sea, East China Sea

全球分布 / World Distribution
加拿大、中国、日本、朝鲜、韩国、墨西哥、俄罗斯、美国
Canada, China, Japan, Democratic People's Republic of Korea, Republic of Korea,
Mexico, Russia, United States

生物地理界 / Biogeographic Realm
印度马来界、新北界、新热带界、古北界
Indomalaya, Nearctic, Neotropical, Palearctic

WWF 生物群系 / WWF Biome
海洋生物群系 Marine Biome

动物地理分布型 / Zoogeographic Distribution Type
MAo

分布标注 / Distribution Note
非特有种 Non-Endemic

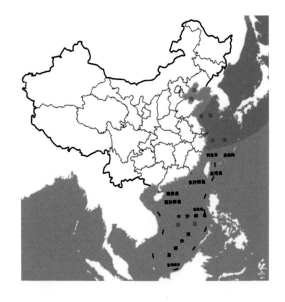

▲ 濒危状况 / Threatened Status

中国生物多样性红色名录等级 / CB RL Category (2021)
无危 LC

IUCN 红色名录 / IUCN Red List (2021)
无危 LC

威胁因子 / Threats
渔业兼捕、污染
Incidental catch in fisheries, pollution

▲ 法律保护地位 / Legal Protection Status

国家重点保护野生动物等级 / Category of National Key Protected Wild Animals (2021)
二级 Category II

"三有"名录 / TWIESSV (2023)
未列入 Not listed

CITES 附录等级 / CITES Appendix (2023)
II

迁徙物种公约附录 / CMS Appendix (2020)
未列入 Not listed

保护行动 / Conservation Action
法律保护物种 Legally protected species

▲ 参考文献 / References

Jiang et al. (蒋志刚等), 2021; Burgin et al., 2020; IUCN, 2020; Liu et al. (刘少英等), 2020; Jefferson et al., 2015; Mittermeier and Wilson, 2014; Perrin et al., 2008; Culik, 2011; Wang (王丕烈), 2011; Zhou (周开亚), 2008, 2004; Pan et al. (潘清华等), 2007; Wilson and Reeder, 2005; Wang (王应祥), 2003; Zhou et al. (周开亚等), 2001

383 / 瓜头鲸

Peponocephala electra (Gray, 1846)

· Melon-headed Whale

▲ 分类地位 / Taxonomy

鲸偶蹄目 Cetartiodactyla / 海豚科 Delphinidae / 瓜头鲸属 *Peponocephala*

科建立者及其文献 / Family Authority
Gray, 1821

属建立者及其文献 / Genus Authority
Gray, 1846

亚种 / Subspecies
无 None

模式标本产地 / Type Locality
美国
USA, "obtained at San Francisco, California"

Doug Perrine (naturepl.com) / 供图

▲ 其他名称 / Other Name(s)

其他中文名 / Other Chinese Name(s)
瓜头海豚

其他英文名 / Other English Name(s)
Electra Dolphin, Indian Broad Beaked
Dolphin, Many-toothed Blackfish

同物异名 / Synonym(s)
无 None

▲ 形态及生境 / Morphology and Habitat

形态特征 / Morphological Characteristics

上颌和下颌的每个齿列各具 20~26 枚齿。最大体长为 2.8 m。已知最大
体重为 275 kg。雄性略大于雌性。头部略呈球状，没有明显的喙。背鳍
基部宽，镰刀状。鳍肢长而尖。身体深灰色，腹侧区域灰色较浅。背部
披肩不明显，以陡峭的角度倾斜并延伸至背鳍下方。成体口腔周围唇部
常呈白色。成年雄性在肛门后方有明显的腹侧龙骨脊。

Upper and lower jaw has 20-26 teeth each. The maximum body length is about 2.8
m. Maximum known weight is about 275 kg. Male is slightly larger than the female.
Head slightly bulbous, beak not distinct. Dorsal fin in broad based and falcate. Pectoral
flippers are long and pointed. Dark gray body coloration with lighter gray ventral
regions. Indistinct dorsal cape dips at a steep angle and extends below the dorsal fin.
White pigmentation common around the mouth in adults. A pronounced ventral keel
posterior to the anus is present in adult males.

生境 / Habitat

海洋 Ocean

▲ 地理分布 / Geographic Distribution

国内分布 / Domestic Distribution

东海、南海、台湾东部海域
East China Sea, South China Sea, Seas east of Taiwan

全球分布 / World Distribution

美属萨摩亚、安圭拉、安提瓜和巴布达、阿鲁巴、澳大利亚、巴哈马、孟加拉国、巴巴多斯、伯利兹、贝宁、百慕大、巴西、文莱、柬埔寨、喀麦隆、开曼群岛、科科斯群岛、哥伦比亚、刚果、刚果民主共和国、库克群岛、哥斯达黎加、科特迪瓦、古巴、吉布提、多米尼加、多米尼克、厄瓜多尔、萨尔瓦多、赤道几内亚、斐济、法属圭亚那、法属波利尼西亚、加蓬、冈比亚、加纳、格林纳达、瓜德罗普岛、关岛、危地马拉、几内亚、几内亚比绍、圭亚那、海地、洪都拉斯、印度、印度尼西亚、伊朗、牙买加、日本、肯尼亚、基里巴斯、利比里亚、马达加斯加、马来西亚、马尔代夫、马绍尔群岛、马提尼克岛、毛里塔尼亚、马约特岛、墨西哥、密克罗尼西亚联邦、莫桑比克、缅甸、纳米比亚、瑙鲁、荷属安的列斯、新喀里多尼亚、尼加拉瓜、尼日利亚、纽埃、北马里亚纳群岛、阿曼、巴基斯坦、帕劳、巴拿马、巴布亚新几内亚、秘鲁、菲律宾、皮特凯恩、波多黎各、圣基茨和尼维斯、圣卢西亚、圣文森特和格林纳丁斯、萨摩亚、塞内加尔、塞拉利昂、新加坡、所罗门群岛、索马里、南非、斯里兰卡、苏里南、坦桑尼亚联合共和国、泰国、东帝汶、多哥、汤加、特立尼达和多巴哥、美国、瓦努阿图、委内瑞拉、越南、英属维尔京群岛、美国、瓦利斯和富图纳群岛、西撒哈拉、也门

American Samoa, Anguilla, Antigua and Barbuda, Aruba, Australia, Bahamas, Bengladesh, Barbados, Belize, Benin, Bermuda, Brazil, Brunei, Cambodia, Cameroon, Cayman Islands, Cocos Islands, Colombia, Congo, Democratic Republic of the Congo, Cook Islands, Costa Rica, Côte d'Ivoire, Cuba, Djibouti, Dominica, Dominican Republic, Ecuador, El Salvador, Equatorial Guinea, Fiji, French Guiana, French Polynesia, Gabon, Gambia, Ghana, Grenada, Guadeloupe, Guam, Guatemala, Guinea, Guinea-Bissau, Guyana, Haiti, Honduras, India, Indonesia, Iran, Jamaica, Japan, Kenya, Kiribati, Liberia, Madagascar, Malaysia, Maldives, Marshall Islands, Martinique, Mauritania, Mayotte, Mexico, Federated States of Micronesia, Mozambique, Myanmar, Namibia, Nauru, Netherlands Antilles, New Caledonia, Nicaragua, Nigeria, Niue, Northern Mariana Islands, Oman, Pakistan, Palau, Panama, Papua New Guinea, Peru, Philippines, Pitcairn, Puerto Rico, Saint Kitts and Nevis, Saint Lucia, Saint Vincent and the Grenadines, Samoa, Senegal, Sierra Leone, Singapore, Solomon Islands, Somalia, South Africa, Sri Lanka, Suriname, United Republic of Tanzania, Thailand, Timor-Leste, Togo, Tonga, Trinidad and Tobago, United States, Vanuatu, Venezuela, Vietnam, British Virgin Islands, United States, Wallis and Futuna, Western Sahara, Yemen

生物地理界 / Biogeographic Realm

非洲热带界、澳大利西亚界、印度马来界、新北界、新热带界、大洋洲界
Afrotropical, Australasian, Indomalaya, Nearctic, Neotropical, Oceanian

WWF 生物群系 / WWF Biome

海洋生物群系 Marine Biome

动物地理分布型 / Zoogeographic Distribution Type

MAo

分布标注 / Distribution Note

非特有种 Non-Endemic

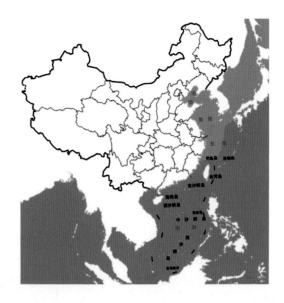

▲ 濒危状况 / Threatened Status

中国生物多样性红色名录等级 / CB RL Category (2021)
无危 LC

IUCN 红色名录 / IUCN Red List (2021)
无危 LC

威胁因子 / Threats
直接捕杀、渔业兼捕、声呐噪声、污染
Direct catch, Incidental catch in fishery, Military sonar noise, Pollution

▲ 法律保护地位 / Legal Protection Status

国家重点保护野生动物等级 / Category of National Key Protected Wild Animals (2021)
二级 Category II

"三有"名录 / TWIESSV (2023)
未列入 Not listed

CITES 附录等级 / CITES Appendix (2023)
II

迁徙物种公约附录 / CMS Appendix (2020)
未列入 Not listed

保护行动 / Conservation Action
法律保护物种 Legally protected species

▲ 参考文献 / References

Jiang et al. (蒋志刚等), 2021; Burgin et al., 2020; IUCN, 2020; Liu et al. (刘少英等), 2020; Jefferson et al., 2015; Mittermeier and Wilson, 2014; Perrin et al., 2008; Culik, 2011; Wang (王丕烈), 2011; Zhou (周开亚), 2008, 2004; Pan et al. (潘清华等), 2007; Wilson and Reeder, 2005; Wang (王应祥), 2003; Zhou et al. (周开亚等), 2001

384 / 虎鲸

Orcinus orca (Linnaeus, 1758)

· Killer Whale

▲ 分类地位 / Taxonomy

鲸偶蹄目 Cetartiodactyla / 海豚科 Delphinidae / 虎鲸属 *Orcinus*

科建立者及其文献 / Family Authority
Gray, 1821

属建立者及其文献 / Genus Authority
Nishiwaki & Norris, 1966

亚种 / Subspecies
无 None

模式标本产地 / Type Locality
不明
None given, unknown

Espen Bergersen (naturepl.com) / 供图

▲ 其他名称 / Other Name(s)

其他中文名 / Other Chinese Name(s)
逆戟鲸

其他英文名 / Other English Name(s)
Orca

同物异名 / Synonym(s)
无 None

▲ 形态及生境 / Morphology and Habitat

形态特征 / Morphological Characteristics

上颌和下颌每侧都有 10~12 枚圆锥形齿。海豚科中体型最大的物种，成体体重 6600 kg。平均体长 6~9 m。雄性明显大于雌性，雄性成体体长约比雌性成体的长 1 m，体重约为雌性成体的 2 倍。头部略圆，具有不明显的喙或无喙。身体黑、白两色，眼的后上方具椭圆形的白色眼斑。雄性的背鳍呈直立三角形，比雌性的背鳍高 2 倍。背鳍基部下的体背部有 1 块灰色鞍状斑。尾叶的上面黑色，下面白色。

There are 10-12 conical teeth on each side of the upper and lower jaw. The largest species in the Delphinidae, with an adult body weight of 6600 kg and an average body length of 6-9 m. The male is significantly larger than the female, and the body length of the adult male is about 1 m longer than that of the female adult. The body weight is about twice that of an adult female. The head is slightly rounded, with an obscure beak or no beak. The body is black and white, with oval white eye spots on the upper back of the eyes. Male dorsal fins are upright triangular, twice as tall as female dorsal fins. There is a gray saddle spot on the back of the body under the base of the dorsal fin. The upper part of the tail flukes is black and the lower part is white.

生境 / Habitat

海洋 Ocean

▲ 地理分布 / Geographic Distribution

国内分布 / Domestic Distribution
渤海、黄海、东海、南海、台湾东部海域
Bohai Sea, Yellow Sea, East China Sea, South China Sea, Seas east of Taiwan

全球分布 / World Distribution
全球海洋 Global oceans

生物地理界 / Biogeographic Realm
非洲热带界、南极洲界、澳大利西亚界、印度马来界、新北界、新热带界、大洋洲界、古北界
Afrotropical, Antarctic, Australasian, Indomalaya, Nearctic, Neotropical, Oceanian, Palearctic

WWF 生物群系 / WWF Biome
海洋生物群系 Marine Biome

动物地理分布型 / Zoogeographic Distribution Type
MAo

分布标注 / Distribution Note
非特有种 Non-Endemic

▲ 濒危状况 / Threatened Status

中国生物多样性红色名录等级 / CB RL Category (2021)
数据缺乏 DD

IUCN 红色名录 / IUCN Red List (2021)
数据缺乏 DD

威胁因子 / Threats
偶然捕获、污染、噪声污染、栖息地退化
Incidental catch, pollution, noise pollution, habitat degradation

▲ 法律保护地位 / Legal Protection Status

国家重点保护野生动物等级 / Category of National Key Protected Wild Animals (2021)
二级 Category II

"三有"名录 / TWIESSV (2023)
未列入 Not listed

CITES 附录等级 / CITES Appendix (2023)
II

迁徙物种公约附录 / CMS Appendix (2020)
II

保护行动 / Conservation Action
法律保护物种 Legally protected species

▲ 参考文献 / References

Jiang et al. (蒋志刚等), 2021; Burgin et al., 2020; IUCN, 2020; Liu et al. (刘少英等), 2020; Jefferson et al., 2015; Mittermeier and Wilson, 2014; Perrin et al., 2008; Culik, 2011; Wang (王丕烈), 2011; Zhou (周开亚), 2008, 2004; Pan et al. (潘清华等), 2007; Wilson and Reeder, 2005; Wang (王应祥), 2003; Zhou et al. (周开亚等), 2001

385 / 伪虎鲸

Pseudorca crassidens (Owen, 1846)

· False Killer Whale

▲ 分类地位 / Taxonomy

鲸偶蹄目 Cetartiodactyla / 海豚科 Delphinidae / 伪虎鲸属 *Pseudorca*

科建立者及其文献 / Family Authority
Gray, 1821

属建立者及其文献 / Genus Authority
Gray, 1870

亚种 / Subspecies
无 None

模式标本产地 / Type Locality
南海
"South China Seas."

Doug Perrine (naturepl.com) / 供图

▲ 其他名称 / Other Name(s)

其他中文名 / Other Chinese Name(s)
黑鯃

其他英文名 / Other English Name(s)
Blackfish

同物异名 / Synonym(s)
无 None

▲ 形态及生境 / Morphology and Habitat

形态特征 / Morphological Characteristics

每侧齿列有 7~12 枚齿，齿近似圆锥形。成体体重 1000~2000 kg，雌性成体体长 3.5~5 m，雄性成体体长 3.7~6.1 m。头圆锥形，具有不明显的喙或无喙。上颌前端略伸出下颌前端。细长的身体呈均匀的黑色。镰刀形的背鳍顶端圆。鳍肢前缘呈肘状突起。尾叶相对较小。

The teeth are approximately conical, with 7-12 teeth per dentition. Adult weight 1000-2000 kg. The adult female is 3.5-5 m long, and the adult male is 3.7-6.1 m long. The head is cone-shaped, with an obscure beak or no beak. The front end of the upper jaw slightly extends beyond the front end of the lower jaw. The slender, elongated body that is uniform black in color. The top of the sickle-shaped dorsal fin is round. The front edge of the flippers is elbow-shaped. Tail flukes are small in proportion to the body.

生境 / Habitat

海洋 Ocean

▲ **地理分布 / Geographic Distribution**

国内分布 / Domestic Distribution
渤海、黄海、东海、南海、台湾东部海域
Bohai Sea, Yellow Sea, East China Sea, South China Sea, Seas east of Taiwan

全球分布 / World Distribution
除南极地区外的全球海洋
Global oceans except the Antarctic

生物地理界 / Biogeographic Realm
非洲热带界、澳大利西亚界、印度马来界、新北界、新热带界、大洋洲界、古北界
Afrotropical, Australasian, Indomalaya, Nearctic, Neotropical, Oceanian, Palearctic

WWF 生物群系 / WWF Biome
海洋生物群系 Marine Biome

动物地理分布型 / Zoogeographic Distribution Type
MAo

分布标注 / Distribution Note
非特有种 Non-Endemic

▲ **濒危状况 / Threatened Status**

中国生物多样性红色名录等级 / CB RL Category (2021)
数据缺乏 DD

IUCN 红色名录 / IUCN Red List (2021)
数据缺乏 DD

威胁因子 / Threats
直接捕杀、渔业兼捕、污染
Direct catch, incidental catch in fishery, pollution

▲ **法律保护地位 / Legal Protection Status**

国家重点保护野生动物等级 / Category of National Key Protected Wild Animals (2021)
二级 Category II

"三有"名录 / TWIESSV (2023)
未列入 Not listed

CITES 附录等级 / CITES Appendix (2023)
II

迁徙物种公约附录 / CMS Appendix (2020)
未列入 Not listed

保护行动 / Conservation Action
法律保护物种 Legally protected species

▲ **参考文献 / References**

Jiang et al. (蒋志刚等), 2021; Burgin et al., 2020; IUCN, 2020; Liu et al. (刘少英等), 2020; Jefferson et al., 2015; Mittermeier and Wilson, 2014; Perrin et al., 2008; Culik, 2011; Zhou (周开亚), 2008, 2004; Pan et al. (潘清华等), 2007; Wilson and Reeder, 2005; Wang and Fan (王火根和范忠勇), 2004; Wang (王应祥), 2003; Zhou et al. (周开亚等), 2001; Chen et al. (陈万青等), 1992

386 / 小虎鲸

Feresa attenuata Gray, 1874

· Pygmy Killer Whale

▲ 分类地位 / Taxonomy

鲸偶蹄目 Cetartiodactyla / 海豚科 Delphinidae / 小虎鲸属 *Feresa*

科建立者及其文献 / Family Authority
Gray, 1821

属建立者及其文献 / Genus Authority
Fitzinger, 1860

亚种 / Subspecies
无 None

模式标本产地 / Type Locality
北大西洋
E North Atlantic ("Oceano Europaeo")

Doug Perrine (naturepl.com) / 供图

▲ 其他名称 / Other Name(s)

其他中文名 / Other Chinese Name(s)
倭虎鲸、小逆戟鲸

其他英文名 / Other English Name(s)
Blackfish, Sea wolf

同物异名 / Synonym(s)
无 None

▲ 形态及生境 / Morphology and Habitat

形态特征 / Morphological Characteristics

每侧上颌齿 8~12 枚，下颌齿 10~13 枚。成体体长 2.1~2.6 m。最大体重量 110~170 kg。雄性比雌性稍大。从上方或侧面看，小虎鲸的头部形状呈圆形，略呈球根状。成体的唇，通常是颏，是白色的。背鳍略尖，呈镰刀状。鳍肢狭窄且尖端呈圆形。体色为深灰色至黑色，有明显的背披肩。在光线充足的情况下，小虎鲸的背披肩非常明显。通常可以看到耙痕或鲨鱼留下的疤痕。

8-12 maxillary teeth and 10-13 mandibular teeth on each side. Adult body length 2.1-2.6 m. Maximum gross weight 110-170 kg. Male is slightly larger than the female. The head shape of the pygmy killer whale is round and slightly bulbous when viewed from above or from the side. Lips, and often the chin, are white in adults. Dorsal fin is slightly pointed and falcate. Flippers are narrow and rounded at the tip. Body coloration is dark grey to black and a distinct dorsal cape is present. In good light, the dorsal cape of the pygmy killer whale is very evident. Scarring from rake marks or cookie-cutter sharks is often visible.

生境 / Habitat

海洋 Ocean

▲ 地理分布 / Geographic Distribution

国内分布 / Domestic Distribution
东海、南海、台湾东部海域
East China Sea, South China Sea, Seas east of Taiwan

全球分布 / World Distribution
除南极地区外的全球海洋
Global oceans except the Antarctic

生物地理界 / Biogeographic Realm
非洲热带界、澳大利西亚界、印度马来界、新北界、新热带界、大洋洲界、古北界
Afrotropical, Antarctic, Australasian, Indomalaya, Nearctic, Neotropical, Oceanian, Palearctic

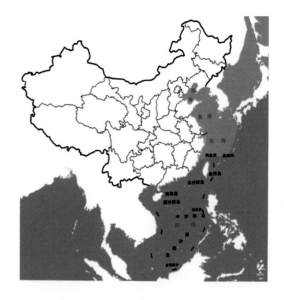

WWF 生物群系 / WWF Biome
海洋生物群系 Marine Biome

动物地理分布型 / Zoogeographic Distribution Type
MAo

分布标注 / Distribution Note
非特有种 Non-Endemic

▲ 濒危状况 / Threatened Status

中国生物多样性红色名录等级 / CB RL Category (2021)
数据缺乏 DD

IUCN 红色名录 / IUCN Red List (2021)
数据缺乏 DD

威胁因子 / Threats
直接捕杀、渔业兼捕、声呐噪声、污染
Direct catch, incidental catch in fishery, military sonar noise, pollution

▲ 法律保护地位 / Legal Protection Status

国家重点保护野生动物等级 / Category of National Key Protected Wild Animals (2021)
二级 Category II

"三有"名录 / TWIESSV (2023)
未列入 Not listed

CITES 附录等级 / CITES Appendix (2023)
II

迁徙物种公约附录 / CMS Appendix (2020)
未列入 Not listed

保护行动 / Conservation Action
法律保护物种 Legally protected species

▲ 参考文献 / References

Jiang et al. (蒋志刚等), 2021; Burgin et al., 2020; IUCN, 2020; Liu et al. (刘少英等), 2020; Yang et al. (杨光等), 2020; Jefferson et al., 2015; Mittermeier and Wilson, 2014; Perrin et al., 2008; Wang (王丕烈), 2011; Zhou (周开亚), 2008, 2004; Pan et al. (潘清华等), 2007; Wilson and Reeder, 2005; Wang (王应祥), 2003; Zhou et al. (周开亚等), 2001; Odell and McClune, 1999; Chen et al. (陈万青等),1992

387 | 短肢领航鲸

Globicephala macrorhynchus Gray, 1846

• Short-finned Pilot Whale

▲ 分类地位 / Taxonomy

鲸偶蹄目 Cetartiodactyla / 海豚科 Delphinidae / 领航鲸属 *Globicephala*

科建立者及其文献 / Family Authority
Gray, 1821

属建立者及其文献 / Genus Authority
Lesson, 1828

亚种 / Subspecies
无 None

模式标本产地 / Type Locality
南海
"South China Sea"

Sergio Hanquest (naturepl.com) / 供图

▲ 其他名称 / Other Name(s)

其他中文名 / Other Chinese Name(s)
大吻巨头鲸

其他英文名 / Other English Name(s)
Pilot Whales, Pilots, Potheads

同物异名 / Synonym(s)
Globicephala scammoni (Bailey, 1936)

▲ 形态及生境 / Morphology and Habitat

形态特征 / Morphological Characteristics

每个齿列通常有 9~12 枚齿。成体体长 5.1~7.3 m。重 1000~3000 kg。雄性体型大于雌性。头部呈方形，几乎没有明显的吻突。额隆大而圆胖。背鳍位于头部后三分之一处，低且呈镰刀状，梢端呈圆形。背鳍基部宽。鳍肢弯曲梢端尖。鳍肢平均长是体长的六分之一。体色呈深灰色至黑色。背鳍后方有浅灰色马鞍斑，胸前有锚状斑块。

Each dentition usually has 9-12 teeth. Adult body length 5.1-7.3 m. The body mass 1,000-3, 000 kg. Males are larger than females. Head appears to be squre-shaped, with little to no rostrum evident. Melon is large and bulbous. Dorsal fin, located about one-third of the way back from the head, is low and falcate with a rounded tip. Base of the dorsal fin is wide. Pectoral flippers are curved with pointed tips. They are, on average, one-sixth the length of the body. Body is dark gray to black in coloration. Light gray saddle behind the dorsal fin and anchor shaped patch across the chest.

生境 / Habitat

海洋 Ocean

▲ 地理分布 / Geographic Distribution

国内分布 / Domestic Distribution
渤海、黄海、东海、南海、台湾东部海域
Bohai Sea, Yellow Sea, East China Sea, South China Sea, Seas east of Taiwan

全球分布 / World Distribution
分布在印度洋、大西洋和太平洋的温带及热带海域、在沿海和远洋水域活动
Found in temperate and tropical waters of the Indian, Atlantic and Pacific oceans, and they are spot in coastal and pelagic waters

生物地理界 / Biogeographic Realm
非洲热带界、澳大利西亚界、印度马来界、新北界、新热带界、大洋洲界、古北界
Afrotropical, Australasian, Indomalaya, Nearctic, Neotropical, Oceanian, Palearctic

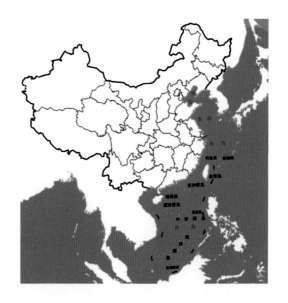

WWF 生物群系 / WWF Biome
海洋生物群系 Marine Biome

动物地理分布型 / Zoogeographic Distribution Type
MAo

分布标注 / Distribution Note
非特有种 Non-Endemic

▲ 濒危状况 / Threatened Status

中国生物多样性红色名录等级 / CB RL Category (2021)
数据缺乏 DD

IUCN 红色名录 / IUCN Red List (2021)
数据缺乏 DD

威胁因子 / Threats
直接捕捞、渔业兼捕、声呐噪声、污染
Direct catch, incidental catch in fishery, military sonar noise, pollution

▲ 法律保护地位 / Legal Protection Status

国家重点保护野生动物等级 / Category of National Key Protected Wild Animals (2021)
二级 Category II

"三有"名录 / TWIESSV (2023)
未列入 Not listed

CITES 附录等级 / CITES Appendix (2023)
II

迁徙物种公约附录 / CMS Appendix (2020)
未列入 Not listed

保护行动 / Conservation Action
法律保护物种 Legally protected species

▲ 参考文献 / References

Jiang et al. (蒋志刚等), 2021; Burgin et al., 2020; IUCN, 2020; Liu et al. (刘少英等), 2020; Jefferson et al., 2015; Mittermeier and Wilson, 2014; Perrin et al., 2008; Wang (王丕烈), 2011; Zhou (周开亚), 2008, 2004; Pan et al. (潘清华等), 2007; Wilson and Reeder, 2005; Wang (王应祥), 2003; Zhou et al. (周开亚等), 2001; Chen et al. (陈万青等), 1992

388 / 野猪

Sus scrofa Linnaeus, 1758

· Wild Boar

朴龙国 / 供图

鲸偶蹄目 Cetartiodactyla / 猪科 Suidae / 猪属 *Sus*

科建立者及其文献 / Family Authority
Gray, 1821

属建立者及其文献 / Genus Authority
Linnaeus, 1758

亚种 / Subspecies
喜马拉雅亚种 *S. s. cristatus* Wagner, 1839
西藏 Tibet

新疆亚种 *S. s. nigripes* Blanford, 1875
新疆 Xinjiang

东北亚种 *S. s. ussuricus* Heude, 1888
黑龙江、吉林和内蒙古
Hailongjiang, Jilin and Inner Mongolia

台湾亚种 *C. s. hosletti* Swinhoe, 1863
台湾 Taiwan

江北亚种 *S. s. moupinensis* Edwards, 1871
四川、青海、甘肃、宁夏、陕西、湖北、河南、山东、
江苏和安徽
Sichuan, Qinghai, Gansu, Ningxia, Shaanxi, Hubei, Henan,
Shandong, Jiangsu and Anhui

华南亚种 *S. s. chirodontus* Heude, 1888
江苏、安徽、上海、浙江、江西、福建、广东、广西、
湖南、湖北、重庆和贵州
Jiangsu, Anhui, Shanghai, Zhejiang, Jiangxi, Fujian, Guangdong,
Guangxi, Hunan, Hubei, Chongqing and Guizhou

印支亚种 *S. s. taininensis* Heude, 1888
云南 Yunnan

模式标本产地 / Type Locality
德国
"Habitat in Europa australiore"; shown to be Germany, from
where wild boar had been introduced to Sweden, Oeland
(Thomas, 1911:140)

▲ 其他名称 / Other Name(s)

其他中文名 / Other Chinese Name(s)
山猪

其他英文名 / Other English Name(s)
Indochinese Pig, Indonesian Banded Pig

同物异名 / Synonym(s)
无 None

▲ 形态及生境 / Morphology and Habitat

形态特征 / Morphological Characteristics
齿式：3.1.4.3/3.1.4.3=44。头体长 153~240 cm。成年
体重 66~272 kg。体表被毛粗长而浓密。体色从深灰
色、棕色至灰黑色。成年个体颈背部有长鬃毛。成
年雄性下犬齿显著延长外翻为獠牙。
Dental formula: 3.1.4.3/3.1.4.3=44. Head and body length
153 to 240 cm. Adult body weigh 66 to 272 kg. The body is
covered with thick, coarse coat of hairs. Body color varies from
dark gray, brown to grayish black. Adults have long manes
on the neck and back. In adult males, the lower canines are
significantly prolonged and everted into tusks.

生境 / Habitat
森林、灌丛、草地、沼泽、农田
Forest, shrubland, grassland, swamp, arable land

▲ 地理分布 / Geographic Distribution

国内分布 / Domestic Distribution

山西、湖南、海南、新疆、北京、河北、内蒙古、辽宁、吉林、黑龙江、上海、江苏、浙江、安徽、福建、江西、河南、湖北、广东、广西、四川、贵州、云南、西藏、陕西、甘肃、青海、宁夏、台湾、香港、福建、天津、重庆

Shanxi, Hunan, Hainan, Xinjiang, Beijing, Hebei, Inner Mongolia, Liaoning, Jilin, Heilongjiang, Shanghai, Jiangsu, Zhejiang, Anhui, Fujian, Jiangxi, Henan, Hubei, Guangdong, Guangxi, Sichuan, Guizhou, Yunnan, Tibet, Shaanxi, Gansu, Qinghai, Ningxia, Taiwan, Hong Kong, Fujian, Tianjin, Chongqing

全球分布 / World Distribution

阿富汗、阿尔巴尼亚、阿尔及利亚、安道尔、亚美尼亚、奥地利、阿塞拜疆、孟加拉国、白俄罗斯、比利时、不丹、波斯尼亚和黑塞哥维那、保加利亚、柬埔寨、中国、克罗地亚、塞浦路斯、捷克、爱沙尼亚、芬兰、法国、格鲁吉亚、德国、希腊、匈牙利、印度、印度尼西亚、伊朗、伊拉克、以色列、意大利、日本、约旦、哈萨克斯坦、朝鲜、韩国、吉尔吉斯斯坦、老挝、拉脱维亚、黎巴嫩、列支敦士登、立陶宛、卢森堡、马其顿、马来西亚、摩尔多瓦、摩纳哥、蒙古国、黑山、摩洛哥、缅甸、尼泊尔、荷兰、巴基斯坦、波兰、葡萄牙、罗马尼亚、俄罗斯、圣马力诺、塞尔维亚、斯洛伐克、斯洛文尼亚、西班牙、斯里兰卡、瑞士、叙利亚、塔吉克斯坦、泰国、突尼斯、土耳其、土库曼斯坦、乌克兰、乌兹别克斯坦、越南、安提瓜和巴布达、阿根廷、澳大利亚、巴西、哥伦比亚、古巴、多米尼加共和国、厄瓜多尔加拉帕戈斯群岛、斐济、海地、牙买加、新西兰、巴布亚新几内亚、南非、苏丹、美国、维尔京群岛

Afghanistan, Albania, Algeria, Andorra, Armenia, Austria, Azerbaijan, Bengladesh, Belarus, Belgium, Bhutan, Bosnia and Herzegovina, Bulgaria, Cambodia, China, Croatia, Cyprus, Czech, Estonia, Finland, France, Georgia, Germany, Greece, Hungary, India, Indonesia, Iran, Iraq, Israel, Italy, Japan, Jordan, Kazakhstan, Democratic People's Republic of Korea, Republic of Korea, Kyrgyzstan, Laos, Latvia, Lebanon, Liechtenstein, Lithuania, Luxembourg, Macedonia, Malaysia, Moldova, Monaco, Mongolia, Montenegro, Morocco, Myanmar, Nepal, Netherlands, Pakistan, Poland, Portugal, Romania, Russian, San Marino, Serbia, Slovakia, Slovenia, Spain, Sri Lanka, Switzerland, Syrian Arab Republic, Tajikistan, Thailand, Tunisia, Turkey, Turkmenistan, Ukraine, Uzbekistan, Vietnam, Antigua and Barbuda, Argentina, Australia, Brazil, Colombia, Cuba, Dominican Republic, Ecuador Galapagos Islands, Fiji, Haiti, Jamaica, New Zealand, Papua New Guinea, South Africa, Sudan, United States, Virgin Islands

生物地理界 / Biogeographic Realm

古北界 Palearctic

WWF 生物群系 / WWF Biome

温带草原，热带稀树草原和灌木地、热带和亚热带湿润阔叶林

Temperate Grasslands, Savannas & Shrublands, Tropical & Subtropical Moist Broadleaf Forests

动物地理分布型 / Zoogeographic Distribution Type

Uh

分布标注 / Distribution Note

非特有种 Non-Endemic

▲ 濒危状况 / Threatened Status

中国生物多样性红色名录等级
/ CB RL Category (2021)
无危 LC

IUCN 红色名录 / IUCN Red List (2021)
无危 LC

威胁因子 / Threats
无 None

▲ 法律保护地位 / Legal Protection Status

国家重点保护野生动物等级 / Category of National Key Protected Wild Animals (2021)
未列入 Not listed

"三有" 名录 / TWIESSV (2023)
未列入 Not listed

CITES 附录等级 / CITES Appendix (2023)
未列入 Not listed

迁徙物种公约附录 / CMS Appendix (2020)
未列入 Not listed

保护行动 / Conservation Action
无管理计划 Non Management Plan

▲ 参考文献 / References

Jiang et al. (蒋志刚等), 2021; Burgin et al., 2020; IUCN, 2020; Liu et al. (刘少英等), 2020; Liu et al. (刘鹤等), 2011; Smith et al., 2009; Pan et al. (潘清华等), 2007; Wilson and Reeder, 2005; Wang (王应祥), 2003; Zhang (张荣祖), 1997; Xia (夏武平), 1988, 1964

389 / 野骆驼

Camelus ferus Przewalski, 1878

• Bactrian Camel

鲸偶蹄目 Cetartiodactyla / 骆驼科 Camelidae / 骆驼属 *Camelus*

科建立者及其文献 / Family Authority
Gray, 1821

属建立者及其文献 / Genus Authority
Linnaeus, 1758

亚种 / Subspecies
无 None

模式标本产地 / Type Locality
非洲
"Habitat in Africa"; identified as "Bactria" (Uzbekistan, Bokhara) by Thomas (1911:150); based on domesticated stock

李晓强 / 供图

▲ 其他名称 / Other Name(s)

其他中文名 / Other Chinese Name(s)
野生双峰驼

其他英文名 / Other English Name(s)
无 None

同物异名 / Synonym(s)
无 None

▲ 形态及生境 / Morphology and Habitat

形态特征 / Morphological Characteristics
齿式：1.1.3.3/3.1.2.3=34。头体长 320~350 cm，体重 450~680 kg。背上具 2 个圆锥形驼峰，顶部具短毛丛。双耳小而圆，颈部长而向上弯曲。四肢细长，蹄宽大。体毛为沙褐色至棕褐色，背腹毛色差别小。通体被覆短绒毛。尾短。

Dental formula: 1.1.3.3/3.1.2.3=34. Head length 320-350 cm, weight 450-680 kg. Whole body is covered with short downy. Two conical humps on the back and a short tuft at the top. Ears small and round, and the neck is long and curved upward. Limbs slender with wide hooves. Body hairs are sand brown to tan, dorsal and abdominal hair color difference is small. Tail short.

生境 / Habitat
荒漠、半荒漠、灌丛
Desert, semi-desert, shrubland

▲ 地理分布 / Geographic Distribution

国内分布 / Domestic Distribution
新疆、内蒙古、甘肃
Xinjiang, Inner Mongolia, Gansu

全球分布 / World Distribution
中国、蒙古国
China, Mongolia

生物地理界 / Biogeographic Realm
古北界 Palearctic

WWF 生物群系 / WWF Biome
热带和亚热带湿润阔叶林
Tropical & Subtropical Moist Broadleaf Forests

动物地理分布型 / Zoogeographic Distribution Type
De

分布标注 / Distribution Note
非特有种 Non-Endemic

▲ 濒危状况 / Threatened Status

中国生物多样性红色名录等级 / CB RL Category (2021)
极危 CR

IUCN 红色名录 / IUCN Red List (2021)
极危 CR

威胁因子 / Threats
家畜放牧、引入家骆驼遗传物质、采矿、狩猎
Livestock ranching, introduced genetic material of domestic camel, mining, hunting

▲ 法律保护地位 / Legal Protection Status

国家重点保护野生动物等级 / Category of National Key Protected Wild Animals (2021)
一级 Category I

"三有" 名录 / TWIESSV (2023)
未列入 Not listed

CITES 附录等级 / CITES Appendix (2023)
未列入 Not listed

迁徙物种公约附录 / CMS Appendix (2020)
未列入 Not listed

保护行动 / Conservation Action
自然保护区内种群得到保护
Populations in nature reserves are protected

▲ 参考文献 / References

Jiang et al. (蒋志刚等), 2021; Burgin et al., 2020; IUCN, 2020; Liu et al. (刘少英等), 2020; Blank, 2011; Silbermayr et al., 2010; Smith et al., 2009; Yao (姚积生), 2009; Pan et al. (潘清华等), 2007; Wilson and Reeder, 2005; Wang (王应祥), 2003; Zhang (张荣祖), 1997; Xia (夏武平), 1988, 1964

390 / 威氏小鼷鹿

Tragulus williamsoni Kloss, 1916

· Mouse-deer

▲ 分类地位 / Taxonomy

鲸偶蹄目 Cetartiodactyla / 鼷鹿科 Tragulidae / 鼷鹿属 *Tragulus*

科建立者及其文献 / Family Authority
Milne-Edwards, 1864

属建立者及其文献 / Genus Authority
Brisson, 1762

亚种 / Subspecies
无 None

模式标本产地 / Type Locality
泰国
"Me Song forest, Pre, North Siam" (N Thailand, Song forest, Muang Pre, Meh Lem, 18°25'N, 100°23'E, according to Meijaard and Groves, 2004)

中国科学院西双版纳热带植物园动物行为与环境变化研究组 / 供图

▲ 其他名称 / Other Name(s)

其他中文名 / Other Chinese Name(s)
小鼷鹿

其他英文名 / Other English Name(s)
Northern Chevrotain, Williamson's Chevrotain, Williamson's Mouse Deer

同物异名 / Synonym(s)
无 None

▲ 形态及生境 / Morphology and Habitat

形态特征 / Morphological Characteristics

齿式：0.1.3.3/3.1.3.3=34。上门齿消失，雄性上犬齿变大并不断生长，用于打斗。肩高 20~40 cm。体重 3 kg。雄性比雌性小。颅轴相对直，眶后条闭合，无洞角或实心角。头骨和骨骼无性二型性。背毛呈深褐色，腹侧毛逐渐变为黄褐色，腹部和四肢呈白色或灰白色，背腹界线清楚。颈部下方有 2 条纵向条纹，可以延伸到后腿。四肢短而细，足有四趾。
Dental formula: 0.1.3.3/3.1.3.3=34. Upper incisors in tragulids are lost, the upper canine in males are enlarged and ever-growing used for intraspecific fighting. Shoulder height 20-40 cm. Body mass 3 kg. Males are smaller than females. Relatively straight skull axis, a closed postorbital bar. Antlers absent. Dorsal hairs are dark brown, gradually turns yellow brownish color on ventral side, the abdomen and limbs are white or grayish white, and the boundary between the dorsum and abdomen is clear. Two longitudinal stripes on the underpart of neck and may extend to the hind legs. Limbs are short and slender with four-toed feet.

生境 / Habitat

热带森林 Tropic forest

▲ 地理分布 / Geographic Distribution

国内分布 / Domestic Distribution
云南 Yunnan

全球分布 / World Distribution
中国、泰国、老挝
China, Thailand, Laos

生物地理界 / Biogeographic Realm
印度马来界 Indomalaya

WWF 生物群系 / WWF Biome
热带和亚热带湿润阔叶林
Tropical & Subtropical Moist Broadleaf Forests

动物地理分布型 / Zoogeographic Distribution Type
Wa

分布标注 / Distribution Note
非特有种 Non-Endemic

▲ 濒危状况 / Threatened Status

中国生物多样性红色名录等级 / CB RL Category (2021)
濒危 EN

IUCN 红色名录 / IUCN Red List (2021)
数据缺乏 DD

威胁因子 / Threats
未知 Unknown

▲ 法律保护地位 / Legal Protection Status

国家重点保护野生动物等级 / Category of National Key Protected Wild Animals (2021)
一级 Category I

"三有"名录 / TWIESSV (2023)
未列入 Not listed

CITES 附录等级 / CITES Appendix (2023)
未列入 Not listed

迁徙物种公约附录 / CMS Appendix (2020)
未列入 Not listed

保护行动 / Conservation Action
自然保护区内种群得到保护
Populations in nature reserves are protected

▲ 参考文献 / References

Jiang et al. (蒋志刚等), 2021; Burgin et al., 2020; IUCN, 2020; Groves, 2016; Yuan et al., 2014; Wilson and Mittermeier, 2012; Graves and Grubb, 2011; Meijaard et al., 2017; Cao et al. (曹明等), 2010; Pan et al. (潘清华等), 2007; Meijaard and Groves, 2004; Shi and Chen (施立明和陈玉泽), 1989; Xia (夏武平), 1988,1964

391 / 安徽麝

Moschus anhuiensis Wang, Hu & Yan, 1982

· Anhui Musk Deer

▲ 分类地位 / Taxonomy

鲸偶蹄目 Cetartiodactyla / 麝科 Moschidae / 麝属 *Moschus*

科建立者及其文献 / Family Authority
Gray, 1821

属建立者及其文献 / Genus Authority
Linnaeus, 1758

亚种 / Subspecies
无 None

模式标本产地 / Type Locality
中国（安徽金寨长岭）
China, "Changling region (31?0'42"N, 115?3'48"E, altitude 500 m), Jinzhai County, Anhui Province"

▲ 其他名称 / Other Name(s)

其他中文名 / Other Chinese Name(s)
无 None

其他英文名 / Other English Name(s)
无 None

同物异名 / Synonym(s)
无 None

▲ 形态及生境 / Morphology and Habitat

形态特征 / Morphological Characteristics

齿式：0.1.3.3/3.13.3=34。头体长 69~77 cm。体重 7.1~9.7 kg。形态特征与林麝相似，毛色棕褐色至棕红色，具两条清晰的白色颈纹，沿颈部两侧延伸向下，在胸前连接成环状。颊后方颈侧有两个浅色斑点。成体背部两侧具 3 行浅黄色至橘黄色斑点，在腰部与臀部尤为密集。雄性腹部具麝香腺囊。

Dental formula: 0.1.3.3/3.13.3=34. Head and body length 69-77 cm. Body mass 7.1-9.7 kg. Morphological characteristics are similar to Forest Musk Deer, the hair color is brown to reddish brown, with two clear white neck lines, extending down along the two sides of the neck, which connected in the chest into a ring shape. There are two light-colored spots on the neck behind the cheek. Adult has 3 rows of light yellow to orange spots on both sides of the dorsal surface, especially dense on the loin and buttocks. Adult male musk deer has a pair of sharp long tusks and a musk gland sac in the abdomen.

生境 / Habitat
针叶阔叶混交林
Coniferous and broad-leaved mixed forest

▲ 地理分布 / Geographic Distribution

国内分布 / Domestic Distribution
安徽、湖北、河南
Anhui, Hubei, Henan

全球分布 / World Distribution
中国 China

生物地理界 / Biogeographic Realm
古北界 Palearctic

WWF 生物群系 / WWF Biome
温带阔叶和混交林
Temperate Broadleaf & Mixed Forests

动物地理分布型 / Zoogeographic Distribution Type
Sd

分布标注 / Distribution Note
特有种 Endemic

▲ 濒危状况 / Threatened Status

中国生物多样性红色名录等级 / CB RL Category (2021)
濒危 EN

IUCN 红色名录 / IUCN Red List (2021)
数据缺乏 DD

威胁因子 / Threats
狩猎、生境破碎、森林砍伐
Hunting, habitat fragmentation, logging

▲ 法律保护地位 / Legal Protection Status

国家重点保护野生动物等级 / Category of National Key Protected Wild Animals (2021)
一级 Category I

"三有"名录 / TWIESSV (2023)
未列入 Not listed

CITES 附录等级 / CITES Appendix (2023)
II

迁徙物种公约附录 / CMS Appendix (2020)
未列入 Not listed

保护行动 / Conservation Action
自然保护区内种群得到保护
Populations in nature reserves are protected

▲ 参考文献 / References

Jiang et al. (蒋志刚等), 2021; Burgin et al., 2020; IUCN, 2020; Groves, 2016; Wilson and Mittermeier, 2012; Graves and Grubb, 2011; Pan et al. (潘清华等), 2007; Wilson and Reeder, 2005; Wang (王应祥), 2003

392 / 林麝

Moschus berezovskii Flerov, 1929

- Forest Musk Deer

▲ 其他名称 / Other Name(s)

其他中文名 / Other Chinese Name(s)
香獐、獐子

其他英文名 / Other English Name(s)
无 None

同物异名 / Synonym(s)
无 None

▲ 分类地位 / Taxonomy

鲸偶蹄目 Cetartiodactyla / 麝科 Moschidae / 麝属 *Moschus*

科建立者及其文献 / Family Authority
Gray, 1821

属建立者及其文献 / Genus Authority
Linnaeus, 1758

亚种 / Subspecies
川西亚种 *M. b. berezovskii* Flerov, 1929
四川、青海和西藏
Sichuan, Qinghai and Tibet

越北亚种 *M. b. caobangis* Dao, 1969
云南、广西和广东
Yunnan, Guangxi, Guangdong

云贵亚种 *M. b. yunguiensis* Wang et Ma, 1993
云南、贵州、湖南和江西
Yunnan, Guizhou, Hunan and Jiangxi

滇西北亚种 *M. b. biiangensis* Wang et Li, 1993
云南 Yunnan

模式标本产地 / Type Locality
中国（四川平武）
 "Mountain dail?(sic) Ho-tzi-how, environs of town Lun-ngan-fu, Sze-chuan, China" (China, Sichuan, near Lungan, Ho-tsi-how Pass)

▲ 形态及生境 / Morphology and Habitat

形态特征 / Morphological Characteristics
齿式：0.1.3.3/3.13.3=34。头体长 63~80 cm，体重 6~9 kg。耳大，耳尖黑色，耳郭内密布长白毛。雌雄个体均无角，雄性上犬齿演化成长而尖利的獠牙，向下伸出嘴外。成体背部为暗棕黄色至棕褐色，臀部毛色加深至棕黑色，腹部浅黄至浅棕色。喉部有2条明显的浅黄色条纹，平行向下延伸至胸部相连。前肢较后肢为短，肩部明显低于臀部。

Dental formula: 0.1.3.3/3.13.3=34. Head and body length 63-80 cm. Body mass 6-9 kg. Ears big with black tips, auricle covered with long white hairs. No antler presents in both male and female. Male upper canine well developed into sharp tusks protruding downward outside the mouth. Hairs on dorsum is dark yellow-brown to tan color, and buttocks hair color turns to black brown. Abdominal hairs light yellow to light brown. There are two distinct pale yellow stripes extend parallel downwards from the neck to the chest. The forelimbs are shorter than the hind limbs, and the shoulders are significantly lower than the hips.

生境 / Habitat
泰加林、针叶阔叶混交林
Taiga, coniferous and broad-leaved mixed forest

▲ 地理分布 / Geographic Distribution

国内分布 / Domestic Distribution
青海、河南、湖南、西藏、宁夏、湖北、广东、广西、四川、贵州、
云南、陕西、甘肃、重庆
Qinghai, Henan, Hunan, Tibet, Ningxia, Hubei, Guangdong, Guangxi, Sichuan,
Guizhou, Yunnan, Shaanxi, Gansu, Chongqing

全球分布 / World Distribution
中国、越南
China, Vietnam

生物地理界 / Biogeographic Realm
古北界、印度马来界
Palearctic, Indomalaya

WWF 生物群系 / WWF Biome
热带和亚热带湿润阔叶林
Tropical & Subtropical Moist Broadleaf Forests

动物地理分布型 / Zoogeographic Distribution Type
Sd

分布标注 / Distribution Note
非特有种 Non-Endemic

▲ 濒危状况 / Threatened Status

中国生物多样性红色名录等级 / CB RL Category (2021)
极危 CR

IUCN 红色名录 / IUCN Red List (2021)
濒危 EN

威胁因子 / Threats
狩猎、生境破碎、森林砍伐
Hunting, habitat fragmentation, logging

▲ 法律保护地位 / Legal Protection Status

国家重点保护野生动物等级 / Category of National Key Protected Wild Animals (2021)
一级 Category I

"三有"名录 / TWIESSV (2023)
未列入 Not listed

CITES 附录等级 / CITES Appendix (2023)
II

迁徙物种公约附录 / CMS Appendix (2020)
未列入 Not listed

保护行动 / Conservation Action
自然保护区内种群得到保护
Populations in nature reserves are protected

▲ 参考文献 / References

Jiang et al. (蒋志刚等), 2021; Burgin et al., 2020; IUCN, 2020; Liu et al. (刘少英等), 2020; Wilson and Mittermeier, 2012; Graves and Grubb, 2011; Zhu et al., 2013; Peng et al. (彭红元等), 2010; Pan et al. (潘清华等), 2007; Wu and Wang (吴家炎和王伟), 2006; Liu and Tong (刘文华和佟建明), 2005; Wilson and Reeder, 2005; Wang (王应祥), 2003; Zhang (张荣祖), 1997; Xia (夏武平), 1988,1964

393 / 马麝

Moschus chrysogaster (Hodgson, 1839)

· Alpine Musk Deer

▲ 分类地位 / Taxonomy

鲸偶蹄目 Cetartiodactyla / 麝科 Moschidae / 麝属 *Moschus*

科建立者及其文献 / Family Authority
Gray, 1821

属建立者及其文献 / Genus Authority
Linnaeus, 1758

亚种 / Subspecies
横断山亚种 *Moschus chrysogaster sifanicus* Buechner 1891
青海、甘肃、宁夏、四川、云南西北部和西藏
Qinghai, Gansu, Ningxia, Sichuan, Yunnan (northwestern part) and Tibet

模式标本产地 / Type Locality
喜马拉雅北部
Northern Himalayas

蔓磊 / 供图

▲ 其他名称 / Other Name(s)

其他中文名 / Other Chinese Name(s)
高山麝、马獐、香獐

其他英文名 / Other English Name(s)
无 None

同物异名 / Synonym(s)
无 None

▲ 形态及生境 / Morphology and Habitat

形态特征 / Morphological Characteristics
齿式：0.1.3.3/3.13.3=34。体型较其他麝科动物大。眼周有橙色眼环。两耳大且长，耳郭内密布长毛。颈部有4~6个暗褐色斑块，排成2行，是区别于林麝的主要特征之一。马麝成年雄性具有1对锋利长獠牙，腹部具麝香腺囊。

Dental formula: 0.1.3.3/3.13.3=34. Larger than other musk deer. Orange rings around the eyes. Ears large and long, and the ears are densely covered with long hairs. The four to six dark brown patches on the neck, arranged in two rows, are one of the main characteristics that distinguish it from Forest Musk Deer. Adult male musk deer has a pair of sharp long tusks and a musk gland sac in the abdomen.

生境 / Habitat
草甸、灌丛、荒漠、森林
Meadow, shrubland, desert, forest

▲ 地理分布 / Geographic Distribution

国内分布 / Domestic Distribution
宁夏、青海、甘肃、四川、云南、陕西、西藏
Ningxia, Qinghai, Gansu, Sichuan, Yunnan, Shaanxi, Tibet

全球分布 / World Distribution
不丹、中国、印度、尼泊尔
Bhutan, China, India, Nepal

生物地理界 / Biogeographic Realm
古北界 Palearctic

WWF 生物群系 / WWF Biome
热带和亚热带湿润阔叶林
Tropical & Subtropical Moist Broadleaf Forests

动物地理分布型 / Zoogeographic Distribution Type
Pa

分布标注 / Distribution Note
非特有种 Non-Endemic

▲ 濒危状况 / Threatened Status

中国生物多样性红色名录等级 / CB RL Category (2021)
极危 CR

IUCN 红色名录 / IUCN Red List (2021)
未评定 NE

威胁因子 / Threats
狩猎、生境破碎、森林砍伐
Hunting, habitat fragmentation, logging

▲ 法律保护地位 / Legal Protection Status

国家重点保护野生动物等级 / Category of National Key Protected Wild Animals (2021)
一级 Category I

"三有" 名录 / TWIESSV (2023)
未列入 Not listed

CITES 附录等级 / CITES Appendix (2023)
II

迁徙物种公约附录 / CMS Appendix (2020)
未列入 Not listed

保护行动 / Conservation Action
自然保护区内种群得到保护
Populations in nature reserves are protected

▲ 参考文献 / References

Jiang et al. (蒋志刚等), 2021; Burgin et al., 2020; IUCN, 2020; Liu et al. (刘少英等), 2020; Wilson and Mittermeier, 2012; Graves and Grubb, 2011; Zhang and Chen (张英和陈鹏), 2013; Wang et al. (王渚等), 2006; Wu and Wang (吴家炎和王伟), 2006; Xia et al. (夏霖等), 2004; Liu and Sheng (刘志霄和盛和林), 2000; Xia(夏武平), 1988, 1964

394 / 黑麝

Moschus fuscus Li, 1981

· Black Musk Deer

鲸偶蹄目 Cetartiodactyla / 麝科 Moschidae / 麝属 *Moschus*

科建立者及其文献 / Family Authority
Gray, 1821

属建立者及其文献 / Genus Authority
Linnaeus, 1758

亚种 / Subspecies
指名亚种 *M. f. fuscus* Li, 1981
云南和西藏
Yunnan and Tibet
碧罗雪山亚种 *M. f. biluoensis* Wang, 2003
云南 Yunnan

模式标本产地 / Type Locality
中国（云南贡山）
China, "Bapo, Gongshan-Xian, Yunnan. Altitude 3,500 m"

▲ 其他名称 / Other Name(s)

其他中文名 / Other Chinese Name(s)
黑獐子、香獐、獐子

其他英文名 / Other English Name(s)
无 None

同物异名 / Synonym(s)
无 None

▲ 形态及生境 / Morphology and Habitat

形态特征 / Morphological Characteristics
齿式：0.1.3.3/3.13.3=34。头体长 70~100 cm。体重 10~15 kg。无角。耳朵、眼睛大。被毛浓密、棕色。雄性上犬齿演化为长獠牙。面部腺体缺如。后腿比前腿长、粗。成年雄性在肚脐和生殖器之间有 1 个麝香腺，雌性有 2 个乳房。
Dental formula: 0.1.3.3/3.13.3=34. Head and body length 70-100 cm. Body mass 10-15 kg. No antler. Ears and eyes large. Pelage thick and brown color. Male upper canine teeth evolved into long tusks. Facial glands absence. The hind legs are longer and stronger than the forelegs. Adult males have a musk gland between their navel and genitalia and females have two mamma.

生境 / Habitat
泰加林、内陆岩石区域
Taiga, inland rocky area

▲ 地理分布 / Geographic Distribution

国内分布 / Domestic Distribution
西藏、云南
Tibet, Yunnan

全球分布 / World Distribution
不丹、中国、印度、缅甸、尼泊尔
Bhutan, China, India, Myanmar, Nepal

生物地理界 / Biogeographic Realm
印度马来界
Indomalaya

WWF 生物群系 / WWF Biome
热带和亚热带湿润阔叶林
Tropical & Subtropical Moist Broadleaf Forests

动物地理分布型 / Zoogeographic Distribution Type
He

分布标注 / Distribution Note
非特有种 Non-Endemic

▲ 濒危状况 / Threatened Status

中国生物多样性红色名录等级 / CB RL Category (2021)
极危 CR

IUCN 红色名录 / IUCN Red List (2021)
濒危 EN

威胁因子 / Threats
狩猎、生境破碎、森林砍伐
Hunting, habitat fragmentation, logging

▲ 法律保护地位 / Legal Protection Status

国家重点保护野生动物等级 / Category of National Key Protected Wild Animals (2021)
一级 Category I

"三有" 名录 / TWIESSV (2023)
未列入 Not listed

CITES 附录等级 / CITES Appendix (2023)
II

迁徙物种公约附录 / CMS Appendix (2020)
未列入 Not listed

保护行动 / Conservation Action
自然保护区内种群得到保护
Populations in nature reserves are protected

▲ 参考文献 / References

Jiang et al. (蒋志刚等), 2021; Groves, 2016; Wilson and Mittermeier, 2012; Graves and Grubb, 2011; Yang et al., 2013; Pan et al. (潘清华等), 2007; Wu and Wang (吴家炎和王伟), 2006; Wilson and Reeder, 2005; Wang (王应祥), 2003; Zhang (张荣祖), 1997; Li (李致祥), 1981

395 / 喜马拉雅麝

Moschus leucogaster Hodgson, 1839

• Himalayan Musk Deer

▲ 分类地位 / Taxonomy

鲸偶蹄目 Cetartiodactyla / 麝科 Moschidae / 麝属 *Moschus*

科建立者及其文献 / Family Authority
Gray, 1821

属建立者及其文献 / Genus Authority
Linnaeus, 1758

亚种 / Subspecies
无 None

模式标本产地 / Type Locality
尼泊尔
"Cis and Trans Hemelayan regions"; "lofty mountains of the interior of Tibet ... On the Tibetan slopes of the Himanchal, Saturatus chiefly resides ... I have specimens of all three species (chrysogaster, leucogaster, saturatus>) from Lassa and Digurch

▲ 其他名称 / Other Name(s)

其他中文名 / Other Chinese Name(s)
白腹麝

其他英文名 / Other English Name(s)
无 None

同物异名 / Synonym(s)
无 None

▲ 形态及生境 / Morphology and Habitat

形态特征 / Morphological Characteristics

齿式：0.1.3.3/3.13.3=34。雄性与雌性上犬齿都长，但雄性上犬齿更长，可达 7~10 cm。犬齿容易折断，但终生生长。头体长 80~100 cm。体重 11~16 kg。形态与马麝相近，毛色呈灰褐色至棕褐色。头部灰褐色至深灰色。眼圈不明显。双耳大，直立，内缘具灰白色长毛。圆圆的背部和长而警觉的耳朵使它们看起来像野兔。颈部后方具旋毛。喉部至胸有浅色纹，不甚明显甚至缺失。臀部、颈部毛色稍浅。

Dental formula: 0.1.3.3/3.13.3=34. Although both sexes have long upper canines, the males' grow longer, up to 7-10 cm. The canines break easily, but tooth growth is continuous. Head and body length 80-100 cm. Body mass 11-16 kg. Morphology similar to Horse Musk Deer, hair color grayish brown to tan. The head is grayish brown to dark gray. Indistinct eye circles. Both ears large, erect, with gray-white long hairs inside. The rounded backs and long alert ears contribute to their "hare-like" resemblance. Neck posterior with curly hairs. Light-colored stripes from throat to chest, may not visible or even absent. Hairs on rump and neck are slightly lighter in color.

生境 / Habitat
高山 Alpine

▲ 地理分布 / Geographic Distribution

国内分布 / Domestic Distribution
西藏西南部为边缘分布区
Margin of Southwest of Tibet

全球分布 / World Distribution
不丹、中国、印度、尼泊尔
Bhutan, China, India, Nepal

生物地理界 / Biogeographic Realm
古北界 Palearctic

WWF 生物群系 / WWF Biome
热带和亚热带湿润阔叶林
Tropical & Subtropical Moist Broadleaf Forests

动物地理分布型 / Zoogeographic Distribution Type
Ha

分布标注 / Distribution Note
非特有种 Non-Endemic

▲ 濒危状况 / Threatened Status

中国生物多样性红色名录等级 / CB RL Category (2021)
濒危 EN

IUCN 红色名录 / IUCN Red List (2021)
濒危 EN

威胁因子 / Threats
狩猎、家畜放牧、耕种、森林砍伐
Hunting, livestock ranching, farming, logging

▲ 法律保护地位 / Legal Protection Status

国家重点保护野生动物等级 / Category of National Key Protected Wild Animals (2021)
一级 Category I

"三有"名录 / TWIESSV (2023)
未列入 Not listed

CITES 附录等级 / CITES Appendix (2023)
II

迁徙物种公约附录 / CMS Appendix (2020)
未列入 Not listed

保护行动 / Conservation Action
自然保护区内种群得到保护
Populations in nature reserves are protected

▲ 参考文献 / References

Jiang et al. (蒋志刚等), 2021; Burgin et al., 2020; IUCN, 2020; Groves, 2016; Wilson and Mittermeier, 2012; Graves and Grubb, 2011; Huang et al. (黄薇等), 2008; Pan et al. (潘清华等), 2007; Wu and Wang (吴家炎和王伟), 2006; Wilson and Reeder, 2005; Wang (王应祥), 2003; Yang et al., 2003

396 / 原麝

Moschus moschiferus Linnaeus, 1758

• Siberian Musk Deer

▲ 分类地位 / Taxonomy

鲸偶蹄目 Cetartiodactyla / 麝科 Moschidae / 麝属 *Moschus*

科建立者及其文献 / Family Authority
Gray, 1821

属建立者及其文献 / Genus Authority
Linnaeus, 1758

亚种 / Subspecies
指名亚种 *M. m. moschiferus* Linnaeus, 1758
新疆、内蒙古和黑龙江
Xinjiang, Inner Mongolia and Heilongjiang

远东亚种 *M. m. parvipes* Hollister, 1911
黑龙江、吉林、辽宁、河北、北京、河南、山西和陕西
Heilongjiang, Jilin, Liaoning, Hebei, Beijing, Henan, Shanxi and Shaanxi

模式标本产地 / Type Locality
俄罗斯
"Habitat in Tataria versus Chinam"; restricted to Russia, SW Siberia, Altai Mtns by Heptner et al. (1961)

冯利民 / 供图

▲ 其他名称 / Other Name(s)

其他中文名 / Other Chinese Name(s)
香獐子、獐子

其他英文名 / Other English Name(s)
无 None

同物异名 / Synonym(s)
无 None

▲ 形态及生境 / Morphology and Habitat

形态特征 / Morphological Characteristics
齿式：0.1.3.3/3.1.3.3=34。头体长 65~95 cm，体重 8~12 kg。颈前两侧各有一条白带纹延长至胸部。两性均无角，无眶下腺。下颌白色。雄性具獠牙。体毛深棕色，头颈部偏灰，腰臀两侧有密集浅棕色斑点。前肢比后肢短，肩部明显低于臀部。蹄端两趾窄尖，悬蹄发达。雄性下腹部有麝香腺囊。
Dental formula: 0.1.3.3/3.1.3.3=34. Head length 65-95 cm. Body mass 8-12 kg. There is a white stripe on each side of the neck extending to the chest. There was no antler and no suborbital gland in both sexes. Mandible white. Males have tusks. Body hairs dark brown, head and neck gray, and waist and buttock sides have dense light brown spots. The forelegs are shorter than the hind legs; the shoulder is noticeably lower than the rump. Hoof with two narrow pointed hooves and a pair of hanging toes. There are musk gland sacs in the lower abdomen of male.

生境 / Habitat
泰加林、针叶阔叶混交林
Taiga, coniferous and broad-leaved mixed forest

▲ 地理分布 / Geographic Distribution

国内分布 / Domestic Distribution
山西、内蒙古、新疆、辽宁、吉林、黑龙江
Shanxi, Inner Mongolia, Xinjiang, Liaoning, Jilin, Heilongjiang

全球分布 / World Distribution
中国、哈萨克斯坦、朝鲜、韩国、蒙古国、俄罗斯、中国、印度、缅甸、尼泊尔
China, Kazakhstan, Democratic People's Republic of Korea, Republic of Korea, Mongolia, Russia, China, India, Myanmar, Nepal

生物地理界 / Biogeographic Realm
古北界 Palearctic

WWF 生物群系 / WWF Biome
温带阔叶和混交林
Temperate Broadleaf & Mixed Forests

动物地理分布型 / Zoogeographic Distribution Type
Mg

分布标注 / Distribution Note
非特有种 Non-Endemic

▲ 濒危状况 / Threatened Status

中国生物多样性红色名录等级 / CB RL Category (2021)
极危 CR

IUCN 红色名录 / IUCN Red List (2021)
易危 VU

威胁因子 / Threats
狩猎、生境破碎、森林砍伐
Hunting, habitat fragmentation, logging

▲ 法律保护地位 / Legal Protection Status

国家重点保护野生动物等级 / Category of National Key Protected Wild Animals (2021)
一级 Category I

"三有"名录 / TWIESSV (2023)
未列入 Not listed

CITES 附录等级 / CITES Appendix (2023)
II

迁徙物种公约附录 / CMS Appendix (2020)
未列入 Not listed

保护行动 / Conservation Action
自然保护区内种群得到保护
Populations in nature reserves are protected

▲ 参考文献 / References

Jiang et al. (蒋志刚等), 2021; Burgin et al., 2020; IUCN, 2020; Liu et al. (刘少英等), 2020; Li et al. (李宗智等), 2019; Wilson and Mittermeier, 2012; Graves and Grubb, 2011; Zhang et al. (张冬冬等), 2014; Pan et al. (潘清华等), 2007; Wilson and Reeder, 2005; Wang (王应祥), 2003; Zhang (张荣祖), 1997; Xia (夏武平), 1988, 1964

397 / 獐

Hydropotes inermis Swinhoe, 1870

• Chinese Water Deer

▲ 分类地位 / Taxonomy

鲸偶蹄目 Cetartiodactyla / 鹿科 Cervidae / 獐属 *Hydropotes*

科建立者及其文献 / Family Authority
Goldfuss, 1820

属建立者及其文献 / Genus Authority
Swinhoe, 1870

亚种 / Subspecies
指名亚种 *H. i. inermiss* Swinhoe, 1870
安徽、江苏、上海、浙江、福建、江西、广东、广西、湖南和湖北
Anhui, Jiangsu, Shanghai, Zhejiang, Fujian, Jiangxi, Guangdong, Guangxi, Hunan and Hubei

朝鲜亚种 *H. i. argyropus* Heude, 1884
辽宁、吉林
Liaoning and Jilin

模式标本产地 / Type Locality
中国
Syntypes purchased in Shanghai market, but based on the place where Swinhoe saw the species in the wild, type locality restricted to China, Kiangsu, Chingkiang, Yangtze River, Deer Isl (Ellerman and Morrison-Scott, 1951:354)

郭亮 / 供图

▲ 其他名称 / Other Name(s)

其他中文名 / Other Chinese Name(s)
河麂、牙獐

其他英文名 / Other English Name(s)
无 None

同物异名 / Synonym(s)
无 None

▲ 形态及生境 / Morphology and Habitat

形态特征 / Morphological Characteristics
齿式: 0.1.3.3/3.1.3.3=34。头体长 90~105 cm。体重 14~17 kg。两性均无角。雄性上犬齿长而侧扁，向下突出口外，形成明显的獠牙。体毛棕黄色，浓密粗长，腹部、颈部、臀部毛色浅。四肢粗壮。尾短。
Dental formula: 0.1.3.3/3.1.3.3=34. Head and body length 90-105 cm and the weight is 14-17 kg. Both sexes have no antlers. The male upper canine teeth are long and laterally oblate, protruding downward to form tusks. Body hairs brown, thick and long. Abdomen, neck, and rump color lighter. Limbs stout. Tail short.

生境 / Habitat
草地、沼泽、亚热带季节性洪泛低地草原
Grassland, swamp, subtropical seasonal flooded lowland grassland

▲ 地理分布 / Geographic Distribution

国内分布 / Domestic Distribution
浙江、上海、江苏、安徽、江西、吉林、辽宁
Zhejiang, Shanghai, Jiangsu, Anhui, Jiangxi, Jilin, Liaoning

全球分布 / World Distribution
中国、朝鲜、韩国
China, Democratic People's Republic of Korea, Republic of Korea

生物地理界 / Biogeographic Realm
古北界 Palearctic

WWF 生物群系 / WWF Biome
温带阔叶和混交林、淹没草原和稀树大草原
Temperate Broadleaf & Mixed Forests, Flooded Grasslands & Savannas

动物地理分布型 / Zoogeographic Distribution Type
Sf

分布标注 / Distribution Note
非特有种 Non-Endemic

▲ 濒危状况 / Threatened Status

中国生物多样性红色名录等级 / CB RL Category (2021)
易危 VU

IUCN 红色名录 / IUCN Red List (2021)
易危 VU

威胁因子 / Threats
狩猎、耕种、住宅区及商业发展、洪水
Hunting, farming, residential and commercial development, flood

▲ 法律保护地位 / Legal Protection Status

国家重点保护野生动物等级 / Category of National Key Protected Wild Animals (2021)
二级 Category II

"三有"名录 / TWIESSV (2023)
未列入 Not listed

CITES 附录等级 / CITES Appendix (2023)
未列入 Not listed

迁徙物种公约附录 / CMS Appendix (2020)
未列入 Not listed

保护行动 / Conservation Action
自然保护区内种群得到保护
Populations in nature reserves are protected

▲ 参考文献 / References

Jiang et al. (蒋志刚等), 2021; Burgin et al., 2020; IUCN, 2020; Liu et al. (刘少英等), 2020; Groves, 2016; Zhang et al. (张冬冬等), 2014; Li et al. (李言阔等), 2013; Wilson and Mittermeier, 2012; Graves and Grubb, 2011; Zhu et al. (朱曦等), 2010; Pan et al. (潘清华等), 2007; Wu and Wang (吴家炎和王伟), 2006; Wilson and Reeder, 2005; Wang (王应祥), 2003; Zhang and Zhang (张小龙和张恩迪), 2002; Sun and Bao (孙孟军和鲍毅新), 2001; Zhang (张荣祖), 1997; Xia (夏武平), 1988, 1964

398 / 毛冠鹿

Elaphodus cephalophus Milne-Edwards, 1872

· Tufted Deer

▲ 分类地位 / Taxonomy

鲸偶蹄目 Cetartiodactyla / 鹿科 Cervidae / 毛冠鹿属 *Elaphodus*

科建立者及其文献 / Family Authority
Goldfuss, 1820

属建立者及其文献 / Genus Authority
Milne-Edwards, 1871

亚种 / Subspecies
指名亚种 *E. c. cephalophus* Milne-Edwards, 1872
云南、贵州、四川、陕西、甘肃、青海和西藏
Yunnan, Guizhou, Sichuan, Shaanxi, Gansu, Qinghai and Tibet

华南亚种 *E. c. michianus* (Swinhoe, 1874)
安徽、江苏、浙江、江西、福建、广东、广西和湖南
Anhui, Jiangsu, Zhejiang, Jiangxi, Fujian, Guangdong, Guangxi and Hunan

华中亚种 *E. c. ichangensis* Lydekker, 1904
湖南、湖北、重庆和贵州
Hunan, Hubei, Chongqing and Guizhou

模式标本产地 / Type Locality
中国（四川宝兴）
China, Sichuan, "la principaut de Moupin" (Baoxing)

▲ 其他名称 / Other Name(s)

其他中文名 / Other Chinese Name(s)
黑麂、青麂、乌麂

其他英文名 / Other English Name(s)
无 None

同物异名 / Synonym(s)
无 None

▲ 形态及生境 / Morphology and Habitat

形态特征 / Morphological Characteristics

齿式：0.1.3.3/3.1.3.3=34。头体长 85~170 cm，体重 15~28 kg，体毛黑色至棕黑色。四肢毛色深，头颈部毛色浅。头顶正中有 1 簇浓密黑色冠毛。两耳宽而圆，上部外缘与基部外侧边缘为黑色，耳背部为白色，形成独特的耳部黑白斑纹。成年雄性头顶具 2 支短角，角尖超出冠毛不足 2 cm。成年雄性上犬齿发达。尾外缘及腹面为纯白色。

Dental formula: 0.1.3.3/3.1.3.3=34. Head and body length 85-170 cm. Body mass 15-28 kg, body hairs are black to brown black. Limbs darker in color, head and neck lighter in color. There is a tuft of crested black hair in the middle of the frontal. Two ears are wide and round, the upper outer edges and the lateral edges of the ear bases are black, with white on the auricle back, forming a unique black and white ear markings. Adult male has two short horns on the top of the head, and the horn tip is usually less than 2 cm above the crown hairs. Adult males have well-developed upper canines. Outer margin and ventral surface of the tail are pure white.

生境 / Habitat

森林、草甸 Forest, meadow

▲ 地理分布 / Geographic Distribution

国内分布 / Domestic Distribution
湖南、浙江、安徽、福建、江西、湖北、广东、广西、四川、贵州、
云南、西藏、陕西、甘肃、青海、重庆
Hunan, Zhejiang, Anhui, Fujian, Jiangxi, Hubei, Guangdong, Guangxi, Sichuan,
Guizhou, Yunnan, Tibet, Shaanxi, Gansu, Qinghai, Chongqing

全球分布 / World Distribution
中国、缅甸
China, Myanmar

生物地理界 / Biogeographic Realm
古北界、印度马来界
Palearctic, Indomalaya

WWF 生物群系 / WWF Biome
热带和亚热带湿润阔叶林
Tropical & Subtropical Moist Broadleaf Forests

动物地理分布型 / Zoogeographic Distribution Type
Sv

分布标注 / Distribution Note
非特有种 Non-Endemic

▲ 濒危状况 / Threatened Status

中国生物多样性红色名录等级 / CB RL Category (2021)
近危 NT

IUCN 红色名录 / IUCN Red List (2021)
近危 NT

威胁因子 / Threats
狩猎 Hunting

▲ 法律保护地位 / Legal Protection Status

国家重点保护野生动物等级 / Category of National Key Protected Wild Animals (2021)
二级 Category II

"三有"名录 / TWIESSV (2023)
未列入 Not listed

CITES 附录等级 / CITES Appendix (2023)
未列入 Not listed

迁徙物种公约附录 / CMS Appendix (2020)
未列入 Not listed

保护行动 / Conservation Action
自然保护区内种群得到保护
Populations in nature reserves are protected

▲ 参考文献 / References

Jiang et al. (蒋志刚等), 2021; Burgin et al., 2020; IUCN, 2020; Liu et al. (刘少英等), 2020; Groves, 2016; Wilson and Mittermeier, 2012; Zheng et al. (郑伟成等), 2012; Graves and Grubb, 2011; Pan et al. (潘清华等), 2007; Wilson and Reeder, 2005; Wang (王应祥), 2003; Zhang (张荣祖), 1997

399 / 黑麂

Muntiacus crinifrons (Sclater, 1885)

• Black Muntjac

▲ 分类地位 / Taxonomy

鲸偶蹄目 Cetartiodactyla / 鹿科 Cervidae / 麂属 *Muntiacus*

科建立者及其文献 / Family Authority
Goldfuss, 1820

属建立者及其文献 / Genus Authority
Rafinesque, 1815

亚种 / Subspecies
无 None

模式标本产地 / Type Locality
中国（浙江宁波）
"Vicinity of Ningpo, China" (China, Zhejiang, near Ningpo)

▲ 其他名称 / Other Name(s)

其他中文名 / Other Chinese Name(s)
青麂、乌金麂、红头麂、蓬头麂

其他英文名 / Other English Name(s)
Hairy-fronted Muntjac

同物异名 / Synonym(s)
无 None

▲ 形态及生境 / Morphology and Habitat

形态特征 / Morphological Characteristics

齿式：0.1.3.3/3.1.3.3=34。头体长 100~130 cm。尾长 16~24 cm。体重 21~28 kg。体毛棕黑色或黑色，颈部毛色浅，头顶、耳基与两颊被毛亮棕黄色或橙黄色。雌雄头顶部均具直立毛丛。雄性具短角，角柄较长且覆长毛，角尖隐于毛丛中。角基前部被毛形成 2 条黑带，从前额向下延伸至两眼正中，形成"V"形。尾长，尾背毛黑色，尾下毛长，白色，尾巴呈倒三角形，边缘白色。

Dental formula: 0.1.3.3/3.1.3.3=34. Head and body length 100-130 cm, tail length 16-24 cm, Body mass 21-28 kg. Pelage dark brown or black, the neck hairs are lighter colored. Hairs on the top of the head, the ear bases and the cheeks are bright brown or orange color. Erect hair tufts on top of heads of both male and female. Males have antlers which are short, with long stalk and covered with long hairs, hidden in the hair cluster. Two black bands are formed in front of the antler base, extending down to the middle of the forehead and eyes, forming a "V" shape black mark. Hairs on tail dorsal black, with hairs on the underpart of the tail long and white. The tail looks like an inverted triangle with white edges.

生境 / Habitat

森林 Forest

▲ 地理分布 / Geographic Distribution

国内分布 / Domestic Distribution
江西、浙江、安徽、福建
Jiangxi, Zhejiang, Anhui, Fujian

全球分布 / World Distribution
中国 China

生物地理界 / Biogeographic Realm
古北界 Palearctic

WWF 生物群系 / WWF Biome
温带阔叶和混交林
Temperate Broadleaf & Mixed Forests

动物地理分布型 / Zoogeographic Distribution Type
Si

分布标注 / Distribution Note
特有种 Endemic

▲ 濒危状况 / Threatened Status

中国生物多样性红色名录等级 / CB RL Category (2021)
濒危 EN

IUCN 红色名录 / IUCN Red List (2021)
易危 VU

威胁因子 / Threats
生境破碎、森林砍伐、狩猎
Habitat fragmentation, logging, hunting

▲ 法律保护地位 / Legal Protection Status

国家重点保护野生动物等级 / Category of National Key Protected Wild Animals (2021)
一级 Category I

"三有"名录 / TWIESSV (2023)
未列入 Not listed

CITES 附录等级 / CITES Appendix (2023)
未列入 Not listed

迁徙物种公约附录 / CMS Appendix (2020)
未列入 Not listed

保护行动 / Conservation Action
自然保护区内种群得到保护
Populations in nature reserves are protected

▲ 参考文献 / References

Jiang et al. (蒋志刚等), 2021; Burgin et al., 2020; IUCN, 2020; Leslie et al., 2013; Chen et al. (陈良等), 2010; Smith et al., 2009; Cheng et al. (程宏毅等), 2008; Wang (王应祥), 2003; Sheng et al. (盛和林等), 1998

400 / 林麂

Muntiacus feae (Thomas & Doria, 1889)

• Fea's Muntjac

鲸偶蹄目 Cetartiodactyla / 鹿科 Cervidae / 麂属 *Muntiacus*

科建立者及其文献 / Family Authority
Goldfuss, 1820

属建立者及其文献 / Genus Authority
Rafinesque, 1815

亚种 / Subspecies
无 None

模式标本产地 / Type Locality
缅甸
Burma (Myanmar), "Thagat Juva, a S. E. del Monte Mooleyit (Mt. Mulaiyit), Tenasserim"

▲ 其他名称 / Other Name(s)

其他中文名 / Other Chinese Name(s)
菲氏麂、费氏麂

其他英文名 / Other English Name(s)
无 None

同物异名 / Synonym(s)
无 None

▲ 形态及生境 / Morphology and Habitat

形态特征 / Morphological Characteristics

齿式：0.1.3.3/3.1.3.3=34。与黑麂相似。体毛棕黑色，颈部、头顶、耳基与两颊被毛亮棕黄色或橙黄色。雌雄头顶部均具棕黑色毛丛。雄性具角，角柄较长且覆长毛，角尖隐于毛丛中。角基前部被毛形成 2 条黑带，从前额向下延伸至两眼正中，形成"V"形。尾长，尾背毛黑色，尾下毛长，白色，尾巴边缘白色。

Dental formula: 0.1.3.3/3.1.3.3=34. Similar to Black Muntjac. The body hairs are brown and black, and the neck, head, ear bases and cheeks are bright brown or orange. Both male and female have brown and black hair tuft on the top of their heads. The male has antler. Antler stalk is longer and covered with long hairs, and antler tip is hidden in hairs. Two black bands are formed in front of the antler base, extending from forehead down to the middle of the eyes, forming a "V" shape. Hairs on tail dorsal black, with hairs on the underpart of the tail long and white. Tail has white hair rim.

生境 / Habitat
森林 Forest

▲ 地理分布 / Geographic Distribution

国内分布 / Domestic Distribution
西藏、云南
Tibet, Yunnan

全球分布 / World Distribution
中国、缅甸、泰国
China, Myanmar, Thailand

生物地理界 / Biogeographic Realm
印度马来界 Indomalaya

WWF 生物群系 / WWF Biome
热带和亚热带湿润阔叶林
Tropical & Subtropical Moist Broadleaf Forests

动物地理分布型 / Zoogeographic Distribution Type
Wb

分布标注 / Distribution Note
非特有种 Non-Endemic

▲ 濒危状况 / Threatened Status

中国生物多样性红色名录等级 / CB RL Category (2021)
数据缺乏 DD

IUCN 红色名录 / IUCN Red List (2021)
数据缺乏 DD

威胁因子 / Threats
狩猎、开垦
Hunting, land reclaimed for farming

▲ 法律保护地位 / Legal Protection Status

国家重点保护野生动物等级 / Category of National Key Protected Wild Animals (2021)
未列入 Not listed

"三有" 名录 / TWIESSV (2023)
列入 Listed

CITES 附录等级 / CITES Appendix (2023)
未列入 Not listed

迁徙物种公约附录 / CMS Appendix (2020)
未列入 Not listed

保护行动 / Conservation Action
自然保护区内种群得到保护
Populations in nature reserves are protected

▲ 参考文献 / References

Jiang et al. (蒋志刚等), 2021; Burgin et al., 2020; IUCN, 2020; Liu et al. (刘少等), 2020; Wilson and Mittermeier, 2012; Graves and Grubb, 2011; Smith et al., 2009; Pan et al. (潘清华等), 2007; Wilson and Reeder, 2005; Wang (王应祥), 2003; Zhang (张荣祖), 1997

401 / 贡山麂

Muntiacus gongshanensis
Ma in Ma, Wang & Shi, 1990

• Gongshan Muntjac

鲸偶蹄目 Cetartiodactyla / 鹿科 Cervidae / 麂属 *Muntiacus*

科建立者及其文献 / Family Authority
Goldfuss, 1820

属建立者及其文献 / Genus Authority
Rafinesque, 1815

亚种 / Subspecies
无 None

模式标本产地 / Type Locality
中国（云南贡山）
China, "Mijiao (27°5' N., 98°7' E.), Puladi, Gongshan county, East slope of the northern sector of Gaoligong Mountain, north-western Yunnan"

▲ 其他名称 / Other Name(s)

其他中文名 / Other Chinese Name(s)
黑麂

其他英文名 / Other English Name(s)
无 None

同物异名 / Synonym(s)
无 None

▲ 形态及生境 / Morphology and Habitat

形态特征 / Morphological Characteristics

齿式：0.1.3.3/3.1.3.3=34。头体长 95~105 cm。体重 16~24 kg。背面为深棕色，腹面和四肢近黑色。尾巴为黑色，尾腹面为亮白色。雌雄头顶均无冠毛簇。成年雄性有 2 个单支或两叉角似短剑的角，角长 7~8 cm，角柄短而粗壮，隐藏在红色的毛丛之中。角柄前端覆盖有黑毛。角柄向下延伸成头骨上的脊状骨质突起，在前额呈"V"形相交。较赤麂为小。雌性个体前额上的"V"形黑纹同样明显。

Dental formula: 0.1.3.3/3.1.3.3=34. Head and body length 95-105 cm. Body mass 16-24 kg. Dorsal hairs dark brown. Hairs on venter and limbs are nearly black. The tail is black and the hairs underside of the tail is white. There were no turfs on the head of both sexes. Adult males have two dagger-like antlers, 7-8 cm long with short stout stalks, which are hidden in a tuft of reddish colored hair. Front end of the horn stalk is covered with black hairs. The horn stalk extends downward to form a bony ridge on the skull, intersecting at the forehead in a "V" shape. Which is smaller than Red Muntjac. In females, the "V" shaped black lines on the forehead are equally pronounced.

生境 / Habitat

森林 Forest

▲ 地理分布 / Geographic Distribution

国内分布 / Domestic Distribution
云南、西藏
Yunnan, Tibet

全球分布 / World Distribution
中国、缅甸
China, Myanmar

生物地理界 / Biogeographic Realm
古北界、印度马来界
Palearctic, Indomalaya

WWF 生物群系 / WWF Biome
温带针叶树森林
Temperate Conifer Forests

动物地理分布型 / Zoogeographic Distribution Type
Hm

分布标注 / Distribution Note
非特有种 Non-Endemic

▲ 濒危状况 / Threatened Status

中国生物多样性红色名录等级 / CB RL Category (2021)
濒危 EN

IUCN 红色名录 / IUCN Red List (2021)
数据缺乏 DD

威胁因子 / Threats
狩猎、开垦
Hunting, land reclaimed for farming

▲ 法律保护地位 / Legal Protection Status

国家重点保护野生动物等级 / Category of National Key Protected Wild Animals (2021)
二级 Category II

"三有" 名录 / TWIESSV (2023)
未列入 Not listed

CITES 附录等级 / CITES Appendix (2023)
未列入 Not listed

迁徙物种公约附录 / CMS Appendix (2020)
未列入 Not listed

保护行动 / Conservation Action
自然保护区内种群得到保护
Populations in nature reserves are protected

▲ 参考文献 / References

Jiang et al. (蒋志刚等), 2021; Burgin et al., 2020; IUCN, 2020; Liu et al. (刘少英等), 2020; Wang (王应祥), 2003; Ma et al. (马世来等), 1990

402 / 海南麂

Muntiacus nigripes G. M. Allen, 1930

• Hainan Muntjac

▲ 分类地位 / Taxonomy

鲸偶蹄目 Cetartiodactyla / 鹿科 Cervidae / 麂属 *Muntiacus*

科建立者及其文献 / Family Authority
Goldfuss, 1820

属建立者及其文献 / Genus Authority
Rafinesque, 1815

亚种 / Subspecies
无 None

模式标本产地 / Type Locality
中国
Nodoa, Island of Hainan, China

陈庆 / 供图

▲ 其他名称 / Other Name(s)

其他中文名 / Other Chinese Name(s)
无 None

其他英文名 / Other English Name(s)
无 None

同物异名 / Synonym(s)
Groves and Grubb (2011)、Groves (2016) 提出海南麂为独立种，而 Wilson and Mittermeier (2011)、Burgin et al. (2021) 仍认为海南麂是赤麂的一个亚种 (*M. vaginalis nigripes*)。因此，海南麂地位未定 (*incertae sedis*)，需要开展进一步研究。无论如何，海南麂不妨作为一个与其他麂属动物存在地理隔离、独立进化的保护管理单元。

Groves and Grubb (2011) and Groves(2016) proposed that Hainan muntjac was an independent species. However, Wilson and Mittermeier (2011) and Burgin et al. (2021) still believe that Hainan muntjac is a subspecies of red muntjac *(M. vaginalis nigripes)*. Therefore, the status of Hainan muntjac is *incertae sedis*, which needs to be further studied. In any case, Hainan muntjac may be regarded as a conservation management unit that is geographically isolated and evolved independently from other muntjac species

▲ 形态及生境 / Morphology and Habitat

形态特征 / Morphological Characteristics
齿式：0.1.3.3/3.1.3.3=34。头体长 95~120 cm。体重 17~40 kg。眶下腺发达。成年雄性有角，末端略弯，角尖利，接近基部处有短分叉。角柄长，粗壮，角柄间距宽。角柄前部覆有深色毛。2 支角柄向下延伸为头骨上 2 条脊状凸，相交于前额下部，形成 1 个明显的 "V" 形。雌性头顶中央有簇红棕色毛丛。体背暗红色至锈红色，腹面浅灰白色，尾腹面为雪白色。四肢末端色深。

Dental formula: 0.1.3.3/3.1.3.3=34. Body length 95-120 cm. Body mass 17-40 kg. The suborbital glands are well developed. Adult males have antlers, slightly curved at the ends, sharply pointed, with a short bifurcation near the base. Antler shank long, stout, spacing widely. The forepart of the antler stalk is covered with dark hairs. The two angular stalks extend downward into two ridges on the skull, intersecting at the lower part of the forehead, forming an obvious "V" shape. The female has a tuft of reddish-brown hair in the center of her head. Dorsal hairs are dark red to rust red, the ventral surface is light grayish white, the tail ventral surface is snow white. Dark hairs at the ends of the limbs.

生境 / Habitat
森林 Forest

▲ 地理分布 / Geographic Distribution

国内分布 / Domestic Distribution
海南 Hainan

全球分布 / World Distribution
中国、越南
China, Vietnam

生物地理界 / Biogeographic Realm
印度马来界 Indomalaya

WWF 生物群系 / WWF Biome
热带和亚热带湿润阔叶林
Tropical & Subtropical Moist Broadleaf Forests

动物地理分布型 / Zoogeographic Distribution Type
J

分布标注 / Distribution Note
非特有种 Non-Endemic

▲ 濒危状况 / Threatened Status

中国生物多样性红色名录等级 / CB RL Category (2021)
易危 VU

IUCN 红色名录 / IUCN Red List (2021)
未评定 NE

威胁因子 / Threats
狩猎、开垦
Hunting, land reclaimed for farming

▲ 法律保护地位 / Legal Protection Status

国家重点保护野生动物等级 / Category of National Key Protected Wild Animals (2021)
二级 Category II

"三有"名录 / TWIESSV (2023)
未列入 Not listed

CITES 附录等级 / CITES Appendix (2023)
未列入 Not listed

迁徙物种公约附录 / CMS Appendix (2020)
未列入 Not listed

保护行动 / Conservation Action
自然保护区内种群得到保护
Populations in nature reserves are protected

▲ 参考文献 / References

Jiang et al. (蒋志刚等), 2021; IUCN, 2020; Liu et al. (刘少英等), 2020; Groves, (2016); Groves and Grubb, (2011)

403 / 叶麂

Muntiacus putaoensis
Amato, Egan & Rabinowitz, 1999

• Leaf Muntjac

鲸偶蹄目 Cetartiodactyla / 鹿科 Cervidae / 麂属 *Muntiacus*

科建立者及其文献 / Family Authority
Goldfuss, 1820

属建立者及其文献 / Genus Authority
Rafinesque, 1815

亚种 / Subspecies
无 None

模式标本产地 / Type Locality
缅甸
"purchased ?at Atanga village, 30 km east of Putao (27°1'N, 97°4'E), northern Myanmar [N Burma (Myanmar)]"

▲ 其他名称 / Other Name(s)

其他中文名 / Other Chinese Name(s)
无 None

其他英文名 / Other English Name(s)
无 None

同物异名 / Synonym(s)
无 None

▲ 形态及生境 / Morphology and Habitat

形态特征 / Morphological Characteristics
齿式：0.1.3.3/3.1.3.3=34。头体长 80±3 cm。体重 12±1.1 kg。尾长 10±1.6 cm。平均身高 50 cm。雄性鹿角长 1~6 cm，长在角柄上。有额腺。眶前窝大。雄性犬齿长 2.4 厘米。耳朵小而圆。前额区域有一簇长毛。毛皮呈淡红色，随个体、年龄和季节而变化。腿前部较暗。头顶黑色斑纹延伸到面部。腹部白色。

Dental formula: 0.1.3.3/3.1.3.3=34. Head and body length 80±3 cm. Average height 50 cm. Tail length 10±1.6 cm. Body mass 12±1.1 kg. Only males have antlers which are 1-6 cm long and are mounted on the stalks. Forehead gland presents. The preorbital fossa is large. Male canines are 2.4 cm long. Ears are small and round. There is a tuft of long hair on the forehead. Pelage is reddish that varies with individual, age, and season. Hairs on the front of the legs are darker in color. Black markings on the top of the head extend to the face. Belly is white.

生境 / Habitat
森林 Forest

▲ 地理分布 / Geographic Distribution

国内分布 / Domestic Distribution
西藏、云南
Tibet, Yunnan

全球分布 / World Distribution
中国、印度、缅甸
China, India, Myanmar

生物地理界 / Biogeographic Realm
印度马来界 Indomalaya

WWF 生物群系 / WWF Biome
热带和亚热带湿润阔叶林
Tropical & Subtropical Moist Broadleaf Forests

动物地理分布型 / Zoogeographic Distribution Type
Sa

分布标注 / Distribution Note
非特有种 Non-Endemic

▲ 濒危状况 / Threatened Status

中国生物多样性红色名录等级 / CB RL Category (2021)
数据缺乏 DD

IUCN 红色名录 / IUCN Red List (2021)
数据缺乏 DD

威胁因子 / Threats
狩猎、开垦
Hunting, land reclaimed for farming

▲ 法律保护地位 / Legal Protection Status

国家重点保护野生动物等级 / Category of National Key Protected Wild Animals (2021)
未列入 Not listed

"三有"名录 / TWIESSV (2023)
列入 Listed

CITES 附录等级 / CITES Appendix (2023)
未列入 Not listed

迁徙物种公约附录 / CMS Appendix (2020)
未列入 Not listed

保护行动 / Conservation Action
自然保护区内种群得到保护
Populations in nature reserves are protected

▲ 参考文献 / References

Jiang et al. (蒋志刚等), 2021; Burgin et al., 2020; IUCN, 2020; Liu et al. (刘少英等), 2020; Wilson and Mittermeier, 2012; Pan et al. (潘清华等), 2007; Graves and Grubb, 2011; Choudhury 2003; Wang (王应祥), 2003

404 / 小麂

Muntiacus reevesi (Ogilby, 1839)

• Reeves' Muntjac

王昌大 / 供图

鲸偶蹄目 Cetartiodactyla / 鹿科 Cervidae / 麂属 *Muntiacus*

科建立者及其文献 / Family Authority
Goldfuss, 1820

属建立者及其文献 / Genus Authority
Rafinesque, 1815

亚种 / Subspecies
指名亚种 *M. r. reevesi* (Ogilby, 1839)
广东、广西、江西和湖南
Guangdong, Guangxi, Jiangxi and Hunan

台湾亚种 *M. r. micrurus* (Sclater, 1875)
台湾 Taiwan

华东亚种 *M. r. sinensis* Hilzheimer, 1905
安徽和浙江
Anhui and Zhejiang

黔北亚种 *M. r. jiangkouensis* Gu et Xu, 1998
贵州和重庆
Guizhou and Chongqing

模式标本产地 / Type Locality
中国
"China"; "Near Canton, Kwantung (Guangdong), Southern China" (Ellerman and Morrison-Scott, 1951:357)

▲ 其他名称 / Other Name(s)

其他中文名 / Other Chinese Name(s)
黄麂

其他英文名 / Other English Name(s)
无 None

同物异名 / Synonym(s)
无 None

▲ 形态及生境 / Morphology and Habitat

形态特征 / Morphological Characteristics
齿式：0.1.3.3/3.1.3.3=34。头体长 64~90 cm，体重 11~16 kg。背部毛色为栗黄色，腹部毛色浅。冬毛较夏毛颜色深，被毛长且密。尾巴浅棕色，尾部腹面为白色。雄性长有一对小鹿角，角端较尖，角基短。近基部具一个短分叉。角基前部被毛黑色，延伸至鼻端形成一个"V"形黑色斑。雌性前额中央有一菱形的黑色斑块。
Dental formula: 0.1.3.3/3.1.3.3=34. Head length 64-90 cm, Body mass 11-16 kg. Dorsal hairs chestnut-colored and the belly hairs lighter in color. Winter coat is darker, longer and denser than summer coat. Tail is light brown and the underside of the tail is snow white. The male has a pair of small antlers on the short horn base, with pointed horn tip. With a short bifurcation near base. Anteriorly the antler base is black, extending to the tip of the nose to form a "V" shaped black spot. Females has a diamond-shaped black patch in the center of their foreheads.

生境 / Habitat
灌丛、内陆岩石区域、森林
Shrubland, inland rocky area, forest

▲ 地理分布 / Geographic Distribution

国内分布 / Domestic Distribution
河南、贵州、江苏、浙江、安徽、福建、江西、湖北、湖南、广东、广西、四川、云南、陕西、甘肃、台湾、香港、福建、重庆
Henan, Guizhou, Jiangsu, Zhejiang, Anhui, Fujian, Jiangxi, Hubei, Hunan, Guangdong, Guangxi, Sichuan, Yunnan, Shaanxi, Gansu, Taiwan, Hong Kong, Fujian, Chongqing

全球分布 / World Distribution
中国 China

生物地理界 / Biogeographic Realm
古北界 Palearctic

WWF 生物群系 / WWF Biome
热带和亚热带湿润阔叶林
Tropical & Subtropical Moist Broadleaf Forests

动物地理分布型 / Zoogeographic Distribution Type
Sd

分布标注 / Distribution Note
特有种 Endemic

▲ 濒危状况 / Threatened Status

中国生物多样性红色名录等级 / CB RL Category (2021)
近危 NT

IUCN 红色名录 / IUCN Red List (2021)
无危 LC

威胁因子 / Threats
狩猎、耕种、森林砍伐、住宅区及商业发展
Hunting, farming, logging, residential and commercial development

▲ 法律保护地位 / Legal Protection Status

国家重点保护野生动物等级 / Category of National Key Protected Wild Animals (2021)
未列入 Not listed

"三有"名录 / TWIESSV (2023)
列入 Listed

CITES 附录等级 / CITES Appendix (2023)
未列入 Not listed

迁徙物种公约附录 / CMS Appendix (2020)
未列入 Not listed

保护行动 / Conservation Action
自然保护区内种群得到保护
Populations in nature reserves are protected

▲ 参考文献 / References

Jiang et al. (蒋志刚等), 2021; Burgin et al., 2020; IUCN, 2020; Liu et al. (刘少英等), 2020; Shi et al. (史文博等), 2010; Zhang et al., 2010; Pan et al. (潘清华等), 2007; Wang (王应祥), 2003; Amato et al., 1999; Xia (夏武平), 1988, 1964

405 / 北赤麂

Muntiacus vaginalis (Boaert, 1785)

• Northern Red Muntjac

▲ 其他名称 / Other Name(s)

其他中文名 / Other Chinese Name(s)
无 None

其他英文名 / Other English Name(s)
无 None

同物异名 / Synonym(s)

Groves（2003年）将分布在巽他以外（克拉地峡以北地区）的 *Muntiacus muntjak* 从亚种分类群提升到 *Muntiacus vaginalis* 种，分布在巽他（克拉地峡以南的马来半岛）归为 *Muntiacus muntjak*。2008年，IUCN 红色名录接受了这种分类方式，但是指出 Groves（2003年）这种分类所依据的核型差异，研究的样本数目太少，需要开展更大规模的取样研究。

Groves (2003) elevated *Muntiacus muntjak* outside Sunda (the area north of the Kra isthmus) from a subspecies taxon to the *Muntiacus vaginalis*, and classified those distributed in Sunda (the Malay peninsula south of the Kara isthmus) to *Muntiacus muntjak*. In 2008, the IUCN Red List of Threatened Species accepted this classification but stated that the number of samples of karyotype study cited by Groves (2003) was small, and studies with larger samples are needed.

▲ 分类地位 / Taxonomy

鲸偶蹄目 Cetartiodactyla / 鹿科 Cervidae / 麂属 *Muntiacus*

科建立者及其文献 / Family Authority
Goldfuss, 1820

属建立者及其文献 / Genus Authority
Rafinesque, 1815

亚种 / Subspecies

指名亚种 *M. v. vaginalis* (Boddaert, 1785)
西藏 Tibet

滇中亚种 *M. v. yunnanensis* Ma et Wang, 1988
云南、四川和陕西
Yunnan, Sichuan and Shaanxi

滇南亚种 *M. v. menglalis* Wang et Groves, 1988
云南南部 Yunnan

华南亚种 *M. v. guangdongensis* Xu, 1996
广东、广西、湖南和江西
Guangdong, Guangxi, Hunan and Jiangxi

模式标本产地 / Type Locality
不明
Unknown

▲ 形态及生境 / Morphology and Habitat

形态特征 / Morphological Characteristics

齿式：0.1.3.3/3.1.3.3=34。头体长 95~120 cm。体重 17~40 kg。眶下腺发达。成年雄性有角，末端略弯，角尖利，接近基部处有短分叉。角柄长，粗壮，角柄间距宽。角柄前部覆有深色毛。两支角柄向下延伸为头骨上两条脊状凸，相交于前额下部，形成一个明显的 "V" 形。雌性头顶中央有一簇红棕色毛丛。体背暗红色至锈红色，腹面浅灰白色，尾腹面为雪白色。

Dental formula: 0.1.3.3/3.1.3.3=34. Head and body length 95-120 cm. Body mass 17-40 kg. The suborbital glands are well developed. Adult males have antlers, slightly curved at the ends, sharply pointed, with a short furcation near the base. antler pedicle long, strong, wider spacing between the pedicles. Forepart of the antler pedicle is covered with dark hairs, which extend downward to form two ridges on the skull, intersecting at the lower part of the forehead, forming an obvious "V" shape. Female has a tuft of reddish-brown hair in the middle of her head. The dorsal hairs dark red to rust red, the ventral surface is light gray white, and the tail ventral surface is snow white.

生境 / Habitat
森林、灌丛
Forest, shrubland

▲ 地理分布 / Geographic Distribution

国内分布 / Domestic Distribution
湖南、云南、海南、福建、江西、广东、广西、四川、贵州、西藏、香港
Hunan, Yunnan, Hainan, Fujian, Jiangxi, Guangdong, Guangxi, Sichuan, Guizhou, Tibet, Hong Kong

全球分布 / World Distribution
孟加拉国、不丹、柬埔寨、中国、印度、老挝、缅甸、尼泊尔、巴基斯坦、斯里兰卡、泰国、越南
Bangladesh, Bhutan, Cambodia, China, India, Laos, Myanmar, Nepal, Pakistan, Sri Lanka, Thailand, Vietnam

生物地理界 / Biogeographic Realm
古北界、印度马来界
Palearctic, Indomalaya

WWF 生物群系 / WWF Biome
热带和亚热带湿润阔叶林
Tropical & Subtropical Moist Broadleaf Forests

动物地理分布型 / Zoogeographic Distribution Type
Wc

分布标注 / Distribution Note
非特有种 Non-Endemic

▲ 濒危状况 / Threatened Status

中国生物多样性红色名录等级 / CB RL Category (2021)
近危 NT

IUCN 红色名录 / IUCN Red List (2021)
无危 LC

威胁因子 / Threats
狩猎 Hunting

▲ 法律保护地位 / Legal Protection Status

国家重点保护野生动物等级 / Category of National Key Protected Wild Animals (2021)
未列入 Not listed

"三有" 名录 / TWIESSV (2023)
列入 listed

CITES 附录等级 / CITES Appendix (2023)
未列入 Not listed

迁徙物种公约附录 / CMS Appendix (2020)
未列入 Not listed

保护行动 / Conservation Action
自然保护区内种群得到保护
Populations in nature reserves are protected

▲ 参考文献 / References

Jiang et al. (蒋志刚等), 2021; Burgin et al., 2020; IUCN, 2020; Liu et al. (刘少英等), 2020; Jiang et al. (蒋志刚等), 2015; Smith et al., 2009; Pan et al. (潘清华等), 2007; Teng et al. (滕丽微等), 2005; Wang (王应祥), 2003; Zhang (张荣祖), 1997

406 / 豚鹿

Axis porcinus (Zimmermann, 1780)

• Hog Deer

▲ 分类地位 / Taxonomy

鲸偶蹄目 Cetartiodactyla / 鹿科 Cervidae / 豚鹿属 *Axis*

科建立者及其文献 / Family Authority
Goldfuss, 1820

属建立者及其文献 / Genus Authority
C. H. Smith, 1827

亚种 / Subspecies
印支亚种 *A. p. annamiticus* (Heude, 1888)
云南西南部　Yunnan

模式标本产地 / Type Locality
印度
No locality given, based on captive in Bengal; "Indo-Gangetic Plain of India" (Lydekker, 1915:56); here restricted to India, West Bengal

▲ 其他名称 / Other Name(s)

其他中文名 / Other Chinese Name(s)
猪鹿、芦蒿鹿

其他英文名 / Other English Name(s)
无 None

同物异名 / Synonym(s)
无 None

▲ 形态及生境 / Morphology and Habitat

形态特征 / Morphological Characteristics
齿式：0.1.3.3/3.1.3.3=34。头体长 105~150 cm。体重 36~50 kg。雄性头部有分枝短小的三叉角。背部两侧有成行小白斑，体侧也有不规则白斑；毛色浅褐色，背部毛色偏棕，腹部毛色灰色。雌性背部和体侧有小白斑，幼体白斑明显。冬毛黄褐色。

Dental formula: 0.1.3.3/3.1.3.3=34. Head and body length 105-150 cm. Body mass 36-50 kg. The male head has a short branched trigeminal horn. There are rows of small white spots on both sides of the back, and irregular white spots on the lateral side of the body. Summer pelage light brown, brown on the back and grey on the belly. There are small white spots on the back and lateral side of the female body, and white spots are obvious on the young. Winter pelage tawny.

生境 / Habitat
沼泽、永久性内陆三角洲
Swamp, permanent inland deltas

▲ 地理分布 / Geographic Distribution

国内分布 / Domestic Distribution
云南 Yunnan

全球分布 / World Distribution
中国、柬埔寨、印度、老挝、缅甸
China, Cambodia, India, Laos, Myanmar

生物地理界 / Biogeographic Realm
印度马来界 Indomalaya

WWF 生物群系 / WWF Biome
热带和亚热带湿润阔叶林
Tropical & Subtropical Moist Broadleaf Forests

动物地理分布型 / Zoogeographic Distribution Type
Wa

分布标注 / Distribution Note
非特有种 Non-Endemic

▲ 濒危状况 / Threatened Status

中国生物多样性红色名录等级 / CB RL Category (2021)
区域灭绝 RE

IUCN 红色名录 / IUCN Red List (2021)
濒危 EN

威胁因子 / Threats
狩猎、耕种、家畜放牧、洪水
Hunting, farming, livestock ranching, flood

▲ 法律保护地位 / Legal Protection Status

国家重点保护野生动物等级 / Category of National Key Protected Wild Animals (2021)
一级 Category I

"三有"名录 / TWIESSV (2023)
未列入 Not listed

CITES 附录等级 / CITES Appendix (2023)
豚鹿印支亚种为附录 I

迁徙物种公约附录 / CMS Appendix (2020)
未列入 Not listed

保护行动 / Conservation Action
自然保护区内种群得到保护
Populations in nature reserves are protected

▲ 参考文献 / References

Ding et al., 2021; Jiang et al. (蒋志刚等), 2021; Burgin et al., 2020; IUCN, 2020; Liu et al. (刘少英等), 2020; Wilson and Mittermeier, 2012; Graves and Grubb, 2011; Pan et al. (潘清华等), 2007; Wilson and Reeder, 2005; Wang (王应祥), 2003; Zhang (张荣祖), 1997

407 / 水鹿

Rusa unicolor (Kerr, 1792)

· Southeast Asian Sambar

▲ 分类地位 / Taxonomy

鲸偶蹄目 Cetartiodactyla / 鹿科 Cervidae / 水鹿属 *Rusa*

科建立者及其文献 / Family Authority
Goldfuss, 1820

属建立者及其文献 / Genus Authority
Linnaeus, 1758

亚种 / Subspecies
四川亚种 *R. u. dejeani* (Pousargues, 1896)
四川和青海 Sichuan and Qinghai

华南亚种 *R. u. equina* Cuvier, 1823
云南、贵州、湖南、广西、广东和江西
Yunnan, Guizhou, Hunan, Guangxi, Guangdong and Jiangxi

海南亚种 *R. u. hainana* Xu, 1983
海南 Hainan

台湾亚种 *R. u. swinhoei* (Sclater, 1862)
台湾 Taiwan

模式标本产地 / Type Locality
印度尼西亚
Sumatra

李锦昌 / 供图

▲ 其他名称 / Other Name(s)

其他中文名 / Other Chinese Name(s)
花鹿、黑鹿

其他英文名 / Other English Name(s)
无 None

同物异名 / Synonym(s)
无 None

▲ 形态及生境 / Morphology and Habitat

形态特征 / Morphological Characteristics
齿式：0.1.3.3/3.1.3.3=34。头体长 180~200 cm，体重 185~260 kg。被毛粗。毛色通常为暗棕色或黑色。四肢毛色较浅，唇下和腹部被毛为乳白色。双耳大且圆，耳郭内白色，外缘深色，基部长有长毛丛。成年雄性有一对鹿角，分为三叉，最大长度可达 80 cm。成年雄性颈部具有长鬃毛。尾黑色，尾毛长而蓬松，尾巴腹面乳白色。幼崽体表没有斑点。
Dental formula: 0.1.3.3/3.1.3.3=34. Head and body length 180-200 cm. Body mass 185-260 kg. Pelage usually coarser and dark brown or black color. Limb hair color is lighter, under the lip and ventral side is cream white. Ears big and round, white hairs inside the auricle, outer edge dark, with long hair tuft at the base. Adult males have a pair of antlers, divided into three forks, up to 80 cm in length. Adult males have long mane on the neck. The tail is black, the tail hairs are long and fluffy, and the belly of the tail is white. Fawn has no spots on body surface.

生境 / Habitat
森林、灌丛、沼泽、农田
Forest, shrubland, swamp, arable land

▲ 地理分布 / Geographic Distribution

国内分布 / Domestic Distribution

西藏、青海、云南、四川、重庆、贵州、广西、海南、广东、湖南、江西、福建、台湾
Tibet, Qinghai, Yunnan, Sichuan, Chongqing, Guizhou, Guangxi, Hainan, Guangdong, Hunan, Jiangxi, Fujian, Taiwan

全球分布 / World Distribution

中国、孟加拉国、印度、马来西亚、印度尼西亚、文莱、老挝、缅甸、泰国、越南、不丹、尼泊尔、斯里兰卡
China, Bangladesh, India, Malaysia, Indonesia, Brunei, Laos, Myanmar, Thailand, Vietnam, Bhutan, Nepal, Sri Lanka

生物地理界 / Biogeographic Realm

古北界、印度马来界
Palearctic, Indomalaya

WWF 生物群系 / WWF Biome

热带和亚热带湿润阔叶林
Tropical & Subtropical Moist Broadleaf Forests

动物地理分布型 / Zoogeographic Distribution Type

Wd

分布标注 / Distribution Note

非特有种 Non-Endemic

▲ 濒危状况 / Threatened Status

中国生物多样性红色名录等级 / CB RL Category (2021)

近危 NT

IUCN 红色名录 / IUCN Red List (2021)

未评定 NE

威胁因子 / Threats

狩猎、耕种、森林砍伐、住宅区及商业发展
Hunting, farming, logging, residential and commercial development

▲ 法律保护地位 / Legal Protection Status

国家重点保护野生动物等级 / Category of National Key Protected Wild Animals (2021)

二级 Category II

"三有"名录 / TWIESSV (2023)

未列入 Not listed

CITES 附录等级 / CITES Appendix (2023)

未列入 Not listed

迁徙物种公约附录 / CMS Appendix (2020)

未列入 Not listed

保护行动 / Conservation Action

自然保护区内种群得到保护
Populations in nature reserves are protected

▲ 参考文献 / References

Jiang et al. (蒋志刚等), 2021; Burgin et al., 2020; IUCN, 2020; Liu et al. (刘少英等), 2020; Wilson and Mittermeier, 2012; Graves and Grubb, 2011; Smith et al., 2009; Deng et al. (邓可等), 2013; Smith et al., 2009; Pan et al. (潘清华等), 2007; Wilson and Reeder, 2005; Wang (王应祥), 2003; Zhang (张荣祖), 1997; Xia (夏武平), 1988, 1964

408 / 梅花鹿

Cervus nippon Swinhoe, 1864

· Sika Deer

董磊 / 供图

鲸偶蹄目 Cetartiodactyla / 鹿科 Cervidae / 鹿属 *Cervus*

科建立者及其文献 / Family Authority
Goldfuss, 1820

属建立者及其文献 / Genus Authority
Linnaeus, 1758

亚种 / Subspecies
台湾亚种 *C. n. taiouanus* Blyth, 1860
台湾（野生种群已于 20 世纪 40 年代灭绝 ,20 世纪末人工繁育个体在台湾南部放归野外，重建了野生种群）
Taiwan (Wild populations extirpated in the 1940s, but wild populations were reestablished in the late 20th century when captive-bred individuals were released into the wild in southern Taiwan)

东北亚种 *C. n. hortulorum* Swinhoe, 1864
黑龙江和吉林
Heilongjiang and Jilin

华北亚种 *C. n. mandarinus* Milne-Edwards, 1871
河北和北京（野生种群已绝灭）
Hebei and Beijing (wild population extincted)

山西亚种 *C. n. grassianus* (Heude, 1884)
山西（野生种群已经绝灭）
Shanxi (wild population extincted)

华东亚种 *C. n. kopschi* Swinhoe, 1873
江苏、浙江、安徽和江西
Jiangsu, Zhejiang, Anhui and Jiangxi

四川亚种 *C. n. sichuanicus* Guo, Chen et Wang, 1987
四川和甘肃
Sichuan and Gansu

模式标本产地 / Type Locality
日本
"Les aes du domaine du Japon"; restricted to Japan, Kyushu, Nagasaki (Groves and Smeenk, 1978)

▲ 其他名称 / Other Name(s)

其他中文名 / Other Chinese Name(s)
花鹿

其他英文名 / Other English Name(s)
Sika

同物异名 / Synonym(s)
无 None

▲ 形态及生境 / Morphology and Habitat

形态特征 / Morphological Characteristics

齿式：0.1.3.3/3.1.3.3=34。头体长 105~170 cm，雄性体重 60~150 kg，雌性体重 45~60 kg。被毛棕黄色或棕红色。背部和体侧有白色斑点。背部中央有一条深色纵纹，两侧白色斑点排列。腹面白色。雌雄个体均具有白色臀斑，臀斑上缘具深色带，与背部深色纵纹相接。尾短，尾背毛色与背部相同，尾下有乳白色长毛。成年雄鹿有分支鹿角，长 80 cm 以上。雌性不长角。
Dental formula: 0.1.3.3/3.1.3.3=34. Head and body length 105-170 cm. Male body mass 60-150 kg, female body mass 45-60 kg. Pelage brownish yellow or reddish brown. White spots on the back and sides. There is a dark strip in the ridge of the dorsum, and white spots are closely arranged on both sides. The ventral surface is white. Both male and female have white rump patches, and the black rims of the patches connected with the dark strips on the back. Tail is short, and the tail coat color is the same as the back, and the underside of the tail has long white hairs. Adult males have branched antlers that are more than 80 cm long. The females do not have horns.

生境 / Habitat
落叶阔叶林
Deciduous forest

▲ 地理分布 / Geographic Distribution

国内分布 / Domestic Distribution
江西、浙江、安徽、吉林、黑龙江、四川、甘肃
Jiangxi, Zhejiang, Anhui, Jilin, Heilongjiang, Sichuan, Gansu

全球分布 / World Distribution
中国、俄罗斯、日本
China, Russia, Japan

生物地理界 / Biogeographic Realm
古北界 Palearctic

WWF 生物群系 / WWF Biome
热带和亚热带湿润阔叶林、温带阔叶和混交林
Tropical & Subtropical Moist Broadleaf Forests, Temperate Broadleaf & Mixed Forests

动物地理分布型 / Zoogeographic Distribution Type
Eg

分布标注 / Distribution Note
非特有种 Non-Endemic

▲ 濒危状况 / Threatened Status

中国生物多样性红色名录等级 / CB RL Category (2021)
濒危 EN

IUCN 红色名录 / IUCN Red List (2021)
未评定 NE

威胁因子 / Threats
生境丧失 Loss of habitat

▲ 法律保护地位 / Legal Protection Status

国家重点保护野生动物等级 / Category of National Key Protected Wild Animals (2021)
一级 Category I

"三有" 名录 / TWIESSV (2023)
未列入 Not listed

CITES 附录等级 / CITES Appendix (2023)
未列入 Not listed

迁徙物种公约附录 / CMS Appendix (2020)
未列入 Not listed

保护行动 / Conservation Action
自然保护区内种群得到保护
Populations in nature reserves are protected

▲ 参考文献 / References

Jiang et al. (蒋志刚等), 2021; Liu et al. (刘少英等), 2020; Wilson and Mittermeier, 2012; Graves and Grubb, 2011; Pan et al. (潘清华等), 2007; Wilson and Reeder, 2005; Wang (王应祥), 2003; Guo (郭延蜀), 2000; Zhang (张荣祖), 1997; Xia (夏武平), 1988, 1964

409 / 西藏马鹿

Cervus wallichii Pocock, 1942

· Tibet Shou

▲ 分类地位 / Taxonomy

鲸偶蹄目 Cetartiodactyla / 鹿科 Cervidae / 鹿属 *Cervus*

科建立者及其文献 / Family Authority
Goldfuss, 1820

属建立者及其文献 / Genus Authority
Linnaeus, 1758

亚种 / Subspecies
无 None

模式标本产地 / Type Locality
不确定
Not assertained

▲ 其他名称 / Other Name(s)

其他中文名 / Other Chinese Name(s)
无 None

其他英文名 / Other English Name(s)
无 None

同物异名 / Synonym(s)
Geist (1998)将其归马鹿 *Cervus elaphus*的亚种 *wallichii*，Graves and Grubb (2011)将 *Cervus elaphus wallichii*提升为种 *Cervus wallichii*。Wilson and Mittermeier (2012) 将中亚马鹿命名为 *Cervus wallichii*，其中亚种 *Cervus wallichii wallichii* 的分布范围为本种分布范围。Burgin (2021)将其作为马鹿 *Cervus canadensis* 的西藏亚种 *C. c. wallichii*。
Geist (1998) assigned it to the subspecies of *Cervus elaphus wallichii*, and Graves and Grubb (2011) elevated *Cervus elaphus wallichii* to the species *Cervus wallichii*. Wilson and Mittermeier, (2012) named Central Asian red deer *Cervus wallichii*, in which the subspecies *Cervus wallichii wallichii* is the same distribution range of this species. Burgin (2021) identified it as the Tibetan subspecies *C. c. wallichii* of red deer *Cervus canadensis*

▲ 形态及生境 / Morphology and Habitat

形态特征 / Morphological Characteristics
齿式：0.1.3.3/3.1.3.3=34。头体长165~265 cm。雄性体重160~240 kg，雌性体重75~170 kg。被毛棕色或棕黄色。背脊有一条深色纵纹。腰部呈橘红色，体侧和腹部交界处有暗纹。臀斑白色。尾部为橘色。冬毛绒毛密，色浅，夏季被毛短，色深。蹄前端圆钝。雄性有角，眉枝在角基部向前长出，几乎与主干垂直。雌性无角。
Dental formula: 0.1.3.3/3.1.3.3=34. Head and body length 165-265 cm. Males weigh 160-240 kg and females 75-170 kg. Pelage is brown or brownish yellow. There is a dark longitudinal strip on the back. The waist is orange-red, and there are dark lines at the lateral side and abdomen. Rump patch cream white. Tail is orange. Winter villi dense, light color, summer coat short, dark color. The hooves are rounded and blunt. Males have antlers, and the brow ramus grows forward at the base of the antler, almost perpendicular to the trunk. The female is antlerless.

生境 / Habitat
森林、灌丛
Forest, shrubland

▲ 地理分布 / Geographic Distribution

国内分布 / Domestic Distribution
西藏 Tibet

全球分布 / World Distribution
中国、印度、尼泊尔
China, India, Nepal

生物地理界 / Biogeographic Realm
古北界 Palearctic

WWF 生物群系 / WWF Biome
温带草原、热带稀树草原和灌木地
Temperate Grasslands, Savannas & Shrublands

动物地理分布型 / Zoogeographic Distribution Type
Pa

分布标注 / Distribution Note
非特有种 Non-Endemic

▲ 濒危状况 / Threatened Status

中国生物多样性红色名录等级 / CB RL Category (2021)
濒危 EN

IUCN 红色名录 / IUCN Red List (2021)
未评定 NE

威胁因子 / Threats
猎杀、生境丧失
Hunting, loss of habitat

▲ 法律保护地位 / Legal Protection Status

国家重点保护野生动物等级 / Category of National Key Protected Wild Animals (2021)
一级 Category I

"三有" 名录 / TWIESSV (2023)
未列入 Not listed

CITES 附录等级 / CITES Appendix (2023)
未列入 Not listed

迁徙物种公约附录 / CMS Appendix (2020)
未列入 Not listed

保护行动 / Conservation Action
自然保护区内种群得到保护
Populations in nature reserves are protected

▲ 参考文献 / References

Jiang et al. (蒋志刚等), 2021; Liu et al. (刘少英等), 2020; Wilson and Mittermeier, 2012; Graves and Grubb, 2011

410 / 马鹿

Cervus canadensis Erxleben, 1777

· Manchurian Wapiti

蒋志刚 / 供图

▲ 分类地位 / Taxonomy

鲸偶蹄目 Cetartiodactyla / 鹿科 Cervidae / 鹿属 *Cervus*

科建立者及其文献 / Family Authority
Goldfuss, 1820

属建立者及其文献 / Genus Authority
Linnaeus, 1758

亚种 / Subspecies
东北亚种 *C. c. xanthopygus* Milne-Edwards, 1867
黑龙江、内蒙古、吉林和河北
Heilongjiang, Inner Mongolia, Jilin and Hebei

阿尔泰亚种 *C. c. sibiricus* (Erxleben, 1777)
新疆和内蒙古
Xinjiang and Inner Mongolia

阿拉善亚种 *C. c. altaicus* Bobrinskii et Flerov, 1935
宁夏 Ningxia

川西亚种 *C. c. macneilli* Lydekker, 1909
青海北部、甘肃、陕西、四川西部
Qinghai, Gansu, Shaanxi, Sichuan

模式标本产地 / Type Locality
不明
Unknown

▲ 其他名称 / Other Name(s)

其他中文名 / Other Chinese Name(s)
赤鹿、红鹿、马鹿

其他英文名 / Other English Name(s)
Elk, Alashan Wapiti, Izubra, Manchurian Wapiti, Merriam's Wapiti, Tule Elk

同物异名 / Synonym(s)
多年来，包括欧洲和北非红鹿（*Cervus elaphus*）、塔里木马鹿（*C. hanglu*）和东亚和北美马鹿（*C. canadensis*）在内的马鹿被认为是同一个种 *Cervus elaphus*。一些遗传学研究试图澄清马鹿分类，但未能获得一致的结果。20世纪大多数分类学家都同意 *C. canadensis* 是 *C. elaphus* 的亚种，然而，1995年以来发表的所有原始科学论文都认为 *C. elaphus* 和 *C. canadensis* 是两个有效种。早前 Lydekker（1898）、Flerov（1952）和 Geist（1998）即持这一观点。
For many years, the red deer group including European and North African red deer (*Cervus elaphus*), Tarim red deer (*C. hanglu*), and East Asian and North American red deer (*C. canadensis*) were considered to be the same species, *Cervus elaphus*. Several genetic studies have attempted to clarify red deer classification but have failed to obtain consistent results. Most taxonomists in the 20th century agree that *C. canadensis* is a subspecies of *C. elaphus*; however, all original scientific papers published since 1995 have identified *C. elaphus* and *C. canadensis* as the two valid species. Lydekker(1898), Flerov(1952) and Geist(1998) took this view earlier

▲ 形态及生境 / Morphology and Habitat

形态特征 / Morphological Characteristics

齿式：0.1.3.3/3.1.3.3=34。雄性头体长 175~265 cm，体重 200~320 kg。雌性头体长 160~210 cm，体重 110~135 kg。夏季被毛红棕色，冬季被毛棕灰色至暗棕色。腹部及四肢毛色浅。背部有深色脊中线。具浅黄臀斑。臀斑上缘深色，与脊中线相接。尾短，背部毛色与臀斑一致。双耳大且长。鹿角第一与第二分支间距离短，鹿角分叉处为圆柱状而非扁平状。鹿角长度和分叉数随着年龄增长而增加。单支鹿角可达 115 cm 长，重达 5 kg，包括 6~8 个分支。雌性不具角。

Dental formula: 0.1.3.3/3.1.3.3=34. Male head and body length 175-265 cm, body weight 200-320 kg. Female head and body length 160-210 cm, body weight 110-135 kg. Pelage reddish brown in summer and brownish gray to dark brown in winter. Bellies and limbs are light colored. The back has a dark ridge strip. With a yellow rump patch. The upper edge of the gluteal spot is dark and merges with the ridge strip. The tail is short and the same color of back. Ears large and long. The distance between the first and second branches of the antlers is short, and the antlers bifurcation is cylindrical rather than flat. Antler length and number of bifurcations increase with age. A single antler can be up to 115 cm long, weighs up to 5 kg and includes 6-8 branches. Females not antlered.

生境 / Habitat

森林、灌丛 Forest, shrubland

▲ 地理分布 / Geographic Distribution

国内分布 / Domestic Distribution

黑龙江、内蒙古、吉林、河北、新疆、宁夏、甘肃、陕西、四川

Heilongjiang, Inner Mongolia, Jilin, Hebei, Xinjiang, Ningxia, Gansu, Shaanxi, Sichuan

全球分布 / World Distribution

中国、俄罗斯、加拿大、美国
China, Russia, Canada, United States

生物地理界 / Biogeographic Realm

古北界、新北界
Palearctic, Nearctic

WWF 生物群系 / WWF Biome

北方森林 / 针叶林
Boreal Forests/Taiga

动物地理分布型 / Zoogeographic Distribution Type

Ma

分布标注 / Distribution Note

非特有种 Non-Endemic

▲ 濒危状况 / Threatened Status

中国生物多样性红色名录等级 / CB RL Category (2021)
濒危 EN

IUCN 红色名录 / IUCN Red List (2021)
未评定 NE

威胁因子 / Threats
猎杀、生境丧失
Hunting, loss of habitat

▲ 法律保护地位 / Legal Protection Status

国家重点保护野生动物等级 / Category of National Key Protected Wild Animals (2021)
二级 Category II

"三有"名录 / TWIESSV (2023)
未列入 Not listed

CITES 附录等级 / CITES Appendix (2023)
未列入 Not listed

迁徙物种公约附录 / CMS Appendix (2020)
未列入 Not listed

保护行动 / Conservation Action
自然保护区内种群得到保护
Populations in nature reserves are protected

▲ 参考文献 / References

Jiang et al. (蒋志刚等), 2021; Wilson and Mittermeier, 2012; Graves and Grubb, 2011; Groves and Grubb, 2011; Qin and Zhang (秦瑜和张明海), 2009; Geist, 1998

411 / 塔里木马鹿

Cervus hanglu Wagner, 1844

• Yarkand stag

▲ 分类地位 / Taxonomy

鲸偶蹄目 Cetartiodactyla / 鹿科 Cervidae / 鹿属 *Cervus*

科建立者及其文献 / Family Authority
Goldfuss, 1820

属建立者及其文献 / Genus Authority
Linnaeus, 1758

亚种 / Subspecies
无 None

模式标本产地 / Type Locality
不明 Unknown

马光义 / 供图

▲ 其他名称 / Other Name(s)

其他中文名 / Other Chinese Name(s)
无 None

其他英文名 / Other English Name(s)
Hangul, MacNeill's Red Deer, Tarim Red Deer

同物异名 / Synonym(s)
Geist（1998）将其归为马鹿 *Cervus elaphus* 的亚种 *C. e. hanglu*，Graves and Grubb（2011）将 *Cervus elaphus hanglu* 提升为种 *Cervus hanglu*。Wilson and Mittermeier（2012）将中亚马鹿命名为 *Cervus wallichii*，其中亚种 *Cervus wallichii hanglu* 的分布范围为本种分布范围。Brook et al.（2017）在 IUCN 红色名录中采用 *Cervus hanglu*。
Geist (1998) classified it as a subspecies of *Cervus elaphus*, *C. e. hanglu*, Graves and Grubb (2011) elevated *Cervus elaphus hanglu* to species *Cervus hanglu*. Wilson and Mittermeier (2012) named Central Asian Red Deer *Cervus wallichii*, in which the subspecies *Cervus wallichii hanglu* is the same distribution range of this species. Brook et al. (2017) adopted *Cervus hanglu* in the IUCN Red List species.

▲ 形态及生境 / Morphology and Habitat

形态特征 / Morphological Characteristics
齿式：0.1.3.3/3.1.3.3=34。体型与形态特征均与其他马鹿相似。头体长 115~140 cm。雄性体重 230~280 kg，雌性体重 195~220 kg。毛色为沙褐色，冬毛色浅而夏毛色深。具白色至灰白色大型臀斑。
Dental formula: 0.1.3.3/3.1.3.3=34. The body shape and morphological characteristics are similar to other red deer. Head and body length 115-140 cm. Male body mass 230-280 kg, female Body mass 195-220 kg. Pelage is sandy brown, light colored in winter and dark colored in summer, with large white to grayish whiter rump patch.

生境 / Habitat
森林、灌丛
Forests, shrubland

▲ 地理分布 / Geographic Distribution

国内分布 / Domestic Distribution
新疆 Xinjiang

全球分布 / World Distribution
阿富汗、中国、印度、哈萨克斯坦、塔吉克斯坦、土库曼斯坦、乌兹
别克斯坦
Afghanistan, China, India, Kazakhstan, Tajikistan, Turkmenistan, Uzbekistan

生物地理界 / Biogeographic Realm
古北界、新北界
Palearctic, Nearctic

WWF 生物群系 / WWF Biome
沙漠和干旱灌木地
Deserts & Xeric Shrublands

动物地理分布型 / Zoogeographic Distribution Type
Db

分布标注 / Distribution Note
非特有种 Non-Endemic

▲ 濒危状况 / Threatened Status

中国生物多样性红色名录等级 / CB RL Category (2021)
濒危 EN

IUCN 红色名录 / IUCN Red List (2021)
未评定 NE

威胁因子 / Threats
生境改变、生境丧失、猎捕
Habitat modification, habitat loss and poaching

▲ 法律保护地位 / Legal Protection Status

国家重点保护野生动物等级 / Category of National Key Protected Wild Animals (2021)
一级 Category I

"三有"名录 / TWIESSV (2023)
未列入 Not listed

CITES 附录等级 / CITES Appendix (2023)
未列入 Not listed

迁徙物种公约附录 / CMS Appendix (2020)
未列入 Not listed

保护行动 / Conservation Action
自然保护区内种群得到保护
Populations in nature reserves are protected

▲ 参考文献 / References

Jiang et al. (蒋志刚等), 2021; Liu et al. (刘少英等), 2020; Brook et al., 2017; Wilson and Mittermeier, 2012; Groves and Grubb, 2011; Geist, 1998

412 / 坡鹿

Rucervus eldii (M'Clelland, 1842)

· Eastern Eld's Deer

蒋志刚 / 供图

▲ 分类地位 / Taxonomy

鲸偶蹄目 Cetartiodactyla / 鹿科 Cervidae /
泽鹿属 *Rucervus*

科建立者及其文献 / Family Authority
Goldfuss, 1820

属建立者及其文献 / Genus Authority
Gray, 1843

亚种 / Subspecies
海南亚种 *R. e. siamensis* (Thomas,1918)
海南 Hainan

模式标本产地 / Type Locality
泰国
Southern Siam

▲ 其他名称 / Other Name(s)

其他中文名 / Other Chinese Name(s)
海南坡鹿、东方坡鹿、泽鹿、眉角鹿

其他英文名 / Other English Name(s)
Brow-antlered Deer, Thamin

同物异名 / Synonym(s)
Groves & Grubb (2011) 将 *Rucervus eldii* (M'clelland, 1842) 划分为三个
种：发现于印度的曼尼普尔坡鹿 *Panolia eldii* (McClelland, 1842)，
发现于缅甸和泰国西部的眉叉鹿 *Thamin eldii* (McClelland, 1842)，
以及分布于泰国东部、柬埔寨、老挝南部、越南和中国海南的东
方坡鹿 *Panolia siamensis* (Lydekker, 1915)。Wilson and Mittermeier (2012)
使用 *Rucervus eldii*。Burgin et al. (2021) 采用 *Panolia eldii* (McClelland,
1842)，*Panolia siamensis* 为海南亚种 *P. e. siamensis*。IUCN 受威胁物
种红色名录采用 *Rucervus eldii*，但承认 *Cerus eldii* M'Clelland, 1842
和 *Panolia eldii* (M'Clelland, 1842) 为同义词。美国哺乳动物学会数
据库（2022）使用 *Panolia eldii*。*Panolia eldii* 可能已经在泰国和
越南灭绝了 (IUCN，2021)。
Groves & Grubb (2011) divided *Rucervus eldii* (M'Clelland, 1842) into
three species: *Panolia eldii* (McClelland, 1842), found in Manipur Eld's
deer, *Thamin eldii* (McClelland, 1842), found in Burma and West Thailand,
and Eastern Eld's Deer *Panolia siamensis* (Lydekker, 1915), distributed
in eastern Thailand, Cambodia, South Laos, Vietnam and Hainan, China.
Wilson and Mittermeier (2012) used *Rucervus eldii*. Burgin et al. (2021)
used *Panolia eldii* (McClelland, 1842), *Panolia siamensis* is the Hainan
subspecies *P. e. siamensis*. IUCN Red List of Threatened Species adopts the
Rucervus eldii, but recognizes *Cervus eldii* M'Clelland, 1842 and *Panolia
eldii* (M'Clelland, 1842) as synonymies. Possibly extinct in Thailand and Viet
Nam (IUCN, 2021).

▲ 形态及生境 / Morphology and Habitat

形态特征 / Morphological Characteristics
齿式：0.1.3.3/3.1.3.3=34。头体长 150~170
cm。雄性体重 70~100 kg，雌性体重 50~70
kg。双耳大而圆。颈部细长，被毛棕黄色，
腹面与四肢内侧毛色稍浅，喉部白。背部
有深色脊线，两侧散布浅棕色斑点。尾短，
尾下毛白色。雄性具双角，长 100 cm 以上。
角的眉叉向前平伸然后上弯，形成一个连
续的弧形。主干向后、向外延伸。角尖朝内、
朝前弯转。主干具 3~6 个小叉。雌性不具角。
Dental formula: 0.1.3.3/3.1.3.3=34. Head and body
length 150-170 cm. Male weight 70-100 kg, female
weight 50-70 kg. Ears large and round. The neck is
long and slim. Pelage yellow-brown, the abdomen
and the inner part of the limbs are slightly lighter
in color, and the throat is white. A dark ridge strip
on the back with light brown spots scattered on
both sides. Tail short, the hairs on underside of the
tail are cream white. The males have two antlers
of more than 100 cm long. The brow branch of
the horn extends flat forward and then upward,
forming a continuous arc. The trunk extends
backwards then outwards. The tips turn inward and
forward. Antler with 3-6 small forks. Females not
antlered.

生境 / Habitat
半干旱热带稀树草原
Semi-arid tropic swanna

▲ 地理分布 / Geographic Distribution

国内分布 / Domestic Distribution
海南 Hainan

全球分布 / World Distribution
中国、柬埔寨、老挝、泰国（可能灭绝）、越南（可能灭绝）
China, Cambodia, Laos, Thailand (Possibly extinct), Vietnam (Possibly extinct)

生物地理界 / Biogeographic Realm
印度马来界 Indomalaya

WWF 生物群系 / WWF Biome
热带和亚热带湿润阔叶林
Tropical & Subtropical Moist Broadleaf Forests

动物地理分布型 / Zoogeographic Distribution Type
Wa

分布标注 / Distribution Note
非特有种 Non-Endemic

▲ 濒危状况 / Threatened Status

中国生物多样性红色名录等级 / CB RL Category (2021)
极危 CR

IUCN 红色名录 / IUCN Red List (2021)
未评定 NE

威胁因子 / Threats
生境丧失、蟒蛇捕食
Habitat loss, python predation

▲ 法律保护地位 / Legal Protection Status

国家重点保护野生动物等级 / Category of National Key Protected Wild Animals (2021)
一级 Category I

"三有" 名录 / TWIESSV (2023)
未列入 Not listed

CITES 附录等级 / CITES Appendix (2023)
未列入 Not listed

迁徙物种公约附录 / CMS Appendix (2020)
未列入 Not listed

保护行动 / Conservation Action
自然保护区内种群得到保护
Populations in nature reserves are protected

▲ 参考文献 / References

Jiang et al. (蒋志刚等), 2021; Groves and Grubb, 2011; Zhang et al. (张琼等), 2009; Lu et al. (卢学理等), 2008; Wilson and Reeder, 2005; Pitra et al., 2004; Wang (王应祥), 2003; Zhang (张荣祖), 1997; Xia (夏武平), 1988, 1964

413 / 白唇鹿

Przewalskium albirostris Przewalski, 1883

• White-lipped Deer

▲ 分类地位 / Taxonomy

鲸偶蹄目 Cetartiodactyla / 鹿科 Cervidae /
白唇鹿属 *Przewalskium*

科建立者及其文献 / Family Authority
Goldfuss, 1820

属建立者及其文献 / Genus Authority
Flerov, 1930

亚种 / Subspecies
无 None

模式标本产地 / Type Locality
中国（甘肃西北部）
China, Gansu, 3 km above mouth of Kokusu River,
Humboldt Mtns, Nan Shan (Flerov, 1960)

刘璐 / 供图

▲ 其他名称 / Other Name(s)

其他中文名 / Other Chinese Name(s)
红鹿

其他英文名 / Other English Name(s)
Thorold's deer

同物异名 / Synonym(s)
白唇鹿曾被列入鹿属 *Cervus*，后来列入白唇鹿属 *Przewalskium*（Wilson and Reeder，2005；Groves and Grubb，2011）。但 Pitra et al.（2004）根据细胞色素 B 分析，认为白唇鹿应列入鹿属 *Cervus*。然而，从那以后没有开展后续研究。应综合分析鹿类动物的核基因组探讨鹿类动物分类。

White-lipped deer were once listed in the genus *Cervus* and later placed in the genus *Przewalskium* (Wilson and Reeder, 2005; Groves and Grubb, 2011). However, Pitra et al. (2004) believed that white-lipped deer should be included in the genus *Cervus* based on cytochrome B analysis. However, no follow-up studies have been conducted since then. The nuclear genome of deer should be comprehensively analyzed to explore the classification of deer.

▲ 形态及生境 / Morphology and Habitat

形态特征 / Morphological Characteristics
齿式：0.1.3.3/3.1.3.3=34。头体长 155~210 cm，雄性体重 180~230 kg，雌性体重 100~180 kg。被毛红棕色至灰棕色，毛发粗糙。被毛缺乏典型的绒毛。由于相反方向的毛发相交，背部中央形成了一个鞍状外观。头颈部毛色深。喉部、腹部和四肢为浅棕色。唇部白色。双耳长，有白色边缘。臀斑浅色。尾短。鹿角沿主干的分叉处扁平，区别于同域分布的马鹿。鹿角长达 140 cm 以上，分叉 8~9 个。雌性无鹿角。

Dental formula: 0.1.3.3/3.1.3.3=34. Head and body length 155-210 cm. Males weight 180-230 kg, females weight 100-180 kg. Pelage reddish-brown to grayish-brown with coarse hairs. Dark hairs on head and neck. The throat, abdomen and limbs are light brown. The fur lacks the typical undercoat hairs. A saddle-like appearance is located on the center of the back, which is caused by the hairs lying in the opposite direction. The fur coat is twice as long in the winter as it is during the summer. Lips white. Ears long, with a white hair rim. Light buttock spot. Tail short. Antlers are flattened along the bifurcation of the trunk. This feature distinguishes them from the sympatric red deer. Antlers are more than 140 cm long, with 8-9 bifurcations. The females have no antlers.

生境 / Habitat
泰加林、灌丛、草甸
Taiga, shrubland, meadow

▲ 地理分布 / Geographic Distribution

国内分布 / Domestic Distribution
青海、四川、云南、西藏、甘肃
Qinghai, Sichuan, Yunnan, Tibet, Gansu

全球分布 / World Distribution
中国 China

生物地理界 / Biogeographic Realm
古北界 Palearctic

WWF 生物群系 / WWF Biome
热带和亚热带湿润阔叶林
Tropical & Subtropical Moist Broadleaf Forests

动物地理分布型 / Zoogeographic Distribution Type
Pc

分布标注 / Distribution Note
特有种 Endemic

▲ 濒危状况 / Threatened Status

中国生物多样性红色名录等级 / CB RL Category (2021)
濒危 EN

IUCN 红色名录 / IUCN Red List (2021)
易危 VU

威胁因子 / Threats
家畜放牧、狩猎
Livestock ranching, hunting

▲ 法律保护地位 / Legal Protection Status

国家重点保护野生动物等级 / Category of National Key Protected Wild Animals (2021)
一级 Category I

"三有" 名录 / TWIESSV (2023)
未列入 Not listed

CITES 附录等级 / CITES Appendix (2023)
未列入 Not listed

迁徙物种公约附录 / CMS Appendix (2020)
未列入 Not listed

保护行动 / Conservation Action
自然保护区内种群得到保护
Populations in nature reserves are protected

▲ 参考文献 / References

Jiang et al. (蒋志刚等), 2021; Liu et al. (刘少英等), 2020; Cui et al. (崔绍朋等), 2018; You et al. (游章强等), 2014; Groves and Grubb, 2011; Wu and Pei (吴家炎和裴俊峰), 2007; Pan et al. (潘清华等), 2007; Wilson and Reeder, 2005; Wang (王应祥), 2003; Zhang (张荣祖), 1997; Xia(夏武平), 1988, 1964

414 / 麋鹿

Elaphurus davidianus Milne-Edwards, 1866

• Père David's Deer

鲸偶蹄目 Cetartiodactyla / 鹿科 Cervidae / 麋鹿属 *Elaphurus*

科建立者及其文献 / Family Authority
Goldfuss, 1820

属建立者及其文献 / Genus Authority
Milne-Edwards, 1866

亚种 / Subspecies
无 None

模式标本产地 / Type Locality
中国（北京南苑）
China, "dans le parc imperial situ quelque distance de Pekin (Beijing)"

蒋志刚 / 供图

▲ 其他名称 / Other Name(s)

其他中文名 / Other Chinese Name(s)
四不象

其他英文名 / Other English Name(s)
Milu

同物异名 / Synonym(s)
无 None

▲ 形态及生境 / Morphology and Habitat

形态特征 / Morphological Characteristics

齿式：0.1.3.3/3.1.3.3=34。头体长 150~200 cm。雄性体重 150~250 kg，雌性体重 120~180 kg。面部长而窄。颈粗。冬毛灰棕色，夏毛红棕色。背部有一道深棕色脊线。腹部和四肢浅黄色。角型独特，无眉叉，可倒置直立于一个矢量平面。蹄宽大扁平，趾间有皮蹼膜，尾长且尖端有簇毛。
Dental formula: 0.1.3.3/3.1.3.3=34. Head and body length 150-200 cm. Males body weight 150-250 kg, females weight 120-180 kg. The face is long and narrow. Neck stout. Winter pelage grayish-brown, summer pelage reddish brown. There is a dark brown ridge line on the back. Belly and limbs light yellow. Antler is unique, without eyebrow fork. The antler can be inverted upright on a vector plane. Hoof wide and flat, membrane between the hooves. Tail long with a bundle of tufted hair at tip.

生境 / Habitat
湿地、草地、灌丛
Wetland, grassland, shrubland

▲ 地理分布 / Geographic Distribution

国内分布 / Domestic Distribution
北京、江苏、湖北、河南、湖南
Beijing, Jiangsu, Hubei, Henan, Hunan

全球分布 / World Distribution
中国（人工野化种群）
China（Re-wild population）

生物地理界 / Biogeographic Realm
古北界 Palearctic

WWF 生物群系 / WWF Biome
水淹草原和稀树大草原
Flooded Grasslands & Savannas

动物地理分布型 / Zoogeographic Distribution Type
E

分布标注 / Distribution Note
特有种 Endemic

▲ 濒危状况 / Threatened Status

中国生物多样性红色名录等级 / CB RL Category (2021)
极危 CR

IUCN 红色名录 / IUCN Red List (2021)
野生灭绝 EW

威胁因子 / Threats
生境改变
Habitat modification

▲ 法律保护地位 / Legal Protection Status

国家重点保护野生动物等级 / Category of National Key Protected Wild Animals (2021)
一级 Category I

"三有" 名录 / TWIESSV (2023)
未列入 Not listed

CITES 附录等级 / CITES Appendix (2023)
未列入 Not listed

迁徙物种公约附录 / CMS Appendix (2020)
未列入 Not listed

保护行动 / Conservation Action
法定保护对象 Protected by law

▲ 参考文献 / References

Jiang et al. (蒋志刚等), 2021; Burgin et al., 2020; IUCN, 2020; Wilson and Mittermeier, 2012; Graves and Grubb, 2011; Jiang, 2013; Hou et al. (侯立冰等), 2012; Smith et al., 2009; Jiang and Harris, 2008; Yang et al. (杨道德等), 2007; Jiang et al. (蒋志刚等), 2001; Pan et al. (潘清华等), 2007; Wilson and Reeder, 2005; Wang (王应祥), 2003; Zhang (张荣祖), 1997; Xia(夏武平), 1988, 1964

415 / 东方狍

Capreolus pygargus Pallas, 1771

• Oriental Roe Deer

马光义 / 供图

▲ 形态及生境 / Morphology and Habitat

形态特征 / Morphological Characteristics
齿式：0.0.3.3/0.(1).3.3=30~32。头体长 95~140 cm。体重 20~40 kg。头吻部黑色，颊部白色。喉部和胸部色浅。冬毛深灰色至棕灰色，夏毛红棕色。腹面为浅黄色。雄性个体的臀斑为肾形，而雌性个体臀斑为心形。尾巴短，隐于臀斑中央。成年雄性长有一对竖直生长的短角，通常三叉，表面粗糙。双角在每年冬季脱落。脱角后，角立即开始重新生长。雌性个体不长角。

Dental formula: 0.0.3.3/0.(1).3.3=30-32. Head and body length 95-140 cm. Body mass 20-40 kg. Black hairs on the head and white on the cheeks. Pale hairs on the throat and chest. Winter hairs dark gray to brownish gray, summer reddish brown. Ventral surface light yellow. In males, the rump patches are kidney-shaped, but heart-shaped in the females. Tail short, hidden in the center of the rump patches. Adult male has a pair of short, vertical antlers, usually have three branches, with a coarse surface. Antlers shed every winter, but almost immediately regrow after the old ones are shed. Females do not have antlers.

生境 / Habitat
森林、草原
Forest, Steppe

▲ 地理分布 / Geographic Distribution

国内分布 / Domestic Distribution
吉林、山西、内蒙古、黑龙江、宁夏、新疆、陕西、青海、北京、河北、辽宁、河南、湖北、四川、西藏、甘肃、重庆
Jilin, Shanxi, Inner Mongolia, Heilongjiang, Ningxia, Xinjiang, Shaanxi, Qinghai, Beijing, Hebei, Liaoning, Henan, Hubei, Sichuan, Tibet, Gansu, Chongqing

全球分布 / World Distribution
中国、哈萨克斯坦、朝鲜、韩国、俄罗斯
China, Kazakhstan, Democratic People's Republic of Korea, Republic of Korea, Russia

生物地理界 / Biogeographic Realm
古北界 Palearctic

WWF 生物群系 / WWF Biome
北方森林 / 针叶林
Boreal Forests/Taiga

动物地理分布型 / Zoogeographic Distribution Type
Ue

分布标注 / Distribution Note
非特有种 Non-Endemic

▲ 濒危状况 / Threatened Status

中国生物多样性红色名录等级 / CB RL Category (2021)
近危 NT

IUCN 红色名录 / IUCN Red List (2021)
无危 LC

威胁因子 / Threats
狩猎、生境丧失
Hunting, habitat loss

▲ 法律保护地位 / Legal Protection Status

国家重点保护野生动物等级 / Category of National Key Protected Wild Animals (2021)
未列入 Not listed

"三有" 名录 / TWIESSV (2023)
列入 listed

CITES 附录等级 / CITES Appendix (2023)
未列入 Not listed

迁徙物种公约附录 / CMS Appendix (2020)
未列入 Not listed

保护行动 / Conservation Action
自然保护区内种群得到保护
Populations in nature reserves are protected

▲ 参考文献 / References

Jiang et al. (蒋志刚等), 2021; Burgin et al., 2020; IUCN, 2020; Liu et al. (刘少英等), 2020; Lorenzini et al., 2014; Wilson and Mittermeier, 2012; Graves and Grubb, 2011; Liu and Zhang (刘艳华和张明海), 2009; Smith et al., 2009; Pan et al. (潘清华等), 2007; Wilson and Reeder, 2005; Wang (王应祥), 2003; Zhang (张荣祖), 1997; Xia(夏武平), 1988; Sokolov et al., 1985

416 / 驼鹿

Alces alces (Linnaeus, 1758)

· Moose

▲ 分类地位 / Taxonomy

鲸偶蹄目 Cetartiodactyla / 鹿科 Cervidae / 驼鹿属 *Alces*

科建立者及其文献 / Family Authority
Goldfuss, 1820

属建立者及其文献 / Genus Authority
Gray, 1821

亚种 / Subspecies
阿尔泰亚种 *A. a. alces* (Linnaeus, 1758)
新疆 Xinjiang
东北亚种 *A. a. cameloides* Milne-Edwards, 1867
内蒙古和黑龙江
Inner Mongolia and Heilongjiang

模式标本产地 / Type Locality
瑞典
"Habitat in boroealibus Europae, Asiaeque Populetis"; identified as Sweden by Thomas (1911:151)

蒋志刚研究组 / 供图

▲ 其他名称 / Other Name(s)

其他中文名 / Other Chinese Name(s)
犴、堪达犴

其他英文名 / Other English Name(s)
Eurasian Moose, Elk, Eurasian Elk, European Elk, Siberian Elk

同物异名 / Synonym(s)
无 None

▲ 形态及生境 / Morphology and Habitat

形态特征 / Morphological Characteristics
齿式：0.0.3.3/3.1.3.3=32。头体长 200~310 cm。雄性体重 320~600 kg，雌性体重 270~400 kg。体型壮硕，头部窄长，口鼻下垂，唇膨大似驼，双耳宽大。雄性喉部悬垂着多毛的肉垂。颈部短而粗，肩部高耸，明显高于臀。腿长，尾短，蹄宽大。被毛黑褐色，四肢内侧灰褐色至灰色。成年雄性有又大又平的鹿角，除眉枝外，角主干形成扁平掌状，外侧分出若干向上小叉。双角宽度可达 2 m。雌性不具角。
Dental formula: 0.0.3.3/3.1.3.3=32. Head and body length 200-310 cm. Male body mass 320-600 kg and female body mass 270-400 kg. The body is strong, the head is narrow and long, the muzzle and nose are drooping, the lips are swollen like camels, and the ears are wide. The male has a hairy dewlap hanging from his throat. The neck is short and thick, and the shoulders are high, clearly higher than the hips. Short tail, long legs, with wide hooves. Pelage is dark brown, and the inner sides of the limbs are grayish brown to gray. Adult males have large and flat antlers, except for the brow branches, the horn trunk formed a flat palmatoid, a number of small upward forks on the lateral branch of antler. Females have no antlers.

生境 / Habitat
针叶阔叶混交林
Coniferous broad-leaved mixed forest

▲ 地理分布 / Geographic Distribution

国内分布 / Domestic Distribution
新疆、内蒙古
Xinjiang, Inner Mongolia

全球分布 / World Distribution
中国、白俄罗斯、加拿大、克罗地亚、捷克、爱沙尼亚、芬兰、德国、匈牙利、哈萨克斯坦、拉脱维亚、立陶宛、摩尔多瓦、蒙古国、挪威、波兰、罗马尼亚、俄罗斯、斯洛伐克、瑞典、乌克兰、美国
China, Belarus, Canada, Croatia, Czech, Estonia, Finland, Germany, Hungary, Kazakhstan, Latvia, Lithuania, Moldova, Mongolia, Norway, Poland, Romania, Russia, Slovakia, Sweden, Ukraine, United States

生物地理界 / Biogeographic Realm
全北界 Holarctic

WWF 生物群系 / WWF Biome
温带阔叶和混交林、北方森林 / 针叶林
Temperate Broadleaf & Mixed Forests, Boreal Forests/Taiga

动物地理分布型 / Zoogeographic Distribution Type
Ca

分布标注 / Distribution Note
非特有种 Non-Endemic

▲ 濒危状况 / Threatened Status

中国生物多样性红色名录等级 / CB RL Category (2021)
极危 CR

IUCN 红色名录 / IUCN Red List (2021)
无危 CR

威胁因子 / Threats
狩猎、生境丧失、极端天气
Hunting, habitat loss, extreme weathers

▲ 法律保护地位 / Legal Protection Status

国家重点保护野生动物等级 / Category of National Key Protected Wild Animals (2021)
一级 Category I

"三有"名录 / TWIESSV (2023)
未列入 Not listed

CITES 附录等级 / CITES Appendix (2023)
未列入 Not listed

迁徙物种公约附录 / CMS Appendix (2020)
未列入 Not listed

保护行动 / Conservation Action
自然保护区内种群得到保护
Populations in nature reserves are protected

▲ 参考文献 / References

Jiang et al. (蒋志刚等), 2021; Burgin et al., 2020; IUCN, 2020; Liu et al. (刘少英等), 2020; Wilson and Mittermeier, 2012; Graves and Grubb, 2011; Smith et al., 2009; Pan et al. (潘清华等), 2007; Wilson and Reeder, 2005; Wang (王应祥), 2003; Zhang (张荣祖), 1997; Xia(夏武平), 1988, 1964

417 / 驯鹿

Rangifer tarandus (Linnaeus, 1758)

· Reindeer

鲸偶蹄目 Cetartiodactyla / 鹿科 Cervidae / 驯鹿属 *Rangifer*

科建立者及其文献 / Family Authority
Goldfuss, 1820

属建立者及其文献 / Genus Authority
C. H. Smith, 1827

亚种 / Subspecies
远东亚种 *R. t. fennicus* Lonnberg, 1909
内蒙古东北部（大兴安岭）
Inner Mongolia (northeastern part-Greater Xing'an Mountains)

模式标本产地 / Type Locality
瑞典
"Habitat in Alpibus Europae et Asiae maxime septentrionalibus"; identified as Sweden, Alpine Lapland by Thomas (1911:151); based on domesticated stock

汤亮 摄图

▲ 其他名称 / Other Name(s)

其他中文名 / Other Chinese Name(s)
角鹿、四不象

其他英文名 / Other English Name(s)
无 None

同物异名 / Synonym(s)
无 None

▲ 形态及生境 / Morphology and Habitat

形态特征 / Morphological Characteristics
齿式：0.0.3.3/0~1.1.3.3=32~34。体重 90~270 kg。鼻部被毛。耳短。喉下部有胡须状长毛。蹄圆而大，中裂深，悬蹄可触及地面。冬毛长而密，灰色或棕灰色，有绒毛层，夏毛短，无绒毛层，深棕色。尾短。雌雄均有角，通常左右不对称。角分枝变异较大，角前叉长，向前平伸，端部为扁平掌状。
Dental formula: 0.0.3.3/0-1.1.3.3=32-34. Body mass 90-270 kg. The nose is covered with hairs. Ears short. The throat has long whisker-like hairs. The hoof is round and large, the middle cleft is deep, and the hanging hoof can touch the ground. Winter hairs long and dense, gray or brownish-gray, with a downy layer, summer hairs short, without a downy layer, dark brown. The tail is short. Both sexes have antlers, usually asymmetrically. Antler branches vary greatly, fore fork long, flat forward extension, the tips of antlers flat palmatoid.

生境 / Habitat
泰加林、苔原
Taiga, tundra

▲ 地理分布 / Geographic Distribution

国内分布 / Domestic Distribution
内蒙古（无野生种群）
Inner Mongolia(No wild population)

全球分布 / World Distribution
中国、加拿大、芬兰、格陵兰岛、蒙古国、挪威、俄罗斯、斯瓦尔巴
群岛和扬马延岛、美国
China, Canada, Finland, Greenland, Mongolia, Norway, Russia, Svalbard and Jan
Mayen, United States

生物地理界 / Biogeographic Realm
古北界 Palearctic

WWF 生物群系 / WWF Biome
北方森林／针叶林
Boreal Forests/Taiga

动物地理分布型 / Zoogeographic Distribution Type
Ca

分布标注 / Distribution Note
非特有种 Non-Endemic

▲ 濒危状况 / Threatened Status

中国生物多样性红色名录等级 / CB RL Category (2021)
野外灭绝 EW

IUCN 红色名录 / IUCN Red List (2021)
无危 CR

威胁因子 / Threats
气候变化、疾病
Climate changing, diseases

▲ 法律保护地位 / Legal Protection Status

国家重点保护野生动物等级 / Category of National Key Protected Wild Animals (2021)
未列入 Not listed

"三有"名录 / TWIESSV (2023)
未列入 Not listed

CITES 附录等级 / CITES Appendix (2023)
未列入 Not listed

迁徙物种公约附录 / CMS Appendix (2020)
未列入 Not listed

保护行动 / Conservation Action
无 None

▲ 参考文献 / References

Jiang et al. (蒋志刚等), 2021; Burgin et al., 2020; IUCN, 2020; Liu et al. (刘少英等), 2020; Ge et al. (葛小芳等), 2015; Wilson and Mittermeier, 2012; Graves and Grubb, 2011; Smith et al., 2009; Pan et al. (潘清华等), 2007; Wilson and Reeder, 2005; Wang (王应祥), 2003; Zhang (张荣祖), 1997; Xia(夏武平), 1988, 1964

418 / 印度野牛

Bos gaurus C. H. Smith, 1827

· Gaur

▲ 分类地位 / Taxonomy

鲸偶蹄目 Cetartiodactyla / 牛科 Bovidae / 牛属 Bos

科建立者及其文献 / Family Authority
Gray, 1821

属建立者及其文献 / Genus Authority
Linnaeus, 1758

亚种 / Subspecies
指名亚种 *B. g. gaurus* H. Smith, 1827
西藏 Tibet
印支亚种 *B. g. laosiensis* (Heude, 1901)
云南 Yunnan

模式标本产地 / Type Locality
孟加拉国
Native "of the hills to the north-east and east of the Company's province of Chittagong in Bengal, inhabiting that range of hills which separate it from the country of Arracan" (Bangladesh, NE Chittagong)

曹光宏 / 供图

曹光宏 / 供图

▲ 其他名称 / Other Name(s)

其他中文名 / Other Chinese Name(s)
野牛、白肢野牛

其他英文名 / Other English Name(s)
Indian Bison

同物异名 / Synonym(s)
无 None

▲ 形态及生境 / Morphology and Habitat

形态特征 / Morphological Characteristics
齿式：0.0.3.3/4.0.3.3=32。头体长 170~220 cm。体重 700~1000 kg。头顶与前额隆起，长有灰色至白色长毛。鼻灰色或白色。四肢短，粗壮。耆甲部肌肉发达，耸起。体表被毛短而密，深棕色或黑色。四肢下部白色或污黄色。无白色臀斑。雌雄个体均具角，角基部黄色至浅黄色，角尖黑色。尾尖有蓬松的长毛。

Dental formula: 0.0.3.3/4.0.3.3= 32. Head and body length 170-220 cm. Body mass 700-1000 kg. Top of the head and forehead are raised, with long gray to white hairs. Nose grey or white. Limbs short and stout. The withers are muscular and high raised. Body surface covered with short and dense dark brown or black hairs. Lower limbs white or dirty yellow. No white rump patches. Both sexes have horns, yellow to light yellow at the horn base and black at the tips. The tail tip has long fluffy hairs.

生境 / Habitat
热带湿润森林
Tropic moist forest

▲ 地理分布 / Geographic Distribution

国内分布 / Domestic Distribution
云南、西藏
Yunnan, Tibet

全球分布 / World Distribution
中国、孟加拉国、不丹、柬埔寨、印度、老挝、马来西亚、缅甸、尼泊尔、泰国、越南
China, Bangladesh, Bhutan, Cambodia, India, Laos, Malaysia, Myanmar, Nepal, Thailand, Vietnam

生物地理界 / Biogeographic Realm
印度马来界 Indomalaya

WWF 生物群系 / WWF Biome
热带和亚热带湿润阔叶林
Tropical & Subtropical Moist Broadleaf Forests

动物地理分布型 / Zoogeographic Distribution Type
Wa

分布标注 / Distribution Note
非特有种 Non-Endemic

▲ 濒危状况 / Threatened Status

中国生物多样性红色名录等级 / CB RL Category (2021)
极危 CR

IUCN 红色名录 / IUCN Red List (2021)
易危 VU

威胁因子 / Threats
狩猎、森林砍伐、耕种、公路和铁路
Hunting, logging, farming, roads and railroads

▲ 法律保护地位 / Legal Protection Status

国家重点保护野生动物等级 / Category of National Key Protected Wild Animals (2021)
一级 Category I

"三有"名录 / TWIESSV (2023)
未列入 Not listed

CITES 附录等级 / CITES Appendix (2023)
I

迁徙物种公约附录 / CMS Appendix (2020)
未列入 Not listed

保护行动 / Conservation Action
自然保护区内种群得到保护
Populations in nature reserves are protected

▲ 参考文献 / References

Jiang et al. (蒋志刚等), 2021; Ding et al. (丁晨晨等), 2020; Liu et al. (刘少英等), 2020; Jiang et al. (蒋志刚等), 2018; Smith et al., 2009; Gan and Hu (甘宏协和胡华斌), 2008; Pan et al. (潘清华等), 2007; Wang (王应祥), 2003; Choudhury, 2003; Zhang et al. (张洪亮等), 2000; Zhang (张荣祖), 1997; Yang et al. (杨德华等), 1988; Xia(夏武平),1988, 1964

419 / 爪哇野牛

Bos javanicus d'Alton, 1823

• Banteng

▲ 分类地位 / Taxonomy

鲸偶蹄目 Cetartiodactyla / 牛科 Bovidae / 牛属 *Bos*

科建立者及其文献 / Family Authority
Gray, 1821

属建立者及其文献 / Genus Authority
Linnaeus, 1758

亚种 / Subspecies
缅甸亚种 *B. j. birmanicus* Lydekker, 1898
云南 Yunnan

模式标本产地 / Type Locality
印度尼西亚
Indonesia, Java

▲ 其他名称 / Other Name(s)

其他中文名 / Other Chinese Name(s)
无 None

其他英文名 / Other English Name(s)
Bali Cattle, Tembadau

同物异名 / Synonym(s)
无 None

▲ 形态及生境 / Morphology and Habitat

形态特征 / Morphological Characteristics

齿式：0.0.3.3/4.0.3.3=32。头体长 190~225 cm。雄性体重 600~800 kg。性两型性明显。雄性体色黑褐色或黑色。雌性栗红色，深色脊纹。臀斑白色，四肢下端被覆白色毛发，看似穿了一双白色长袜。耆甲部肌肉发达，耸起。雄性角长而纤细，横截面圆形，基部有褶皱。老牛角根部由一个无毛软骨盾牌连接。雌性角很短，弯曲，尖端向内。

Dental formula: 0.0.3.3/4.0.3.3= 32. Head and body length 190-225 cm. Males weight 600-800 kg. Sexual dimorphism profound. Male body color is dark brown or black in color. Female is chestnut red with dark dorsal ridges. Rump patch white, large. Lower limbs are covered with white hairs, looks as if wearing a pair of white socks. The withers are muscular and raised. Males have long and slender horns, which are rounded in cross section and wrinkled at the base. The base of the horn is connected by a hairless cartilage shield. The female horns are short, curved, and pointed inward.

生境 / Habitat
热带湿润森林、次生林
Tropic moist forest, secondary forest

▲ 地理分布 / Geographic Distribution

国内分布 / Domestic Distribution
云南（近期考察未发现，已局部灭绝）
Yunnan(possibly extinct)

全球分布 / World Distribution
中国、柬埔寨、印度尼西亚、老挝、马来西亚、缅甸、泰国、越南
China, Cambodia, Indonesia, Laos, Malaysia, Myanmar, Thailand, Vietnam

生物地理界 / Biogeographic Realm
印度马来界 Indomalaya

WWF 生物群系 / WWF Biome
热带和亚热带湿润阔叶林
Tropical & Subtropical Moist Broadleaf Forests

动物地理分布型 / Zoogeographic Distribution Type
Wa

分布标注 / Distribution Note
非特有种 Non-Endemic

▲ 濒危状况 / Threatened Status

中国生物多样性红色名录等级 / CB RL Category (2021)
区域灭绝 RE

IUCN 红色名录 / IUCN Red List (2021)
濒危 EN

威胁因子 / Threats
狩猎、耕种
Hunting, farming

▲ 法律保护地位 / Legal Protection Status

国家重点保护野生动物等级 / Category of National Key Protected Wild Animals (2021)
一级 Category I

"三有" 名录 / TWIESSV (2023)
未列入 Not listed

CITES 附录等级 / CITES Appendix (2023)
未列入 Not listed

迁徙物种公约附录 / CMS Appendix (2020)
未列入 Not listed

保护行动 / Conservation Action
无 None

▲ 参考文献 / References

Jiang et al. (蒋志刚等), 2021; Burgin et al., 2020; IUCN, 2020; Castello, 2016; Pan et al. (潘清华等), 2007; Wilson and Reeder, 2005; Wang (王应祥), 2003; Zhang (张荣祖), 1997; Yang et al. (杨德华等), 1993, 1988

420 / 野牦牛

Bos mutus (Przewalski, 1883)

· Wild Yak

▲ 其他名称 / Other Name(s)

其他中文名 / Other Chinese Name(s)
旄牛、野牛

其他英文名 / Other English Name(s)
无 None

同物异名 / Synonym(s)
无 None

▲ 形态及生境 / Morphology and Habitat

形态特征 / Morphological Characteristics

齿式：0.0.3.3/4.0.3.3=32。头体长 300~385 cm。成年雄性体重 500~1000 kg。头部硕大，口鼻周围毛色灰白，双耳小而圆，额部宽而平，耆甲部高，四肢强壮，蹄大而圆。双角粗壮，黑色或灰黑色，先向外侧长出，然后向上弯转，角尖向后。雄性双角大于雌性。整体被覆粗糙的蓬松长毛，黑色或棕黑色。体侧下部、胸腹部和颈部长毛几乎可垂至地面，被称为"裙毛"。尾长，具蓬松长毛。

Dental formula: 0.0.3.3/4.0.3.3= 32. Head and body length 300-385 cm. Adult males weight 500-1000 kg. The head is large, with gray hairs around the mouth and nose. Ears are small and round, and the forehead is wide and flat. The wither is high. The limbs are stout, with large and round hooves. Horns stout, black or gray black, first turns to the outside, and then turns upward, with black horn tips. Males have larger horns than females. The whole body is covered with coarse, fluffy long hairs, or black-brown black. Long hairs on chest, abdomen and neck can hang down to reach the ground, which are called "skirt hair". Tail long, with fluffy hairs.

生境 / Habitat
高寒草甸、高寒草地、高寒荒漠
Alpine meadow, alpine grassland, alpine desert

▲ 地理分布 / Geographic Distribution

国内分布 / Domestic Distribution
四川、西藏、新疆、青海、甘肃、内蒙古
Sichuan, Tibet, Xinjiang, Qinghai, Gansu, Inner Mongolia

全球分布 / World Distribution
中国、印度、尼泊尔
China, India, Nepal

生物地理界 / Biogeographic Realm
古北界 Palearctic

WWF 生物群系 / WWF Biome
温带草原、热带稀树草原和灌木地
Temperate Grasslands, Savannas & Shrublands

动物地理分布型 / Zoogeographic Distribution Type
Pb

分布标注 / Distribution Note
非特有种 Non-Endemic

▲ 濒危状况 / Threatened Status

中国生物多样性红色名录等级 / CB RL Category (2021)
易危 VU

IUCN 红色名录 / IUCN Red List (2021)
易危 VU

威胁因子 / Threats
家畜放牧、遗传物质引入、疾病
Livestock ranching, introduced genetic material, diseases

▲ 法律保护地位 / Legal Protection Status

国家重点保护野生动物等级 / Category of National Key Protected Wild Animals (2021)
一级 Category I

"三有"名录 / TWIESSV (2023)
未列入 Not listed

CITES 附录等级 / CITES Appendix (2023)
I

迁徙物种公约附录 / CMS Appendix (2020)
I

保护行动 / Conservation Action
自然保护区内种群得到保护
Populations in nature reserves are protected

▲ 参考文献 / References

Jiang et al. (蒋志刚等), 2021; Burgin et al., 2020; IUCN, 2020; Liu et al. (刘少英等), 2020; Smith et al., 2009; Hu et al., (胡一鸣等), 2018; Jiang et al. (蒋志刚等), 2015; Buzzard et al., 2010; Guo et al. (郭宪等), 2007; Pan et al. (潘清华等), 2007; Berger et al., 2003; Liu and Schaller (刘务林和夏勒), 2003; Wang (王应祥), 2003; Zhang (张荣祖), 1997

421 / 野水牛

Bubalus arnee (Kerr, 1792)

· Asian Buffalo

鲸偶蹄目 Cetartiodactyla / 牛科 Bovidae / 水牛属 *Bubalus*

科建立者及其文献 / Family Authority
Gray, 1821

属建立者及其文献 / Genus Authority
Linnaeus, 1758

亚种 / Subspecies
米什米亚种 *B. a. fulvus* (Blanford, 1891)
西藏 Tibet

模式标本产地 / Type Locality
印度
"Habitat in Asia, cultus in Italia". Restricted by Thomas (1911:154) to Italy, Rome, but Linnaeus' (1758) comment indicates Asia (India?)

▲ 其他名称 / Other Name(s)

其他中文名 / Other Chinese Name(s)
无 None

其他英文名 / Other English Name(s)
Asiatic Buffalo, Indian Buffalo, Wild Water Buffalo

同物异名 / Synonym(s)
无 None

▲ 形态及生境 / Morphology and Habitat

形态特征 / Morphological Characteristics
齿式：0.0.3.3/3.1.3.3=32。头体长 240~300 cm。肩高 150~190 cm。雄性体重可达 1200 kg，脸部长，窄。耳朵小。雄性雌性均具角，雌性的角比雄性的小。角底部横截面呈方形，角尖横截面呈三角形。被毛稀疏，灰白色到黑色。成年个体几乎没有毛发。皮肤呈深灰色。尾长，尾尖端有毛。

Dental formula: 0.0.3.3/3.1.3.3=32. Head and body length 240–300 cm. Shoulder height 150-190 cm. Males can weigh up to 1, 200 kg. Faces long and narrow. Ears are small. Both males and females have horns, horns smaller in the females. The cross section at the bottom of the horn is square, and the cross section is triangular at the upper part of the horn. Hairs sparse, grayish white to black. The adults almost have no hair, with skin dark gray in color. Tail long and hairy at the tip.

生境 / Habitat
森林、沼泽、草地
Forest, swamp, grassland

▲ 地理分布 / Geographic Distribution

国内分布 / Domestic Distribution
西藏 Tibet

全球分布 / World Distribution
中国、不丹、柬埔寨、印度、缅甸、尼泊尔、泰国
China, Bhutan, Cambodia, India, Myanmar, Nepal, Thailand

生物地理界 / Biogeographic Realm
印度马来界、古北界
Indomalaya, Palearctic

WWF 生物群系 / WWF Biome
热带和亚热带湿润阔叶林
Tropical & Subtropical Moist Broadleaf Forests

动物地理分布型 / Zoogeographic Distribution Type
Wa

分布标注 / Distribution Note
非特有种 Non-Endemic

▲ 濒危状况 / Threatened Status

中国生物多样性红色名录等级 / CB RL Category (2021)
区域灭绝 RE

IUCN 红色名录 / IUCN Red List (2021)
濒危 EN

威胁因子 / Threats
遗传物质引入、耕种、外来物种入侵、堤坝与水道改变、疾病
Introduced genetic material, farming, alien species invasion, dams and water management use, diseases

▲ 法律保护地位 / Legal Protection Status

国家重点保护野生动物等级 / Category of National Key Protected Wild Animals (2021)
未列入 Not listed

"三有" 名录 / TWIESSV (2023)
未列入 Not listed

CITES 附录等级 / CITES Appendix (2023)
III

迁徙物种公约附录 / CMS Appendix (2020)
未列入 Not listed

保护行动 / Conservation Action
未知 Unknown

▲ 参考文献 / References

Jiang et al. (蒋志刚等), 2021; Burgin et al., 2020; IUCN, 2020; Liu et al. (刘少英等), 2020; Pan et al. (潘清华等), 2007; Liu and Schaller (刘务林和夏勒), 2003; Choudhury, 2003; Wang (王应祥), 2003

422 / 蒙原羚

Procapra gutturosa (Pallas, 1777)

• Mongolian Gazelle

鲸偶蹄目 Cetartiodactyla / 牛科 Bovidae / 原羚属 *Procapra*

科建立者及其文献 / Family Authority
Gray, 1821

属建立者及其文献 / Genus Authority
Hodgson, 1846

亚种 / Subspecies
指名亚种 *P. g. gutturosa* (Pallas, 1777)
内蒙古、吉林、河北、山西、陕西、宁夏和甘肃
Inner Mongolia, Jilin, Hebei, Shanxi, Shaanxi, Ningxia and Gansu

阿尔泰亚种 *P. g. altaica* Hollister, 1913
新疆（已灭绝） Xinjiang(Extirpated)

模式标本产地 / Type Locality
俄罗斯
"Intra Siberiae limites maxime Dauuriam transmontanum, campos dico circa Ononem and Argunum, frequentat" (Russia, SE Transbaikalia, Chitinsk. Obl., upper Onon River)

和平 / 供图

▲ 其他名称 / Other Name(s)

其他中文名 / Other Chinese Name(s)
蒙古瞪羚、蒙古原羚、黄羊、
蒙古黄羊

其他英文名 / Other English Name(s)
无 None

同物异名 / Synonym(s)
无 None

▲ 形态及生境 / Morphology and Habitat

形态特征 / Morphological Characteristics
齿式：0.0.3.3/3.1.3.3=32。头体长 100~160 cm。体重 20~45 kg。吻部短而钝。雄性具双角，向后弯曲，角尖略外翻后向上向内弯曲，角尖间距为角基间距的 6~10 倍。角中下部具环棱。颈部粗壮。发情期雄性喉部肿大。背部毛色沙黄色或橙黄色，腹部、喉部毛色白。背腹毛色分野清晰。冬毛长，浓密，毛色浅。臀斑白色，心形。尾短。

Dental formula: 0.0.3.3/3.1.3.3=32. The head and body length 100-160 cm. Body mass 20-45 kg. Snout is short and blunt. Only males have horns, curving backward, with the tips slightly valgus and then curving upward and inward. The distance between horn tips is 6-10 times that between the horn bases. Lower parts of the horns have rings. Neck stout. Males have swollen larynx during rut. Dorsal hair color sand yellow or orange yellow, abdomen, throat hairs cream white. Clear color division between dorsal and abdominal hairs. Winter hairs long, thick and light colored. Rump patch white, heart-shaped. Tail short.

生境 / Habitat
草地、半荒漠 Steppe, semi-desert

▲ 地理分布 / Geographic Distribution

国内分布 / Domestic Distribution
内蒙古、甘肃
Inner Mongolia, Gansu

全球分布 / World Distribution
中国、蒙古国、俄罗斯
China, Mongolia, Russia

生物地理界 / Biogeographic Realm
古北界 Palearctic

WWF 生物群系 / WWF Biome
温带草原、热带稀树草原和灌木地
Temperate Grasslands, Savannas & Shrublands

动物地理分布型 / Zoogeographic Distribution Type
Dn

分布标注 / Distribution Note
非特有种 Non-Endemic

▲ 濒危状况 / Threatened Status

中国生物多样性红色名录等级 / CB RL Category (2021)
极危 CR

IUCN 红色名录 / IUCN Red List (2021)
无危 LC

威胁因子 / Threats
狩猎、疾病、极端天气
Hunting, diseases, extreme weather

▲ 法律保护地位 / Legal Protection Status

国家重点保护野生动物等级 / Category of National Key Protected Wild Animals (2021)
一级 Category I

"三有" 名录 / TWIESSV (2023)
未列入 Not listed

CITES 附录等级 / CITES Appendix (2023)
未列入 Not listed

迁徙物种公约附录 / CMS Appendix (2020)
II

保护行动 / Conservation Action
自然保护区内种群得到保护
Populations in nature reserves are protected

▲ 参考文献 / References

Jiang et al. (蒋志刚等), 2021; Burgin et al., 2020; IUCN, 2020; Liu et al. (刘少英等), 2020; Castelló, 2016; Okada et al., 2012; Wilson and Mittermeier, 2012; Graves and Grubb, 2011; Pan et al. (潘清华等), 2007; Sorokin et al., 2005; Jin and Ma (金崑和马建章), 2004; Wang (王应祥), 2003; Li et al. (李俊生等), 2001; Xia(夏武平), 1988, 1964

423 / 藏原羚

Procapra picticaudata Hodgson, 1846

· Tibetan Gazelle

▲ 分类地位 / Taxonomy

鲸偶蹄目 Cetartiodactyla / 牛科 Bovidae / 原羚属 *Procapra*

科建立者及其文献 / Family Authority
Gray, 1821

属建立者及其文献 / Genus Authority
Hodgson, 1846

亚种 / Subspecies
无 None

模式标本产地 / Type Locality
中国
"Habitat: the plains of Tibet, amid ravines and low bare hills", restricted to China, "Hundes district of Tibet" (Lydekker, 1914:31) "but more likely the district north of Sikkim, where most of Hodgson's specimens were obtained after 1844" (Groves, 1997)

吴岚 / 供图

▲ 其他名称 / Other Name(s)

其他中文名 / Other Chinese Name(s)
西藏黄羊、西藏原羚

其他英文名 / Other English Name(s)
无 None

同物异名 / Synonym(s)
无 None

▲ 形态及生境 / Morphology and Habitat

形态特征 / Morphological Characteristics
齿式: 0.0.3.3/3.1.3.3=32。头体长 90~105 cm。体重 13~16 kg。吻部短而钝，四肢细长。雄性有一对细长角，长 26~32 cm。下部有环棱。角向上，然后朝后弯曲，角尖上弯。背部为浅棕色或棕灰色，腹面白色。冬毛比夏毛厚、蓬松、色浅。臀斑心形，白色。尾短，黑色。

Dental formula: 0.0.3.3/3.1.3.3=32. Head and body length 90-105 cm. Body mass 13-16 kg. Snout short and blunt, and limbs are slender. Male has a pair of slender horns, 26-32 cm long. Lower part of the horn has many rings. Horn first goes up, and then bends back, and the tip goes up again. Dorsal hairs light brown or brownish-gray. White hairs on the abdomen. Winter hairs are thicker, shaggy and lighter in color than summer hairs. Rump patch white and heart-shaped. Tail short and black underside.

生境 / Habitat
荒漠、半荒漠、草地、灌丛
Steppe, semidesert, grassland, shrubland

▲ 地理分布 / Geographic Distribution

国内分布 / Domestic Distribution
新疆、青海、甘肃、四川、西藏
Xinjiang, Qinghai, Gansu, Sichuan, Tibet

全球分布 / World Distribution
中国 China

生物地理界 / Biogeographic Realm
古北界 Palearctic

WWF 生物群系 / WWF Biome
温带草原、热带稀树草原和灌木地
Temperate Grasslands, Savannas & Shrublands

动物地理分布型 / Zoogeographic Distribution Type
Pa

分布标注 / Distribution Note
特有种 Endemic

▲ 濒危状况 / Threatened Status

中国生物多样性红色名录等级 / CB RL Category (2021)
近危 NT

IUCN 红色名录 / IUCN Red List (2021)
近危 NT

威胁因子 / Threats
未知 Unknown

▲ 法律保护地位 / Legal Protection Status

国家重点保护野生动物等级 / Category of National Key Protected Wild Animals (2021)
二级 Category II

"三有"名录 / TWIESSV (2023)
未列入 Not listed

CITES 附录等级 / CITES Appendix (2023)
未列入 Not listed

迁徙物种公约附录 / CMS Appendix (2020)
未列入 Not listed

保护行动 / Conservation Action
自然保护区内种群得到保护
Populations in nature reserves are protected

▲ 参考文献 / References

Jiang et al. (蒋志刚等), 2021; Burgin et al., 2020; IUCN, 2020; Castelló, 2016; Wilson and Mittermeier, 2012; Graves and Grubb, 2011; Pan et al. (潘清华等), 2007; Wilson and Reeder, 2005; Wang (王应祥), 2003; Zhang (张荣祖), 1997; Xia(夏武平), 1988, 1964

424 / 普氏原羚

Procapra przewalskii (Büchner, 1891)

· Przewalski's Gazelle

▲ 分类地位 / Taxonomy

鲸偶蹄目 Cetartiodactyla / 牛科 Bovidae / 原羚属 *Procapra*

科建立者及其文献 / Family Authority
Gray, 1821

属建立者及其文献 / Genus Authority
Hodgson, 1846

亚种 / Subspecies
指名亚种 *P. p. przewalskii* Przewalski, 1877
内蒙古 (已经灭绝)
Inner Mongolia(Extinct)

异角亚种 (甘肃亚种) *P. p. diversicornis* Stroganov, 1949
内蒙古、宁夏、甘肃、青海 (在内蒙古、宁夏、甘肃灭绝)
Inner Mongolia, Ningxia, Gansu, and Qinghai (Extinct in Inner Mongolia, Ningxia, and Gansu)

哇玉亚种 *P. p. wayu* Turgan, Groves and Jiang, 2014
青海 Qinghai

模式标本产地 / Type Locality
中国
China, "im selichen Ordos" (S Ordos desert); Groves (1967:149) stated that the type locality is the Chagrin Gol (or Steppe)

蒋志刚 / 供图

蒋志刚 / 供图

▲ 其他名称 / Other Name(s)

其他中文名 / Other Chinese Name(s)
滩黄羊

其他英文名 / Other English Name(s)
无 None

同物异名 / Synonym(s)
无 None

▲ 形态及生境 / Morphology and Habitat

形态特征 / Morphological Characteristics
齿式：0.0.3.3/3.1.3.3=32。头体长 110~160 cm。体重 17~32 kg，吻部短钝。雄性有一对黑角，长约 30 cm，表面密布环纹。角较粗，双角角尖对向相指。雌性个体不具角。四肢修长，背部毛色为沙黄色至灰棕色，腹部和喉部被毛为白色。冬毛比夏毛长、浓密，色浅。臀斑白色，中间被深色的尾巴分为两部分。

Dental formula: 0.0.3.3/3.1.3.3=32. Head and body length 110-160 cm. Body mass 17-32 kg. Snout short and blunt. Males have a pair of black horns, about 30 cm long, the surface of the horn, except the tip, is covered with rings. Horns are thick, with the tips is pointed to each other. Females do not have horns. Limbs are slender, the dorsal hairs are sandy yellow to grayish brown, the abdomen and throat hairs are white. Winter hairs are longer, thicker and lighter in color than summer hairs. Rump patch cream white, which is divided in half by a dark tail.

生境 / Habitat
草地 Steppe

▲ 地理分布 / Geographic Distribution

国内分布 / Domestic Distribution
青海 Qinghai

全球分布 / World Distribution
中国 China

生物地理界 / Biogeographic Realm
古北界 Palearctic

WWF 生物群系 / WWF Biome
温带草原、热带稀树草原和灌木地
Temperate Grasslands, Savannas & Shrublands

动物地理分布型 / Zoogeographic Distribution Type
Dd

分布标注 / Distribution Note
特有种 Endemic

▲ 濒危状况 / Threatened Status

中国生物多样性红色名录等级 / CB RL Category (2021)
濒危 EN

IUCN 红色名录 / IUCN Red List (2021)
濒危 EN

威胁因子 / Threats
栖息地改变 Habitat alteration

▲ 法律保护地位 / Legal Protection Status

国家重点保护野生动物等级 / Category of National Key Protected Wild Animals (2021)
一级 Category I

"三有"名录 / TWIESSV (2023)
未列入 Not listed

CITES 附录等级 / CITES Appendix (2023)
未列入 Not listed

迁徙物种公约附录 / CMS Appendix (2020)
未列入 Not listed

保护行动 / Conservation Action
自然保护区内种群得到保护
Populations in nature reserves are protected

▲ 参考文献 / References

Jiang et al. (蒋志刚等), 2021; Burgin et al., 2020; IUCN, 2020; Ping et al. (平晓鸽等), 2018; Zhang et al., 2014; Hu et al., 2013; Turghan et al., 2013; Zhang et al., 2013; Li et al., 2012; Yang and Jiang, 2011; Jiang et al. (蒋志刚等), 2004

425 / 鹅喉羚

Gazella subgutturosa (Güldenstädt, 1780)

- Yarkand Goitered Gazelle

▲ 分类地位 / Taxonomy

鲸偶蹄目 Cetartiodactyla / 牛科 Bovidae / 羚羊属 *Gazella*

科建立者及其文献 / Family Authority
Gray, 1821

属建立者及其文献 / Genus Authority
Blainville, 1816

亚种 / Subspecies
塔里木亚种 *G. s. yarkandensis* Blanford, 1875
新疆 Xinjiang

蒙古亚种 *G. s. hillieriana* Heude, 1894
甘肃和内蒙古 Gansu and Inner Mongolia

准噶尔亚种 *G. s. sairensis* Lydekker, 1900
新疆 Xinjiang

柴达木亚种 *G. s. reginae* Adlerberg, 1931
青海 Qinghai

模式标本产地 / Type Locality
中国
Plains of Eastern Turkestan

▲ 其他名称 / Other Name(s)

其他中文名 / Other Chinese Name(s)
波斯瞪羚，长尾黄羊、黑尾瞪羚

其他英文名 / Other English Name(s)
无 None

同物异名 / Synonym(s)
无 None

▲ 形态及生境 / Morphology and Habitat

形态特征 / Morphological Characteristics

齿式：0.0.3.3/3.1.3.3=32。头体长 90~110 cm。体重 20~30 kg。额部有棕褐色斑块。喉部色浅。发情期喉头肿大。雌雄均有角，雄性角长，略微后弯，角尖向上向内弯曲，角表面有明显横棱。体背棕灰色或沙黄色，腹部和四肢内侧白色，体侧背腹毛色分界线清晰。臀斑白色。尾长 10~15 cm，深色。

Dental formula: 0.0.3.3/3.1.3.3=32. Head and body length 90-110 cm. Body mass 20-30 kg. There are brown patches on the forehead. Throat pale. Throat swollen during rut. Both sexes have horns, horns longer in male. Horns slightly backward curved, with tip upward to inward curved, and horn surface has rings. Dorsal hairs brown gray or sandy yellow, the hairs on abdomen and the inner parts of the limbs are cream white. Dorsum and abdomen colors clearly contrast on the lateral side of the body. Rump patch cream white. Tail length 10-15 cm, dark in color.

生境 / Habitat
荒漠、半荒漠 Desert, semi-desert

▲ 地理分布 / Geographic Distribution

国内分布 / Domestic Distribution
新疆、内蒙古、甘肃、青海
Xinjiang, Inner Mongolia, Gansu, Qinghai

全球分布 / World Distribution
中国、蒙古国
China, Mongolia

生物地理界 / Biogeographic Realm
古北界 Palearctic

WWF 生物群系 / WWF Biome
温带草原、热带稀树草原和灌木地
Temperate Grasslands, Savannas & Shrublands

动物地理分布型 / Zoogeographic Distribution Type
De

分布标注 / Distribution Note
非特有种 Non-Endemic

▲ 濒危状况 / Threatened Status

中国生物多样性红色名录等级 / CB RL Category (2021)
易危 VU

IUCN 红色名录 / IUCN Red List (2021)
未评定 NE

威胁因子 / Threats
生境丧失、自然灾害、人类干扰
Habitat loss, natural disaster, human disturbance

▲ 法律保护地位 / Legal Protection Status

国家重点保护野生动物等级 / Category of National Key Protected Wild Animals (2021)
二级 Category II

"三有" 名录 / TWIESSV (2023)
未列入 Not listed

CITES 附录等级 / CITES Appendix (2023)
未列入 Not listed

迁徙物种公约附录 / CMS Appendix (2020)
II

保护行动 / Conservation Action
自然保护区内种群得到保护
Populations in nature reserves are protected

▲ 参考文献 / References

Jiang et al. (蒋志刚等), 2021; Liu et al. (刘少英等), 2020; Castelló, 2016; Wilson and Mittermeier, 2012; Graves and Grubb, 2011; Jiang et al. (蒋志刚等), 2018; Chu et al. (初红军等), 2009; Xu et al. (徐文轩等), 2008; Gao and Yao (高行宜和姚军), 2006; Sun et al. (孙铭娟等), 2002

426 / 藏羚

Pantholops hodgsonii (Abel, 1826)

• Chiru

▲ 分类地位 / Taxonomy

鲸偶蹄目 Cetartiodactyla / 牛科 Bovidae / 藏羚属 *Pantholops*

科建立者及其文献 / Family Authority
Gray, 1821

属建立者及其文献 / Genus Authority
Hodgson, 1834

亚种 / Subspecies
无 None

模式标本产地 / Type Locality
中国
China, Tibet, Kooti Pass in Arrun Valley, Tingri Maiden

蒋志刚 / 供图

▲ 其他名称 / Other Name(s)

其他中文名 / Other Chinese Name(s)
藏羚羊、独角兽

其他英文名 / Other English Name(s)
Tibetan Antelope

同物异名 / Synonym(s)
无 None

▲ 形态及生境 / Morphology and Habitat

形态特征 / Morphological Characteristics

齿式：0.0.2.3/3.1.2.3=28。头体长 120~130 cm。雄性体重 35~42 kg。口鼻部前伸。成年雄性面部有黑斑。眼圈和上唇浅色。雄性四肢正面黑色。被毛柔软细密。冬毛黄白色。夏毛土黄色至棕黄色。成年雄性双角细长直立，长 50~70 cm，角朝前一面具棱。角尖略前弯。从正前方看，双角呈"V"形，侧视双角重叠，似独角，故又名"独角兽"。雌性个体不具角。尾长，被毛蓬松。

Dental formula: 0.0.2.3/3.1.2.3=28. Head and body length 120-130 cm. Body mass of the male is 35-42 kg. Nose and mouth are extended forward. Adult males have dark facial patches. Eye rims and upper lip lighter in color. Front of limbs black color in males. Hairs soft and fine. Winter pelage yellow and white. Summer pelage is brown to brown. Adult males have two elongated and erect horns, 50-70 cm long, with rings on the front of the horns. The tips of the horns curve forward slightly. View from the front, the two horns are "V" shaped, view laterally the horns overlap, like a unicorn, thus Chiru is also known as "unicorn". The females do not have horns. Tail long and fluffy.

生境 / Habitat
荒漠、高寒草地
Desert, alpine steppe

▲ 地理分布 / Geographic Distribution

国内分布 / Domestic Distribution
新疆、西藏、青海、四川
Xinjiang, Tibet, Qinghai, Sichuan

全球分布 / World Distribution
中国、印度
China, India

生物地理界 / Biogeographic Realm
古北界 Palearctic

WWF 生物群系 / WWF Biome
温带草原、热带稀树草原和灌木地
Temperate Grasslands, Savannas & Shrublands

动物地理分布型 / Zoogeographic Distribution Type
Pa

分布标注 / Distribution Note
非特有种 Non-Endemic

▲ 濒危状况 / Threatened Status

中国生物多样性红色名录等级 / CB RL Category (2021)
近危 NT

IUCN 红色名录 / IUCN Red List (2021)
近危 NT

威胁因子 / Threats
家畜放牧、公路铁路、极端天气、狩猎
Livestock farming or ranching, roads and railroads, extreme weather, hunting

▲ 法律保护地位 / Legal Protection Status

国家重点保护野生动物等级 / Category of National Key Protected Wild Animals (2021)
一级 Category I

"三有" 名录 / TWIESSV (2023)
未列入 Not listed

CITES 附录等级 / CITES Appendix (2023)
I

迁徙物种公约附录 / CMS Appendix (2020)
未列入 Not listed

保护行动 / Conservation Action
自然保护区内种群得到保护
Populations in nature reserves are protected

▲ 参考文献 / References

Jiang et al. (蒋志刚等), 2021; Burgin et al., 2020; IUCN, 2020; Liu et al. (刘少英等), 2020; Castelló, 2016; Zhang et al., 2013; Bleisch et al., 2009; Fox et al., 2009; Qiu and Feng (裘丽和冯祚建), 2004; Pan et al. (潘清华等), 2007; Wilson and Reeder, 2005; Wang (王应祥), 2003; Zhang (张荣祖), 1997; Xia(夏武平), 1988, 1964

427 / 高鼻羚羊

Saiga tatarica (Linnaeus, 1766)

· Mongolian Saiga

鲸偶蹄目 Cetartiodactyla / 牛科 Bovidae / 高鼻羚羊属 *Saiga*

科建立者及其文献 / Family Authority
Gray, 1821

属建立者及其文献 / Genus Authority
Hodgson, 1834

亚种 / Subspecies
指名亚种 *S. t. tatarica* Bannikov, 1946
新疆（野外已灭绝）
Xinjiang(Extripated in wild)

模式标本产地 / Type Locality
俄罗斯
"Habitat in summa Asia"; identified as W Kazakhstan, steppes along the Ural River

▲ 其他名称 / Other Name(s)

其他中文名 / Other Chinese Name(s)
赛加羚羊

其他英文名 / Other English Name(s)
Saiga, Saiga Antelope

同物异名 / Synonym(s)
无 None

▲ 形态及生境 / Morphology and Habitat

形态特征 / Morphological Characteristics

齿式：3.1.3.1/3.1.2.1=30。头体长 100~140 cm。体重 26~69 kg。鼻部膨大、隆起，鼻孔紧密间隔、肿胀向下。从角基到面颊、从脑后部至胸前有棕色斑纹，脖子上的鬃毛长 12~15 cm。耳长 7~12 cm。雄性具角，长 28~38 cm。角半透明，琥珀色，角基直径 25~33 mm，有 12 到 20 个环棱。夏毛沙黄色，长 18~30 mm。冬毛呈浅灰棕色，略呈棕调，长 40~70 mm。腹部和颈部毛发白色。春秋季换毛。尾长 6~12 cm。

Dental formula: 3.1.3.1/3.1.2.1=30. Head and body length 100-140 cm. Body mass 26-69 kg. The nose is enlarged and raised, and the nostrils are closely spaced and elongated downward. There are brown markings from the horn base to the cheeks and from the back of the head to the chest. Mane on the neck is 12-15 cm long. Ear length 7-12 cm. Males have horns, 28-38 cm long, translucent, amber colored, with diameter at the horn base 25-33 mm. Horn has 12 to 20 rings. Summer hairs yellow, 18-30 mm long. Winter hairs light grayish brown, 40-70 mm long, slightly brown tone. Belly and neck hairs white. Hairs moult in spring and autumn.

生境 / Habitat

温带草地 Steppe

▲ **地理分布 / Geographic Distribution**

国内分布 / Domestic Distribution
甘肃（人工繁育基地）
Gansu(Conservation Breeding Center)

全球分布 / World Distribution
中国、哈萨克斯坦、乌兹别克斯坦、蒙古国、俄罗斯
China, Kazakhstan, Uzbekistan, Mongolia, Russia

生物地理界 / Biogeographic Realm
古北界 Palearctic

WWF 生物群系 / WWF Biome
温带草原、热带稀树草原和灌木地
Temperate Grasslands, Savannas & Shrublands

动物地理分布型 / Zoogeographic Distribution Type
Dc

分布标注 / Distribution Note
非特有种 Non-Endemic

▲ **濒危状况 / Threatened Status**

中国生物多样性红色名录等级 / CB RL Category (2021)
野外灭绝 EW

IUCN 红色名录 / IUCN Red List (2021)
极危 CR

威胁因子 / Threats
狩猎、疾病、家畜放牧、火灾
Hunting, disease, livestock ranching, fire

▲ **法律保护地位 / Legal Protection Status**

国家重点保护野生动物等级 / Category of National Key Protected Wild Animals (2021)
一级 Category I

"三有" 名录 / TWIESSV (2023)
未列入 Not listed

CITES 附录等级 / CITES Appendix (2023)
II

迁徙物种公约附录 / CMS Appendix (2020)
II

保护行动 / Conservation Action
保护繁育 Conservation Breeding

▲ **参考文献 / References**

Jiang et al. (蒋志刚等), 2021; Burgin et al., 2020; IUCN, 2020; Jiang et al. (蒋志刚等), 2018; Cui et al., 2016; Zhao et al., 2013; Kang, 2005; Xia(夏武平), 1988,1964

428 / 秦岭羚牛

Budorcas bedfordi Thomas, 1911

· Golden Takin

▲ 分类地位 / Taxonomy

鲸偶蹄目 Cetartiodactyla / 牛科 Bovidae / 羚牛属 *Budorcas*

科建立者及其文献 / Family Authority
Gray, 1821

属建立者及其文献 / Genus Authority
Hodgson, 1850

亚种 / Subspecies
无 None

模式标本产地 / Type Locality
中国（陕西太白山）
Tai-pei-san. 3000 m. (Shaanxi, China)

姜兆 / 供图

严学峰 V. 供图

▲ 其他名称 / Other Name(s)

其他中文名 / Other Chinese Name(s)
金毛扭角羚、扭角羚

其他英文名 / Other English Name(s)
无 None

同物异名 / Synonym(s)
无 None

▲ 形态及生境 / Morphology and Habitat

形态特征 / Morphological Characteristics

齿式：0.0.3.3/3.1.3.3=32。头体长 170~220 cm。体重 150~350 kg。头部硕大，鼻部顶端弧形凸起。雌雄个体均有一对黑色至棕黑色的角，角尖略显上翘。肩高于臀。身披浓密的长毛，毛色通常为金黄色至棕黄色，毛色有变异。亚成体和雌性成体毛色通常比雄性成体浅。成年雄性个体颈部有长鬃毛，背部中央有一条明显的黑色脊纹。足掌宽大，悬蹄发达。
Dental formula: 0.0.3.3/3.1.3.3=32. Head and body length 170-220 cm. Body mass 150-350 kg. The head is large and the top of the nose is curved and convex. Both males and females have a pair of black to brownish-black horns with slightly upturned tips. Shoulder higher than the rump. Body is covered with thick, long hairs, usually golden to brownish-yellow in color, but hair color has considerable variation. Subadults and female adults are usually lighter in color than male adults. The adult male has a long mane on the neck and a distinct black strip along the ridge of the back. Foot wide, drewclaw developed.

生境 / Habitat
草甸、森林、盐碱地
Meadow, forest, saline-alkali land

▲ 地理分布 / Geographic Distribution

国内分布 / Domestic Distribution
陕西 Shaanxi

全球分布 / World Distribution
中国 China

生物地理界 / Biogeographic Realm
古北界 Palearctic

WWF 生物群系 / WWF Biome
温带针叶树森林
Temperate Conifer Forests

动物地理分布型 / Zoogeographic Distribution Type
Hb

分布标注 / Distribution Note
特有种 Endemic

▲ 濒危状况 / Threatened Status

中国生物多样性红色名录等级 / CB RL Category (2021)
易危 VU

IUCN 红色名录 / IUCN Red List (2021)
未评定 NE

威胁因子 / Threats
生境丧失 Habitat loss

▲ 法律保护地位 / Legal Protection Status

国家重点保护野生动物等级 / Category of National Key Protected Wild Animals (2021)
一级 Category I

"三有" 名录 / TWIESSV (2023)
未列入 Not listed

CITES 附录等级 / CITES Appendix (2023)
未列入 Not listed

迁徙物种公约附录 / CMS Appendix (2020)
未列入 Not listed

保护行动 / Conservation Action
自然保护区内种群得到保护
Populations in nature reserves are protected

▲ 参考文献 / References

Jiang et al. (蒋志刚等), 2021; Liu et al. (刘少英等), 2020; Castelló, 2016; Groves and Grubb, 2011; Ma and Wang (麻应太和王西峰), 2008; Zeng and Song (曾治高和宋延龄), 2008

429 / 四川羚牛

Budorcas tibetanus Milne-Edwards, 1874

· Sichuan Takin

▲ 分类地位 / Taxonomy

鲸偶蹄目 Cetartiodactyla / 牛科 Bovidae / 羚牛属 *Budorcas*

科建立者及其文献 / Family Authority
Gray, 1821

属建立者及其文献 / Genus Authority
Hodgson, 1850

亚种 / Subspecies
无 None

模式标本产地 / Type Locality
中国（四川宝兴）
Moupin (Baoxing), Sichuan Province, China

张永 / 供图

▲ 其他名称 / Other Name(s)

其他中文名 / Other Chinese Name(s)
藏羚牛、扭角羚、四川扭角羚

其他英文名 / Other English Name(s)
无 None

同物异名 / Synonym(s)
无 None

▲ 形态及生境 / Morphology and Habitat

形态特征 / Morphological Characteristics

齿式：0.0.3.3/3.1.3.3=32。头体长 170~220 cm。体重 150~350 kg。形态与秦岭羚牛相似，除了毛色为棕黄色并夹杂的黑色斑块。背脊也有一条明黑色脊纹。同一种群内，个体毛色有差异。成年雄性发情时毛色更深，两颊至颈部呈深棕红色。幼崽毛色为棕黑色至黑色。

Dental formula: 0.0.3.3/3.1.3.3=32. Head and body length 170-220 cm. Body mass 150-350 kg. The morphology is similar to *Budorcas bedfordi*, except that the fur color is brown-yellow, mixed with black patches. There is also a bright dorsal strip along the ridge of the back. Individual hair color may differ in the same population. Adult males in rut have deeper color, and cheeks to the neck is dark brown red. Calves are brown to black in color.

生境 / Habitat
草甸、森林、盐碱地
Meadow, forest, saline-alkali land

▲ 地理分布 / Geographic Distribution

国内分布 / Domestic Distribution
四川 Sichuan

全球分布 / World Distribution
中国 China

生物地理界 / Biogeographic Realm
古北界 Palearctic

WWF 生物群系 / WWF Biome
温带针叶树森林
Temperate Conifer Forests

动物地理分布型 / Zoogeographic Distribution Type
Hm

分布标注 / Distribution Note
特有种 Endemic

▲ 濒危状况 / Threatened Status

中国生物多样性红色名录等级 / CB RL Category (2021)
易危 VU

IUCN 红色名录 / IUCN Red List (2021)
未评定 NE

威胁因子 / Threats
生境丧失 Habitat loss

▲ 法律保护地位 / Legal Protection Status

国家重点保护野生动物等级 / Category of National Key Protected Wild Animals (2021)
一级 Category I

"三有"名录 / TWIESSV (2023)
未列入 Not listed

CITES 附录等级 / CITES Appendix (2023)
未列入 Not listed

迁徙物种公约附录 / CMS Appendix (2020)
未列入 Not listed

保护行动 / Conservation Action
自然保护区内种群得到保护
Populations in nature reserves are protected

▲ 参考文献 / References

Jiang et al. (蒋志刚等), 2021; Liu et al. (刘少英等), 2020; Castelló, 2016; Chen et al. (陈万里等), 2013; Groves and Grubb, 2011

430 / 不丹羚牛

Budorcas whitei Lydekker, 1907

· Bhutan Takin

▲ 分类地位 / Taxonomy

鲸偶蹄目 Cetartiodactyla / 牛科 Bovidae / 羚牛属 *Budorcas*

科建立者及其文献 / Family Authority
Gray, 1821

属建立者及其文献 / Genus Authority
Hodgson, 1850

亚种 / Subspecies
无 None

模式标本产地 / Type Locality
不丹
Bhutan

▲ 其他名称 / Other Name(s)

其他中文名 / Other Chinese Name(s)
牛羚、扭角羚

其他英文名 / Other English Name(s)
无 None

同物异名 / Synonym(s)
无 None

▲ 形态及生境 / Morphology and Habitat

形态特征 / Morphological Characteristics
齿式：0.0.3.3/3.1.3.3=32。头体长 170~220 cm。体重 150~350 kg。形态与贡山羚牛相似，但整体黑色，头部、四肢毛色更深。颈部与肩部毛色稍浅。背部具黑色中脊线，但有时不明显。幼崽毛色棕黑至黑色。
Dental formula: 0.0.3.3/3.1.3.3=32. Head and body length 170-220 cm. Body mass 150-350 kg. Morphologically similar to Gongshan Takin, but the pelage is blacker, with deeper color on head and limbs. Neck and shoulders slightly lighter colored. A black dorsal strip on ridge of the back, but sometimes not visible. Calves are brown to black in color.

生境 / Habitat
草甸、森林、盐碱地
Meadow, forest, saline-alkali land

▲ 地理分布 / Geographic Distribution

国内分布 / Domestic Distribution
西藏、云南
Tibet, Yunnan

全球分布 / World Distribution
不丹、中国
Bhutan, China

生物地理界 / Biogeographic Realm
古北界 Palearctic

WWF 生物群系 / WWF Biome
温带针叶树森林
Temperate Conifer Forests

动物地理分布型 / Zoogeographic Distribution Type
Hc

分布标注 / Distribution Note
非特有种 Non-Endemic

▲ 濒危状况 / Threatened Status

中国生物多样性红色名录等级 / CB RL Category (2021)
易危 VU

IUCN 红色名录 / IUCN Red List (2021)
未评定 NE

威胁因子 / Threats
生境丧失 Habitat loss

▲ 法律保护地位 / Legal Protection Status

国家重点保护野生动物等级 / Category of National Key Protected Wild Animals (2021)
一级 Category I

"三有" 名录 / TWIESSV (2023)
未列入 Not listed

CITES 附录等级 / CITES Appendix (2023)
未列入 Not listed

迁徙物种公约附录 / CMS Appendix (2020)
未列入 Not listed

保护行动 / Conservation Action
自然保护区内种群得到保护
Populations in nature reserves are protected

▲ 参考文献 / References

Jiang et al. (蒋志刚等), 2021; Liu et al. (刘少英等), 2020; Jiang et al. (蒋志刚等), 2018; Groves and Grubb, 2011; Wu and Zhang (吴鹏举和张恩迪), 2006; Pan et al. (潘清华等), 2007; Wilson and Reeder, 2005; Wang (王应祥), 2003

431 / 贡山羚牛

Budorcas taxicolor Hodgson, 1850

· Gongshan Takin

▲ 分类地位 / Taxonomy

鲸偶蹄目 Cetartiodactyla / 牛科 Bovidae / 羚牛属 *Budorcas*

科建立者及其文献 / Family Authority
Gray, 1821

属建立者及其文献 / Genus Authority
Hodgson, 1850

亚种 / Subspecies
无 None

模式标本产地 / Type Locality
中国
"Mishmi mountains (Mishmi Hills) in the Eastern Himalaya"

▲ 其他名称 / Other Name(s)

其他中文名 / Other Chinese Name(s)
高黎贡羚牛、扭角羚

其他英文名 / Other English Name(s)
无 None

同物异名 / Synonym(s)
无 None

▲ 形态及生境 / Morphology and Habitat

形态特征 / Morphological Characteristics

齿式：0.0.3.3/3.1.3.3=32。头体长 170~220 cm。体重 150~350 kg。整体形态与四川羚牛相似，唯毛色更深，整体为棕黑色，头部、四肢尤甚。肩背部至颈部为棕黄色至暗金黄色，背部有一条明显的深色脊线。同一种群内的个体毛色有差异。幼崽毛色棕黑至黑色。

Dental formula: 0.0.3.3/3.1.3.3=32. Head and body length 170-220 cm. Body mass 150-350 kg. Morphologically similar to Sichuan Takin, except the hair color is darker, the pelage is brown and black, especially the head and limbs. From the back of the shoulder to the neck is brownish yellow to dark golden yellow, and there is also an obvious dark dorsal strip on ridge of the back. Individuals in the same population may differ in color. Calves are brown to black in color.

生境 / Habitat
草甸、森林、盐碱地
Meadow, forest, saline-alkali land

▲ 地理分布 / Geographic Distribution

国内分布 / Domestic Distribution
云南 Yunnan

全球分布 / World Distribution
中国 China

生物地理界 / Biogeographic Realm
古北界 Palearctic

WWF 生物群系 / WWF Biome
温带针叶树森林
Temperate Conifer Forests

动物地理分布型 / Zoogeographic Distribution Type
Hc

分布标注 / Distribution Note
特有种 Endemic

▲ 濒危状况 / Threatened Status

中国生物多样性红色名录等级 / CB RL Category (2021)
极危 CR

IUCN 红色名录 / IUCN Red List (2021)
易危 VU

威胁因子 / Threats
生境丧失 Habitat loss

▲ 法律保护地位 / Legal Protection Status

国家重点保护野生动物等级 / Category of National Key Protected Wild Animals (2021)
一级 Category I

"三有"名录 / TWIESSV (2023)
未列入 Not listed

CITES 附录等级 / CITES Appendix (2023)
II

迁徙物种公约附录 / CMS Appendix (2020)
未列入 Not listed

保护行动 / Conservation Action
自然保护区内种群得到保护
Populations in nature reserves are protected

▲ 参考文献 / References

Jiang et al. (蒋志刚等), 2021; Burgin et al., 2020; IUCN, 2020; Liu et al. (刘少英等), 2020; Castelló, 2016; Groves and Grubb, 2011

432 / 赤斑羚

Naemorhedus baileyi Pocock, 1914

· Red Goral

▲ 分类地位 / Taxonomy

鲸偶蹄目 Cetartiodactyla / 牛科 Bovidae / 斑羚属 *Naemorhedus*

科建立者及其文献 / Family Authority
Gray, 1821

属建立者及其文献 / Genus Authority
Hodgson, 1850

亚种 / Subspecies
无 None

模式标本产地 / Type Locality
中国（西藏波密）
China, Tibet, "Dre on banks of Yigrong Tso (Lake) in Po Me (Bomi). 2743 m"

郭亮 / 供图

▲ 其他名称 / Other Name(s)

其他中文名 / Other Chinese Name(s)
红斑羚、红山羊、红青羊

其他英文名 / Other English Name(s)
无 None

同物异名 / Synonym(s)
无 None

▲ 形态及生境 / Morphology and Habitat

形态特征 / Morphological Characteristics

齿式：0.0.3.3/3.1.3.3=32。头体长 95~105 cm。体重 20~30 kg，形态与中华斑羚相似，毛色为亮棕红色至棕红色。四肢下部与喉部毛色稍浅。口鼻周围比头部其他区域颜色深。背部有一条狭窄的暗色脊线，但有时不甚清晰。尾为暗棕色至黑色。雌雄个体均具角，略呈弧形，向后弯曲。
Dental formula: 0.0.3.3/3.1.3.3=32. Head and body length 95-105 cm. Body mass 20-30 kg, morphologically similar to that of *Naemorhedus griseus*. Pelage color is bright brown-red to brown-red. Lighter color on lower limbs and throat. The area around the muzzle is darker than the rest of the head. There is a narrow dark dorsal strip on the back, but sometimes not very clear. The tail is dark brown to black. Both male and female individuals possess horns, slightly curved and curved backwards.

生境 / Habitat
森林、峭壁、灌丛、草甸
Forest, cliff, shrubland, meadow

▲ 地理分布 / Geographic Distribution

国内分布 / Domestic Distribution
云南、西藏
Yunnan, Tibet

全球分布 / World Distribution
中国、印度、缅甸
China, India, Myanmar

生物地理界 / Biogeographic Realm
古北界 Palearctic

WWF 生物群系 / WWF Biome
温带阔叶和混交林
Temperate Broadleaf & Mixed Forests

动物地理分布型 / Zoogeographic Distribution Type
He

分布标注 / Distribution Note
非特有种 Non-Endemic

▲ 濒危状况 / Threatened Status

中国生物多样性红色名录等级 / CB RL Category (2021)
濒危 EN

IUCN 红色名录 / IUCN Red List (2021)
易危 VU

威胁因子 / Threats
狩猎、栖息地丧失 Hunting, habitat loss

▲ 法律保护地位 / Legal Protection Status

国家重点保护野生动物等级 / Category of National Key Protected Wild Animals (2021)
一级 Category I

"三有" 名录 / TWIESSV (2023)
未列入 Not listed

CITES 附录等级 / CITES Appendix (2023)
I

迁徙物种公约附录 / CMS Appendix (2020)
未列入 Not listed

保护行动 / Conservation Action
自然保护区内种群得到保护
Populations in nature reserves are protected

▲ 参考文献 / References

Jiang et al. (蒋志刚等), 2021; Burgin et al., 2020; IUCN, 2020; Liu et al. (刘少英等), 2020; Castelló, 2016; Groves and Grubb, 2011; Xia(夏武平), 1988,1964

433 / 长尾斑羚

Naemorhedus caudatus
(Milne-Edwards, 1867)

• Long-tailed Goral

▲ 分类地位 / Taxonomy

鲸偶蹄目 Cetartiodactyla / 牛科 Bovidae / 斑羚属 *Naemorhedus*

科建立者及其文献 / Family Authority
Gray, 1821

属建立者及其文献 / Genus Authority
Hamilton Smith, 1827

亚种 / Subspecies
无 None

模式标本产地 / Type Locality
俄罗斯
Russia, "Sibie" (Amurland, Bureja Mtns)

东北虎豹国家公园管理局东宁分局 / 供图

▲ 其他名称 / Other Name(s)

其他中文名 / Other Chinese Name(s)
西伯利亚斑羚

其他英文名 / Other English Name(s)
无 None

同物异名 / Synonym(s)
无 None

▲ 形态及生境 / Morphology and Habitat

形态特征 / Morphological Characteristics

齿式：0.0.3.3/3.1.3.3=32。头体长 81~129 cm。成年雄性体重 28~47 kg。四肢上部前侧毛色为棕黑色，下部为浅沙黄色。额部至头部正面毛色为灰黑色。喉部毛色为白色。背部有深色脊线。尾长，基部为灰色至黑灰色，下部白色长毛。雌雄均具一对黑色角，长 12~18 cm。角形纤细，略向后弯曲。双角基部密布环状脊，中上部表面光滑，末端尖。

Dental formula: 0.0.3.3/3.1.3.3=32. Head and body length 81-129 cm. Adult male weight 28-47 kg. Upper part of the front side of the limbs is brown black, and the lower part is light sand yellow. Grayish-black on the forehead to the front of the head. Throat is white. Black dorsal strip on the back. Tail is long, and the base is gray to black gray, the underpart with long white hairs. Both males and females possess a pair of black horns, 12-18 cm long. Horn slender, slightly curved backward. The base of the horns is covered with annular ridges, and the surface of middle and upper parts is smooth, and the horn tip is pointed.

生境 / Habitat
峭壁、森林 Cliff, forest

▲ 地理分布 / Geographic Distribution

国内分布 / Domestic Distribution
黑龙江、吉林、辽宁
Heilongjiang, Jilin, Liaoning

全球分布 / World Distribution
中国、朝鲜、韩国、俄罗斯
China, Democratic People's Republic of Korea, Republic of Korea, Russia

生物地理界 / Biogeographic Realm
古北界 Palearctic

WWF 生物群系 / WWF Biome
温带阔叶和混交林
Temperate Broadleaf & Mixed Forests

动物地理分布型 / Zoogeographic Distribution Type
Eb

分布标注 / Distribution Note
非特有种 Non-Endemic

▲ 濒危状况 / Threatened Status

中国生物多样性红色名录等级 / CB RL Category (2021)
极危 CR

IUCN 红色名录 / IUCN Red List (2021)
易危 VU

威胁因子 / Threats
狩猎、家畜放牧、耕种
Hunting, livestock farming or ranching, farming

▲ 法律保护地位 / Legal Protection Status

国家重点保护野生动物等级 / Category of National Key Protected Wild Animals (2021)
二级 Category II

"三有" 名录 / TWIESSV (2023)
未列入 Not listed

CITES 附录等级 / CITES Appendix (2023)
I

迁徙物种公约附录 / CMS Appendix (2020)
未列入 Not listed

保护行动 / Conservation Action
自然保护区内种群得到保护
Populations in nature reserves are protected

▲ 参考文献 / References

Jiang et al. (蒋志刚等), 2021; Burgin et al., 2020; IUCN, 2020; Liu et al. (刘少英等), 2020; Xiong et al., 2013; Groves and Grubb, 2011; Smith et al., 2009

434 / 缅甸斑羚

Naemorhedus evansi Lydekker, 1906

• Burmese Goral

鲸偶蹄目 Cetartiodactyla / 牛科 Bovidae / 斑羚属 *Naemorhedus*

科建立者及其文献 / Family Authority
Gray, 1821

属建立者及其文献 / Genus Authority
Hamilton Smith, 1827

亚种 / Subspecies
无 None

模式标本产地 / Type Locality
缅甸（若开邦）
Arakan Hill. At elevations above 1066.8 m

中国科学院西双版纳热带植物园动物行为与环境变化研究组／供图　　中国科学院西双版纳热带植物园动物行为与环境变化研究组／供图

▲ 其他名称 / Other Name(s)

其他中文名 / Other Chinese Name(s)
斑羚、山羊

其他英文名 / Other English Name(s)
无 None

同物异名 / Synonym(s)
无 None

▲ 形态及生境 / Morphology and Habitat

形态特征 / Morphological Characteristics

齿式：0.0.3.3/3.1.3.3=32。头体长 50~70 cm。体重 20~30 kg。额部中央为棕黑色。背部毛色灰白色或浅棕灰色，腹部毛色浅。背部有黑色脊纹。四肢上部为浅棕黄色，下部毛色为污白色至浅乳黄色。喉部有白色喉斑。尾长而蓬松，为黑色或棕黑色。雌雄均具角，角形纤细、尖利，略呈弧形向后弯曲。角下部有横棱，上部光滑。

Dental formula: 0.0.3.3/3.1.3.3=32. Head and body length 50-70 cm. Body mass 20-30 kg. Hairs on middle part of the forehead are brown and black. Dorsal hairs grayish white or light brownish-gray, and the belly is light in color. A black dorsal strip on the ridge of the back. Upper part of the limbs is light brown yellow, and hairs on the lower part are dirty white to light creamy yellow. There is a white laryngeal spot on the throat. Tail is long and fluffy, black or brownish-black. Both sexes possess horns, which are slender, sharp, slightly curved backward. The lower part of horn has transverse rings, and the upper part is smooth.

生境 / Habitat

森林 Forest

▲ 地理分布 / Geographic Distribution

国内分布 / Domestic Distribution
云南 Yunnan

全球分布 / World Distribution
缅甸、中国、泰国
Myanmar, China, Thailand

生物地理界 / Biogeographic Realm
印度马来界 Indomalaya

WWF 生物群系 / WWF Biome
热带和亚热带湿润阔叶林
Tropical & Subtropical Moist Broadleaf Forests

动物地理分布型 / Zoogeographic Distribution Type
Hm

分布标注 / Distribution Note
非特有种 Non-Endemic

▲ 濒危状况 / Threatened Status

中国生物多样性红色名录等级 / CB RL Category (2021)
数据缺乏 DD

IUCN 红色名录 / IUCN Red List (2021)
未评定 NE

威胁因子 / Threats
人类干扰、狩猎
Human disturbance, hunting

▲ 法律保护地位 / Legal Protection Status

国家重点保护野生动物等级 / Category of National Key Protected Wild Animals (2021)
二级 Category II

"三有"名录 / TWIESSV (2023)
未列入 Not listed

CITES 附录等级 / CITES Appendix (2023)
未列入 Not listed

迁徙物种公约附录 / CMS Appendix (2020)
未列入 Not listed

保护行动 / Conservation Action
自然保护区内种群得到保护
Populations in nature reserves are protected

▲ 参考文献 / References

Jiang et al. (蒋志刚等), 2021; Burgin et al., 2020; IUCN, 2020; Liu et al. (刘少英等), 2020; Groves and Grubb, 2011; Smith et al., 2009; Wang (王应祥), 2003

435 / 喜马拉雅斑羚

Naemorhedus goral (Hardwicke, 1825)

· Himalayan Goral

▲ 分类地位 / Taxonomy

鲸偶蹄目 Cetartiodactyla / 牛科 Bovidae / 斑羚属 *Naemorhedus*

科建立者及其文献 / Family Authority
Gray, 1821

属建立者及其文献 / Genus Authority
Hamilton Smith, 1827

亚种 / Subspecies
指名亚种 *N. g. goral* (Hardwicke, 1825)
西藏 Tibet

模式标本产地 / Type Locality
尼泊尔
"a native of the Himalayah range and the mountains of the Nepaul frontier" (Nepal, Himalayas)

▲ 其他名称 / Other Name(s)

其他中文名 / Other Chinese Name(s)
青羊、野山羊

其他英文名 / Other English Name(s)
无 None

同物异名 / Synonym(s)
无 None

▲ 形态及生境 / Morphology and Habitat

形态特征 / Morphological Characteristics

齿式：0.0.3.3/3.1.3.3=32。头体长 82~120 cm。体重 35~42 kg。毛色为暗棕红色至棕黑色，针毛毛尖为黑色。腹面毛色浅，四肢下部为浅锈红色至沙黄色。喉部和颌部白色。冬毛较夏毛蓬松，下层有密实的绒毛。背部有深色脊线。成年与老年雄性个体颈后部有半立起的黑色鬣毛。尾巴长，末端黑色，雌雄均具一对黑色角，长 12~18 cm，角形细长而向后弯曲。双角基部密布环状棱，而中上部表面光滑，末端较尖锐。

Dental formula: 0.0.3.3/3.1.3.3=32. Head and body length 82-120 cm. Body mass 35-42 kg. The pelage is dark brownish red to brown black, and bristle tips are black. Hair color on the venter side is light, and the lower part of the limbs is light rust red to sand yellow. Throat and jaw are cream white. Winter hairs are fluffy than summer hairs, with a lower layer of dense villi. A dark dorsal strip on the back. Adult and older males have semi-erect black mace on the neck. Tail is long, distal part black. Both males and females have a pair of black horns, 12-18 cm long, slender, curving backward. The base of horns is covered with rings, while the middle and upper parts of the horns are smooth and the tips are sharp.

生境 / Habitat
峭壁、森林 Cliff, forest

▲ 地理分布 / Geographic Distribution

国内分布 / Domestic Distribution
西藏 Tibet

全球分布 / World Distribution
不丹、中国、印度、尼泊尔、巴基斯坦
Bhutan, China, India, Nepal, Pakistan

生物地理界 / Biogeographic Realm
古北界 Palearctic

WWF 生物群系 / WWF Biome
温带阔叶和混交林
Temperate Broadleaf & Mixed Forests

动物地理分布型 / Zoogeographic Distribution Type
Ha

分布标注 / Distribution Note
非特有种 Non-Endemic

▲ 濒危状况 / Threatened Status

中国生物多样性红色名录等级 / CB RL Category (2021)
濒危 EN

IUCN 红色名录 / IUCN Red List (2021)
近危 NT

威胁因子 / Threats
人类干扰、狩猎
Human disturbance, hunting

▲ 法律保护地位 / Legal Protection Status

国家重点保护野生动物等级 / Category of National Key Protected Wild Animals (2021)
一级 Category I

"三有" 名录 / TWIESSV (2023)
未列入 Not listed

CITES 附录等级 / CITES Appendix (2023)
I

迁徙物种公约附录 / CMS Appendix (2020)
未列入 Not listed

保护行动 / Conservation Action
自然保护区内种群得到保护
Populations in nature reserves are protected

▲ 参考文献 / References

Jiang et al. (蒋志刚等), 2021; Liu et al. (刘少英等), 2020; Castelló, 2016; Groves and Grubb, 2011; Pan et al. (潘清华等), 2007; Wilson and Reeder, 2005; Wang (王应祥), 2003; Zhang (张荣祖), 1997

436 / 中华斑羚

Naemorhedus griseus Milne-Edwards, 1871

· Chinese Goral

图定乾 / 供图

▲ 分类地位 / Taxonomy

鲸偶蹄目 Cetartiodactyla / 牛科 Bovidae / 斑羚属 *Naemorhedus*

科建立者及其文献 / Family Authority
Gray, 1821

属建立者及其文献 / Genus Authority
Hamilton Smith, 1827

亚种 / Subspecies
无 None

模式标本产地 / Type Locality
中国（四川宝兴）
"du nord de la Chine"; China, Sichuan, Moupin (Baoxing)

▲ 其他名称 / Other Name(s)

其他中文名 / Other Chinese Name(s)
斑羚

其他英文名 / Other English Name(s)
无 None

同物异名 / Synonym(s)
无 None

▲ 形态及生境 / Morphology and Habitat

形态特征 / Morphological Characteristics

齿式：0.0.3.3/3.1.3.3=32。头体长 80~130 cm，体重 20~35 kg。雌雄均具双角，角形纤细、尖利，略呈弧形向后弯曲。角下部具明显的横棱，上部光滑。毛色为棕黄色至灰白色。背部有黑色脊纹。四肢下部毛色为污黄色。喉部有白色或黄白色喉斑。尾长，黑色蓬松。

Dental formula: 0.0.3.3/3.1.3.3=32. Head and body length 80-130 cm. Body mass 20-35 kg. Both sexes possess horns, which are slender, sharp, slightly curved backward. The lower part of the horn has rings and the upper part is smooth. Pelage is brownish yellow to grayish white. A black dorsal strip on the ridge of the back. The lower parts of the limbs are stained yellow. White or yellow-white larynx spots on throat. Tail is long, black and fluffy.

生境 / Habitat

森林 Forest

▲ 地理分布 / Geographic Distribution

国内分布 / Domestic Distribution
内蒙古、河北、北京、河南、山西、陕西、甘肃、宁夏、云南、四川、贵州、重庆、湖北、湖南、广西、广东、江西、福建、浙江、上海、江苏、安徽
Inner Mongolia, Hebei, Beijing, Henan, Shanxi, Shaanxi, Gansu, Ningxia, Yunnan, Sichuan, Guizhou, Chongqing, Hubei, Hunan, Guangxi, Guangdong, Jiangxi, Fujian, Zhejiang, Shanghai, Jiangsu, Anhui

全球分布 / World Distribution
中国、印度、缅甸、泰国、越南
China, India, Myanmar, Thailand, Vietnam

生物地理界 / Biogeographic Realm
古北界 Palearctic

WWF 生物群系 / WWF Biome
热带和亚热带湿润阔叶林
Tropical & Subtropical Moist Broadleaf Forests

动物地理分布型 / Zoogeographic Distribution Type
Ub

分布标注 / Distribution Note
非特有种 Non-Endemic

▲ 濒危状况 / Threatened Status

中国生物多样性红色名录等级 / CB RL Category (2021)
易危 VU

IUCN 红色名录 / IUCN Red List (2021)
易危 VU

威胁因子 / Threats
人类干扰、狩猎
Human disturbance, hunting

▲ 法律保护地位 / Legal Protection Status

国家重点保护野生动物等级 / Category of National Key Protected Wild Animals (2021)
二级 Category II

"三有"名录 / TWIESSV (2023)
未列入 Not listed

CITES 附录等级 / CITES Appendix (2023)
I

迁徙物种公约附录 / CMS Appendix (2020)
未列入 Not listed

保护行动 / Conservation Action
自然保护区内种群得到保护
Populations in nature reserves are protected

▲ 参考文献 / References

Jiang et al. (蒋志刚等), 2021; Burgin et al., 2020; IUCN, 2020; Liu et al. (刘少英等), 2020; Castelló, 2016; Groves and Grubb, 2011; Smith et al., 2009; Pan et al. (潘清华等), 2007; Wilson and Reeder, 2005

437 / 塔尔羊

Hemitragus jemlahicus C. H. Smith, 1826

· Himalayan Tahr

▲ 分类地位 / Taxonomy

鲸偶蹄目 Cetartiodactyla / 牛科 Bovidae / 塔尔羊属 *Hemitragus*

科建立者及其文献 / Family Authority
Gray, 1821

属建立者及其文献 / Genus Authority
Hodgson, 1841

亚种 / Subspecies
无 None

模式标本产地 / Type Locality
尼泊尔
Nepal, "the district of Jemlah, between the sources of the Sargew and Sampoo" (Jemla Hills)

刘璐 / 供图

▲ 其他名称 / Other Name(s)

其他中文名 / Other Chinese Name(s)
长毛羊、野山羊

其他英文名 / Other English Name(s)
无 None

同物异名 / Synonym(s)
无 None

▲ 形态及生境 / Morphology and Habitat

形态特征 / Morphological Characteristics

齿式：0.0.3.3/3.1.3.3=32。头体长 90~155 cm。雄性体重 70~148 kg。双耳短小，颌下无须。雌雄均具角，长 45 cm，双角向上、向后弯曲，角尖略朝内弯。毛色红褐至深褐。腹面、颈下至喉部毛色稍浅，四肢色深。冬季成年雄性颈部至肩部有蓬松鬃毛，可下垂遮挡前肢上部。雄性头部和四肢毛色近黑色。

Dental formula: 0.0.3.3/3.1.3.3=32. The head length is 90-155 cm. Male body weighs 70-148 kg. Ears are short. No beard under the jaw. Male and female have horns with a length up to 45 cm, curved upward and backward, tip slightly curved inward. The pelage is reddish brown to dark brown. Hair color slightly lighter on abdomen, under the neck to throat. Limbs dark colored. In winter adult males have a fluffy mane from neck to shoulders that drops to cover the upper forelimbs. Hairs nearly black on their heads and limbs of male.

生境 / Habitat
内陆岩石区域、灌丛
Inland rocky area, shrubland

▲ 地理分布 / Geographic Distribution

国内分布 / Domestic Distribution
西藏 Tibet

全球分布 / World Distribution
中国、印度、尼泊尔
China, India, Nepal

生物地理界 / Biogeographic Realm
古北界 Palearctic

WWF 生物群系 / WWF Biome
山地草原和灌丛
Montane Grasslands & Shrublands

动物地理分布型 / Zoogeographic Distribution Type
Ha

分布标注 / Distribution Note
非特有种 Non-Endemic

▲ 濒危状况 / Threatened Status

中国生物多样性红色名录等级 / CB RL Category (2021)
极危 CR

IUCN 红色名录 / IUCN Red List (2021)
近危 NT

威胁因子 / Threats
人类干扰、狩猎
Human disturbance, hunting

▲ 法律保护地位 / Legal Protection Status

国家重点保护野生动物等级 / Category of National Key Protected Wild Animals (2021)
一级 Category I

"三有" 名录 / TWIESSV (2023)
未列入 Not listed

CITES 附录等级 / CITES Appendix (2023)
未列入 Not listed

迁徙物种公约附录 / CMS Appendix (2020)
未列入 Not listed

保护行动 / Conservation Action
自然保护区内种群得到保护
Populations in nature reserves are protected

▲ 参考文献 / References

Jiang et al. (蒋志刚等), 2021; Burgin et al., 2020; IUCN, 2020; Liu et al. (刘少英等), 2020; Castelló, 2016; Groves and Grubb, 2011; Smith et al., 2009; Pan et al. (潘清华等), 2007; Wilson and Reeder, 2005; Wang (王应祥), 2003; Zhang (张荣祖), 1997

438 / 北山羊

Capra sibirica (Pallas, 1776)

· Siberian Ibex

▲ 分类地位 / Taxonomy

鲸偶蹄目 Cetartiodactyla / 牛科 Bovidae / 山羊属 *Capra*

科建立者及其文献 / Family Authority
Gray, 1821

属建立者及其文献 / Genus Authority
Linnaeus, 1758

亚种 / Subspecies
无 None

模式标本产地 / Type Locality
俄罗斯
"sylvas inter Udae et Birjussae fluviorum fontes ad ipsam calcem Sajensis"; "northern slope of Sayansk Mountains, in the neighbourhood of Munku Sardyx, west of Lake Baikal" (Lydekker, 1913:143) (Russia, Siberia, Sayan Mtns, near Munku-Sardyk)

▲ 其他名称 / Other Name(s)

其他中文名 / Other Chinese Name(s)
亚洲羱羊、野山羊

其他英文名 / Other English Name(s)
Asiatic Ibex, Himalayan Ibex

同物异名 / Synonym(s)
无 None

▲ 形态及生境 / Morphology and Habitat

形态特征 / Morphological Characteristics
齿式：0.0.3.3/3.1.3.3=32。头体长 115~170 cm。成年雄性体重 80~100 kg。毛色为棕褐色至黄褐色，背部具深色脊纹，前肢正面为深色。雄性体侧呈灰白色至浅沙黄色。腹部毛色浅。尾短，尾背色深，尾下白色。雄性颌下具棕色长须，雌性亦具短须。雌雄均具角。雄性双角长 100 cm 以上，呈弧形后弯。角前宽后窄，正面具横棱。雌性双角小，纤细。
Dental formula: 0.0.3.3/3.1.3.3=32. Head and body length 115-170 cm. Adult males weight 80-100 kg. The pelage is tan to tawny, with a dark dorsal strips on the ridge of the back. Front of the forelimbs are black in color. Lateral sides of the male body are grayish white to light sandy yellow. The belly is light colored. Tail is short, with dark color on the back, and the underpart white. Males have a long brown beard under the jaw, while the female also has a short beard. Both sexes have horns. Horns are more than 100 cm long in males, curved backward. Horns are wide in front with rings and narrow posterior. Female has small and slender horns

生境 / Habitat
草甸、内陆岩石区域
Meadow, inland rocky area

▲ 地理分布 / Geographic Distribution

国内分布 / Domestic Distribution
新疆、甘肃、内蒙古
Xinjiang, Gansu, Inner Mongolia

全球分布 / World Distribution
阿富汗、中国、印度、哈萨克斯坦、吉尔吉斯斯坦、蒙古国、巴基斯坦、俄罗斯、塔吉克斯坦、乌兹别克斯坦
Afghanistan, China, India, Kazakhstan, Kyrgyzstan, Mongolia, Pakistan, Russia, Tajikistan, Uzbekistan

生物地理界 / Biogeographic Realm
古北界 Palearctic

WWF 生物群系 / WWF Biome
山地草原和灌丛
Montane Grasslands & Shrublands

动物地理分布型 / Zoogeographic Distribution Type
Pg

分布标注 / Distribution Note
非特有种 Non-Endemic

▲ 濒危状况 / Threatened Status

中国生物多样性红色名录等级 / CB RL Category (2021)
近危 NT

IUCN 红色名录 / IUCN Red List (2021)
无危 LC

威胁因子 / Threats
人类干扰、狩猎
Human disturbance, hunting

▲ 法律保护地位 / Legal Protection Status

国家重点保护野生动物等级 / Category of National Key Protected Wild Animals (2021)
二级 Category II

"三有"名录 / TWIESSV (2023)
未列入 Not listed

CITES 附录等级 / CITES Appendix (2023)
III

迁徙物种公约附录 / CMS Appendix (2020)
未列入 Not listed

保护行动 / Conservation Action
自然保护区内种群得到保护
Populations in nature reserves are protected

▲ 参考文献 / References

Jiang et al. (蒋志刚等), 2021; Burgin et al., 2020; IUCN, 2020; Liu et al. (刘少英等), 2020; Castelló, 2016; Wang et al. (王君等), 2012; Wilson and Mittermeier, 2012; Graves and Grubb, 2011; Abdukadir et al. (阿布力米提·阿布都卡迪尔等), 2010; Smith et al., 2009; Pan et al. (潘清华等) 2007; Wilson and Reeder, 2005; Wang (王应祥), 2003; Zhang (张荣祖), 1997; Xia(夏武平), 1988,1964

439 / 岩羊

Pseudois nayaur (Hodgson, 1833)

· Bharal

▲ 分类地位 / Taxonomy

鲸偶蹄目 Cetartiodactyla / 牛科 Bovidae / 岩羊属 *Pseudois*

科建立者及其文献 / Family Authority
Gray, 1821

属建立者及其文献 / Genus Authority
Hodgson, 1846

亚种 / Subspecies
尼泊尔亚种 *P. n. nayaur* (Hodgson,1833)
西藏 Tibet
川西亚种 *P. n. sichuanensis* Rothschild,1922
云南、四川、青海、甘肃、宁夏、陕西、内蒙古
Yunnan, Sichuan, Qinghai, Gansu, Ningxia, Shaanxi, Inner Mongolia

模式标本产地 / Type Locality
尼泊尔
"The Himalaya"; restricted to "the Tibetan frontier of Nepal" (Lydekker, 1913:127)

张永 / 供图

严学峰 / 供图

▲ 其他名称 / Other Name(s)

其他中文名 / Other Chinese Name(s)
蓝羊、青羊、石羊

其他英文名 / Other English Name(s)
Chinese Blue Sheep, Himalayan Blue Sheep, Tibetan Blue Sheep, Greater Blue Sheep, Lesser Blue Sheep

同物异名 / Synonym(s)
无 None

▲ 形态及生境 / Morphology and Habitat

形态特征 / Morphological Characteristics

齿式：0.0.3.3/3.1.3.3=32。头体长 100~155 cm，雄性体重 50~80 kg。雌雄均具角。雄性双角粗壮，长达 90 cm。角横断面近似方形。先朝后弯曲，然后旋转向外侧翻转。成年个体背面为棕灰色至青灰色，腹面和臀部为白色至浅灰色。四肢内侧为白色，前缘有黑色纹。成年雄性胸部、前额为黑色。体侧有一条水平黑色条纹。

Dental formula: 0.0.3.3/3.1.3.3=32. Head and body length 100-155 cm. Body mass of the male is 50-80 kg. Both sexes have horns. Male horns are stout and long, up to 90 cm long. The cross section of the horn is approximately square. Horn first bends backwards, then rotates to the outside. Dorsum of the adult is brownish-gray to caesian gray, and the ventral and rump are white to light gray. Inner parts of the limbs are white with black markings on the leading edge. Adult males have black hairs on chest and forehead. There is a horizontal black stripe on the side of the body.

生境 / Habitat
峭壁、森林 Cliff, forest

▲ 地理分布 / Geographic Distribution

国内分布 / Domestic Distribution
内蒙古、新疆、青海、甘肃、四川、云南、西藏、陕西、宁夏
Inner Mongolia, Xinjiang, Qinghai, Gansu, Sichuan, Yunnan, Tibet, Shaanxi, Ningxia

全球分布 / World Distribution
中国、不丹、印度、缅甸、尼泊尔、巴基斯坦
China, Bhutan, India, Myanmar, Nepal, Pakistan

生物地理界 / Biogeographic Realm
古北界 Indomalaya

WWF 生物群系 / WWF Biome
山地草原和灌丛
Montane Grasslands & Shrublands

动物地理分布型 / Zoogeographic Distribution Type
Pa

分布标注 / Distribution Note
非特有种 Non-Endemic

▲ 濒危状况 / Threatened Status

中国生物多样性红色名录等级 / CB RL Category (2021)
无危 LC

IUCN 红色名录 / IUCN Red List (2021)
无危 LC

威胁因子 / Threats
未知 Unknown

▲ 法律保护地位 / Legal Protection Status

国家重点保护野生动物等级 / Category of National Key Protected Wild Animals (2021)
二级 Category II

"三有" 名录 / TWIESSV (2023)
未列入 Not listed

CITES 附录等级 / CITES Appendix (2023)
III

迁徙物种公约附录 / CMS Appendix (2020)
未列入 Not listed

保护行动 / Conservation Action
自然保护区内种群得到保护
Populations in nature reserves are protected

▲ 参考文献 / References

Jiang et al. (蒋志刚等), 2021; Burgin et al., 2020; IUCN, 2020; Castelló, 2016; Wang et al. (王君等), 2012; Smith et al., 2009; Pan et al. (潘清华等), 2007; Wilson and Reeder, 2005; Cao et al., 2003; Wang (王应祥), 2003; Zhang (张荣祖), 1997; Xia(夏武平), 1988,1964

440 / 阿尔泰盘羊

Ovis ammon (Linnaeus, 1758)

• Argali

鲸偶蹄目 Cetartiodactyla / 牛科 Bovidae / 羊属 *Ovis*

科建立者及其文献 / Family Authority
Gray, 1821

属建立者及其文献 / Genus Authority
Linnaeus, 1758

亚种 / Subspecies
无 None

模式标本产地 / Type Locality
俄罗斯
"Habitat in Siberia"; since identified as Kazakhstan, Vostochno-Kazakhstansk. Obl., Altai Mtns, Bukhtarma; near Ust-Kamenogorsk

蒋志刚 / 供图

▲ 其他名称 / Other Name(s)

其他中文名 / Other Chinese Name(s)
野羊、大角羊、山羊

其他英文名 / Other English Name(s)
Siberian Argali

同物异名 / Synonym(s)
无 None

▲ 形态及生境 / Morphology and Habitat

形态特征 / Morphological Characteristics
齿式：0.0.3.3/3.1.3.3=32。雄性头体长 170~200 cm。体重 100~180 kg；雌性头体长 165~175 cm。体重 80~100 kg。整体形态特征与西藏盘羊相似，但雄性不具颈部的白色披毛，雄性肩背部冬毛具马鞍状的大片白斑。雄性个体的双角在所有盘羊族物种中为最粗大，成年雄性完全长成的角可弯曲盘绕超过一周，长度可达 160 cm。雌性的双角在所有盘羊族物种中为最长。

Dental formula: 0.0.3.3/3.1.3.3=32. Male head and body length 170-200 cm. Body mass 100-180 kg. Female head and body length 165-175 cm. Body mass 80-100 kg. The overall morphological characteristics are similar to that of the Tibet Argali, but the male has no white mace on the neck, and the shoulder and back of the male winter hairs have a large saddle-shaped white spot. Horns in male individual are the largest in all the argali species, adult males fully grown horns can be bent and coiled more than one circle, up to 160 cm in length. Female has the longest double horn of any species in the argali group.

生境 / Habitat
内陆岩石区域、灌丛
Inland rocky area, shrubland

▲ 地理分布 / Geographic Distribution

国内分布 / Domestic Distribution
新疆 Xinjiang

全球分布 / World Distribution
中国、哈萨克斯坦
China, Kazakhstan

生物地理界 / Biogeographic Realm
古北界 Palearctic

WWF 生物群系 / WWF Biome
山地草原和灌丛
Montane Grasslands & Shrublands

动物地理分布型 / Zoogeographic Distribution Type
Pa

分布标注 / Distribution Note
非特有种 Non-Endemic

▲ 濒危状况 / Threatened Status

中国生物多样性红色名录等级 / CB RL Category (2021)
极危 CR

IUCN 红色名录 / IUCN Red List (2021)
近危 NT

威胁因子 / Threats
人类干扰、狩猎
Human disturbance, hunting

▲ 法律保护地位 / Legal Protection Status

国家重点保护野生动物等级 / Category of National Key Protected Wild Animals (2021)
二级 Category II

"三有" 名录 / TWIESSV (2023)
未列入 Not listed

CITES 附录等级 / CITES Appendix (2023)
II

迁徙物种公约附录 / CMS Appendix (2020)
II

保护行动 / Conservation Action
自然保护区内种群得到保护
Populations in nature reserves are protected

▲ 参考文献 / References

Jiang et al. (蒋志刚等), 2021; Burgin et al., 2020; IUCN, 2020; Liu et al. (刘少英等), 2020; Chu et al. (初红军等), 2009; Pan et al. (潘清华等), 2007; Wilson and Reeder, 2005; Wang (王应祥), 2003; Zhang (张荣祖), 1997

441 / 哈萨克盘羊

Ovis collium Linnaeus, 1758

· Kazkhstan argali

▲ 分类地位 / Taxonomy

鲸偶蹄目 Cetartiodactyla / 牛科 Bovidae / 羊属 *Ovis*

科建立者及其文献 / Family Authority
Gray, 1821

属建立者及其文献 / Genus Authority
Linnaeus, 1758

亚种 / Subspecies
无 None

模式标本产地 / Type Locality
哈萨克斯坦巴尔喀什湖以北
Kirghiz Steppe, north of Lake Balkash, North-Eastern Russian Turkestan

高云江 / 供图

▲ 其他名称 / Other Name(s)

其他中文名 / Other Chinese Name(s)
无 None

其他英文名 / Other English Name(s)
无 None

同物异名 / Synonym(s)
无 None

▲ 形态及生境 / Morphology and Habitat

形态特征 / Morphological Characteristics

齿式：0.0.3.3/3.1.3.3=32。雄性头体长 165~200 cm。体重 108~160 kg；雌性头体长 135~160 cm，体重 43~62 kg。整体形态与天山盘羊相似，但双角稍小。

Dental formula: 0.0.3.3/3.1.3.3=32. Male head and body length 165-200 cm. Body mass 108-160 kg. Female head and body length 135-160 cm. Body mass 43-62 kg. Overall morphologically similar to that of Tianshan Argali, but the horns are slightly smaller.

生境 / Habitat
内陆岩石区域、灌丛
Inland rocky area, shrubland

▲ 地理分布 / Geographic Distribution

国内分布 / Domestic Distribution
新疆 Xinjiang

全球分布 / World Distribution
中国、哈萨克斯坦
China, Kazakhstan

生物地理界 / Biogeographic Realm
古北界 Palearctic

WWF 生物群系 / WWF Biome
温带草原、热带稀树草原和灌木地
Temperate Grasslands, Savannas & Shrublands

动物地理分布型 / Zoogeographic Distribution Type
Dm

分布标注 / Distribution Note
非特有种 Non-Endemic

▲ 濒危状况 / Threatened Status

中国生物多样性红色名录等级 / CB RL Category (2021)
数据缺乏 DD

IUCN 红色名录 / IUCN Red List (2021)
未评定 NE

威胁因子 / Threats
人类干扰、狩猎
Human disturbance, hunting

▲ 法律保护地位 / Legal Protection Status

国家重点保护野生动物等级 / Category of National Key Protected Wild Animals (2021)
二级 Category II

"三有" 名录 / TWIESSV (2023)
未列入 Not listed

CITES 附录等级 / CITES Appendix (2023)
II

迁徙物种公约附录 / CMS Appendix (2020)
未列入 Not listed

保护行动 / Conservation Action
自然保护区内种群得到保护
Populations in nature reserves are protected

▲ 参考文献 / References

Jiang et al. (蒋志刚等), 2021; Burgin et al., 2020; IUCN, 2020; Wilson and Mittermeier, 2012

442 / 戈壁盘羊

Ovis darwini Przewalski, 1883

· Gobi Argali

▲ 分类地位 / Taxonomy

鲸偶蹄目 Cetartiodactyla / 牛科 Bovidae / 羊属 *Ovis*

科建立者及其文献 / Family Authority
Gray, 1821

属建立者及其文献 / Genus Authority
Linnaeus, 1758

亚种 / Subspecies
无 None

模式标本产地 / Type Locality
蒙古国
Southern Gobi, Mongolia

古亚大 / 供图

▲ 其他名称 / Other Name(s)

其他中文名 / Other Chinese Name(s)
无 None

其他英文名 / Other English Name(s)
无 None

同物异名 / Synonym(s)
无 None

▲ 形态及生境 / Morphology and Habitat

形态特征 / Morphological Characteristics

齿式：0.0.3.3/3.1.3.3=32。头体长 130~160 cm。雄性体重 116~155 kg，雌性体重 48~66 kg。整体形态特征与阿尔泰盘羊相似，但被毛颜色更黑，雄性颈部无白色披毛，且肩背部冬毛具马鞍状的大片白斑。雄性双角与阿尔泰盘羊同样粗大，但长度略短。

Dental formula: 0.0.3.3/3.1.3.3=32. Head and body length 130-160 cm. Male body mass 116-155 kg, and female body mass 48-66 kg. Overall morphological characteristics are similar to that of Altai Argali, but have darker pelage. No white hair on the neck of males, and no large saddle-shaped white patches on the winter hairs on the shoulders and back of males. The male is as large as the Altai Argali but slightly shorter in length.

生境 / Habitat
荒漠 Desert

▲ 地理分布 / Geographic Distribution

国内分布 / Domestic Distribution
新疆、内蒙古、甘肃
Xinjiang, Inner Mongolia, Gansu

全球分布 / World Distribution
中国、蒙古国
China, Mongolia

生物地理界 / Biogeographic Realm
古北界 Palearctic

WWF 生物群系 / WWF Biome
沙漠和干旱灌木地
Deserts & Xeric Shrublands

动物地理分布型 / Zoogeographic Distribution Type
Gb

分布标注 / Distribution Note
非特有种 Non-Endemic

▲ 濒危状况 / Threatened Status

中国生物多样性红色名录等级 / CB RL Category (2021)
极危 CR

IUCN 红色名录 / IUCN Red List (2021)
未评定 NE

威胁因子 / Threats
未知 Unknown

▲ 法律保护地位 / Legal Protection Status

国家重点保护野生动物等级 / Category of National Key Protected Wild Animals (2021)
二级 Category II

"三有" 名录 / TWIESSV (2023)
未列入 Not listed

CITES 附录等级 / CITES Appendix (2023)
II

迁徙物种公约附录 / CMS Appendix (2020)
未列入 Not listed

保护行动 / Conservation Action
自然保护区内种群得到保护
Populations in nature reserves are protected

▲ 参考文献 / References

Jiang et al. (蒋志刚等), 2021; Burgin et al., 2020; IUCN, 2020; He et al. (何志超等), 2015; Wilson and Mittermeier, 2012

443 / 西藏盘羊

Ovis hodgsoni Blyth, 1841

• Tibetan Argali

▲ 分类地位 / Taxonomy

鲸偶蹄目 Cetartiodactyla / 牛科 Bovidae / 羊属 *Ovis*

科建立者及其文献 / Family Authority
Gray, 1821

属建立者及其文献 / Genus Authority
Linnaeus, 1758

亚种 / Subspecies
无 None

模式标本产地 / Type Locality
中国
Tibet, China, probably on Nepal frontier

▲ 其他名称 / Other Name(s)

其他中文名 / Other Chinese Name(s)
无 None

其他英文名 / Other English Name(s)
无 None

同物异名 / Synonym(s)
无 None

▲ 形态及生境 / Morphology and Habitat

形态特征 / Morphological Characteristics

齿式：0.0.3.3/3.1.3.3=32。雄性头体长 160~180 cm。体重 95~180 kg。雄性长有呈螺旋状扭曲的粗大双角，尾短。背部毛色为棕灰色至棕黄色，腹部和臀部为白色至浅灰色。成年个体，尤其是雄性，在体侧和四肢前部有黑色条纹，在脖颈处有白色披毛，可垂至胸部。雌雄均长有双角。雄性角长 150 cm 以上，重量可达 23 kg。雌性双角通常不足 50 cm 长，相对纤细，略为向后弯曲延伸。

Dental formula: 0.0.3.3/3.1.3.3=32. Male head and body length 160-180 cm. Body mass 95-180 kg. Male has a pair of long twisted spiral shaped horns, tail short. Dorsal hairs are brownish-gray to brownish-yellow, and the hairs on belly and rump are cream white to light gray. Adults, especially males, have black stripes on the sides and front of the limbs, and a white mace on the neck that may hang down to the chest. Both sexes have horns. Male horns are more than 150 cm long and weigh up to 23 kg, whereas the horns in females are usually less than 50 cm long, relatively slender, and slightly curved backward.

生境 / Habitat
高寒草原、疏林地、受干扰的灌丛
Apine steppe, land with sparsely, distributed shrubs

▲ 地理分布 / Geographic Distribution

国内分布 / Domestic Distribution
西藏、青海、新疆、甘肃
Tibet, Qinghai, Xinjiang, Gansu

全球分布 / World Distribution
中国、尼泊尔、印度
China, Nepal, India

生物地理界 / Biogeographic Realm
古北界 Palearctic

WWF 生物群系 / WWF Biome
沙漠和干旱灌木地
Deserts & Xeric Shrublands

动物地理分布型 / Zoogeographic Distribution Type
Pa

分布标注 / Distribution Note
非特有种 Non-Endemic

▲ 濒危状况 / Threatened Status

中国生物多样性红色名录等级 / CB RL Category (2021)
近危 NT

IUCN 红色名录 / IUCN Red List (2021)
未评定 NE

威胁因子 / Threats
家畜放牧 Livestock grazing

▲ 法律保护地位 / Legal Protection Status

国家重点保护野生动物等级 / Category of National Key Protected Wild Animals (2021)
一级 Category I

"三有" 名录 / TWIESSV (2023)
未列入 Not listed

CITES 附录等级 / CITES Appendix (2023)
I

迁徙物种公约附录 / CMS Appendix (2020)
未列入 Not listed

保护行动 / Conservation Action
自然保护区内种群得到保护
Populations in nature reserves are protected

▲ 参考文献 / References

Jiang et al. (蒋志刚等), 2021; Burgin et al., 2020; IUCN, 2020; Liu et al. (刘少英等), 2020; Castelló, 2016; Wilson and Mittermeier, 2012

444 / 华北盘羊

Ovis jubata Peters, 1876

· Northern Chinese Argali

▲ 分类地位 / Taxonomy

鲸偶蹄目 Cetartiodactyla / 牛科 Bovidae / 羊属 *Ovis*

科建立者及其文献 / Family Authority
Gray, 1821

属建立者及其文献 / Genus Authority
Linnaeus, 1758

亚种 / Subspecies
无 None

模式标本产地 / Type Locality
中国
Shanxi, China

▲ 其他名称 / Other Name(s)

其他中文名 / Other Chinese Name(s)
雅布赖盘羊

其他英文名 / Other English Name(s)
无 None

同物异名 / Synonym(s)
Ovis jubata 的模式标本采集自中国山西北部，多数现存的博物馆标本采自内蒙古呼和浩特北麓山区，靠近中国与蒙古国边境地区。形态接近于 *Ovis darwini*，两种盘羊通常被混淆。单型种。
The type specimens of *Ovis jubata* were collected from northern Shanxi, China, and most of the extant museum specimens were collected from the mountain foothills north of Hohhot, Inner Mongolia, close to the border area between China and Mongolia. Similar in form to *Ovis darwini*, the two species are often confused. Monotype

▲ 形态及生境 / Morphology and Habitat

形态特征 / Morphological Characteristics
齿式：0.0.3.3/3.1.3.3=32。颅全长 31.5~33.5 cm。角长 32 cm，角基周径 40~50 cm。颈部背部鬃毛发达。肩部与背部被毛黑色，腹部白色。有背纹，四肢有条纹。
Dental formula:0.0.3.3/3.1.3.3=32. Skull length 31.5-33.5 cm. Horn length 32 cm, and the circumference of the horn base 40-50 cm. Well-developed mane on neck back. Black hairs on shoulders and back, white hairs on abdomen. Distinctive stripes on the backs and stripes on their limbs.

生境 / Habitat
荒漠草原
Desert grassland

▲ 地理分布 / Geographic Distribution

国内分布 / Domestic Distribution
甘肃、内蒙古、山西
Gansu, Inner Mongolia, shanxi

全球分布 / World Distribution
中国、蒙古国
China, Mongolia

生物地理界 / Biogeographic Realm
古北界 Palearctic

WWF 生物群系 / WWF Biome
山地草原和灌丛
Montane Grasslands & Shrublands

动物地理分布型 / Zoogeographic Distribution Type
Ba

分布标注 / Distribution Note
非特有种 Non-Endemic

▲ 濒危状况 / Threatened Status

中国生物多样性红色名录等级 / CB RL Category (2021)
极危 CR

IUCN 红色名录 / IUCN Red List (2021)
未评定 NE

威胁因子 / Threats
未知 Unknown

▲ 法律保护地位 / Legal Protection Status

国家重点保护野生动物等级 / Category of National Key Protected Wild Animals (2021)
未列入 Not listed

"三有" 名录 / TWIESSV (2023)
未列入 Not listed

CITES 附录等级 / CITES Appendix (2023)
II

迁徙物种公约附录 / CMS Appendix (2020)
未列入 Not listed

保护行动 / Conservation Action
自然保护区内种群得到保护
Populations in nature reserves are protected

▲ 参考文献 / References

Jiang et al. (蒋志刚等), 2021; Liu et al. (刘少英等), 2020; Castelló, 2016; Wilson and Mittermeier, 2012; Graves and Grubb, 2011

445 / 天山盘羊

Ovis karelini Severtzov, 1873

· Tianshan Argali

▲ 分类地位 / Taxonomy

鲸偶蹄目 Cetartiodactyla / 牛科 Bovidae / 羊属 *Ovis*

科建立者及其文献 / Family Authority
Gray, 1821

属建立者及其文献 / Genus Authority
Linnaeus, 1758

亚种 / Subspecies
无 None

模式标本产地 / Type Locality
吉尔吉斯斯坦
Alatau of Semirechye, between Ili River and Issyk-Kul Lake, Kyrgyzstan

沈志君 / 供图

▲ 其他名称 / Other Name(s)

其他中文名 / Other Chinese Name(s)
无 None

其他英文名 / Other English Name(s)
无 None

同物异名 / Synonym(s)
无 None

▲ 形态及生境 / Morphology and Habitat

形态特征 / Morphological Characteristics

齿式：0.0.3.3/3.1.3.3=32。头体长 155~190 cm。雄性体重 95~155 kg，雌性体重 45~70 kg。过去天山盘羊通常作为 *Ovis ammon* 的一个亚种。整体形态与帕米尔盘羊相似，但毛色深，双角粗，角长可达 129 cm。一些天山盘羊的标本与马可波罗的标本很难区分。

Dental formula: 0.0.3.3/3.1.3.3=32. Head and body length 155-190 cm. Male body mass 95-155 kg, female body mass 45-70 kg. It was treated as a subspecies of *Ovis ammon*. Morphologically similar to that of Pamir Argali, but the hairs are dark, the horns are thick and the horn length can be up to 129 cm. Some specimens of Tienshan Argali are rather difficult to distinguish from that of Marco Polo Argali.

生境 / Habitat
岩石区域、灌丛、草地
Rocky area, shrubland, grassland

▲ 地理分布 / Geographic Distribution

国内分布 / Domestic Distribution
新疆 Xinjiang

全球分布 / World Distribution
中国、俄罗斯、哈萨克斯坦、乌兹别克斯坦
China, Russia, Kazakhstan, Uzbekistan

生物地理界 / Biogeographic Realm
古北界 Palearctic

WWF 生物群系 / WWF Biome
山地草原和灌丛
Montane Grasslands & Shrublands

动物地理分布型 / Zoogeographic Distribution Type
Dp

分布标注 / Distribution Note
非特有种 Non-Endemic

▲ 濒危状况 / Threatened Status

中国生物多样性红色名录等级 / CB RL Category (2021)
濒危 EN

IUCN 红色名录 / IUCN Red List (2021)
未评定 NE

威胁因子 / Threats
家畜放牧 Livestock grazing

▲ 法律保护地位 / Legal Protection Status

国家重点保护野生动物等级 / Category of National Key Protected Wild Animals (2021)
二级 Category II

"三有"名录 / TWIESSV (2023)
未列入 Not listed

CITES 附录等级 / CITES Appendix (2023)
II

迁徙物种公约附录 / CMS Appendix (2020)
未列入 Not listed

保护行动 / Conservation Action
自然保护区内种群得到保护
Populations in nature reserves are protected

▲ 参考文献 / References

Jiang et al. (蒋志刚等), 2021; Burgin et al., 2020; IUCN, 2020; Liu et al. (刘少英等), 2020; Castelló, 2016; Jiang et al. (蒋志刚等), 2015; Groves and Grubb, 2011

446 / 帕米尔盘羊

Ovis polii Blyth, 1841

• Pamir Argali

▲ 分类地位 / Taxonomy

鲸偶蹄目 Cetartiodactyla / 牛科 Bovidae / 羊属 *Ovis*

科建立者及其文献 / Family Authority
Gray, 1821

属建立者及其文献 / Genus Authority
Linnaeus, 1758

亚种 / Subspecies
无 None

模式标本产地 / Type Locality
乌兹别克斯坦
upon the elevated plain of Pamir, eastward of Bokhara, and which is 4876.8 mabove the sea-level

闫旭光 / 供图

▲ 其他名称 / Other Name(s)

其他中文名 / Other Chinese Name(s)
无 None

其他英文名 / Other English Name(s)
无 None

同物异名 / Synonym(s)
无 None

▲ 形态及生境 / Morphology and Habitat

形态特征 / Morphological Characteristics

齿式：0.0.3.3/3.1.3.3=32。雄性头体长 160~180 cm，体重 100~135 kg；雌性头体长 140~150 cm，体重 45~61 kg。形态特征与阿尔泰盘羊相似，但体型稍小，雄性颈部具较明显的白色披毛。成年雄性角长在所有盘羊族物种中为最长，长达 190 cm，可弯曲盘绕达一周半。

Dental formula: 0.0.3.3/3.1.3.3=32. Male head and body length 160-180 cm, body mass 100-135 kg. Female head and body length 140-150 cm, body mass 45-61 kg. Morphological characteristics similar to Altai Argali, but slightly smaller, the male with more white hairs on the neck. Horns in adult male are the longest among all the argali species, up to 190 cm and be coiled up to one and a half coils.

生境 / Habitat
岩石区域、灌丛、草地
Rocky areas, shrubland, grassland

▲ 地理分布 / Geographic Distribution

国内分布 / Domestic Distribution
新疆 Xinjiang

全球分布 / World Distribution
中国、哈萨克斯坦、塔吉克斯坦、吉尔吉斯斯坦、巴基斯坦
China, Kazakhstan, Tajikistan, Kyrgyzstan, Pakistan

生物地理界 / Biogeographic Realm
古北界 Palearctic

WWF 生物群系 / WWF Biome
山地草原和灌丛
Montane Grasslands & Shrublands

动物地理分布型 / Zoogeographic Distribution Type
Da

分布标注 / Distribution Note
非特有种 Non-Endemic

▲ 濒危状况 / Threatened Status

中国生物多样性红色名录等级 / CB RL Category (2021)
易危 VU

IUCN 红色名录 / IUCN Red List (2021)
未评定 NE

威胁因子 / Threats
家畜放牧 Livestock grazing

▲ 法律保护地位 / Legal Protection Status

国家重点保护野生动物等级 / Category of National Key Protected Wild Animals (2021)
二级 Category II

"三有"名录 / TWIESSV (2023)
未列入 Not listed

CITES 附录等级 / CITES Appendix (2023)
II

迁徙物种公约附录 / CMS Appendix (2020)
未列入 Not listed

保护行动 / Conservation Action
自然保护区内种群得到保护
Populations in nature reserves are protected

▲ 参考文献 / References

Jiang et al. (蒋志刚等), 2021; Burgin et al., 2020; IUCN, 2020; Liu et al. (刘少英等), 2020; Castelló, 2016; Groves and Grubb, 2011

447 / 中华鬣羚

Capricornis milneedwardsii
(Bechstein, 1799)

• Chinese Serow

鲸偶蹄目 Cetartiodactyla / 牛科 Bovidae / 鬣羚属 *Capricornis*

科建立者及其文献 / Family Authority
Gray, 1821

属建立者及其文献 / Genus Authority
Ogilby, 1836

亚种 / Subspecies
无 None

模式标本产地 / Type Locality
中国（四川宝兴）
China, Sichuan, "Moupin" (Baoxing)

▲ 其他名称 / Other Name(s)

其他中文名 / Other Chinese Name(s)
大岩羊、苏门羚、岩骡、山驴

其他英文名 / Other English Name(s)
无 None

同物异名 / Synonym(s)
原来为 *Naemorhedus sumatraensis* 的
亚种，Grubb(2005)将其提升为种。
Originally, it was a subspecies of
Naemorhedus sumatraensis,
Grubb(2005)elevated it as a species

▲ 形态及生境 / Morphology and Habitat

形态特征 / Morphological Characteristics

齿式：0.0.3.3/3.1.3.3=32。头体长 140~190 cm。体重 50~100 kg。喉部有白色至浅棕黄色的喉斑。双耳长较大，形似驴耳。雌雄均长有一对与斑羚相似的角，但双角粗壮，外形直，角基部环纹发达。颈部背面具有白色长鬣毛。毛色以黑色为主，四肢长。但四肢下部和臀部毛色棕红色至锈红色。腹部毛色为浅。

Dental formula: 0.0.3.3/3.1.3.3=32. Head and body length 140-190 cm. Body mass 50-100 kg. Throat has a white to light brownish yellow spot. Ears are long and large, resembling the ears of a donkey. Both males and females have a pair of horns similar to the goral, but the horns are strong, straight in shape, and the rings are developed at the base. Long white mane on back of neck. Pelage mainly black, and the limbs are long. But the lower limbs and rump are brownish-red to rust-red. The belly color is light.

生境 / Habitat
森林、岩石区域、盐碱地、峭壁
Forest, rocky areas, saline-alkali land, cliff

▲ 地理分布 / Geographic Distribution

国内分布 / Domestic Distribution
广东、广西、湖南、湖北、四川、云南、贵州、西藏、青海、甘肃、
陕西、河南、安徽、浙江、福建、江西
Guangdong, Guangxi, Hunan, Hubei, Sichuan, Yunnan, Guizhou, Tibet, Qinghai,
Gansu, Shaanxi, Henan, Anhui, Zhejiang, Fujian, Jiangxi

全球分布 / World Distribution
柬埔寨、中国、老挝、缅甸、泰国、越南
Cambodia, China, Laos, Myanmar, Thailand , Vietnam

生物地理界 / Biogeographic Realm
古北界、印度马来界
Palearctic, Indomalaya

WWF 生物群系 / WWF Biome
热带和亚热带湿润阔叶林、温带阔叶和混交林
Tropical & Subtropical Moist Broadleaf Forests, Temperate Broadleaf & Mixed
Forests

动物地理分布型 / Zoogeographic Distribution Type
We

分布标注 / Distribution Note
非特有种 Non-Endemic

▲ 濒危状况 / Threatened Status

中国生物多样性红色名录等级 / CB RL Category (2021)
易危 VU

IUCN 红色名录 / IUCN Red List (2021)
近危 NT

威胁因子 / Threats
狩猎、耕种、森林砍伐、火灾
Hunting, farming, logging, fire

▲ 法律保护地位 / Legal Protection Status

国家重点保护野生动物等级 / Category of National Key Protected Wild Animals (2021)
二级 Category II

"三有" 名录 / TWIESSV (2023)
未列入 Not listed

CITES 附录等级 / CITES Appendix (2023)
I

迁徙物种公约附录 / CMS Appendix (2020)
未列入 Not listed

保护行动 / Conservation Action
自然保护区内种群得到保护
Populations in nature reserves are protected

▲ 参考文献 / References

Jiang et al. (蒋志刚等), 2021; Burgin et al., 2020; IUCN, 2020; Liu et al. (刘少英等), 2020; Castelló, 2016; Chen et al. (陈永春等), 2013; Smith et al., 2009; Lu et al. (陆雪等), 2007; Wang (王应祥), 2003

448 / 红鬃羚

Capricornis rubidus Blyth, 1863

· Red Serow

▲ 分类地位 / Taxonomy

鲸偶蹄目 Cetartiodactyla / 牛科 Bovidae / 鬃羚属 *Capricornis*

科建立者及其文献 / Family Authority
Gray, 1821

属建立者及其文献 / Genus Authority
Ogilby, 1836

亚种 / Subspecies
无 None

模式标本产地 / Type Locality
缅甸
Burma (Myanmar), "Arakan Hills"

陈奕欣 供图

▲ 其他名称 / Other Name(s)

其他中文名 / Other Chinese Name(s)
无 None

其他英文名 / Other English Name(s)
无 None

同物异名 / Synonym(s)
无 None

▲ 形态及生境 / Morphology and Habitat

形态特征 / Morphological Characteristics

齿式：0.0.3.3/3.1.3.3=32。头体长 140~155 cm。体重 110~160 kg。口下部至颌下为白色。双耳大且长，耳郭外缘具黑色毛，耳内毛为白色。雌雄均具角。整体毛色为棕红色，额头、颈部、肩部及体侧下部棕红色尤显。毛发基部为黑色。颈部背面鬃毛较短，为棕红色至棕色。背部显棕黑色，背部有黑色脊线。四肢下部及腹部毛色浅，前肢上部正面为棕黑色。尾棕红色至棕黑色，仅 5 cm 长。

Dental formula: 0.0.3.3/3.1.3.3=32. Head and body length 140-155 cm. Body mass 110-160 kg. Hairs on lower part of the mouth to the underjaw are white. Ears are large and long, with black hairs on the outer edge and white hairs inside the ears. Both sexes have horns. Pelage color is reddish brown, especially on the forehead, neck, shoulders and the lower part of the body. Bases of hairs on the dorsum are black. Mace on the dorsal part of the neck is shorter, reddish brown to brown. Mace is brown and black, and the back has black dorsal strip. Lower limbs and abdomen are light colored, and the upper front of the forelimbs is brown and black. The tail is reddish brown to dark brown, only 5 cm long.

生境 / Habitat
森林、内陆岩石区域、盐碱地、峭壁
Forest, inland rocky areas, saline-alkali land, cliff

▲ 地理分布 / Geographic Distribution

国内分布 / Domestic Distribution
云南 Yunnan

全球分布 / World Distribution
中国、缅甸
China, Myanmar

生物地理界 / Biogeographic Realm
印度马来界 Indomalaya

WWF 生物群系 / WWF Biome
热带和亚热带湿润阔叶林
Tropical & Subtropical Moist Broadleaf Forests

动物地理分布型 / Zoogeographic Distribution Type
Wa

分布标注 / Distribution Note
非特有种 Non-Endemic

▲ 濒危状况 / Threatened Status

中国生物多样性红色名录等级 / CB RL Category (2021)
数据缺乏 DD

IUCN 红色名录 / IUCN Red List (2021)
近危 NT

威胁因子 / Threats
未知 Unknown

▲ 法律保护地位 / Legal Protection Status

国家重点保护野生动物等级 / Category of National Key Protected Wild Animals (2021)
二级 Category II

"三有" 名录 / TWIESSV (2023)
未列入 Not listed

CITES 附录等级 / CITES Appendix (2023)
I

迁徙物种公约附录 / CMS Appendix (2020)
未列入 Not listed

保护行动 / Conservation Action
自然保护区内种群得到保护
Populations in nature reserves are protected

▲ 参考文献 / References

Jiang et al. (蒋志刚等), 2021; Burgin et al., 2020; IUCN, 2020; Liu et al. (刘少英等), 2020; Castelló, 2016; Xiong et al., 2013; Wilson and Mittermeier, 2012; Graves and Grubb, 2011; IUCN, 2018

449 / 台湾鬣羚

Capricornis swinhoei Gray, 1862

· Taiwan Serow

▲ 分类地位 / Taxonomy

鲸偶蹄目 Cetartiodactyla / 牛科 Bovidae / 鬣羚属 *Capricornis*

科建立者及其文献 / Family Authority
Gray, 1821

属建立者及其文献 / Genus Authority
Ogilby, 1836

亚种 / Subspecies
无 None

模式标本产地 / Type Locality
中国（台湾）
Taiwan, China, on the central ridge of the Snowy Mountains"

江华章 / 供图

▲ 其他名称 / Other Name(s)

其他中文名 / Other Chinese Name(s)
长鬃山羊、台湾长鬃山羊、
台湾野山羊

其他英文名 / Other English Name(s)
无 None

同物异名 / Synonym(s)
无 None

▲ 形态及生境 / Morphology and Habitat

形态特征 / Morphological Characteristics
齿式：0.0.3.3/3.1.3.3=32。头体长 90~110 cm。体重 18~30 kg。有眶下腺。双耳大而长，耳郭内为浅色。雌雄均具角。角基部有明显的环纹凸起，中上部相对光滑，略呈弧形，角尖向后。整体毛色为棕色至棕黑色，四肢上部和颈肩部更深。颈部背面鬃毛不明显。两颌至喉部为浅黄色至沙黄色。背部有暗色脊纹。尾短小。

Dental formula: 0.0.3.3/3.1.3.3=32. Head and body length 90-110 cm. Body mass 18-30 kg. Suborbital glands present. Ears are large and long, and the hairs inside of the auricle is light. Both sexes have horns. Base of the horns has ring convex, and the middle and upper parts are relatively smooth, slightly curved, and the tip backward. Pelage color is brown to dark brown, with deeper colored hairs on upper limbs and neck and shoulders. Neck mace inconspicuous. From the jaws to throat are pale yellow to sandy yellow color. Dark dorsal strip on the back. Tail short.

生境 / Habitat
森林 Forest

▲ 地理分布 / Geographic Distribution

国内分布 / Domestic Distribution
台湾 Taiwan

全球分布 / World Distribution
中国 China

生物地理界 / Biogeographic Realm
印度马来界 Indomalaya

WWF 生物群系 / WWF Biome
热带和亚热带湿润阔叶林
Tropical & Subtropical Moist Broadleaf Forests

动物地理分布型 / Zoogeographic Distribution Type
J

分布标注 / Distribution Note
特有种 Endemic

▲ 濒危状况 / Threatened Status

中国生物多样性红色名录等级 / CB RL Category (2021)
近危 NT

IUCN 红色名录 / IUCN Red List (2021)
无危 LC

威胁因子 / Threats
未知 Unknown

▲ 法律保护地位 / Legal Protection Status

国家重点保护野生动物等级 / Category of National Key Protected Wild Animals (2021)
一级 Category I

"三有"名录 / TWIESSV (2023)
未列入 Not listed

CITES 附录等级 / CITES Appendix (2023)
未列入 Not listed

迁徙物种公约附录 / CMS Appendix (2020)
未列入 Not listed

保护行动 / Conservation Action
自然保护区内种群得到保护
Populations in nature reserves are protected

▲ 参考文献 / References

Jiang et al. (蒋志刚等), 2021; Burgin et al., 2020; IUCN, 2020; Liu et al. (刘少英等), 2020; Castelló, 2016; Wilson and Mittermeier, 2012; Graves and Grubb, 2011; IUCN, 2018

450 / 喜马拉雅鬣羚

Capricornis thar (Bechstein, 1799)

· Himalayan Serow

▲ 分类地位 / Taxonomy

鲸偶蹄目 Cetartiodactyla / 牛科 Bovidae / 鬣羚属 *Capricornis*

科建立者及其文献 / Family Authority
Gray, 1821

属建立者及其文献 / Genus Authority
Ogilby, 1836

亚种 / Subspecies
无 None

模式标本产地 / Type Locality
尼泊尔
"the central region, equidistant from the snows on one hand, and the plains of India on the other; between the Sutlege, west, and the Teesta, east, in Nepal proper" (Nepal, Himalayas)

董磊 / 供图

▲ 其他名称 / Other Name(s)

其他中文名 / Other Chinese Name(s)
无 None

其他英文名 / Other English Name(s)
无 None

同物异名 / Synonym(s)
无 None

▲ 形态及生境 / Morphology and Habitat

形态特征 / Morphological Characteristics
齿式：0.0.3.3/3.1.3.3=32。头体长 140~170 cm。体重 60~90 kg。唇部白色。喉部为米黄色。耳大且长，形似驴耳，耳郭内缘有白毛。颈部有米黄色至灰黑色鬣毛。体背部毛色黑，有深色脊线。腹部毛色浅。四肢和臀部毛色红棕色至锈红色。尾巴短。

Dental formula: 0.0.3.3/3.1.3.3=32. Head and body length 140-170 cm. Body mass 60-90 kg. Lips white. Throat is beige. Ears are large and long, like donkey's ears. White hairs inside the ears. Neck has a beige to grayish black mane. Back of the body is black with dark strip. Belly is light colored. Limbs and rump reddish-brown to rust-red. Tail is short.

生境 / Habitat
森林 Forest

▲ 地理分布 / Geographic Distribution

国内分布 / Domestic Distribution
西藏 Tibet

全球分布 / World Distribution
中国、孟加拉国、不丹、印度、尼泊尔
China, Bangladesh, Bhutan, India, Nepal

生物地理界 / Biogeographic Realm
古北界 Palearctic

WWF 生物群系 / WWF Biome
热带和亚热带湿润阔叶林
Tropical & Subtropical Moist Broadleaf Forests

动物地理分布型 / Zoogeographic Distribution Type
Ic

分布标注 / Distribution Note
非特有种 Non-Endemic

▲ 濒危状况 / Threatened Status

中国生物多样性红色名录等级 / CB RL Category (2021)
濒危 EN

IUCN 红色名录 / IUCN Red List (2021)
近危 NT

威胁因子 / Threats
狩猎、耕种、森林砍伐、火灾
Hunting, farming, logging, fire

▲ 法律保护地位 / Legal Protection Status

国家重点保护野生动物等级 / Category of National Key Protected Wild Animals (2021)
一级 Category I

"三有" 名录 / TWIESSV (2023)
未列入 Not listed

CITES 附录等级 / CITES Appendix (2023)
I

迁徙物种公约附录 / CMS Appendix (2020)
未列入 Not listed

保护行动 / Conservation Action
自然保护区内种群得到保护
Populations in nature reserves are protected

▲ 参考文献 / References

Jiang et al. (蒋志刚等), 2021; Burgin et al., 2020; IUCN, 2020; Liu et al. (刘少英等), 2020; Castelló, 2016; Groves and Grubb, 2011; Lu et al. (陆雪等), 2007

451 / 亚洲象

Elephas maximus Linnaeus, 1758

• Asian Elephant

长鼻目 Proboscidea / 象科 Elephantidae / 象属 *Elephas*

科建立者及其文献 / Family Authority
Gray, 1821

属建立者及其文献 / Genus Authority
Linnaeus, 1758

亚种 / Subspecies
印度亚种 *E. m. indicus*
云南
Yunnan

模式标本产地 / Type Locality
斯里兰卡
"Zeylonae" (Sri Lanka)

▲ 其他名称 / Other Name(s)

其他中文名 / Other Chinese Name(s)
大象、野象、印度象

其他英文名 / Other English Name(s)
Pygmy Elephant

同物异名 / Synonym(s)
无 None

▲ 形态及生境 / Morphology and Habitat

形态特征 / Morphological Characteristics

齿式：1.0.0.3/0.0.0.3=14。体长 550~650 cm。体重 2700~4200 kg。脑巨大坚实、耳巨大，三角形。前额与耳部有色素沉积。四肢粗壮，足为圆形。长鼻末端上部有单个延长突起。体表为灰色，体表具有刚毛。尾长，尾尖有黑色长毛。成年雄性上门齿特化为象牙，最长可达 2m。

Dental formula: 1.0.0.3/0.0.0.3=14. Body length 550-650 cm, weight 2700-4200 kg. The head is huge and solid, the ears are large and triangular. Pigmented skin on the forehead and ears. The limbs are stout and the feet are round. The proboscis has a single elongated protrusion above the end. The body surface is gray, and the body surface has bristles. The tail is long with long black hairs on the tip. Adult male upper incisors are specialized as ivory tusk, up to 2m in length.

生境 / Habitat
热带湿润低地森林
Tropical moist lowland forest

▲ 地理分布 / Geographic Distribution

国内分布 / Domestic Distribution
云 南 Yunnan

全球分布 / World Distribution
孟加拉国、不丹、柬埔寨、中国、印度、印度尼西亚、老挝、马来西亚、缅甸、尼泊尔、斯里兰卡、泰国、越南
Bangladesh, Bhutan, Cambodia, China, India, Indonesia, Laos, Malaysia, Myanmar, Nepal, Sri Lanka, Thailand, Vietnam

生物地理界 / Biogeographic Realm
印度马来界 Indomalaya

WWF 生物群系 / WWF Biome
热带和亚热带湿润阔叶林
Tropical & Subtropical Moist Broadleaf Forests

动物地理分布型 / Zoogeographic Distribution Type
Wa

分布标注 / Distribution Note
非特有种 Non-Endemic

▲ 濒危状况 / Threatened Status

中国生物多样性红色名录等级 / CB RL Category (2021)
极危 CR

IUCN 红色名录 / IUCN Red List (2021)
濒危 EN

威胁因子 / Threats
栖息地丧失、人象冲突
Loss of habitat, human-elephant conflict

▲ 法律保护地位 / Legal Protection Status

国家重点保护野生动物等级 / Category of National Key Protected Wild Animals (2021)
一级 Category I

"三有"名录 / TWIESSV (2023)
未列入 Not listed

CITES 附录等级 / CITES Appendix (2023)
I

迁徙物种公约附录 / CMS Appendix (2020)
I

保护行动 / Conservation Action
已经建立自然保护区
Nature reserve established

▲ 参考文献 / References

Jiang et al. (蒋志刚等), 2021; Burgin et al., 2020; IUCN, 2020; Lin et al. (林柳等), 2011; Zhang, 2011; Feng et al. (冯利民等), 2010; Zhang (张立), 2006; Pan et al. (潘清华等), 2007; Wilson and Reeder, 2005; Choudhury, 2003; Wang (王应祥), 2003; Zhang (张荣祖), 1997; Xia (夏武平), 1988, 1964

452 / 儒艮

Dugong dugon (Müller, 1776)

· Dugong

▲ 分类地位 / Taxonomy

海牛目 Sirenia / 儒艮科 Dugongidae / 儒艮属 *Dugong*

科建立者及其文献 / Family Authority
Gray, 1821

属建立者及其文献 / Genus Authority
Lacépède, 1799

亚种 / Subspecies
无 None

模式标本产地 / Type Locality
南非
Cape of Good Hope to the Philippines

王先艳 / 供图

▲ 其他名称 / Other Name(s)

其他中文名 / Other Chinese Name(s)
海牛

其他英文名 / Other English Name(s)
Sea Cow, Sea Pig

同物异名 / Synonym(s)
无 None

▲ 形态及生境 / Morphology and Habitat

形态特征 / Morphological Characteristics

齿式：2.0.3.3/3.1.3.3 =36。身体呈圆柱形，两端呈锥形。其最大体长可达 3.3 m，成体平均长约 2.7 m。头部小。鼻孔位于头顶，可以关闭。眼睛及耳朵小，视力有限，雄性个体后上门齿演化成獠牙。上唇略呈马蹄形。嘴吻弯向腹面，其前端扁平，被称为吻盘。身体后部侧扁。皮肤厚实、光滑。背和侧面棕褐色至深灰色，身体颜色因皮肤上附生的藻类而变化。鳍肢短。尾叶水平，略呈三角形，后缘中央有 1 个缺刻。

Dental formula: 2.0.3.3/3.1.3.3 =36. The body is cylindrical with tapered ends. Maximum body length is up to 3.3 m, and the average length of adults is about 2.7 m. The head is small. The nostrils are located on the top of the head and can be closed. Small ears and eyes, with limited vision. Posterior upper incisors evolved into tusks in males. Upper lip slightly horseshoe-shaped. The snout is curved to the ventral surface, and its front end is flat, called the snout disc. Back of the body is laterally flattened. Skin is thick and smooth. Back and sides are tanned to dark gray, and the body color varies due to epiphytic algae on the skin. Short flippers. Caudal lobe is horizontal, slightly triangular, with one notch in the center of the trailing margin.

生境 / Habitat
海洋（浅海海域）
Marine-neritic waters

▲ 地理分布 / Geographic Distribution

国内分布 / Domestic Distribution
南海 South China Sea

全球分布 / World Distribution
澳大利亚、巴林、文莱、柬埔寨、中国、科科斯群岛、科摩罗、吉布提、埃及、厄立特里亚、印度、印度尼西亚、日本、约旦、肯尼亚、马达加斯加、马来西亚、马约特岛、莫桑比克、新喀里多尼亚、帕劳、巴布亚新几内亚、菲律宾、卡塔尔、沙特阿拉伯、塞舌尔、新加坡、所罗门群岛、索马里、斯里兰卡、苏丹、坦桑尼亚联合共和国、泰国、东帝汶、阿联酋、瓦努阿图、越南、也门

Australia, Bahrain, Brunei, Cambodia, China, Cocos Islands, Comoros, Djibouti, Egypt, Eritrea, India, Indonesia, Japan, Jordan, Kenya, Madagascar, Malaysia, Mayotte, Mozambique, New Caledonia, Palau, Papua New Guinea, Philippines, Qatar, Saudi Arabia, Seychelles, Singapore, Solomon Islands, Somalia, Sri Lanka, Sudan, Tanzania, Thailand, Timor-Leste, United Arab Emirates, Vanuatu, Vietnam, Yemen

生物地理界 / Biogeographic Realm
非洲热带、澳大利西亚界、印度马来界、大洋洲、古北界
Afrotropical, Australasian, Indomalaya, Oceanian, Palearctic

WWF 生物群系 / WWF Biome
海洋生物群系
Marine Biome

动物地理分布型 / Zoogeographic Distribution Type
MAo

分布标注 / Distribution Note
非特有种 Non-Endemic

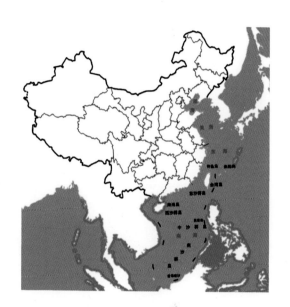

▲ 濒危状况 / Threatened Status

中国生物多样性红色名录等级 / CB RL Category (2021)
极危 CR

IUCN 红色名录 / IUCN Red List (2021)
易危 VU

威胁因子 / Threats
人类活动干扰
Human disturbance

▲ 法律保护地位 / Legal Protection Status

国家重点保护野生动物等级 / Category of National Key Protected Wild Animals (2021)
一级 Category I

"三有"名录 / TWIESSV (2023)
未列入 Not listed

CITES 附录等级 / CITES Appendix (2023)
I

迁徙物种公约附录 / CMS Appendix (2020)
II

保护行动 / Conservation Action
在北部湾建立了儒艮自然保护区，但保护区内未发现儒艮
Dugong Nature Reserve has been established in the Beibu Gulf, but no dugong was found in the reserve yet

▲ 参考文献 / References

Jiang et al. (蒋志刚等), 2021; Burgin et al., 2020; IUCN, 2020; Qiu et al. (邱广龙等), 2013; Wang et al. (王力军等), 2010; Zhou (周开亚), 2008, 2004; Pan et al. (潘清华等), 2007; Wilson and Reeder, 2005; Wang (王应祥), 2003; Zhang (张荣祖), 1997